茶道·茶艺·茶经

徐馨雅
主编

中国华侨出版社

图书在版编目（CIP）数据

茶道　茶艺　茶经／徐馨雅主编.—北京：中国华侨出版社，2014.5
ISBN 978-7-5113-4610-0

Ⅰ.①茶… Ⅱ.①徐… Ⅲ.①茶叶—文化—中国 Ⅳ.①TS971

中国版本图书馆CIP数据核字（2014）第101998号

茶道·茶艺·茶经

主　　编：徐馨雅
出 版 人：方　鸣
责任编辑：若　水
封面设计：李艾红
版式设计：韩立强
文字编辑：刘晓菲
美术编辑：盛小云
经　　销：新华书店
开　　本：720mm×1020mm　　1/16　　印张：28　　字数：620千字
印　　刷：北京鑫海达印刷有限公司
版　　次：2014年7月第1版　　2018年1月第4次印刷
书　　号：ISBN 978-7-5113-4610-0
定　　价：29.80元

中国华侨出版社　北京市朝阳区静安里26号通成达大厦三层　邮编：100028
法律顾问：陈鹰律师事务所
发 行 部：（010）58815874　　　传　　真：（010）58815857
网　　址：www.oveaschin.com
E-mail：oveaschin@sina.com

如果发现印装质量问题，影响阅读，请与印刷厂联系调换。

前言

"茶者，南方之嘉木也。""茶圣"陆羽用简洁、诚恳的八个字给予了茶清晰、深刻的概括与赞赏。几千年来，茶在世人的眼中，因品性而多姿，因蕴香而馥郁，因气润而清雅，因内敛而神秘……不论是远古人在寻觅食物的过程中发现，还是烹煮食物时随风飘入锅中的巧合，茶叶与人的相识、相知、相伴过程，更像是一场旷世奇缘的爱恋，跌宕起伏、历久弥新。

中国，是茶之古国，是茶及茶文化的发源地，是世界上最早种茶、制茶、饮茶的国家。我国的茶文化源远流长，从神农尝百草开始，茶历经了无数个朝代，也见证了历代的荣辱兴衰，因而具有悠远深邃的底蕴和内涵。千百年来，茶不仅仅是人们用来解渴的饮品，同时还包含了中国人细腻含蓄的思维与情感，因而，茶在人们的眼中是不可或缺的。无论是独自一人，还是亲朋相聚，抑或是会客访友，茶都是人们品饮的首选。于是，对茶的研究则成了每个爱茶之人所必须掌握的课程之一。其中，修茶道、学茶艺、解茶经成了很多人休闲生活中十分重要的一部分。

人们可以在茶中品饮人间情、世间味，感悟出别样的茶味人生。正因为如此，茶才备受人们喜爱，茶道也大为盛行。据考证，茶道始于中国唐代。《封氏闻见记》中即已提到："又因鸿渐之论，广润色之，于是茶道大行。"唐代刘贞亮在《饮茶十德》中也明确提出："以茶可行道，以茶可雅志。"茶道的定义有很多种，有学者将其定义为品赏茶的美感之道，认为它是一种关于泡茶、品茶和悟茶的艺术；也有学者认为它是以茶为媒的生活礼仪，是修身养性之道……这些定义都只说出了茶道的一部分，因为茶道的内涵和外延十分广

阔，是很难用语言概括出来的。这也正是茶道的魅力所在。

茶的历史虽然发展久远，但"茶艺"一词却在唐朝之后才出现。对于"茶艺"从何而来，真是众说纷纭：刘贞亮认为茶艺是通过饮茶来提高人们的道德修养；皎然又认为茶艺是一种修炼的手段。但无论古人们怎么评价茶艺，这些都无法阻止茶艺的发展。茶艺到现代经历了几起几落的发展，人们对茶艺的认识也越来越深刻。总体而言，茶艺有广义和狭义之分。广义的茶艺是指研究与茶叶有关的学问，例如茶叶的生产、制造、经营、饮用方法等一系列原则与原理，从而达到人们在物质和精神方面的需求；而狭义的茶艺是指如何冲泡出一壶好茶的技巧以及如何享受一杯好茶的艺术，也可以说是整个品茶过程中对美好意境的体现，主要包括选茶、选水、选茶具、烹茶技术以及环境等几方面内容。

我国对茶的研究有着悠久的历史，不仅为人类孕育了茶业的科学技术，也留下了很多记录着大量茶史、茶事、茶人、茶叶生产技术、茶具等内容的书籍和文献，为后世对于茶的考察、研究与茶业发展做出了卓越的贡献。其中，"茶圣"陆羽所著的《茶经》是世界第一部关于茶的科学专著。陆羽根据对中国各大茶区的多年亲身考察与研究，详细评述了中国茶叶的历史、产地、功效、栽培、采制、烹煮、饮用、器具等内容。《茶经》被认为是中国乃至世界最早、最完备的茶叶专著，有着"茶叶百科全书"的美誉。

通过这三方面的研究，就可以对茶的品性有更深层次的了解与掌握。本书是一本为想学茶或正在学茶的爱茶人士提供的入门图书，也是一本集茶道、茶艺、茶经于一体的精品茶书。将与茶相关的细节一一展现在众人面前，就像是带大家走进了一个有关茶的清净世界，为大家的健康生活增添一道靓丽的茶韵风景。全书图文并茂，可以让你在边品读文字的同时，也欣赏到精美的图片，既能感受到茶的无穷魅力，同时又获得精神的愉悦与满足，从而找到清净平和的心境。

希望本书能让不了解茶的朋友开始认识茶、了解茶，更希望广大茶友因茶结缘，使茶文化发扬光大。

目录

上篇　茶道

何谓茶道

第一章

茶的起源和历史

第二章
茶的种类

第三章
饮茶的方法

第四章
煮茶的器具

第五章

茶食、茶肴与茶膳

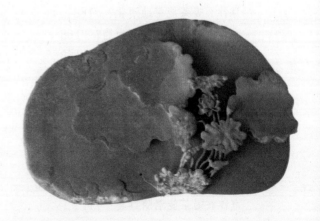

第六章
茶的保健与食疗

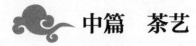

中篇 茶艺

第一章
茶艺介绍

第二章
不可不知的茶礼仪

第三章
茶的一般冲泡流程

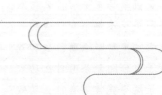

第四章

泡出茶的特色

第五章

不同茶具冲泡方法

第六章
茶的品饮

下篇 茶经

上篇 茶道

何谓茶道

为什么说茶道起源于中国？

　　"道"是中国哲学的最高范畴，一般指宇宙法则、终极真理、事物运动的总体规律、万物的本质或本源。茶道指的就是以茶艺为载体，以修行得道为宗旨的饮茶艺术，包含茶礼、礼法、环境、修行等要素。

　　据考证，茶道始于中国唐代。《封氏闻见记》中即已提到："又因鸿渐之论，广润色之，于是茶道大行。"唐代刘贞亮在饮茶十德中也明确提出："以茶可行道，以茶可雅志。"

茶道的重点在于"道"，即通过茶艺修身养性、参悟大道。

中国茶道的基本含义是什么？

　　我国近代学者吴觉农认为：茶道是"把茶视为珍贵、高尚的饮料，饮茶是一种精神上的享受，是一种艺术，或是一种修身养性的手段"。庄晚芳将中国的茶道精神归纳为"廉、美、和、敬"，解释为：廉俭育德、美真廉乐、和诚处世、敬爱为人。陈香白先生则认为：中国茶道包含茶艺、茶德、茶礼、茶理、茶情、茶学说、茶道引导七种义理，中国茶道精神的核心是"和"。

中国茶道无处不体现着浓郁的东方文化内涵。

为什么说中国的茶道起源于远古的茶图腾信仰？

　　饮茶的历史非常久远，最初的茶是作为一种食物而被认识的。唐代陆羽在《茶经》中说，"茶之饮，发乎神农"。古人也有传说"神农尝百草，日遇七十二毒，得茶而解"。

　　相传，神农为上古时代的部落首领、农业始祖、中华药祖，史书还将他列为三皇之一。据说，神农当年是在鄂西神农架中尝百草的。神农架是一片古老的山林，充满着神秘的气息，至今还保留着一些原始宗教的茶图腾。

茶树枝叶。

图腾柱。

古人不懂生育奥秘，无意中把崇拜、感恩之情与茶相结合，从而形成茶图腾崇拜。

为什么说中国的茶道成熟于唐代？

茶道发展到中唐时期，无论是在社会风气上，还是在理论知识方面，都已经形成了相当可观的规模。

手托茶盘的侍女。

调琴的乐师。

品茶听琴的贵妇。

调琴啜茗图（唐）唐人将饮茶作为一种修身养性的途径，致使茶道在王侯贵族间风行一时。

在理论界，出现了陆羽——中国茶道的鼻祖。他所写的《茶经》，从茶论、茶之功效、煎茶炙茶之法、茶具等方面做了全面系统的论述，让茶道成为一种完整的理论系统。陆羽倡导的饮茶之道，包括鉴茶、选水、赏器、取火、炙茶、碾末、烧水、煎茶、品饮等一系列程序、礼法和规则。他强调饮茶的文化和精神，注重烹煮的条件和方法，追求宁静平和的茶趣。

在社会饮茶习俗上，唐代茶道以文人为主体。诗僧皎然，提倡以茶代酒，以识茶香为品茶之得。他在《九日与陆处士羽饮茶》中写道：俗人多泛酒，谁解助茶香。诗人卢仝《走笔谢孟谏议寄新茶》一诗，让"七碗茶"流传千古。钱起《与赵莒茶宴》和温庭筠《西陵道士茶歌》，认为饮茶能让人"通仙灵""通杳冥""尘心洗尽"。唐末刘贞亮《茶十德》认为饮茶使人恭敬、有礼、仁爱、志雅，成为一个有道德的知礼之人。

为什么说宋至明代是中国茶道发展的鼎盛时期？

茶道发展到宋代，由于饮茶阶层的不同，逐渐走向多元化。文人茶道有炙茶、碾茶、罗茶、候茶、温盏、点茶过程，追求茶香宁静的氛围，淡泊清尚的气度。

手捧茶盘的侍女。

伸手取茶待客的妇人。

端庄尔雅的访客。

宫廷的贡茶之道，讲究茶叶精美、茶艺精湛、礼仪繁缛、等级鲜明。宋徽宗赵佶在《大观茶论》说，茶叶"祛襟涤滞，致清导和""冲淡简洁，韵高致静"，说明宫廷茶道还有教化百姓之特色。至宋代的百姓民间，还流行以斗香、斗味为特色的"斗茶"。

明代朱权改革茶道，把道家思想与茶道融为一体，追求秉于性灵、回归自然的境界。明末冯可宾讲述了饮茶的一些宜忌，主张"天人合一"，比赵佶的茶道又深入一层。明太祖朱元璋改砖饼茶为散茶，茶由烹煮向冲泡发展，程序由繁至简，更加注重茶质本身和饮茶的气氛环境，从而达到返璞归真。

饮茶图（宋）茶道从个人的修养身心发展至一种社会风气，相关的茶事、茶礼、茶俗逐步丰富起来。

茶道与道教有什么关系？

茶与道教结缘的历史已久，道教把茶看得很贵重。道教敬奉的三皇之一"农业之神"——神农氏就是最早使用茶者，道教认为神农寻茶的过程就是在竭力寻找长生之药，所以道教徒皆认为"茶乃养生之仙药，延龄之妙术"，茶是"草木之仙骨"。

早在晋代时，著名的道教理论家、医药学家、炼丹家葛洪，就在《抱朴子》一书中留下了"盖竹山，有仙翁茶园，旧传葛元植茗于此"的记载。壶居士《食忌》也记载："苦茶，久食羽化（羽化即成仙的意思）。"因此，在魏晋南北朝时期，道教徒中流传着很多把饮茶与神仙故事结合起来的传说。如《广陵耆老传》

华山栈道 道教观多建于名山胜地，环境清幽，盛产佳茗，其栽茶、制茶之功自然得天独厚。

道教茅山派陶弘景在《杂录》中说茶能轻身换骨，可见茶已被夸大为轻身换骨和羽化成仙的"妙药"。

讲述了这样一个故事，晋代有一位以卖茶为生的老婆婆，官府以败坏风气为名将她逮捕，没想到的是，夜间老婆婆居然带着茶具从窗户中飞走了。《天台记》中也记载："丹丘出大茗，服之羽化。"这里的丹丘是汉代一位喜以饮茶养生的道士，传说他饮茶后得道成仙。唐代和尚皎然曾作诗《饮茶歌送郑容》曰："丹丘羽人轻玉食，采茶饮之生羽翼"，再现了丹丘饮茶的往事。

由于饮茶具有"得道成仙"神奇功能，所以道教徒都将茶作为修炼时重要的辅助工具。根据《宋录》的记载，道教把茶引进他们的修炼生活，不但自己以饮茶为乐，还提倡以茶待客，提倡以茶代酒，把茶作为祈祷、祭献、斋戒甚至"驱鬼捉妖"的贡品及延年益寿、祛病除疾的养生方法，此举也间接促进了民间饮茶习惯的形成。

道教徒之所以饮茶、爱茶、嗜茶，这与道教对人生的追求及生活情趣密切相关。道教以生为乐，以长寿为大乐，以不死成仙为极乐。饮茶的高雅脱俗、潇洒自在恰恰满足了道教对生活的需要，所以道教徒喜茶就不言而喻了。另外，道教徒喜欢闲云野鹤般的隐士生活，向往"野""幽"的境界，这也正是茶生长的环境，具有"野""幽"的禀性，因此，饮茶也是道士对最高生活境界的追求。

茶道与佛教有什么关系？

自佛教传入中国后，就与茶结下深缘。苏东坡曾作诗曰："茶笋尽禅味，松杉真法音"，就说明了茶中有禅，禅茶一味的奥妙。而僧人在坐禅时，茶叶还是最佳饮料，具有清火、提神、明目、解渴、消疲解乏之效。因此，饮茶是僧人日常生活中不可缺少的重要内容，在中国茶文化中，佛的融入是独具特色的亮点。

佛教徒饮茶史可追溯到东晋。《晋书·艺术传》记载，单道开在后赵的都城邺城昭德寺坐禅修行，不分寒暑，昼夜不眠，每天只"服镇守药数丸""复饮茶苏一、二升而已"。茶在寺院的普及则是在唐代禅宗兴起后，并随着僧人的饮茶而推广到北方饮茶习俗。

经过五代的发展，至宋代禅僧饮茶已十分普遍。据史书记载，南方凡有种植茶树的条件，寺院僧人都开辟为茶园，僧人已经到了一日几遍茶，不可一日无茶的地

禅机需要用心去"悟"，而茶味则要靠"品"，悟禅与品茶便有了说不清的共同之处。

步。普陀山僧侣早在五代时期就开始种植茶树。一千多年来，普陀山温湿、阴潮，长年云雾缭绕的自然条件为普陀山的僧侣植茶、制茶创造了良好的条件，普陀山僧人烹茶成风，茶艺甚高，形成了誉满中华的"普陀佛茶"。

茶与佛在长期的融合中，形成了中国特有的茶文化。因为寺院中以煮茶、品茶闻名者代不乏人，如唐代的诗僧皎然，不但善烹茶、与茶圣陆羽是至交，而且留下许多著名的茶诗。

茶道与儒家有什么关系？

中国茶道思想，融合了儒、佛、道诸家精华。儒家思想自从产生之后，就表现出强大的生命力，活跃在人类的历史进程中。茶文化的精神，就是以儒家的中庸为前提，在和谐的气氛之中，边饮茶边交流，抒发志向，增进友情。"清醒、达观、热情、亲和、包容"的特点，构成了儒家茶道精神的欢快格调。

佛教在茶宴中伴以青灯孤寂，要明心见性；道家茗饮寻求空灵虚静，避世超尘；儒家以茶励志，沟通人性，积极入世。它们在意境和价值取向上，都不尽相同；但是，它们都要求和谐、平静，这其实仍是儒家的中庸之道。

儒家学派创始人孔子，其"中庸""礼治"的思想对后世茶道、茶礼的影响颇为深远。

中国茶道的"四谛"是什么？

中国茶道的四谛，即"和、静、怡、真"。

和，是儒、佛、道所共有的理念，源自于《周易》"保合大和"，即世间万物皆由阴阳而生，阴阳协调，方可保全大和之元气。在泡茶之时，则表现为"酸甜苦涩调太和，掌握迟速量适中"。

静，是中国茶道修习的必由途径。中国茶道是修身养性，追寻自我之道。茶须静品，宋徽宗赵佶在《大观茶论》中说："茶之为物……冲淡闲洁，韵高致静。"静则明，静则虚，静可虚怀若谷，静可内敛含藏，静可洞察明激，体道入微。

怡，是指茶道中的雅俗共赏、怡然自得、身心愉悦，体现的是道家"自恣以适己"的随意性。王公贵族讲"茶之珍"，文人雅士讲"茶之韵"，佛家讲"茶之德"，道家讲"茶之功"，百姓讲究"茶之味"。无论何人，都可在茶事中获得精神上的享受。

真，是茶道的终极追求。茶道中的真，范围很广，表现在茶叶上，真茶、真香、真味；环境上，真山、真水、真迹；器具上，真竹、真木、真陶、真瓷；态度上，真心、真情、真诚、真闲。

静，恬淡宁静的氛围，空灵虚静的心境。

怡，和悦之美，怡然自得。

真，志存高远，率性求真。

和，是一种恰到好处的中庸之道。

中国茶道的四字守则是什么？

中国茶道，是由原浙江农业大学茶学系教授庄晚芳先生所提倡。它的总纲为四字守则：廉、美、和、敬。其含义是：廉俭育德，美真康乐，和诚处世，敬爱为人。

清茶一杯，推行清廉，勤俭育德，以茶敬客，以茶代酒，大力弘扬国饮。

清茶一杯，名品为主，共品美味，共尝清香，共叙友情，康乐长寿。

清茶一杯，德重茶礼，和诚相处，以茶联谊，美好人际关系。

清茶一杯，敬人爱民，助人为乐，器净水甘，妥用茶艺，茶人修养之道。

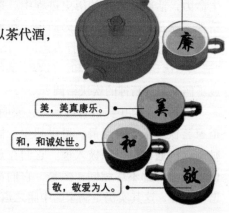

廉，廉俭育德。

美，美真康乐。

和，和诚处世。

敬，敬爱为人。

茶人精神是什么？

茶人，最早现于唐代诗人皮日休、陆龟蒙《茶中杂咏》的诗中。刚开始是指采茶制茶的人，后来又扩展到从事茶叶贸易、教育、科研等相关行业的人，现在也指爱茶之人。

茶人精神即是以茶树喻人，指的是茶人应有的形象或茶人应有精神风貌，提倡一种心胸宽广、默默奉献、无私为人的精神。这个概念是原上海茶叶学会理事长钱梁教授在上世纪80年代初所提出，从茶树的风格与品性引申而来，即为："默默地无私奉献，为人类造福"。

茶树，不计较环境的恶劣，不怕酷暑与严寒，绿化大地；春天抽发新芽，任人采用，年复一年，给人们带来健康。

怎样对茶道进行分类？

中华茶道是以养生修心为宗旨的饮茶艺术，包含有"饮茶有道、饮茶修道、饮茶即道"三重含义。大体而言，茶道是由环境、礼法、茶艺、修行四方面所构成。

由于分类方法的不同，茶道划分不尽相同。如以茶为主体可分为乌龙茶道、绿茶茶道等；从功能上可分为修行类茶道、茶艺类茶道等；还可分为表演型茶道、非表演型茶道；从茶人身份上，可分为宫廷茶道、文士茶道、宗教茶道、民间茶道。

历史发展中的中华茶道形式变化过程

形式 — 煎茶道、点茶道、泡茶道／时间：唐 宋 元 明 清 今天

⊗ 消亡　⊘ 延续

什么是修行类茶道？

修行类茶道形成于唐代，它的宗旨是通过饮茶而得道，以诗僧皎然和卢仝为代表人物。这个道，可能是参禅修行的道，也可能是得道成仙的道。该茶道类型是以饮茶、品茗作为一种感悟"道"的手段，是从人的生理至心理直至心灵的多层次感受，有一个量变渐进的过程。

从观赏茶器、茶叶及沏茶的过程，到观茶色、嗅闻茶香、品味茶汤……品茗感受的过程是茶与心灵的和谐过程，使人返璞归真，从而体验类似羽化成仙或超凡入圣的美妙境界。

修行类茶道，是把饮茶活动作为修行悟道的一条捷径，借助于饮茶来达到物我两忘的境界。

什么是修身类茶道？

古时候，一些文人把饮茶当作陶冶情操、修身养性的一种手段，他们通过茗饮活动体悟大道、调和五行，不伍于世流，不污于时俗。他们的饮茶之道被称为修身类茶道。

修身类茶道，作为一种茶文化，室内的茶道场地要洁净雅致，装饰风格要有意境，物品、壁画都要有情趣。室外的场地也要讲究，如风景秀美的山林野地、松石泉边、茂林修竹、皓月清风。茶道环境包括茶室建筑风格、装饰格调空间的感觉意境、陈列物品、壁面布置等。

修身类茶道不仅需要茶好、水美、器雅，还需要与茶道活动相适应的环境。

修身类茶道的茶人，往往表现为志向高远、仪表端庄、气质高雅、待人真诚、举止优雅大气、谈吐儒雅、虚怀若谷等气质。修身类茶道，寓含着中华民族精神和五行生克思想，揭示了中国古代文人修身、齐家、治国、平天下的传统思想以及朴素的世界观与方法论。

什么是礼仪类茶道？

礼仪性茶道是偏重于礼仪、礼节，以表达主客之间诚恳、热情与谦恭的一种茶道类型。中国自古以来，即有"礼仪之邦"的美誉，人们在彼此相待、迎来送往过程中特别注重敬茶的习俗，这更像是知书达理的准绳或主客沟通的纽带，作为一种约定俗成的规范多少年来一直延续到今天。在这些礼仪性的茶道活动中，人们的服饰、妆容、言语、举止，甚至表情都有着较为严格的约定。潮汕的工夫茶、昆明的九道茶、白族三道茶等都是较为著名的礼仪性茶道。

外表、肢体语言等表现出的诚恳、谦逊、大度都能体现出主客双方的道德品质与文化修养。

什么是表演类茶道？

表演类茶道是为了满足观众观摩和欣赏需要而进行演示的一种茶道类型。表演类茶道是展示与传授沏茶技法和品饮艺术的一种方式，也是人们了解茶文化和中国传统文化的一条途径。

表演类茶道也是一种综合的艺术活动，表演中的动作、乐器、器具、整体环境都需要精心设计。表演类茶道种类繁多：宗教类的有佛教的禅茶、童子茶、佛茶、观音茶，民俗类的有白族三道茶、阿婆茶、傣族竹筒茶等。

第一章 茶的起源和历史

为什么说中国是茶树的原产地？

中国是世界上最早种茶、制茶、饮茶的国家，茶树的栽培已经有几千年的历史。在云南的普洱市有一棵"茶树王"，树干高 13 米，经考证已有 1700 年的历史。近年，在云南思茅镇人们又发现两株树龄为 2700 年左右的野生"茶树王"，需要两人才能合抱。在这片森林中，直径在 30 厘米以上的野生茶树有很多。

茶树原产于中国，一直是一个不争的事实。但是在近几年，有些国外学者在印度也发现了高大的野生茶树，就贸然认为茶树原产于印度。中国和印度都是世界文明古国，虽然两国都有野生大茶树存在，但有一点是肯定的：我国已经有文献记载"茶"的时间，比印度发现野生大茶树的年龄要早了 1000 多年。当印度人还不知道茶的作用，甚至不知道有茶树这种植物时，我国的茶文化已有数千年的历史了。

无论是从茶树的历史，还是分布情况，或是地质变迁，又或是气候变化等等，都只能说明一个事实：中国是茶树的原产地，是茶树的故乡。

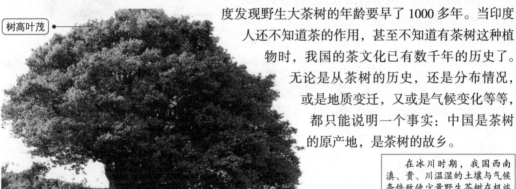

树高叶茂

基部粗壮

在冰川时期，我国西南滇、贵、川温湿的土壤与气候条件致使少量野生茶树在极端气候下存活下来，并至今保持着最原始的特征和特性。

"茶"字有什么由来？

大体而言，在唐代之前人们大多把茶称为"荼"，期间也用过其他字形，直到中唐以后，"茶"字才成为官方的统一称谓。

最早的时候，人们用"荼"字作为茶的称谓。但是，"荼"字有多种含义，易发生误解；而且，荼是形声字，草字头说明它是草本植物，不合乎茶是木本植物的身份。到了西汉的《尔雅》一书中，开始尝试着借用"槚"字来代表茶树。但槚的原义是指楸、梓之类树木，用来指茶树也会引起误解。所以，在"槚，苦荼"的基础上，又造出一个"搽"字，读茶的音，用来代替原先的槚、荼字。到了陈隋之际，出现了"茶"字，改变了原来的字形和读音，多在民间流行使用。直到唐代陆羽《茶经》之后，"茶"字才逐渐流传开来，运用于正式场合。

青翠的草

自在的人

韧涩的木

古人常将"茶"字暗示分解为"人在草木中"，既合情理，又寓意境。

茶有哪些雅号别称？

在唐代以前，"茶"字还没有出现。《诗经》中有"荼"字，《尔雅》称茶为"槚"，《方言》称"蔎"（shè），《晏子春秋》称"茗"，《凡将篇》称"荈"（chuǎn），《尚书·顾命篇》称"诧"。

另外，古时的茶是一物多名，在陆羽的《茶经》问世之前，茶还有一些雅号别称，如：水厄、酪奴、不夜侯、清友、玉川子、涤烦子等。后来，随着各种名茶的出现，往往以名茶的名字来代称"茶"字，如"龙井""乌龙""大红袍""雨前"等。

士大夫将拜访王蒙戏称"水厄"，厄有灾难之意。

晋代司徒长史王蒙嗜茶，常请客人陪饮。

水厄，出自《世说新语》。

茶有提神醒目之功，因而封其为侯。

苏易简把茶水当成清雅质朴的好友。

清友，源自宋代苏易简的《文房四谱》。

不夜侯，源于晋代张华的《博物志》。

茶的字形演变和流传是怎样的？

在中唐之前，茶的称谓大多为"荼"，也有称"槚"的，还有称"茗""荈"的。最初，茶被归于野外的苦菜——"荼"（tú）类，没有单独的名称，如《诗经》中"谁谓荼苦，其甘如荠"；由于茶是木本植物，在《尔雅·释木》之中，为其正名"槚（jiǎ），即茶"；后来，《魏王花木志》中说："荼，叶似栀子，可煮为饮。其老叶谓之荈，嫩叶谓之茗。"直到唐代陆羽第一次在《茶经》中统一使用了"茶"字之后，才渐渐流行开来。

如今世界各国的茶名读音，大多是从中国直接或间接引入的。这些读音可分为两大体系，一种是采取普通话的语音："CHA"；一种是采取福建厦门的地方语"退"音——"TEY"。

茶字的演变

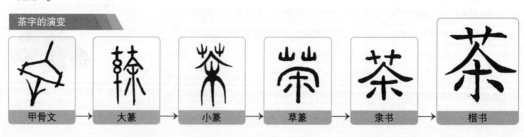

| 甲骨文 | 大篆 | 小篆 | 草篆 | 隶书 | 楷书 |

中国茶树的栽培历史是怎样的？

中国关于茶最早的记载是《神农本草经》："神农尝百草，日遇七十二毒，得茶而解之。"陆羽的《茶经》中也说到："茶之为饮，发乎神农氏。"由此可见，是神农氏发现了茶。

根据晋·常璩《华阳国志·巴志》，商末时候，巴国已把茶作为贡品献给周武王了。在《华阳国志》一书中，介绍了巴蜀地区人工栽培的茶园。魏晋南北朝时期，茶产渐多，茶叶商品化，人们开始注重精工采制以提高质量，上等茶成为当时的贡品。魏晋时期佛教的兴盛也为茶的传播起到推动作用，为了更好地坐禅，僧人常饮茶以提神。有些名茶就是佛教和道教圣地最初种植的，如四川蒙顶、庐山云雾、黄山毛峰、龙井茶等。

中国历史上关于茶最早的记载是《神农本草经》，传说是神农氏发现了茶，认为茶有解毒的神奇功效。

茶叶生产在唐宋达到一个高峰，茶叶产地遍布长江、珠江流域和中原地区，各地对茶季、采茶、蒸压、制造、品质鉴评等已有深入研究，品茶成为文人雅士的日常活动，宋代还曾风行"斗茶"。元明清时期是茶叶生产大发展的时期。人们做茶技术更高明，元代还出现了机械制茶技术，被视为珍品的茗茶也出现。明代是茶史上制茶发展最快、成就最大的朝代。朱元璋在茶业上诏置贡奉龙团，对制茶技艺的发展起了一定的促进作用，也为现代制茶工艺的发展奠定了良好基础，今天泡茶而非煮茶的传统就是明代茶叶制作技术的成果。至清代，无论是茶叶种植面积还是制茶工业，规模都较前代扩大。

魏晋时期怎样采摘茶叶制作茶饼？

在魏晋南北朝时，饮茶之风已逐步形成。

这一时期，南方已普遍种植茶树。《华阳国志·巴志》中说：其地产茶，用来纳贡。在《蜀志》记载：什邡县，山出好茶。当时的饮茶方式，《广志》中是这样说的："茶丛生真，煮饮为茗。茶、茱萸、檎子之属，膏煎之，或以茱萸煮脯胃汁，谓之茶。有赤色者，亦米和膏煎，曰无酒茶。"

浇以少量米汤固化制型。

把茶饼在火上微烤至变色，将茶饼捣成细末。

采摘茶树的老叶，制成茶饼。

魏晋时期三峡一带茶饼制作与煎煮方式仍保留着以茶为粥或以茶为药的特征。

唐代怎样蒸青茶饼?

唐代以前，制茶多用晒或烘的方式制成茶饼。但是，这种初步加工的茶饼，仍有很浓的青涩之味。经过反复的实践，唐代出现了完善的"蒸青法"。

蒸青是利用蒸气来破坏鲜叶中的酶活性，形成的干茶具有色泽深绿、茶汤浅绿、茶底青绿的"三绿"特征，香气带着一股青气，是一种具有真色、真香、真味的天然风味茶。

陆羽在《茶经·三之造》一篇中，详细记载了这种制茶工艺："晴，采之。蒸之，捣之，拍之，焙之，穿之，封之，茶之干矣。"在 2～4 月间的晴天，在向阳的茶林中摘取鲜嫩茶叶。将这些茶的鲜叶用蒸的方法，使鲜叶萎凋脱水，然后捣碎成末，以模具拍压成团饼之形，再烘焙干燥，之后在饼茶上穿孔，以绳索穿起来，加以封存。

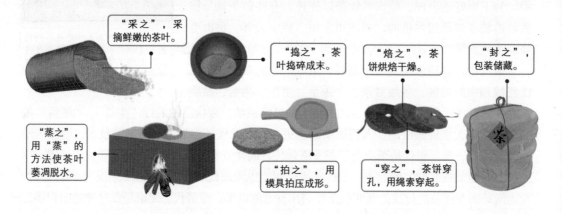

"采之"，采摘鲜嫩的茶叶。

"捣之"，茶叶捣碎成末。

"焙之"，茶饼烘焙干燥。

"封之"，包装储藏。

"蒸之"，用"蒸"的方法使茶叶萎凋脱水。

"拍之"，用模具拍压成形。

"穿之"，茶饼穿孔，用绳索穿起。

宋代怎样制作龙凤团茶?

由于宋朝皇室饮茶之风较唐代更盛，极大地刺激了贡茶的发展。真宗时，丁谓至福建任转运使，精心监造御茶，进贡龙凤团茶。庆历中，蔡襄任转运使，创制小龙团茶，其品精绝，二十饼重 500 克，每饼值金二两！神宗时，福建转运使贾青又创制密云龙茶，云纹更加精细，由于皇亲国戚们乞赐不断，皇帝甚至下令不许再造。龙凤团茶的制造工艺，据宋代赵汝砺《北苑别录》记述，有六道工序：蒸茶、榨茶、研茶、造茶、过黄、烘茶。茶芽采回后，先浸泡水中，挑选匀整芽叶进行蒸青，蒸后冷水清洗，然后小榨去水，大榨去茶汁，去汁后置瓦盆内兑水研细，再入龙凤模压饼、烘干。

"龙凤团茶"是北宋的贡茶，因茶饼上印有龙凤形的纹饰而得名，由于制作耗时费工、成本惊人，后逐渐消亡。图为"龙凤团茶"模影。

元代怎样制作蒸青散叶茶?

蒸青团茶的工艺,保持了茶的绿色,提高了茶叶的质量,但是水浸和榨汁的做法,损失了部分茶的真味和茶香,而且难以除去苦味。为了改善这些缺点,到了宋代,蒸茶时逐渐采取蒸后不揉不压,直接烘干的做法,将蒸青团茶改造为蒸青散茶,这样,就保证了茶的香味。

据陆羽《茶经》记载,唐代已有散茶。到了宋代,饼茶、龙凤团茶和散茶同时并存。《宋史·食货志》中说:"茶有两类,曰片茶,曰散茶",片茶即饼茶。

宋朝灭亡后,龙凤团茶走向末路。北方游牧民族,不喜欢这种过于精细的茶艺;而平民百姓又没有能力和时间品赏,他们更喜欢的是新工艺制作的条形散茶。到了明代,明太祖朱元璋于1391年下诏罢造龙团,废除龙凤团茶。从此,龙凤团茶成为绝唱,而蒸青散茶开始盛行。

相比于饼茶和团茶,少了揉压制形工序后的蒸青散茶更好地保留了茶叶的自然香味。

工序步骤

(1)采摘完毕后,用笼稍微蒸一下,生熟适当即可;

(2)蒸好之后,用簸箕薄摊,趁湿揉之。

"后入焙,匀布火,烘令干,勿使焦。"
——取自元代王桢在《农书·卷十·百谷谱》

明代怎样炒青散叶茶?

蒸青工艺虽更好地保留了茶香,但香味仍然不够浓郁,于是后来出现了利用干热发挥茶叶优良香气的炒青技术。

炒青散叶茶,在唐代时就已有了。唐代诗人刘禹锡在《西山兰若试茶歌》中说"山僧后檐茶数丛……斯须炒成满室香",又有"自摘至煎俄顷余"的句子,说明了茶的嫩叶经过炒制后满室生香,又说明了炒制时间,这是至今为止关于炒茶最早的文字记载。

茶叶转为暗黄绿色;叶面、梗皮有皱纹;青涩之味变为热香之味和特殊清香。

炒青的具体步骤是高温杀青、揉捻、复炒、烘焙至干。

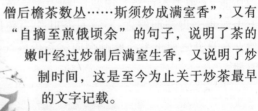

清代制茶工艺有什么特点?

　　清代的制茶工艺进一步提高，综合前代多种制茶工艺，继承发展出六大茶类，即绿茶、黄茶、黑茶、白茶、红茶、青茶。

　　绿茶的基本工序是杀青、揉捻、干燥。但是，若绿茶炒制工艺掌握不当，如杀青后未及时摊晾、及时揉捻，或揉捻后未及时烘干、炒干，堆积过久，造成茶叶变黄，后来发现这种茶叶也别具一格，就采取有意闷黄的做法制成了黄茶。绿茶杀青时叶量过多、火温低，使叶色变为近似黑色的深褐绿色，或以绿毛茶堆积后发酵，茶叶发黑，就形成了黑茶。

　　宋代时，人们偶然发现：茸毛特多的茶树芽叶经晒或烘干后，芽叶表面满披白色茸毛，茶叶呈白色，因而形成了白茶。红茶起源于明朝。在茶叶制造过程中，人们发现用日晒代替杀青，揉捻后叶色变红而产生了红茶。此外，承接了宋代添加香料或香花的花茶工艺，明清之际的窨花制茶技术也日益完善，有桂花、茉莉、玫瑰、蔷薇、兰蕙、桔花、栀子、木香、梅花九种之多。

青茶源于明末清初，制法介于绿茶、红茶之间，乌龙茶就是其中较为出众的一种。

古代人最初的用茶方式是怎样的?

　　在原始社会，人类除了采集野果直接充饥外，有时也会挖掘野菜或摘取某些树木的嫩叶来口嚼生食，有时会把这些野菜和嫩叶与稻米一起在陶制的釜鼎（锅）内熬煮成粥。

　　古人在长期食用茶的过程中，认识到了它的药用功能。《神农本草经》记载："神农尝百草，日遇七十二毒，得茶而解之。"这是茶叶作为药用的开始，在夏商之前母系氏族社会向父系氏族社会转变时期。

原始人"茶"的发音意为"一切可以用来吃的植物"。

蓝田人复原头像，旧石器时代（距今约115万年），远古人从野生大茶树上采集嫩梢主要用来充饥。

汉魏六朝时期如何饮茶？

　　饮茶历史起源于西汉时的巴蜀之地。从西汉到三国时期，在巴蜀之外，茶是仅供上层社会享用的珍稀之品。

　　关于汉魏六朝时期饮茶的方式，古籍仅有零星记录，《桐君录》中说："巴东别有真香茗，煎饮令人不眠。"晋代郭璞在《尔雅》注中说："树小如栀子，冬生，叶可煮作羹饮。"当时还没有专门的煮茶、饮茶器具，大多是在鼎或釜中煮茶，用吃饭用的碗来饮茶。

　　据唐代诗人皮日休说，汉魏六朝的饮茶法是"浑而烹之"，将茶树生叶煮成浓稠的羹汤饮用。东晋杜育作《荈赋》，其中写道："水则岷方之注，挹彼清流。器泽陶简，出自东隅。酌之以匏，取式公刘。惟兹初成，沫沉华浮。焕如积雪，晔若春薮。"大概意思是：水是岷江的清泉，碗是东隅的陶简，用公刘制作的瓢舀出。茶煮好之时，茶末沉下，汤华浮上，亮如冬天的积雪，鲜似春日的百花。这里就涉及择水、选器、酌茶等环节。这一时期的饮茶是煮茶法，以茶入锅中熬煮，然后盛到碗内饮用。

冷水中的茶叶。｜将冷水逐渐煮至沸腾。

煮茶，即将茶叶入冷水中煮至沸腾。

唐代的人怎样煎茶？

　　到了唐代，饮茶风气渐渐普及全国。自陆羽的《茶经》出现后，茶道更是兴盛。当时饮茶之风扩散到民间，都把茶当作家常饮料，甚至出现了茶水铺，"不问道俗，投钱取饮。"唐朝的茶，以团饼为主，也有少量粗茶、散茶和米茶。饮茶方式，除延续汉魏南北朝的煮茶法外，又有泡茶法和煎茶法。

　　《茶经·六之饮》中"饮有粗茶、散茶、末茶、饼茶，乃斫、乃熬、乃炀、乃舂，贮于瓶缶之中，以汤活焉，谓之阉茶。"茶有粗、散、末、饼四类，粗茶要切碎，散茶、末茶入釜炒熬、烤干，饼茶舂捣成茶末。将茶投入瓶缶中，灌以沸水浸泡，称为"阉茶"。"阉"义同"淹"，即用沸水淹泡茶。

　　煎茶法是陆羽所创，主要程序有：备器、炙茶、碾罗、择水、取水、候汤、煎茶、酌茶、啜饮。它与汉魏南北朝的煮茶法相比，有两点区别：①煎茶法通常用茶末，而煮茶法用散叶、茶末皆可；②煎茶是一沸投茶，环搅，三沸而止，煮茶法则是冷热水不忌，煮熬而成。

捣压成碎茶末，投入瓷器中。

沸水冲泡。

辅以葱、姜、橘子做佐料。

煎茶，如同煎药，将茶叶下入水中煮熬。

宋代人怎样点茶?

　　饮茶的习俗在唐代得以普及，在宋代达到鼎盛。此时，茶叶生产空前发展，饮茶之风极为盛行，不但王公贵族经常举行茶宴，皇帝也常以贡茶宴请群臣。在民间，茶也成为百姓生活中的日常必需品之一。

　　宋朝前期，茶以片茶（团、饼）为主；到了后期，散茶取代片茶占据主导地位。在饮茶方式上，除了继承隋唐时期的煎、煮茶法外，又兴起了点茶法。为了评比茶质的优劣和点茶技艺的高低，宋代盛行"斗茶"，而点茶法也就是在斗茶时所用的技法。先将饼茶碾碎，置茶盏中待用，以釜烧水，微沸初漾时，先在茶叶碗里注入少量沸水调成糊状，然后再量茶注入沸水，边注边用茶筅搅动，使茶末上浮，产生泡沫。

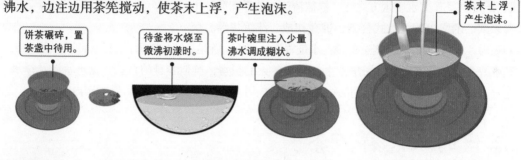

饼茶碾碎，置茶盏中待用。

待釜将水烧至微沸初漾时。

茶叶碗里注入少量沸水调成糊状。

注入适量沸水。

边注边用茶筅搅动。

茶末上浮，产生泡沫。

明代人怎样泡茶?

　　泡茶法始于隋唐，但占主流的是煎茶法和煮茶法，泡茶法并不普遍。宋时的点茶法，可以说是一种特殊的泡茶法。点茶与泡茶的最大区别在于：点茶须"调膏击拂"，泡茶则不必如此。直到元明之时，泡茶法才得以发展壮大。

　　元代泡茶多用末茶，并且还杂以米面、麦面、酥油等佐料；明代的细茗，则不加佐料，直接投茶入瓯，用沸水冲点，杭州一带称之为"撮泡"，这种泡茶方式是后世泡茶的先驱。明代人陈师在《茶考》中记载："杭俗烹茶，用细茗置茶瓯，以沸汤点之，名为撮泡。"

曾在民间盛行的简单、便捷的茶叶冲泡方法在明代大行其道。

以沸水冲泡。

将茶叶直接投入茶盏中。

清代人怎样品茶?

清代时,品茶的方法日益完善,无论是茶叶、茶具,还是茶的冲泡方法,已和现代相似。茶壶茶杯要用开水先洗涤,干布擦干,茶渣先倒掉,再斟。各地由于不同的风俗,选用不同的茶类。如两广多饮红茶,福建多饮乌龙茶,江浙多好绿茶,北方多喜花茶或绿茶,边疆地区多用黑茶或茶砖。

在众多的饮茶方式之中,以工夫茶的泡法最具特点:一壶常配四只左右的茶杯,一壶之茶,一般只能分酾二三次。杯、盏以雪白为上,蓝白次之。采取啜饮的方式:酾不宜早,饮不宜迟,旋注旋饮。

器皿"以紫砂为上,盖不夺香,又无熟汤气"。

杯盏以雪白为上。

清袁枚《随园食单·武夷茶》条载:"杯小如胡桃,壶小如香橼。上口不忍遽咽,先嗅其香,再试其味,徐徐咀嚼而体贴之。"

茶文化的萌芽时期有什么特点?

两晋南北朝时期,随着文人饮茶习俗的兴起,有关茶的文学作品日渐增多,茶渐渐脱离作为一般形态的饮食而走入文化领域。如《搜神记》《神异记》《异苑》等志怪小说中便有一些关于茶的故事。左思的《娇女诗》、张载的《登成都白菟楼》、王微的《杂诗》都属中国最早一批茶诗。西晋杜育的《荈赋》是文学史上第一篇以茶为题材的散文,宋代吴俶在《茶赋》中称:"清文既传于杜育,精思亦闻于陆羽。"

魏晋时期,玄学盛行。玄学名士,大多爱好虚无玄远的清谈,终日流连于青山秀水之间。最初的清谈家多为酒徒,但喝多了会举止失措,有失雅观,而茶则可竟日长饮,心态平和。慢慢地,这些清谈家从好酒转向好茶,饮茶被他们当作一种精神支持。

这一时期,随着佛教传入和道教兴起,茶以其清淡、虚静的本性,受到人们的青睐。在道家看来,饮茶是帮助炼"内丹",升清降浊,轻身换骨,修成长生不老之体的好办法;在佛家看来,茶又是禅定入静的必备之物。茶文化与宗教相结合,无疑提高了茶的地位。尽管此时尚没有完整茶文化体系,但茶已经脱离普通饮食的范畴,具有显著的社会和文化功能。

茶的天然韵味以及冲饮过程中所能给人的恬淡、幽远意境,与文人名士修养心性、体味不凡的追求不谋而合。

为什么说唐代是茶文化的形成时期?

隋唐时,茶叶多加工成饼茶。饮用时,加调味品烹煮汤饮。随着茶事的兴旺和贡茶的出现,加速了茶叶栽培和加工技术的发展,涌现出了许多名茶,品饮之法也有较大改进。为改善茶叶苦涩味,开始加入薄荷、盐、红枣调味。此外,开始使用专门的烹茶器具,饮茶的方式也发生了显著变化,由之前的粗放式转为细煎慢品式。

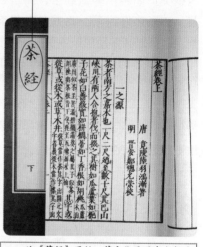

《茶经》将诸家精华及诗人的气质和艺术思想渗透其中,探讨饮茶艺术、茶道精神。

唐代的饮茶习俗蔚然成风,对茶和水的选择、烹煮方式以及饮茶环境越来越讲究。皇宫、寺院以及文人雅士之间盛行茶宴,茶宴的气氛庄重,环境雅致,礼节严格,且必用贡茶或高级茶叶,取水于名泉、清泉,选用名贵茶具。盛唐茶文化的形成,与当时佛教的发展、科举制度、诗风大盛、贡茶的兴起、禁酒等等均有关联。公元780年,陆羽著成《茶经》,阐述了茶学、茶艺、茶道思想。这一时期由于茶人辈出,使饮茶之道对水、茶、茶具、煎茶的追求达到一个极尽高雅、奢华的地步,以至于到了唐朝后期和宋代,茶文化中出现了一股奢靡之风。

从《茶经》开始,茶文化呈现出全新的局面,它是唐代茶文化形成的标志。

为什么说宋代是茶文化的兴盛时期?

到了宋代,茶文化继续发展深化,形成了特有的文化品位。宋太祖赵匡胤本身就喜爱饮茶,在宫中设立茶事机关,宫廷用茶已分等级。至于下层社会,平民百姓搬家时邻居要"献茶";有客人来,要敬"元宝茶",订婚时要"下茶",结婚时要"定茶"。

在学术领域,由于茶业的南移,贡茶以建安北苑为最,茶学研究者倾向于研究建茶。在宋代茶叶著作中,著名的有叶清臣的《述煮茶小品》、蔡襄的《茶录》、宋子安的《东溪试茶录》、沈括的《本朝茶法》、赵佶的《大观茶论》等。

宋代是历史上茶饮活动最活跃的时代,由于南北饮茶文化的融合,开始出现茶馆文化,茶馆在南宋时称为茶肆,当时临安城的茶饮买卖昼夜不绝。此外,宋代的茶饮活动从贡茶开始,又衍生出"绣茶""斗茶""分茶"等娱乐方式。

"斗茶"是一种茶叶品质的比较方法,最早是用于贡茶的选送和市场价格的竞争,因此"斗茶"也被称为"茗战"。

为什么说元明清时期是茶文化的持续发展时期？

宋人让茶事成为一项兴旺的事业，但也让茶艺走向了繁复、琐碎、奢侈，失却了茶文化原本的朴实与清淡，过于精细的茶艺淹没了唐代茶文化的精神。自元代以后，茶文化进入了曲折发展期。直到明代中叶，汉人有感于前代民族兴亡，加之开国之艰难，在茶文化呈现出简约化和人与自然的契合，以茶显露自己的苦节。

此时已出现蒸青、炒青、烘青等各茶类，茶的饮用已改成"撮泡法"，明代不少文人雅士留有传世之作，如唐伯虎的《烹茶画卷》《品茶图》等。茶叶种类增多，泡茶的技艺有别，茶具的款式、质地、花纹千姿百态。晚明到清初，精细的茶文化再次出现，制茶、烹饮虽未回到宋人的繁琐，但茶风趋向纤弱。

明清之际，茶馆发展极为迅速，有的全镇居民只有数千家，而茶馆可以达到百余家之多。店堂布置古朴雅致，喝茶的除了文人雅士之外，还有商人、手工业者等，茶馆中兼营点心和饮食，还增设说书、演唱节目，等于是民间的娱乐场所。

清末至中华人民共和国成立前的100多年，资本主义入侵，战争频繁，社会动乱，传统的中国茶文化日渐衰微，饮茶之道在中国大部分地区逐渐趋于简化，但这并非是中国茶文化的终结。从总趋势看，中国的茶文化是在向下层延伸，这更丰富了它的内容，也更增强了它的生命力。在清末民初的社会中，城市乡镇的茶馆茶肆处林立，大碗茶比比皆是，盛暑季节道路上的茶亭及乐善好施的大茶缸处处可见。"客来敬茶"已成为普通人家的礼仪美德。

为什么说当代是茶文化的再现辉煌时期？

虽然中华茶文化古已有之，但是它们在当代的复兴，被研究却是始于20世纪80年代。台湾地区是现代茶艺、茶道的最早复兴之地。内地方面，新中国成立后，茶叶产量发展很快。物质基础的丰富为茶文化的发展提供了坚实的基础。

从20世纪90年代起，一批茶文化研究者创作一批专业著作，对当代茶文化的建立作出了积极贡献，如：黄志根的《中国茶文化》、陈文华的《长江流域茶文化》、姚国坤的《茶文化概论》、余悦的《中国茶

当代茶室仍保留古朴的风格。

文化丛书》，对茶文化学科各个方面进行系统的专题研究。这些成果，为茶文化学科的确立奠定了基础。

随着茶文化的兴起，各地茶文化组织、茶文化活动越来越多，有些著名茶叶产区所组织的茶艺活动逐渐形成规模化、品牌化、产业化，更加促进了茶文化在社会的普及与流行。

中国茶文化发展到今天，已不再是一种简单的饮食文化，而是一种历史悠久的民族精神特质，讲究天、地、山、水、人的合而为一。

什么是贡茶?

贡茶起源于西周,当时巴蜀作战有功,册封为诸侯,向周王纳贡时其中即有茶叶。中国古代宁波盛产贡茶,以慈溪县区域为主,其他省、府几乎难与它匹敌。直到清朝灭亡,贡茶制度才随之消亡。

中华文明数千年,贡茶制度对于中国的茶叶生产和茶叶文化有着巨大的影响。贡茶是封建社会的君王对地方有效统治的一种维系象征,也是封建礼制的需要,它是封建社会商品经济不发达的产物。

贡茶的历史评价褒贬参半,首先,贡茶是对茶农的残酷剥削与压迫,它实际上是一种变相的税制,让茶农们深受其害,对茶叶生产极为不利;另外,由于贡茶对品质的苛求和求新的欲望,客观上也促进了制茶技术的改进与提高。

随着贡茶制度的发展与完善,皇室常在名茶产区专门设立贡茶院、御茶园,由官府直接管理,监造精品贡茶。

表面常附有皇家的印记或封蜡。

包装严谨、精致。

贡茶,就是古时专门作为贡品进献皇室供帝王享用的茶叶。

贡茶的起源是什么?

据史料记载,贡茶可追溯到公元前1000多年的西周。据晋代的《华阳国志之巴志》中记载:"周武王伐纣,实得巴蜀之师"。大约在公元前1025年,周武王姬发率周军及诸侯伐灭殷商的纣王后,便将其一位宗亲封在巴地。巴蜀作战有功,册封为诸侯。

这是一个疆域不小的邦国,它东起鱼复(今重庆奉节东白帝城),西达僰道(今四川宜宾市西南安边场),北接汉中(今陕西秦岭以南地区),南至黔涪(相当今重庆涪陵地区)。巴王作为诸侯,要向周武王纳贡。贡品有:五谷六畜、桑蚕麻纻、鱼盐铜铁、丹漆茶蜜、灵龟巨犀、山鸡白鸡、黄润鲜粉。贡单后又加注:"其果实之珍者,树有荔支,蔓有辛蒟,园有芳蒻香茗。"香茗,即茶园里的珍品茶叶。

当时的茶叶不仅作为食品,也是庆典祭祀时的礼品。

唐代的贡茶情况是怎样的？

唐代是我国茶叶发展的重要历史时期，佛教的发展推动了饮茶习俗的传播。安史之乱后，经济重心南移，江南茶叶种植发展迅速，手工制茶作坊相继出现，茶叶初步商业化，形成区域化和专业化的特征，为贡茶制度的形成奠定了基础。

唐代贡茶制度有两种形式：

（1）选择优质的产茶区，令其定额纳贡。当时名茶亦有排名：雅州蒙顶茶为第一，称"仙茶"；常州阳羡茶、湖州紫笋茶同列第二；荆州团黄茶名列第三。

（2）选择生态环境好、产量集中、交通便利的茶区，由朝廷直接设立贡茶院，专门制作贡茶。如：湖州长兴顾渚山，东临太湖，土壤肥沃，水陆运输方便，所产"顾渚扑人鼻孔，齿颊都异，久而不忘"，广德年间，与常州阳羡茶同列贡品。大历五年（770年）在此建构规模宏大的贡茶院，是历史上第一个国营茶叶厂。

三彩驿使骑马俑（唐）。

宋代的贡茶情况是怎样的？

到了宋代，贡茶制度沿袭唐代。此时，顾渚贡茶院日渐衰落，而福建凤凰山的北苑龙焙则取而代之，成为名声显赫的茶院。宋太宗太平兴国初年，朝廷特颁置龙凤模，派贡茶特使到北苑造团茶，以区别朝廷团茶和民间团茶。片茶压以银模，饰以龙凤花纹，栩栩如生，精湛绝伦。从此，宋代贡茶的制作走上更加精致、尊贵、华丽的发展路线。

宋代的贡茶在当时人的心中已不仅仅是一种精制茶叶，而是尊贵的象征。北苑生产的龙凤团饼茶，采制技术精益求精，年年花样翻新，名品达数十种之多，生产规模之大，历史罕见。仁宗年间，蔡襄创造了小龙团；哲宗年间，改制瑞云翔龙。

宋代的贡茶和茶文化在中国历史上享有盛名，不仅促进了名茶的发展、饮茶的普及，还使斗茶之风盛行，出现了无数优秀的茶文化作品，也促使了茶叶对外贸易的兴起。

宋代贡茶的价值高昂，"龙茶一饼，值黄金二两；凤茶一饼，值黄金一两。"欧阳修当了二十多年官，才蒙圣上赐高级贡茶一饼二两。

元代的贡茶情况是怎样的？

　　元代的贡茶与唐宋相比，在数量、质量及贡茶制度上，都呈平淡之势。这主要是因为元代统治者的民族性、生活习惯以及茶类的变化等原因，使唐宋形成的贡茶规模遭到冲击。

　　宋亡之后，一度兴盛的建安之御焙贡茶也衰落了。元朝保留了一些宋室的御茶园和官方制茶工场，并于大德三年（1299）在武夷山四曲溪设置焙局，又称为御茶园。御茶园建有仁风门、拜发殿、神清堂及思敬、焙芳、宜菽、燕宾、浮光等诸亭，附近还设有更衣台等建筑。焙工数以千计，大造贡茶。

　　御茶园创建之初，贡茶每年进献约 5 千克，逐渐增至约 50 千克，而要求数量越来越大，以至于每年焙制数千饼龙团茶。据董天工《武夷山志》载，元顺帝至正末年（公元 1367 年），贡茶额达 495 千克。

能够最大限度地保留茶的自然香味，使散茶逐渐受到人们的青睐。

元朝的贡茶虽然沿袭宋制以蒸青团饼茶、团茶为主，但在民间已多改饮叶茶、末茶。

明代的贡茶情况是怎样的？

　　明代初期，贡焙仍沿用元代旧制，贡焙制有所削弱，仅在福建武夷山置小型御茶园，定额纳贡制仍然实施。

　　明太祖朱元璋，出身贫寒，深知茶农疾苦，看到进贡的龙凤团饼茶，有感于茶农的不堪重负和团饼贡茶的昂贵和繁琐，因此专门下诏改革，此后明代贡茶正式革除团饼，采用散茶。

　　但是，明代贡茶征收中，各地官吏层层加码，数量大大超过预额，给茶农造成极大的负担。根据《明史·食货志》载，明太祖时，建宁贡茶 800 余千克；到隆庆初，增到 1150 千克。官吏们更是趁督造贡茶之机，贪污纳贿，无恶不作，整得农民倾家荡产。天下产茶之地，岁贡都有定额，有茶必贡，无可减免。明神宗万历年间，昔富阳鲥鱼与茶并贡，百姓苦难言。

朱元璋诏令："诏建宁岁贡上供茶，罢造龙团……天下茶额惟建宁为上，其品有四：探春、先春、次春、紫笋，置茶户五百，免其役。"

清代的贡茶情况是怎样的？

清代，茶业进入鼎盛时期，形成了著名的茶区和茶叶市场。如建瓯茶厂竟有上千家，每家少则数十人，多则百余人，从事制茶业的人员越来越多。据江西《铅山县志》记载："河口镇乾隆时期制茶工人二三万之众，有茶行48家。"

在出口的农产品之中，茶叶所占比重很大。清代前期，贡茶仍旧沿用前朝产茶州定额纳贡的制度。到了中叶，由于商品经济的发展和资本主义因素的增长，贡茶制度逐渐消亡。清宫除常例用御茶之外，朝廷举行大型茶宴与每岁新正举行的茶宴，在康熙后期与乾隆年间曾盛极一时。

清代历朝皇室所消耗的贡茶数量是相当惊人的，全国七十多个府县，每年向宫廷所进的贡茶即达6950余千克。这些贡茶，有些是由皇帝亲自选定的。如洞庭碧螺春茶，是康熙第三次南巡时御赐茶名；西湖龙井，是乾隆下江南时，封为御茶；其他还有君山毛尖、遵定云雾茶、福建西天山芽茶、安徽敬亭绿雪、四川蒙顶甘露等。

> 皇室所用茶具不论材质、工艺，在历朝历代都极具特色与观赏性。

掐丝珐琅缠枝莲茶具，清朝（1616～1911）茶具。清宫内院初期以调饮（奶茶）为主；后期才逐渐改为清饮。

中国的茶区分布是怎样的？

中国茶区分布辽阔，从地理上看，东起东经122度的台湾省东部海岸，西至东经95度的西藏自治区易贡，南自北纬18度的海南岛榆林，北到北纬37度的山东省荣成市，东西跨经度27度，南北跨纬度19度。茶区地跨中热带、边缘热带、南亚热带、中亚热带、北亚热带和暖日温带。在垂直分布上，茶树最高种植在海拔2600米高地上，而最低仅距海平面几十米或百米。

茶区囊括了浙江、湖南、湖北、安徽、四川、重庆、福建、云南、广东、广西、贵州、江苏、江西、陕西、河南、台湾、山东、西藏、甘肃、海南等21个省（自治区、直辖市）的上千个县市。

> 在不同地区，生长着不同类型、不同品种的茶树，决定着茶叶的品质及其适制性和适应性。

茶区划分有什么意义？

　　划分茶业区域，是为了更好地开发和利用自然资源，更合理地调整生产布局，因地制宜地指导茶业的生产和规划。因此，科学的茶区划分，是种植业规划的重要部分，也是顺利发展茶叶生产的一项重要基础工作，对于茶叶的研究工作也非常有利。

　　由于我国茶区辽阔，品种丰富，产地地形复杂，茶区划分采取三个级别：即一级茶区，系全国性划分，用以宏观指导；二级茶区，系由各产茶省（区）划分，进行省区内生产指导；三级茶区，系由各地县划分，具体指挥茶叶生产。

现代中国的茶区是怎样划分的？

　　按照一级茶区的划分，中国茶区可分为四大块：即江北茶区、西南茶区、华南茶区和江南茶区。

　　江北茶区：南起长江，北至秦岭、淮河，西起大巴山，东至山东半岛，包括甘南、陕西、鄂北、豫南、皖北、苏北、鲁东南等地，是我国最北的茶区。茶区多为黄棕土，酸碱度略高，气温偏低，茶树新梢生长期短，冻害严重。因昼夜温度差异大，茶树自然品质形成好，适制绿茶，香高味浓。

　　西南茶区：米仑山、大巴山以南，红水河、南盘江、盈江以北，神农架、巫山、方斗山、武陵山以西，大渡河以东的地区，包括黔、川、滇中北和藏东南。茶区地形复杂，多为盆地、高原。各地气候差异较大，但总体水热条件良好。整个茶区冬季较温暖，降水较丰富，适宜茶树生长。

　　华南茶区：位于大樟溪、雁石溪、梅江、连江、浔江、红水河、南盘江、无量山、保山、盈江以南，包括闽中南、台、粤中南、海南、桂南、滇南。茶区水热资源丰富，土壤肥沃，多为赤红壤。茶区高温多湿，四季常青，茶树资源极其丰富。

　　江南茶区：长江以南，大樟溪、雁石溪、梅江、连江以北，包括粤北、桂北、闽中北、湘、浙、赣、鄂皖南、苏南等地。江南茶区大多是低丘山地区，多为红壤，酸碱度适中。有自然植被的土壤，土层肥沃，气候温和，降水充足。茶区资源丰富，历史名茶甚多，如西湖龙井、君山银针、洞庭碧螺春、黄山毛峰等等，享誉国内外。

茶　区	位　　置	土壤/地形	气　候	茶　产
江北茶区	甘南、陕西、鄂北、豫南、皖北、鲁东南等地	酸碱度略高的黄棕土，地形复杂	气温低、雨量少，昼夜温差大	品质优良，适制绿茶，香高味浓
西南茶区	黔、川、滇中北和藏东南	地形复杂，多为盆地、高原	气候条件各异、水热条件好	适宜茶树生长
华南茶区	闽中南、台、粤中南、海南、桂南、滇南	土壤肥沃，多为赤红壤	高温多湿，四季常青	茶树资源极其丰富
江南茶区	粤北、桂北、闽中北、湘、浙、赣等地	低丘山地，土壤酸碱度适中	四季分明，气候温和，降水充足	茶区资源丰富，历史名茶甚多

第二章　茶的种类

什么是绿茶？

　　绿茶，又称不发酵茶，是以适宜茶树的新梢为原料，经过杀青、揉捻、干燥等典型工艺制成的茶叶。由于干茶的色泽和冲泡后的茶汤、叶底均以绿色为主调，因此称为绿茶。

　　绿茶是历史上最早的茶类，古代人类采集野生茶树芽叶晒干收藏，可以看作是绿茶加工的发始，距今至少有三千多年。绿茶为我国产量最大的茶类，产区分布于各产茶区。其中以浙江、安徽、江西三省产量最高，质量最优，是我国绿茶生产的主要基地。中国绿茶中，名品最多，如西湖龙井、洞庭碧螺春、黄山毛峰、信阳毛尖等。

嫩绿的叶芽。

汤色清雅。

　　绿茶较多地保留了鲜叶内的天然物质，茶多酚、咖啡碱保留了鲜叶的85%以上，叶绿素保留了50%左右。

什么是炒青绿茶？

　　我国茶叶生产，以绿茶为最早。自唐代我国便采用蒸气杀青的方法制造团茶，到了宋代又进而改为蒸青散茶。到了明代，我国又发明了炒青制法，此后便逐渐淘汰了蒸青。

　　绿茶加工过程是：鲜叶→杀青→揉捻→干燥。干燥的方法有很多，用烘干机或烘笼烘干，有的用锅炒干，有的用滚桶炒干。炒青绿茶，因干燥方式采用"炒干"的方法而得名。

　　由于在干燥过程中受到作用力的不同，成茶形成了长条形、圆珠形、扇平形、针形、螺形等不同的形状，分别称为长炒青、圆炒青、扁炒青等。长炒青形似眉毛，又称为眉茶，条索紧结，色泽绿润，香高持久，滋味浓郁，汤色、叶底黄亮；圆炒青形如颗粒，又称为珠茶，具有圆紧如珠、香高味浓、耐泡等品质特点；扁炒青又称为扁形茶，具有扁平光滑、香鲜味醇的特点。

手工揉搓、捻压使其外观呈扁形。

茶叶内部的精华与香气得以保留。

　　极品西湖龙井，外形上扁平光滑，苗锋尖削，色泽嫩绿，随着茶品级别的下降，外形色泽有着由嫩绿→青绿→墨绿的细微变化。

什么是烘青绿茶？

　　烘青绿茶，因其干燥是采取烘干的方式，因此得名。烘青绿茶，又称为茶坯，主要用于窨制各类花茶，如茉莉花、白兰花、代代花、珠兰花、金银花、槐花等。

　　烘青绿茶产区分布较广，产量仅次于眉茶。以安徽、浙江、福建三省产量较多，其他产茶省也有少量生产。烘青绿茶除了用于花茶之外，在市场上也有素烘青销售。素烘青的特点是外形完整、稍弯曲，锋苗显露，翠绿鲜嫩；香清味醇，有烘烤之味；其汤色叶底，黄绿清亮。烘青工艺是为提香所为，适宜鲜饮，不宜长期存放。

汤色黄绿清明，香味清醇。

烘青绿茶是用烘笼进行烘干的，经加工精制后多用于窨制花茶的茶坯。

什么是蒸青绿茶？

　　蒸青绿茶是我国古人最早发明的一种茶类。据陆羽在《茶经》中记载，其制法为："晴，采之，蒸之，捣之，拍之，焙之，穿之，封之，茶之干矣。"即，将采来的新鲜茶叶，经过蒸青软化后，揉捻、干燥、碾压、造型而成。蒸青绿茶的香气较闷，且带青气，涩味也较重，不如炒青绿茶鲜爽。南宋时期佛家茶仪中所使用的"抹茶"，即是蒸青的一种。

蒸青法制成的干茶叶，色泽深绿。

什么是晒青绿茶？

　　晒青绿茶是指在制作过程中干燥方式采用日光晒干的绿茶。晒茶的方式起源于三千多年前，由于太阳晒的温度较低，时间较长，因此较多地保留了鲜叶的天然物质，制出的茶叶滋味浓重，且带有一股日晒特有的味道。

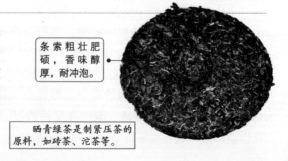

条索粗壮肥硕，香味醇厚，耐冲泡。

晒青绿茶是制紧压茶的原料，如砖茶、沱茶等。

什么是红茶?

红茶是在绿茶的基础上经过发酵而成，即以适宜的茶树新芽为原料，经过杀青、揉捻、发酵、干燥等工艺而成。制成的红茶其鲜叶中的茶多酚减少90%以上，新生出茶黄素、茶红素以及香气物质等成分，因其干茶的色泽和冲泡的茶汤以红色为主调，故名红茶。

红茶的发源地在我国的福建省武夷山茶区。自17世纪起，西方商人成立东印度公司，用茶船将红茶从我国运往世界各地，深受不同国度王室贵族的青睐。红茶是我国第二大出产茶类，出口量占我国茶叶总产量的50%左右，销往世界60多个国家和地区。

尽管世界上的红茶品种众多，产地很广，但多数红茶品种都是由我国红茶发展而来。世界四大名红茶分别为祁门红茶、阿萨姆红茶、大吉岭红茶和锡兰高地红茶。

外形苗秀、色有"宝光"、香气浓郁。

浓稠浓烈、清透鲜亮。

红汤、红叶、香甜味醇都是红茶的主要特征。

品种：祁门红茶
产地：我国安徽省祁门县及其周边。

品种：阿萨姆红茶
产地：印度东北部、喜马拉雅山南麓的阿萨姆邦。

汤色橙黄，气味芬芳高雅，带有葡萄香。

汤色橙红明亮，上品的汤面有金黄色的光圈。

品种：大吉岭红茶
产地：印度孟加拉邦北部喜马拉雅山麓的大吉岭高原。

品种：锡兰高地红茶
产地：斯里兰卡。

什么是白茶?

白茶是中国六大茶类之一,为福建的特产,主要产区在福鼎、政和、松溪、建阳等地。基本工艺是萎凋、烘焙(或阴干)、拣剔、复火等工序。白茶的制法既不破坏酶的活性,又不促进氧化作用,因此具有外形芽毫完整、满身披毫、毫香清鲜、汤色黄绿清澈、滋味清淡回甘的品质特点。它属于轻微发酵茶,是我国茶类中的特殊珍品,因其成品茶多为芽头,满披白毫,如银似雪而得名。

白茶因茶树品种、鲜叶采摘的标准不同,可分为叶茶(如白牡丹、新白茶、贡眉、寿眉)和芽茶(如白毫银针)。其中,白牡丹是采自大白茶树或水仙种的短小芽叶新梢的一芽一二叶制成的。

白毫密披,色白如银。

外形粗壮,挺直如针。

白毫银针是白茶中最名贵的品种,其香气清新,汤色杏黄,滋味鲜爽。

白毫银针是采自大白茶树的肥芽制成,制作工艺虽简单,但对细节要求极高。

什么是黄茶?

人们在炒青绿茶的过程中发现,由于杀青、揉捻后干燥不足或不及时,叶色会发生变黄的现象,黄茶的制法也就由此而来。

黄茶属于发酵茶类,其杀青、揉捻、干燥等工序与绿茶制法相似,关键差别就在于闷黄的工序。大致做法是,将杀青和揉捻后的茶叶用纸包好,或堆积后以湿布盖之,促使茶坯在水热作用下进行非酶性的自动氧化,形成黄色。按采摘芽叶范围与老嫩程度的差别,黄茶可分为黄芽茶、黄小茶和黄大茶三类。

"黄叶黄汤"是黄茶显著的特点。

细致匀齐

采摘单芽或一芽一叶加工而成的黄芽茶。

黄茶在发酵过程中,会产生大量的消化酶,对人体的脾胃功能大有好处。

什么是乌龙茶?

　　乌龙茶,又名青茶,属半发酵茶类,基本工艺过程是晒青、晾青、摇青、杀青、揉捻、干燥,以其创始人苏龙(绰号乌龙)而得名。乌龙茶结合了绿茶和红茶的制法,其品质特点是,既具有绿茶的清香和花香,又具有红茶醇厚的滋味。

　　乌龙茶的主要产地在福建(闽北、闽南)及广东、台湾三个省。名品有铁观音、黄金桂、武夷大红袍、武夷肉桂、冻顶乌龙、闽北水仙、奇兰、本山、毛蟹、梅占、大叶乌龙、凤凰单枞、凤凰水仙、岭头单枞、台湾乌龙等。

　　乌龙茶是中国茶类中具有鲜明特色的品种,由宋代贡茶龙凤饼演变而来,创制于清朝雍正年间。其药理作用表现在分解脂肪、减肥健美等方面。在日本被称为"美容茶""健美茶"。

香气清雅、滋味醇厚甘鲜。

产自福建安溪的铁观音茶
茶条肥壮卷结、色泽砂绿。

什么是黑茶?

　　作为一种利用菌发酵方式制成的茶叶,黑茶属后发酵茶,基本工艺是杀青、揉捻、渥堆和干燥四道工序。按照产区的不同和工艺上的差别,黑茶可分为湖南黑茶、湖北老青茶、四川边茶和滇桂黑茶。

　　最早的黑茶是由四川生产的,是绿毛茶经蒸压而成的边销茶,主要运输到西北边区,由于当时交通不便,必须减少茶叶的体积,蒸压成团块。在加工成团块的过程中,要经过二十多天的湿坯堆积,毛茶的色泽由绿变黑。黑茶中以云南的普洱茶最为著名,由它制成的沱茶和砖茶深受蒙藏地区人们的青睐。

黑茶口味浓醇,在我国云南、四川、广西等地广为流行。

由于堆积发酵时间较长,叶片大多呈现暗褐色。

茶叶较为粗老。

什么是普洱茶？

普洱茶，是采用绿茶或黑茶经蒸压而成的各种云南紧压茶的总称，包括沱茶、饼茶、方茶、紧茶等。产普洱茶的植株又名野茶树，在云南南部和海南均有分布，自古以来即在云南省普洱一带集散，因而得名。

普洱茶的分类，从加工程序上，可分为直接加工为成品的生普和经过人工速成发酵后再加工而成的熟普；从形制上，又分散茶和紧压茶两类。由于云南常年适宜的气温及高地土壤养分富裕，故使得普洱茶的营养价值颇高，被国内及海外侨胞当作养生滋补珍品。

古时普洱茶饼常被制成南瓜形状，作为清朝皇室的贡品运往京城。

滋味醇厚回甘，具有独特的陈香味儿。

普洱茶可暖胃养气、解腻消脂，有着"茶中之茶"的赞誉。

什么是六堡茶？

六堡茶，是指原产于广西苍梧县六堡乡的黑茶，后发展到广西二十余县，产地制茶历史可追溯到一千五百多年前，清嘉庆年间就已被列为全国名茶。

人们白天摘取茶叶，放于篮篓中，晚上置于锅中炒至极软，等到茶叶内含黏液、略起胶时，即提取出来，趁其未冷，用器搓揉，搓之愈熟，则叶愈收缩而细小，再用微火焙干，待叶色转为黑色即成。六堡茶的品质要陈，存放越久品质越佳，凉置陈化是制作六堡茶过程中的重要环节。为了便于存放，六堡茶通常压制加工成圆柱状，也有的制成块状、砖状，还有散状的。

六堡茶以"红、浓、陈、醇"四绝著称——
红：茶汤色泽红艳明净；
浓：茶黄素、茶红素等有色物质浓厚，色如同琥珀；
陈：品质愈陈愈佳；
醇：滋味浓醇甘和，有特殊的槟榔香气。

什么是花茶?

花茶,又称熏花茶、香花茶、香片,是中国特有的香型茶。花茶始于南宋,已有千余年的历史,最早出现在福州。它是利用茶叶善于吸收异味的特点,将有香味的鲜花和新茶一起闷,待茶将香味吸收后再把干花筛除,花茶乃成。

明代顾元庆在《茶谱》一书中详细记载了窨制花茶的方法:"诸花开时,摘其半含半放之香气全者,量茶叶多少,摘花为茶。花多则太香,而脱茶韵;花少则不香,而不尽美。"

最常见的花茶是茉莉花茶,根据茶叶中所用的鲜花不同,还有玉兰花茶、桂花茶、珠兰花茶、玳玳花茶等。普通花茶都是用绿茶作为茶坯,也有用红茶或乌龙茶制作的。

茉莉花

绿茶

花茶"引花香,益茶味",香味浓郁,茶汤色深,深得偏好重口味的北方人喜爱。

什么是工艺花茶?

工艺花茶,是采用高山茶树嫩芽和多种天然的干鲜花为原料,经过精心的手工制作而成。其工艺复杂而讲究,外形奇特而繁多,让人在品味茶香的同时,又能欣赏杯中如画的景象,尽享典雅与情趣,且有保健作用。工艺花茶的冲泡特别讲究,要使用高透明度的耐热玻璃壶或玻璃杯。玻璃杯或壶的高度要在9厘米以上,直径为6~7厘米,若使用底部为弧形的玻璃容器冲泡更佳。冲泡的开水,要达到沸点,刚烧开的水为佳。

观赏工艺花茶,以平视为最佳角度,其次是45度角俯斜视。

经开水泡开后,各花朵在茶水中怒放,形成一道独特秀丽的风景。

什么是紧压茶?

紧压茶,是以黑毛茶、老青茶、做庄茶等原料,经过渥堆、蒸、压等典型工艺过程加工而成的砖形或块状的茶叶。

紧压茶生产历史悠久,其蒸压方法与古代蒸青饼茶的制法相似。大约于 11 世纪前后,四川的茶商即将绿毛茶蒸压成饼,运销西北等地。到 19 世纪末期,湖南的黑砖茶、湖北的青砖茶相继问世。紧压茶茶味醇厚,有较强的消食除腻功能,还具有较强的防潮性能,便于长途运输和贮藏。

紧压茶一般都是销往蒙藏地区,这些地区牧民多肉食,日常需大量消耗茶。紧压茶喝时需用水煮较长时间,因此茶汤中鞣酸含量高,非常有利于消化,同时会使人体产生饥饿感,因此,喝茶时通常要加入有营养的物质。蒙古人习惯加入奶,叫奶茶;藏族人习惯加入酥油,为酥油茶。

底部中间有一个圆形的凹陷。

云南七子饼茶外观酷似满月。

紧压茶的多数品种比较粗老,干茶色泽黑褐,汤色橙黄或橙红。

什么是砖茶?

砖茶,又称蒸压茶,是紧压茶中很有代表性的一种。它是用各种毛茶经过筛、扇、切、磨等过程,成为半成品,再经过高温汽蒸压成砖形的茶块。砖茶是以优质黑毛茶为原料,其汤如琥珀,独具菌花香,长期饮用砖茶能够帮助消化,促进调节人体新陈代谢,对人体有一定的保健作用。

砖茶的种类很多,有云南产的紧茶、小方砖茶;四川产的康砖茶;湖北产的青砖茶;湖南产的黑砖茶、茯砖茶、花砖茶等。也有用红茶做成的红砖茶,俗

砖茶滋味醇厚,香气纯正,数百年来与奶、肉一起,成为西北各族人民的生活必需品。

称米砖茶。所有的砖茶都是用蒸压的方式成型,但成型方式有所不同。如黑砖、花砖、茯砖、青砖、米砖茶是用机压成型;康砖茶则是用棍锤筑造成型。在茯砖茶的压制技术中,独有汽蒸沤堆工序,还有"发金花"的过程,让金黄色的黄霉菌在上面生长,霉花多者为上品。

什么是沱茶?

沱茶是一种制成圆锥窝头状的紧压茶,原产于云南景谷县,又称"谷茶",通常用黑茶制造。关于沱茶的名字,说法很多。有的说,古时沱茶均销向四川沱江一带,因而得名;也有说法称,沱茶古时称团茶,"沱"音是由"团"音转化而来。

沱茶的历史悠久,早在明代万历年间的《滇略》上已有此茶之记载。清代末叶,云南茶叶集散市场逐渐转移到交通方便的下关。茶商把团茶改制成碗状的沱茶,经昆明运往重庆、叙府(今宜宾)、成都等地销售,故又称叙府茶。

沱茶从上面看似圆面包,从底下看似厚壁碗,中间下凹,颇具特色。

沱茶的种类,依原料不同可分为绿茶沱茶和黑茶沱茶。绿茶沱茶是以较细嫩的晒青绿毛茶为原料,经蒸压制成;黑茶沱茶是以普洱茶为原料,经蒸压制成。用晒青绿茶压制而成的,又称为"云南沱茶";用普洱散茶压制而成的,又称"云南普洱沱茶"或"普洱沱茶"。云南沱茶,香气馥郁,滋味醇厚,喉味回甘,汤色橙黄明亮;普洱沱茶,外形紧结,色泽褐红,有独特的陈香。

什么是萃取茶?

萃取茶,是以成品茶或半成品茶为原料,用热水萃取茶叶中的可溶物,过滤掉茶渣后取得的茶汁;有的还要经过浓缩、干燥等工序,制成固态或液态茶,统称为萃取茶。萃取茶主要有罐装饮料茶、浓缩茶和速溶茶三种。

罐装饮料茶是用成品茶加一定量的热水提取过滤出茶汤,再加一定量的抗氧化剂(维生素 C 等),不加糖、香料,然后装罐、封口、灭菌而制成,其浓度约 2%,开罐即可饮用。

浓缩茶是用成品茶加一定量的热水提取过滤出茶汤,再进行减压浓缩或反渗透膜浓缩,到一定浓度后装罐灭菌而制成。直接饮用时需加水稀释,也可作罐装饮料茶的原汁。

速溶茶,又称可溶茶,是用成品茶加一定量的热水提取过滤出茶汤,浓缩后加入环糊精,并充入二氧化碳气体,进行喷雾干燥或冷冻干燥后,制成粉末状或颗粒状的速溶茶。加入热水或冷水即可冲饮,十分方便。

简单来说,萃取茶即用热水萃取出茶原料中的可溶物,再经过滤而制成各种固态、液态茶。

什么是香料茶？

香料茶，就是指在茶叶中加入天然香料而成的再加工茶。香料茶是从西方传来的，是西方人喜爱的一种茶饮。香料一般用肉桂粉，也可以用小豆口、丁香、豆蔻等。

香料茶所选用的茶叶一般用斯里兰卡BP茶、锡兰茶、阿萨姆CTC茶等，这些茶叶的叶片细小，很适合做香料茶。

肉桂依形状的不同分为条状和粉末状，选择肉桂时，以粉末状为佳，肉桂粉的香气和味道相对来说比较浓，适合煮茶用，而肉桂条则适合做冰肉桂茶。

肉桂又称玉桂，味甜辛辣，性温，可散寒止痛，补火助阳，暖脾胃，通血脉，杀虫止痢。

各种香料是西方人饮食中的常见之物，其中肉桂以具有浓烈而独特香气的越南肉桂为最佳。

什么是果味茶？

果味茶，就是指用新鲜水果烘干而成的茶。这种茶依然保有水果的甜蜜风味，喝起来酸中带甜，口味独特。有些果味茶会加入一些烘干的花草茶，做成花果茶。

红莓果、蓝莓果往往会加入一些玫瑰和紫罗兰做成花果茶，苹果、柠檬会单独制作成果味茶。果味茶可以根据自己的口味自由搭配，喜欢酸味的，可以多加一些柠檬，喜欢甜味的可以多加一些苹果等，同时也可以在茶中加入白砂糖、蜂蜜等佐料。

苹果营养丰富、滋味甜美，深受人们的喜爱。

将切好的带皮苹果配以少许肉桂，投入清水中煮沸后，加入红茶包即可饮用。

什么是保健茶?

保健茶是从西方流行开来的,但西方的保健茶是以草药为原料,不含茶叶成分,只是借用"茶"的名称而已。中国保健茶则不同,是以绿茶、红茶或乌龙茶为主要原料,配以确有疗效的单味或复方中药制成;也有用中药煎汁喷在茶叶上干燥而成;或者药液茶液浓缩后干燥而成。

传统的保健茶主要有三种:①单味茶,即用一味茶或一味药物经冲泡或煎煮后饮用,如绿茶、红茶、乌龙茶、独参茶、枸杞茶等;②茶加药,是既有茶成分又有药物成分的保健茶,经冲泡或煎煮后饮用,如午时茶、川芎茶调散等;③药代茶,是指将药物煎煮或冲泡后代茶饮用,并不含茶成分。

以茶为主。

配有适量中药。

保健茶,是一种有保健治疗作用的饮料,既有茶味,又有轻微药味。

什么是含茶饮料?

含茶饮料,又叫茶饮料,是用水浸泡茶叶,经抽提、过滤、澄清等工艺制成的茶汤或在茶汤中加入水、糖液、酸味剂、食用香精、果汁或植(谷)物抽提液等调制加工而成的饮品。

从成分上看,茶饮料可分为茶汤饮料、果汁茶饮料、果味茶饮料和其他茶饮料几类。其中茶汤饮料指将茶汤(或浓缩液)直接灌装到容器中的饮品;果汁茶饮料指在茶汤中加入水、原果汁(或浓缩果汁)、糖液、酸味剂等调制而成的饮品,成品中原果汁含量不低于5.0%(M/V);果味茶饮料指在茶汤中加入水、食用香精、糖液、酸味剂等调制而成的饮品;其他茶饮料指在茶汤中加入植(谷)物抽提液、糖液、酸味剂等调制而成的制品。

从消费习惯来说,人们往往把茶饮料分为绿茶、红茶、乌龙茶、花茶等几类。从产品的物态来看,茶饮料又分为液态茶饮料和速溶固体茶饮料两种。在液态的茶饮料中又有加气(一般为二氧化碳)和不加气之分。

混入茶汤、糖等。

冰块使茶温迅速降低。

冰茶饮料冰凉、舒爽,在较为炎热的地区尤为盛行。

什么是名茶？

名茶，顾名思义，是指在国内甚至国际上有相当知名度的茶叶。名茶的成名原因各有不同，有的是因为优良的茶树品种或精湛的制茶工艺，有的则是因为特殊的文化风格或历代文人的诗词烘托。

现代的名茶，可分为四个方面：①饮用者共同喜爱，认为其与众不同。②历史上的贡茶，流传至今。③国际博览会上获奖茶叶。④新制名茶全国评比受到好评的。

历史上流传至今的贡茶，有西湖龙井、洞庭碧螺春等；曾经消失在历史中，现在又恢复身份的名茶，有徽州松罗茶、蒙山甘露茶等；近现代新创、受到广泛喜爱的名茶，有江西名茶、高桥银峰等。

名茶通常具有脍炙人口的品质、独具特色的韵味、闻名海内外的声名或是有着悠久的历史文化底蕴。

什么是历史名茶？

中国有数千年的饮茶历史，当茶成为一种日常所需的商品之后，特别是当茶叶成为贡品之后，全国各地的优秀茶种也被渐渐发掘出来。在各个历史朝代不断涌现出一些珍品茶叶，经过时间的沉淀，它们便成了闻名于世的历史名茶。

历史名茶，不但有着卓绝的品质和口味，往往还有着相关的文化背景。比如：产于杭州西湖的西湖龙井，历史上曾分为"狮、龙、云、虎"四个品类，其历史可追溯到唐代，而北宋时龙井茶区已初具规模，苏东坡曾有"白云峰下两旗新，腻绿长鲜谷雨春"的诗句。

武夷岩茶具有绿茶之清香，红茶之甘醇，虽未经窨花，却有浓郁的花香。

产于闽北名山武夷山的武夷岩茶，茶树生长在岩缝之中，是中国乌龙茶中之极品。18世纪传入欧洲后，备受喜爱，曾有"百病之药"的美誉。而据史料记载，唐代民间就已将其作为馈赠佳品；宋、元时被列为"贡品"茶叶；元时还在武夷山设立了"御茶园"。

总之，中国的历史名茶不仅有着悠久的文化背景，更是经过时间考验的茶中珍品。

西湖龙井以"色绿、香郁、味醇、形美"四绝著称于世。

唐代的名茶有哪些？

据唐代陆羽的《茶经》和其他历史资料，唐代的名茶共有下列 50 余种，大多是蒸青团饼茶，少量是散茶。

蒸青制法使茶色泽深绿、茶汤浅绿、茶底青绿，唐朝人更注重追求茶所固有的天然青涩之美。

茶 名	产 地	茶 名	产 地
顾渚紫笋 （顾渚茶、紫笋茶）	湖州（浙江长兴）	阳羡茶、紫笋茶 （义兴紫笋）	常州（江苏宜兴）
寿州黄芽（霍山黄芽）	寿州（安徽霍山）	靳门团黄	湖北靳春
蒙顶石花（蒙顶茶）	剑南（四川蒙山顶）	神泉小团	东川（云南东川）
方山露芽（方山生芽）	福州	仙茗	越州泉岭（浙江余姚）
香雨（其香、香山）	夔州（重庆奉节）	邕湖含膏	岳州（湖南岳阳）
东白	婺州（浙江东白山）	鸠坑茶	睦州桐庐（浙江淳安）
西山白露	洪州（南昌西山）	仙崖石花	彭州（四川彭州）
绵州松岭	绵州（四川绵阳）	仙人掌茶	荆州（湖北当阳）
夷陵茶	峡州（湖北夷陵）	紧阳茶	陕西紫阳
义阳茶	义阳郡（河南信阳）	六安茶、小岘春	寿州盛唐（安徽六安）
黄冈茶	黄州黄冈（湖北麻城）	天柱茶	寿州霍山（安徽霍山）
雅山茶	宣州宣城（安徽宣城）	天目山茶	杭州天目山
径山茶	杭州（浙江余姚）	歙州茶	歙州（江西婺源）
衡山茶	湖南省衡山	赵坡茶	汉州广汉（四川绵竹）
界桥茶	袁州（江西宜春）	剡溪茶	越州剡县（浙江嵊州）
蜀冈茶	扬州江都	庐山茶	江州庐山（江西庐山）
唐茶	福州	柏岩茶（半岩茶）	福州鼓山
九华英	剑阁以东蜀中地区	昌明茶、兽目茶	四川绵阳

宋代的名茶有哪些?

宋代茶文化兴盛,根据《宋史·食货志》、《大观茶论》等古籍记载,仅宫殿贡茶就有贡新、试新、白茶、云叶、雪英等40多种;而地方名茶,则达90多种。

宋代的茶叶以蒸青团饼茶为主,上至帝王,下至百姓,盛行斗茶。

茶 名	产 地	茶 名	产 地
建安茶（北苑茶）	建州	临江玉津	江西清江
顾渚紫笋	湖州（浙江长兴）	袁州金片（金观音）	江西宜春
日铸茶（日注茶）	浙江绍兴	青凤髓	建安（福建建瓯）
阳羡茶	常州义兴（江苏宜兴）	纳溪梅岭	泸州（四川泸县）
巴东真香	湖北巴东	五果茶	云南昆明
龙芽	安徽六安	普洱茶	云南西双版纳
方山露芽	福州	鸠坑茶	浙江淳安
径山茶	浙江余杭	西庵茶	浙江富阳
天台茶	浙江天台	石笕岭茶	浙江诸暨
天尊岩贡茶	浙江分水（桐庐）	瑞龙茶	浙江绍兴
谢源茶	歙州婺源（江西婺源）	雅安露芽、蒙顶茶	蒙山（四川雅安）
虎丘茶（白云茶）	苏州虎丘山	峨眉白芽茶（雪芽）	四川峨眉山
洞庭山茶	江苏苏州	武克茶	福建武夷山
灵山茶	浙江宁波鄞县	卧龙山茶	越州（浙江绍兴）
沙坪茶	四川青城	修仁茶	修仁（广西荔浦）
邓州茶	四川耶县	龙井茶	浙江杭州
宝云茶	浙江杭州	仙人掌茶	湖北当阳
白云茶（龙湫茗）	浙江雁荡山	紫阳茶	陕西紫阳
月兔茶	四川涪州	信阳茶	河南信阳
花坞茶	越州兰亭（浙江绍兴）	黄岭山茶	浙江临安

元代的名茶有哪些？

　　元代名茶在数量、质量上日趋平淡，根据元代马端陆的《文献通考》和其他古文资料，元代的名茶共有 40 多种。

> 元代的茶经济、茶文化都有着较为显著的过渡特征，味香自然、取用方便的散茶开始逐步取代饼茶、团茶的优势地位。

茶　名	产　地	茶　名	产　地
绿英、金片	袁州（江西宜春）	龙井茶	浙江杭州
东首、浅山、薄侧	光州（河南潢川）	武夷茶	福建武夷山
大石枕	江陵（湖北江陵）	阳羡茶	江苏宜兴
双上绿芽、小大方	澧州（湖南澧县）	清口	归州（湖北秭归）
雨前、雨后、杨梅、草子、岳麓	荆湖（湖北武昌至湖南长沙一带）	头金、骨金、次骨、末骨、粗骨	建州（福建建瓯)和剑州（福建南平）
早春、华英、来泉、胜金	歙州（安徽歙县）	独行、灵草、绿芽、片金、金茗	潭州（湖南长沙）

明代的名茶有哪些？

　　到了明代，开始废除团茶，昌兴散茶，因此蒸青团茶数量渐少，而蒸青和炒青的散芽茶渐多。根据《茶谱》《茶笺》《茶疏》等古籍记载，明代的名茶共有 50 多种。

茶　名	产　地	茶　名	产　地
蒙顶石花、玉叶长春	剑南（四川蒙山）	顾渚紫笋	湖州（浙江长兴）
碧涧、明月	峡州（湖北宜昌）	火井、思安	邓州（四川邓州）
薄片	渠江（四川达州）	真香	巴东（重庆奉节）
柏岩	福州（福建闽侯）	白露	洪州（江西南昌）
阳羡茶	常州（江苏宜兴）	举岩	婺州（浙江金华）
阳坡	了山（安徽宣城）	罗岕	浙江长兴
骑火	龙安（四川龙安）	武夷岩茶	福建武夷山
都儒、高株	黔阳（四川泸州）	云南普洱	云南西双版纳
麦颗、乌嘴	蜀州（四川雅安）	黄山云雾	安徽歙县、黄山
云脚	袁州（江西宜春）	新安松罗	安徽松罗山
绿花、紫英	湖州（浙江吴兴）	余姚瀑布茶	浙江余姚
白芽	洪州（江西南昌）	石埭茶	安徽石台

清代的名茶有哪些?

清代继承并发扬了前代茶文化的特色,各类绿茶、乌龙茶、白茶、黄茶、黑茶、红茶中的领军品种异军突起,传承或诞生出不少至今仍弥久不衰的传统名茶,共有40多种。

茶 名	产 地	茶 名	产 地	茶 名	产 地
武夷岩茶	福建武夷山	黄山毛峰	安徽黄山	青城山茶	四川都江堰
徽州松罗	安徽休宁	西湖龙井	浙江杭州	蒙顶茶	四川雅安
普洱茶	云南	闽红	福建	峨眉白芽茶	四川峨眉山
祁门红茶	安徽祁门	庐山云雾	江西庐山	务川高树茶	贵州铜仁
婺源绿茶	江西婺源	君山银针	岳阳君山	贵定云雾茶	贵州贵定
洞庭碧螺春	苏州太湖	安溪铁观音	福建安溪	湄潭眉尖茶	贵州湄潭
石亭豆绿	福建南安	苍梧六堡茶	广西苍梧	严州苞茶	浙江建德
敬亭绿雪	安徽宣城	屯溪绿茶	安徽休宁	莫干黄芽	浙江余杭
涌溪火青	安徽泾县	桂平西山茶	广西桂平	富田岩顶	浙江富阳
六安瓜片	安徽六安	南山白毛茶	广西横县	九曲红梅	浙江杭州
太平猴魁	安徽太平	恩施玉露	湖北恩施	温州黄汤	浙江平阳
信阳毛尖	河南信阳	天尖	湖南安化	泉岗辉白	浙江嵊州
紫阳毛尖	陕西紫阳	白毫银针	福建政和	鹿苑茶	湖北远安
舒城兰花	安徽舒城	凤凰水仙	广东潮安		
老竹大方	安徽歙县	闽北水仙	福建建阳		

青花压手杯(清康熙)

以十二月份的当令花卉为题,十二件一套。

中国十大名茶是哪些茶?

中国的"十大名茶"版本很多,众说纷纭,以1959年全国"十大名茶"评选为例,分别是:西湖龙井、洞庭碧螺春、黄山毛峰、庐山云雾、六安瓜片、君山银针、信阳毛尖、武夷岩茶、安溪铁观音、祁门红茶。

其他知名的茶叶也经常上榜各种"十大名茶"的评比榜单,例如,在1988年中国首届食品博览会上,还有1999年昆明世博会上获奖的名茶除去以上十种之外,还有湖南蒙洱茶、云南普洱茶、冻顶乌龙、歙县茉莉花茶、四川峨眉竹叶青、蒙顶甘露、都匀毛尖、太平猴魁、屯溪绿茶、雨花茶、滇红、惠明茶。

茶 名	类别	产 地
西湖龙井	绿茶	浙江省杭州西湖
洞庭碧螺春	绿茶	江苏省苏州太湖洞庭山
黄山毛峰	绿茶	安徽省歙县
庐山云雾	绿茶	江西省庐山
六安瓜片	绿茶	安徽省六安、金寨、霍山三县
君山银针	黄茶	湖南省岳阳洞庭湖君山
信阳毛尖	绿茶	河南省信阳市
武夷岩茶	乌龙茶	福建省武夷山区
安溪铁观音	乌龙茶	福建省安溪县
祁门红茶	红茶	安徽省祁门县及其周边

西湖龙井有什么特点？

西湖龙井，是指产于中国杭州西湖龙井一带的一种炒青绿茶，以"色绿、香郁、味甘、形美"而闻名于世，是中国最著名的绿茶之一。

龙井茶有不同的级别，随着级别的下降，外形色泽嫩绿、青绿、墨绿依次不同，茶身由小到大，茶条由光滑至粗糙，香味由嫩爽转向浓粗，叶底由嫩芽转向对夹叶，色泽嫩黄、青绿、黄褐各异。

在历史上，西湖龙井按产地分为狮、龙、云、虎、梅五个种类：狮，为龙井村狮子峰一带，此处出产的茶又称为狮峰龙井，是西湖龙井中的上品，香气纯，颜色为"糙米色"；龙为龙井一带，其中翁家山所产可以媲美狮峰龙井；云为云栖一带，是西湖龙井产量最大的地区；虎为虎跑一带；梅为梅家坞。现在统称为西湖龙井茶。其中，以狮峰龙井为最佳。

根据茶叶采摘时节不同，西湖龙井又可分为明前茶和雨前茶。在气温较冷的年份，会推迟到清明节前后采摘，这类茶被称为清明茶。

雨前茶是清明之后、谷雨之前采的嫩芽，也叫二春茶，是西湖龙井的上品。

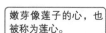
嫩芽像莲子的心，也被称为莲心。

明前茶是指由清明之前采摘的嫩芽炒制的，它是西湖龙井的最上品。

一芽一叶形似旗枪，或一芽两叶形似雀舌。

保持干燥、密封，避免阳光直射，杜绝挤压是储藏西湖龙井的最基本要求。

西湖龙井汤色嫩绿（黄）明亮；清香或嫩果香；滋味清爽或浓醇；叶底嫩绿、完整。

黄山毛峰有什么特点？

黄山毛峰产于安徽黄山，是中国著名的历史名茶，其色、香、味、形俱佳，品质风味独特。1955年被中国茶叶公司评为全国"十大名茶"，1986年被中国外交部定为"礼品茶"。

黄山毛峰特级茶，在清明至谷雨前采制，以一芽一叶初展为标准，当地称"麻雀嘴稍开"。鲜叶采回后即摊开，并进行拣剔，去除老、茎、杂。毛峰以晴天采制的品质为佳，并要当天杀青、烘焙，将鲜叶制成毛茶（现采现制），然后妥善保存。

特级黄山毛峰的品质特点为"香高、味醇、汤清、色润"，条索细扁，形似"雀舌"，白毫显露，色似象牙，带有金黄色鱼叶（俗称"茶笋"或"金片"，有别于其他毛峰）；芽肥壮、匀齐、多毫。冲泡后，清香高长，汤色清澈，滋味鲜浓、醇厚，回味甘甜；汤色清澈明亮；叶底嫩黄肥壮，匀亮成朵。

细嫩扁曲，多毫有锋。

黄山毛峰以茶形"白毫披身，芽尖似峰"而得名。

碧螺春有什么特点？

洞庭碧螺春，产于江苏苏州太湖的洞庭山碧螺峰上，属于绿茶。碧螺春茶"形美、色艳、香浓、味醇"，风格独具，驰名中外。

洞庭山位于碧水荡漾、烟波浩渺的太湖之滨，气候温和，空气清新，云雾弥漫，有着得天独厚的种茶环境，加之采摘精细，做工考究，形成了别具特色的品质特点。碧螺春冲泡后，味鲜生津，清香芬芳，汤绿水澈，叶底细匀嫩。

碧螺春茶从春分开采，至谷雨结束，采摘的茶叶为一芽一叶，一般是清晨采摘，中午前后拣剔质量不好的茶片，下午至晚上炒茶。目前大多仍采用手工方法炒制，杀青、炒揉、搓团焙干，三个工序在同一锅内一气呵成。

条索纤细，卷曲成螺。

碧螺春茶始于明代，原名"吓煞人香"，俗称"佛动心"。康熙皇帝南巡至太湖洞庭山，吴县巡抚宋荦购买朱家所产"吓煞人香"茶献上，康熙备加赞赏，但闻其名不雅，遂御赐名"碧螺春"，此后地方官年年采办碧螺春进贡。如今，碧螺春属全国十大名茶之一。1954年，周总理曾携带1千克"东山西坞村碧螺春"茶叶赴日内瓦参加国际会议。

碧螺春为人民大会堂指定用茶，常用来招待外宾。

蒙顶茶有什么特点?

蒙顶茶,产于横跨四川省名山、雅安两县的蒙山,相传种植于两千年之前,是中国最古老的名茶,被尊为"茶中故旧"。

《尚书》上说:"蔡蒙旅平者,蒙山也,在雅州,凡蜀茶尽出于此。"西汉甘露年间(公元前53年),名山县人吴理真"携灵茗之种,植于五峰之中",这是我国人工种茶最早的文字记载。到了唐代,蒙顶茶被列为"贡茶"。白居易曾有诗句,"琴里知闻唯渌水,茶中故旧是蒙山。"明代陈绛的诗句流传最广,"扬子江心水,蒙山顶上茶。"

古时采制蒙顶茶极为隆重,地方官在清明节之前选择吉日,焚香沐浴,率领僚属,朝拜"仙茶",然后"亲督而摘之"。贡茶采摘限于七株,数量甚微,最初采六百叶,后定采三百六十叶,由寺僧炒制。炒茶时寺僧诵经,制成后贮入银瓶内,再盛以木箱,用黄缣丹印封之,送至京城供皇家祭祀之用,此谓"正贡"茶。

如今,蒙顶茶是蒙山所产各类名茶的统称,以生产甘露为多,称为蒙顶甘露。

蒙顶茶外形紧卷多毫,嫩绿油润。

蒙顶茶香气馥郁,芬芳鲜嫩;汤色碧清微黄,清澈明亮,有"仙茶"之称,被奉为皇室祭祀用茶。

顾渚紫笋有什么特点?

顾渚紫笋,原产于浙江省长兴县水口乡的顾渚山,现在多分布于浙江北部茶区。因其鲜茶芽叶颜色呈微紫色,嫩叶背卷,如同笋壳一般,因此取名紫笋。

顾渚紫笋,早在唐广德年间就以龙团茶进贡,曾被唐代"茶圣"陆羽评为"茶中第一";因其品质优良,曾被选为祭祀宗庙用茶,第一批茶必须在清明之前送至长安,以便祭祀所用,因此这一批贡茶又被称为"急程茶"。到了明洪武八年(1375年),顾渚紫笋不再成为贡品,被改制成条形散茶。清代初年,紫笋茶逐渐消亡;直到改革开放后,才得以重现往昔光彩。

紫笋茶的采摘时节,是在每年清明至谷雨期间;采摘标准为一芽一叶或一芽二叶初展。然后,经过摊青、杀青、理条、摊晾、初烘、复烘等工序制成。

成茶冲泡之后,茶汤清澈明亮,色泽翠绿带紫,味道甘鲜清爽,隐隐有兰花香气,沁人心脾,有"青翠芳馨,嗅之醉人,啜之赏心"之赞。

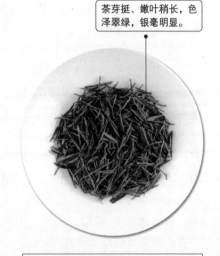

茶芽挺、嫩叶稍长,色泽翠绿,银毫明显。

极品紫笋,茶叶相抱似笋;上等紫笋,形似兰花。

桂平西山茶有什么特点?

桂平西山茶,全国名茶之一,因产于广西省桂平市西山而得其名。西山临近浔江,有乳泉流经茶园,气候温暖湿润,非常适宜茶树的生长。作为绿茶中的名品,桂平西山茶最早现于唐代,到明代时已闻名于江南各地。《当州府志》中说:"西山茶,色清绿而味芬芳,不减龙井。"

西山茶要勤采嫩摘,每年从二月底开采,直至十一月,可采茶二十多次;采摘标准为一芽一叶或一芽二叶初展,长度不超过4厘米。芽叶的大小、长短、色泽要均匀一致,保持芽叶的完整和新鲜。

西山茶采用手工炒制,在洁净光滑的铁锅内,采用抖、翻、滚、甩、拉、捺等多种手法。炒制时按原料的老嫩、含水程度、锅温高低的不同而运用不同的手法。

西山成茶冲泡之后,幽香持久,滋味醇厚,回甘鲜爽;汤色碧绿清澈,叶底嫩绿明亮,而且经饮耐泡,若用西山乳泉之水烹饮,效果最佳,饮后心清神爽,口齿留香。

黛绿银尖,茸毫盖锋梢。

西山茶条索紧结,纤细匀整,呈龙卷状。

南京雨花茶有什么特点?

南京雨花茶因产于南京市郊的雨花台一带而得名。这里属于海拔60米左右的低丘陵区,年均气温15.5℃,无霜期225天,年降水量在900～1000毫米。梅山附近出产的茶,因与梅树间种,吸取梅花之清香,为雨花茶中的上品。

雨花茶创制于1958年,目前还不属于历史名茶。但是,此茶以其优良品质多次荣获省市奖项,被列为全国名茶之一。由于它是绿茶炒青中的珍品,且属于针状春茶,因此与安化松针、恩施玉露一起,被称为"中国三针"。

雨花茶的采摘期极短,通常为清明之前10天左右。采摘标准精细,要求嫩度均匀,长度一致,具体为:半开展的一芽一叶嫩叶,长2.5～3厘米。极品雨花茶全程为手工炒制,经过杀青(高温杀青,嫩叶老杀,老叶嫩杀)、揉捻、整形、干燥后,再涂乌桕油加以手炒,每锅只可炒250克茶。

沸水冲泡后,芽芽直立,上下沉浮,香气清雅,滋味醇厚,回味甘甜,汤色碧绿清澈,叶底嫩匀明亮。

锋苗挺秀,色呈墨绿,形似松针。

南京雨花茶的特点是紧、直、绿、匀。

太平猴魁有什么特点？

　　太平猴魁，产于安徽黄山区新明乡猴坑一带的猴村、猴岗、颜家三合村。产地低温多湿，土质肥沃，云雾笼罩，因此茶质优良。据说，"猴魁"原是野生茶，是飞鸟衔来茶子撒播在石缝之中，于是逐渐繁衍生长成林。由于野茶树在黄山东北的山麓之上，四壁陡峭，人所难攀，村民们驯养猴子上峰顶采回茶叶，并经手工精制成猴魁。

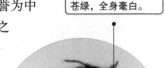

叶芽挺直肥实，色泽苍绿，全身毫白。

　　太平猴魁茶叶，始创于 1900 年，属于绿茶类的尖茶，被誉为中国的"尖茶之冠"。1955 年，太平猴魁被评为中国十大名茶之一。2004 年，在国际茶博会上获得"绿茶茶王"称号。2007 年 3 月，曾作为国礼赠送俄罗斯总统普京。

　　通常在谷雨前开园采摘，立夏前停采，采摘期为 15 天左右。分批采摘开面为一芽三四叶，从第二叶茎部折断，一芽二叶（第二叶开面）俗称"尖头"，为制猴魁的上好原料。采摘天气一般选择在晴天或阴天午前（雾退之前），午后拣尖。经过杀青、毛烘、足供、复焙四道工序制成。成茶分为三个品级：上品为猴魁，次之为魁尖，再次为尖茶。

　　该茶冲泡后，汤色清绿透明，滋味鲜爽醇厚，回味甘甜，即使放茶叶过量，也不会出现苦涩之味。

猴魁尖茶的外形奇特，两头尖而不翘，不弯曲、不松散。

庐山云雾有什么特点？

　　庐山云雾，俗称"攒林茶"，古称"闻林茶"，产于江西庐山，是绿茶类名茶。庐山北临长江，南近鄱阳湖，气候温和，每年近 200 天云雾缭绕，这种气候为茶树生长提供了良好的条件。

外形饱满秀丽，茶芽隐露。

　　庐山云雾，始产于汉代，已有一千多年的栽种历史。据《庐山志》记载："东汉时……各寺于白云深处劈岩削谷，栽种茶树，焙制茶叶，名云雾茶。"北宋时，庐山云雾茶曾列为"贡茶"。明代时，庐山云雾开始大面积种植。清代李绂的《六过庐记》中说："山中皆种茶，循茶径而直下清溪。"1959 年，朱德在庐山品尝此茶后，作诗一首："庐山云雾茶，味浓性泼辣，若得长时饮，延年益寿法。"

庐山云雾有"六绝"之名，即"条索粗壮、青翠多毫、汤色明亮、叶嫩匀齐、香高持久、醇厚味甘"。

　　采摘云雾茶在清明前后，随着海拔增高，采摘时间相应延迟，采摘标准为一芽一叶。采回茶片后，薄摊于阴凉通风处，保持鲜叶纯净，经过杀青、抖散、揉捻等九道工序制成。

　　庐山云雾茶汤幽香如兰，饮后回甘香绵，其色如沱茶，却比沱茶清淡，经久耐泡，为绿茶之精品。

六安瓜片有什么特点？

六安瓜片，又称片茶，是中国十大名茶之一，也是绿茶系列中的一种。主要产于安徽省的六安、金寨、霍山等地，因为在历史上这些地方都属于六安府，故此得名。六安瓜片的产地在大别山北麓，云雾缭绕，气候温和，生态环境优异。产于金寨齐云山一带的茶叶，为瓜片中的极品，冲泡后雾气蒸腾，有"齐山云雾"的美称。

外形平展，茶芽肥壮，叶缘微翘。

六安产茶，始于秦汉，到明清时期，已经有 300 多年的贡茶历史。曹雪芹在《红楼梦》中曾有 80 多处提及。六安瓜片采自当地特有品种，经扳片、剔去嫩芽及茶梗，并将嫩叶、老叶分开炒制，通过加工制成瓜子形的片状茶叶。

六安瓜片冲泡后，香气清高，滋味鲜醇，回味甘美，汤色清澈晶亮，叶底嫩绿。一般用 80℃ 的水冲泡，也是因为春茶的叶比较嫩的缘故。待茶汤凉至适口，品尝茶汤滋味，宜小口品啜，缓慢吞咽，可从茶汤中品出嫩茶香气，顿觉沁人心脾。历史上还多用此茶做中药，饮用此茶有清心目、消疲劳、通七窍的作用。

六安瓜片是中国绿茶中唯一去梗去芽的片茶。

惠明茶有什么特点？

惠明茶，产于浙江景宁畲族自治县红垦区赤木山的惠明村，古称"白茶"，又称景宁惠明，是浙江的传统名茶。惠明茶主要产于海拔 600 米左右的赤木山区，山上树木葱茏，云山雾海，经久不散，以酸性沙质黄壤土和香灰土为主，土质肥沃，雨量充沛，茶树生长环境得天独厚。

该茶生产始于唐代。景宁县志称：唐咸通二年（861 年），寺僧惠明和尚在寺周围辟地种茶，茶因僧名。清乾隆五十四年（1789 年），惠明茶被列为贡品。

全芽披毫，翠绿光润。

当地茶农把山上的茶树分为大叶茶、竹叶茶、多芽茶、白芽茶和白茶等品种。其中，大叶茶叶片宽大，多芽茶（叶腋间的潜伏芽齐发并长）叶质厚实，都是惠明茶的最佳原料。惠明茶的采摘标准以一芽二叶初展为主，采回后进行筛分，使芽叶大小、长短一致。加工工艺分为摊青、杀青、揉条、辉锅 4 道工序。

该茶冲泡后，汤色嫩绿，清澈明亮，滋味鲜爽醇和，带有持久兰花香；叶底单芽细嫩完整、嫩绿明亮。

惠明茶外形细紧，颗粒饱满。

平水珠茶有什么特点？

平水珠茶，是浙江独有的传统名茶，出产于浙江会稽山平水茶区。茶区被会稽山、四明山、天台山所环抱，云雾缭绕，溪流纵横，土地肥沃，气候温和，非常适宜茶树生长。平水是浙江绍兴东南的一个著名集镇，早在唐代，这里已是有名的茶酒集散地，各县所产珠茶，均集中在这里进行精制加工，然后转运出口。

该茶以沸水冲泡后，粒粒珠茶释放展开，别有趣味；香高味浓，经久耐泡。

平水珠茶是中国最早出口的茶品之一，17世纪即有少量输出海外。18世纪初期，珠茶以"熙春""贡熙"的茶名风靡欧洲，被誉为"绿色珍珠"。

外形圆实，呈颗粒状。

珠茶是由绍兴茶农创制的一种炒青绿茶，因其形如珍珠而得名。

恩施玉露有什么特点？

恩施玉露，产于湖北恩施东郊的五峰山。这里气候温和，雨量充沛，朝夕云雾缭绕，非常适合茶树的生长。据传，清朝康熙年间，恩施芭蕉黄连溪一蓝姓茶商，所制茶叶外形紧圆挺直，色绿如玉，取名玉绿。1936年，湖北民生公司茶官杨润之改锅炒杀青为蒸青，使玉绿在外观上更加油润翠绿，毫白如玉，故改名为玉露。

恩施玉露一直沿用唐代的蒸气杀青方法，是我国保留下来的为数不多的蒸青绿茶。其采制要求非常严格，采用一芽一叶、大小均匀、节短叶密、芽长叶小、色泽浓绿的鲜叶为原料。该茶冲泡后，茶汤清澈明亮，香气清鲜，滋味甘醇，叶底色绿如玉。茶绿、汤绿、叶底绿，这"三绿"为其显著特征。

外形条索紧细。

匀齐挺直，状如松针。

英山云雾茶有什么特点？

英山云雾茶，产于身处大别山腹地的湖北省黄冈市英山县，那里重峦叠嶂，地势较高，气候湿润，自古即是出产品质上佳名茶的重镇。相传，远在唐朝时该地即为宫廷内院进贡各种名品茶叶，而位于此处偏北的雷家店就是英山云雾茶的发源地。

英山云雾茶茶汤色泽嫩绿、清香馥郁、滋味甘爽，深受品茶爱好者的喜爱，在国内有着极高的评价。

条索紧细、匀整，翠绿油润。

竹叶青茶有什么特点？

竹叶青茶，产于"佛教四大名山"之一的峨眉山。四川峨眉山地处蜀地，那里群山险峻、云海连绵，独特的地理条件与人文传承，造就了峨眉竹叶青茶的极佳品质——在精植细作的僧人手下孕育而成的清醇、淡雅的隐士风格。

色泽嫩绿油润。

竹叶青茶属于扁平形的炒青绿茶，早在唐朝即有了极佳的口碑。唐朝李善在《文选注》中就曾有过提及，"峨眉多药草，茶尤好，异于天下。今黑水寺后绝顶产一种茶，味佳，而色二年白，一年绿，间出有常。"自唐以后历代众多文人墨客接踵而来，多有赞誉。1964年，对茶钟爱有加的陈毅元帅路过四川峨眉山时，在品尝之后对此茶赞不绝口，后见其杯中汤清叶绿宛如青嫩的竹叶，故取名"竹叶青"。

竹叶青茶外形扁平挺直。

竹叶青茶至今依然保持着当初僧人栽植、采制的严格要求，所取之叶非嫩不用，通常在清明节前3～5天的时候采收，标准为一芽一叶或一芽两叶。该茶汤色黄绿清亮，叶底嫩绿如新，茶香清雅，口味甘爽。

径山茶有什么特点？

余杭径山茶，又名径山毛峰，产于浙江省余杭县西北天目山东北峰的径山，属绿茶类名茶。

径山产茶历史悠久，始栽于唐，闻名于宋。宋朝的翰林学士叶清臣在他的《文集》中说："钱塘、径山产茶质优异。"清代《余杭县志》载："径山寺僧采谷雨茗，用小缶贮之以馈人，开山祖法钦师曾植茶树数株，采以供佛，逾年蔓延山谷，其味鲜芳特异，即今径山茶是也。"

色泽翠绿。

余杭径山寺始建于唐代，在南宋时为佛教禅院"五山十刹"之首，是日本佛教临济宗之源。"径山茶宴"闻名遐迩，相传日本"茶道"也源于此处。

茶区属热带季风气候区，温和湿润，雨量充沛，日照充足，无霜期244天，土质肥沃，对茶树生长十分有利。径山茶鲜叶的采摘，是在谷雨前后，采摘标准为一芽一叶或一芽二叶，经过摊放、杀青、摊晾、轻揉、解块、初烘、摊晾、低温烘干等工序制成。该茶冲泡后，香气清幽，滋味鲜醇，茶汤呈鲜明绿色，叶底嫩匀明亮，经饮耐泡，口感清醇回甘。

成茶外形纤细，毫毛显露。

休宁松萝有什么特点？

松萝茶，属绿茶类历史名茶，产于安徽休宁城北的松萝山，山高882米，与琅源山、金佛山、天保山相连，山势险峻、蜿蜒数里，风景秀丽。茶园多分布在该山海拔600～700米之间，气候温和，雨量充沛，常年云雾弥漫，土壤肥沃，土层深厚。所长茶树称为"松萝种"，树势较大，叶片肥厚，茸毛显露，是加工松萝茶的上好原料。

松萝茶历史悠久，唐时松萝山有松萝庵。明代袁宏道曾有"徽有送松萝茶者，味在龙井之上，天池之下"的记述。清代冒襄在《岕茶汇抄》上说："计可与罗岕敌者，唯松萝耳。"

松萝茶采摘于谷雨前后，采摘标准为一芽一叶或一芽二叶初展。采回的鲜叶均匀摊放在竹匾或竹垫上，并将不符合标准的茶叶剔除。待青气散失，叶质变软，便可炒制，要求当天的鲜叶当天制作完。

该茶冲泡后，香气高爽，滋味浓厚，带有橄榄香味；汤色绿明，叶底绿嫩。饮后令人心旷神怡，古人有"松萝香气盖龙井"之赞辞。松萝茶区别于其他名茶的显著特点为"三重"：色重、香重、味重。

条索紧卷匀壮，色泽绿润。

松萝茶不仅香高味浓，而且能够治病，对高血压、顽疮有良好效果，还可化食通便。

老竹大方有什么特点？

老竹大方，产于安徽歙县东北的昱岭关附近，属于绿茶类。相传，宋元年间，在歙县老竹岭上有庙僧大方。他在岭上自种自制茶叶，供香客饮用，大方茶就以此得名，扬名乡里。大方茶，以老竹铺和福泉山所产的"顶谷大方"最优。

顶谷大方茶在谷雨前采摘，采摘标准为一芽二叶初展；普通大方茶，则于谷雨至立夏采摘，以一芽二三叶为主。鲜叶加工前要进行选剔和摊放，经过杀青、揉捻、做坯、辉锅等工序制成毛茶。

该茶冲泡后，滋味醇厚爽口，香气高长，有板栗香气；汤色黄绿明净，叶底嫩匀柔软，芽叶肥壮。普通的大方茶，因色泽深绿、褐润，似铸铁之色，其形又如竹叶状，故称为"铁色大方"或"竹叶大方"。

由于大方茶自然品质好，吸香能力强，还可窨成花茶"花大方"，如珠兰大方、茉莉大方。花大方，茶香调和性好，花香鲜浓，茶味醇厚。不窨花的又称为"素大方"，在市场上也颇受欢迎，日本称其为"健美茶"。

条索硕壮挺直。

外形扁平，翠绿微黄

敬亭绿雪有什么特点？

敬亭绿雪产于安徽宣州北边的敬亭山，该山即李白所说的"相看两不厌，只有敬亭山"，有江南诗山之称。

敬亭绿雪于清明之际采摘，标准为一芽一叶初展，长 3 厘米，芽尖和叶尖平齐，形似雀，大小匀齐。经过杀青、做形、干燥等工序制成。该茶冲泡后，汤清色碧，白毫翻滚；嫩香持久，回味甘醇。敬亭绿雪分为"特级、一级、二级、三级"四个等级。由于生长小环境的不同，干茶茶香有所差异，有板栗香型、兰花香型或金银花香型。饮评者有诗赞誉："形似雀舌露白毫，翠绿匀嫩香气高，滋味醇和沁肺腑，沸泉明瓷雪花飘。"

敬亭绿雪属绿茶类，曾是历史名茶。大约创制于明代，而于清末失传。《宣城县志》上记载有："明、清之间，每年进贡 300 斤。"明代王樨登有诗句："灵源洞口采旗枪，五马来乘谷雨尝。从此端明茶谱上，又添新品绿雪香。"清康熙年间的宣城诗人施润章有诗赞之："馥馥如花乳，湛湛如云液……枝枝经手摘，贵真不贵多。"

形如雀舌，挺直饱润。

白毫显露，色泽翠绿。

仙人掌茶有什么特点？

仙人掌茶，又名玉泉仙人掌，产于湖北省当阳市玉泉山麓玉泉寺一带，为扁形蒸青绿茶。据传，该茶是唐代玉泉寺中孚禅师所始创，自采自制春茶，用珍珠泉水泡制，饮之清芬，舌有余甘。唐肃宗年间，中孚禅师在江南遇见李白，以此茶相赠。李白品茗后，取名为"仙人掌茶"。

该茶冲泡之后，芽叶舒展，嫩绿纯净，似朵朵莲花挺立水中，汤色嫩绿，清澈明亮；清香雅淡，沁人肺腑，滋味鲜醇爽口。初啜清淡，回味甘甜，继之醇厚鲜爽，清香弥留于口齿之间，令人回味。

仙人掌茶品级分为特级、一级和二级。特级茶的鲜叶要求一芽一叶，芽长于叶，多白毫，芽叶长度为 2.5～3 厘米。加工分为蒸气杀青、炒青做形、烘干定型三道工序。

明代李时珍《本草纲目》中，有"楚之茶，则有荆州之仙人掌"的记载。明代黄一正《事物甘珠》，把"仙人掌茶"列在全国名茶中。

信阳毛尖有什么特点？

信阳毛尖，又称"豫毛峰"，产于河南信阳的大别山区，因条索紧直锋尖，茸毛显露，故取名"信阳毛尖"。

唐代茶圣陆羽所著的《茶经》，把信阳列为全国八大产茶区之一；宋代大文学家苏轼尝遍名茶而挥毫赞道："淮南茶，信阳第一。"信阳茶区属高纬度茶区，产地海拔多在500米以上，群峦叠翠，溪流纵横，云雾弥漫，滋润了肥壮柔嫩的茶芽，为信阳毛尖提供了优良的原料。

信阳毛尖的采茶期分为三季：谷雨前后采春茶，芒种前后采夏茶，立秋前后采秋茶。谷雨前后采摘的少量茶叶被称为"跑山尖""雨前毛尖"，是毛尖珍品。特级毛尖采取一芽一叶初展，一级毛尖以一芽一叶为主，二三级毛尖以一芽二叶为主，四五级毛尖以一芽三叶及对夹叶为主，不采蒂梗，不采鱼叶。特优珍品茶，采摘更是讲究，只采芽苞。盛装鲜叶的容器采用透气的光滑竹篮，采完后送回荫凉室内摊放几小时，趁鲜分批、分级炒制，当天鲜叶当天炒完。

信阳毛尖外形细秀匀直，显峰苗。

白毫遍布，色泽翠绿。

安吉白片有什么特点？

安吉白片，又称玉蕊茶，产于浙江省安吉县的山河乡，是当地著名的绿茶。茶园地处高山深谷，晨夕之际，云雾弥漫，昼夜温差大，土层深厚肥沃，具有得天独厚的茶树生长环境。

白片茶在谷雨前后开采，采摘标准为芽苞和一芽一叶初展，芽叶长度小于2.5厘米。采回的芽叶经过筛青、簸青、拣青、摊青"四青"处理后，再进行炒制，主要工艺分杀青、清风、压片、干燥四道工序。

安吉白片的特异之处在于，春天时的幼嫩芽呈白色，以一茶二叶为最白，成叶后夏秋的新梢则变成绿色。民间俗称"仙草茶"，当地山民视春茶为"圣灵"，常采来治病。

该茶冲泡后，香高持久，滋味鲜爽甘甜；汤色清澈明亮，芽叶朵朵可辨。

唐代陆羽在《茶经》中曾说："永嘉县东三百里有白茶山"；宋代《大观茶论》中说："白茶，与常茶不同，其条敷阐，其叶莹薄。崖林之间，偶然生出……芽英不多，尤难蒸培。"

安吉白片外形扁平挺直，一叶包一芽，形似兰花。

白毫显露，色泽翠绿。

上饶白眉有什么特点？

上饶白眉，是江西省上饶县创制的特种绿茶，它满披白毫，外观雪白，外形恰如寿星的白眉毛，因此得名。由于鲜叶嫩度不同，白眉茶分为银毫、毛尖、翠峰三个等级，各具风格，总称上饶白眉。

其鲜叶采自大面白茶树，采摘标准为一芽一叶初展、一芽一叶开展、一芽二叶初展，分别加工成白眉银毫、白眉毛尖、白眉翠峰。采下茶叶及时放入小竹篾盘里，置于室内通风摊放，等青气散发、透出清香，即可炒制。加工工艺为杀青、揉捻、理条、烘干四道工序。

该茶冲泡后香气清高，滋味鲜浓，叶底嫩绿。尤其是银毫，为一芽一叶初展加工，近似银针，外形雪白；沏泡后，香气清高，具有浓厚熟栗香，味美回甜，朵朵茶芽如雀舌，在杯中雀跃，令人赞叹。

白眉茶外形壮实，条索匀直。

白毫特多，色泽绿润。

开化龙顶有什么特点？

开化龙顶，是浙江新开发的优质名茶之一，产于开化县齐溪乡的大龙山、苏庄乡的石耳山、溪口乡的白云山等地。茶区地势高峻，海拔均在 1000 米以上，溪水环绕，气候温和，"兰花遍地开，云雾常年润"，为茶树提供了优良的生长环境。

清明至谷雨前，选用长叶形、发芽早、色深绿、多茸毛、叶质柔厚的鲜叶，以一芽二叶初展为标准，经摊放、杀青、揉捻、烘干等工序制成。

成茶以沸水冲泡后，芽尖竖立，如幽兰绽开，香气清高持久，具花香，滋味鲜爽浓醇，汤色微黄透绿、清澈明亮，叶底成朵明亮，味爽清新，齿留遗香，冲泡三次，仍有韵味。开化龙顶最淡，三四泡后滋味杳然。极品迎霜，滋味最悠长，六七泡快出水依然能够芽头饱满挺立，味道层次明显，开头凛冽，中间浓厚，其次甜润，最终绵长。

该茶从 1957 年开始研制，一度中断，至 1979 年始恢复生产。茶叶科技人员在龙顶潭周围的茶园里，采取一芽一叶为原料，精心研制出一种品质优异的好茶，以开化和龙顶而取名为开化龙顶。因其香气清幽、滋味醇爽，成为浙江名茶中的新秀，1985 年获全国名茶称号。

外形紧直挺秀，白毫毕露。

开化龙顶属于高山云雾茶，芽叶成朵，形似青龙盘白云。

南糯白毫茶有什么特点？

南糯白毫，是产于云南西双版纳傣族自治州勐海县南糯山的一种绿茶。它创制于 1981 年，因产于世界"茶树王"所在地——南糯山而得其名。

南糯山的原始森林，终年云雾飘渺。这里气候宜人，年均气温 18℃～21℃；雨量充沛，年均降雨量 1500 毫米左右；土壤肥沃，"腐殖质"层厚达 50 厘米左右，有"海绵地"之称。得天独厚的自然环境，及矿物质含量丰富的土壤，非常适宜于茶树的生长。因此，南糯山的茶叶质地优良，成茶独具风味。尤其南糯白毫，是采自云南的大叶种，芽叶肥嫩，叶质柔软，茸毫特多。

南糯白毫茶条索紧结，壮实匀整。

南糯白毫，是烘青型绿茶。一般只采春茶，清明时节开采；采摘标准为一芽二叶，主要工艺为摊青、杀青、揉捻和烘干等四道工序。该茶冲泡后，香气馥郁清纯，滋味浓厚醇爽；汤色黄绿明亮，叶底嫩匀成朵；经饮耐泡；饮后口颊留芳，生津回甘。

有锋苗，白毫密布。

南糯白毫于 1981 年被评为省名茶之一，1982 年被评为全国名茶，被茶界专家认为是大叶种绿茶中的优秀名品，1988 年获中国首届食品博览会金奖。

江华毛尖茶有什么特点？

江华毛尖，产于湖南江华瑶族自治县。该县位于南岭北麓、潇水上游，是湖南省的最南端。茶区集中在顺牛牯岭、岭东的大圩开源冲、两岔河一带，海拔多在 1000～1500 米，苍峰入云，森林繁茂，溪流交错，云雾缭绕。茶区气候温和，冬无严寒，夏无酷暑，土壤多为紫沙土，疏松深厚，富含有机质。

江华毛尖茶条索肥厚，紧结卷曲。

当地人把茶树分为两类，一类为苦茶，另一类为甜茶。江华毛尖是用甜茶树的芽叶制成，品质别具一格，可止渴生津，山区瑶胞常用来化解烦闷，医治"积热、久泻"和"心脾不适"。

江华毛尖的加工工艺可分为：杀青、摊凉、揉捻、复炒、摊凉、复揉、整形和足干八道工序。由于采用了重揉、全炒的工序，对叶组织的破坏较多，在第一次冲泡时，水浸出物大量浸出，高达浸出物总量的 55%，因此茶水滋味异常浓烈。

茸毛呈银珠形点缀在茶条之上。翠绿秀丽，色泽光润。

该茶冲泡之后，香气清高芬芳，汤色晶莹，滋味浓醇甘爽，叶底嫩绿。江华毛尖历史悠久，据说早在五代时，已被列为贡品。1986 年，江华毛尖获得了"湖南省名优茶奖"称号，成为国内知名的茶叶。

青城雪芽茶有什么特点？

青城雪芽，产于四川都江堰市西南的青城山区。青城山海拔2000多米，这里峰峦重叠，云雾隐现，古木参天，古称"天下第五山"。产区夏无酷暑，冬无严寒，雾雨蒙蒙，年均气温15.2℃，年降水量1225.2毫米，日照190天；土层深厚，为酸性黄棕紫泥，土质肥沃。

青城雪芽茶外形秀丽，形直微曲。

白毫显露。

青城山产茶历史悠久，陆羽《茶经》中已有记载；五代毛文锡《茶谱》中也说："青城，其横源、雀舌、鸟嘴、麦颗，盖取其嫩芽所造。"宋代时，更是设置茶场，并形成一套制茶工艺。"青城雪芽"是建国后吸取传统制茶技术创制的新茶品种，色、香、味、形俱佳，1982年被评为四川省优质产品。

雪芽鲜叶的采摘期为清明前后数日，采摘标准为一芽一叶。采摘要求：芽叶全长为3.5厘米左右，鲜嫩匀整，无杂叶、病虫叶、对夹叶、变形叶、单片叶。采摘后，经过杀青、摊凉、揉捻、二炒、摊凉、复揉、三炒、烘焙、鉴评、拣选、复火等工序而制成雪芽。

该茶冲泡后，香高持久，滋味鲜浓，汤绿清澈，耐冲泡，叶底鲜嫩匀整，可谓茶中之珍品。由于青城雪芽极为细嫩，茶渣鲜嫩可食，当地人们饮茶时便将茶渣咀嚼吞食。今天的湖南等地山区农村，仍有这种嚼食茶渣的风俗习惯。

井冈翠绿茶有什么特点？

井冈翠绿，产于海拔千米的江西井冈山，因色泽翠绿，故取此名。井冈山四季云雾飘绕，溪水环山而流，土壤疏松肥沃，雨量充沛，空气湿度大，日照光度短，所产的茶叶叶片肥壮，柔软细嫩，叶质不易老硬。

井冈翠绿的鲜叶，多采自谷雨前后。采摘标准为一芽一叶至一芽二叶初展。鲜叶采后，要先摊放一阵，再经过杀青、初揉、再炒、复揉、搓条、搓团、提毫、烘焙八道工序制成。

该茶冲泡后，色泽翠绿，香气鲜嫩，汤色清澈明亮，滋味清醇鲜爽，叶底完整嫩绿。初冲泡时，芽尖冲向水面，悬空竖立，然后徐徐下沉杯底，三起三落，犹如天女散花，群兰吐艳。品饮后，只觉神清气爽，满口清香。

井冈翠绿是江西省井冈山垦殖场茨坪茶厂经过十余年的努力创造而成的。1962年朱德重上井冈山时，就曾在这里赏兰品茶。1982年被评为江西省八大名茶之一；1988年被评为江西省新创名茶第一名。

安化松针有什么特点？

安化松针，产于湖南省安化县，因其外形挺直、细秀、翠绿，状似松树针叶，因而得名。它是中国特种绿茶中针形绿茶的代表。安化是湘中大山区，处于雪峰山脉北段，属亚热带季风气候区，温暖湿润，土质肥沃，雨量充沛，溪河遍布，是非常适于茶树生长的气候带。

安化产茶的历史悠久，素有"茶乡"之称。宋代之时，安化境内的芙蓉山和云台山上已遍植茶树，"山崖水畔，不种自生"。明代万历年间，安化所产黑茶"天尖""贡尖"被定为官茶；自此之后，安化黑茶成为茶马交易的主体茶。元末明初，安化开始生产绿茶，后来称为"四保贡茶"。清道光年间，安化的"芙蓉青茶"和"云台云雾"，曾被列为贡品。

安化是红茶之乡、黑茶之乡、砖茶之乡和针形茶诞生之地，在国内茶业具有重要地位。但到了近代，茶叶采制方法业已失传。1959 年，安化茶叶试验场派出人分赴芙蓉山和云台山，挖掘名茶遗产，吸收国内外名茶采制特点，经历四年创制出绿茶珍品"安化松针"。

该茶冲泡之后，香气浓厚，滋味甜醇；茶汤清澈碧绿，叶底匀嫩；可耐冲泡。

安化松针外形挺直秀丽，状如松针。

翠绿匀整，白毫显露。

高桥银峰有什么特点？

高桥银峰，产于湖南长沙市东郊玉皇峰下的高桥镇，因茶条白毫似雪、堆叠如山而得其名。玉皇山下，湘江东岸，河湖掩映，土层深厚，雨量充沛，气候温和，历来就是名茶之乡。

高桥银峰为特种炒青绿茶，具有形美、香鲜、汤清、味醇的特色。冲泡之后，香气鲜嫩清醇，滋味纯浓回甘，汤色晶莹明亮，叶底嫩匀明净。1978 年，高桥银峰获湖南省科学大会奖，后又多次获湖南省名茶和中国名茶称号。

采摘一般以每年 3 月中旬前后为采制期。鲜叶标准为一芽一叶初展，长 2.5 厘米，细嫩完整，采于早生的白毫。芽叶采回后，薄摊于洁净篾盘中，置于通风阴凉处，散失部分水分后方可付制。采用先炒后烘的工艺，保持了白毫和芽叶的完整，叶色、汤色均鲜绿明亮。

由于高桥银峰对鲜叶原料的采摘要求甚高，时间局限性大，加工时刻意求精，所以每年茶叶产量屈指可数。初创时年产不过 10 余千克，现在也不超过 100 千克，极为珍贵。

条索紧细卷曲，色泽翠绿匀整。

高桥银峰满身白毫如云，堆叠起来似银色山峰一般。

午子仙毫有什么特点？

午子仙毫，产于陕西省西乡县南的午子山。茶园地处陕西南部，汉中地区东部，北阻秦岭，南塞巴山，汉水流经此间。冬无严寒，夏无酷暑，雨量充沛。茶园分布在海拔600～1000米处，土壤呈微酸性，茶区内林木茂盛，空气清新，土质肥沃，非常适宜茶树生长。

西乡茶叶始于秦汉，兴于盛唐，在明初是朝廷"以茶易马"的主要集散地之一。午子仙毫创于1985年，是西乡县茶叶科技人员研制开发的国家级名优绿茶。1986年获全国名茶称号，1991年获杭州国际茶文化节"中国文化名茶"奖，同年获全国名茶品质认证，是陕西省政府外事礼品专用茶，人称"茶中皇后"。

午子仙毫为半烘炒条形绿茶，鲜叶要求严格，于清明前至谷雨后10天采摘，以一芽一二叶初展为标准。鲜叶经摊放、杀青、清风揉捻、初干做形、烘焙、拣剔等七道工序加工而成。

该茶冲泡之后，清香持久，滋味醇厚，爽口回甘，汤色清澈鲜明，叶底嫩绿匀亮。冲泡午子仙毫，应选用透明玻璃杯，水温75℃～80℃，过热会将茶烫熟，失去原有的色、香、味。

日铸雪芽茶有什么特点？

日铸雪芽，又称日铸茶、日注茶，又有"兰雪"之名，属炒青绿茶，产于浙江绍兴东南会稽山日铸岭。由于茶芽细而尖，遍生雪白茸毛，故名。茶区所在地，古木交荫，野竹丛生，云雾缭绕，土质肥沃，年均气温16.5℃，年均降水量1418毫米。

日铸岭产茶历史悠久，唐茶圣陆羽曾评日铸茶为珍贵仙茗。日铸雪芽在北宋时被列为贡品，将日铸岭作为专供御茶产地，称为"御茶湾"。欧阳修在《归田录》中说："草茶盛于两浙，两浙之品，日注为第一。"炒青制法约于北宋时开始，到了明代日铸茶"兰雪"之名盛行京师。至新中国成立，日铸茶濒临失传。新中国成立后，日铸雪芽被列入中国名茶。

芽身满披白色茸毛，带有兰花芳香，色泽绿翠。

日铸雪芽，由于其萌发期较迟，一般于谷雨后采摘一芽一二叶初展。采回的鲜叶经过拣剔摊放，失水5％左右进行炒制。炒制的主要工艺有杀青、整形理条、干燥三道工序。

日铸茶不宜用开水冲泡，而是以70℃的水浸泡，茶色由乳白渐转青绿，通杯澄碧，滋味鲜醇，汤色澄黄明亮，香气清香持久，经五次冲泡，香味依然存在。

日铸雪芽条索浑圆、紧细略钩曲，形似鹰爪。

南安石亭绿有什么特点？

南安石亭绿，又名石亭茶，属炒青绿茶，产于福建南安丰州乡的九日山和莲花峰一带。茶区地处闽南沿海，受沿海季风的影响，气候温和，阴晴相间，光照适当，土质肥沃疏松，为茶树生长提供了良好的自然条件。该茶色泽银灰带绿，冲泡后汤色碧绿，叶底嫩绿，有"三绿"之称。

色泽银灰带绿。

采制早，登市早，是石亭茶的生产特点。每年清明前开园采摘，谷雨前新茶登市。石亭绿的鲜叶采摘标准介于乌龙茶和绿茶之间，即当嫩梢长到即将形成驻芽前，芽头初展呈"鸡舌"状时，采下一芽二叶，要求嫩度匀整一致。

宋末之时，延福寺僧人在莲花峰岩石间发现茶树，加以精心培育，细加采制，制成的茶为僧家供佛和馈赠之珍品。由于茶叶质量优异，又出自佛门，求茶者日众，石亭绿名声更盛。到了清道光年间，莲花峰已从少数僧人种茶，发展到众多农民普遍种茶，并以莲花峰为中心，附近数十座山间均有石亭茶生产。

南安石亭绿，香气因季节变化，产生类似兰花、绿豆和杏仁的不同香气，誉为"三香"。

紫阳毛尖有什么特点？

紫阳毛尖，产于陕西紫阳县近山峡谷地区。产茶区处于汉江上游、大巴山区，云雾缭绕，冬暖夏凉，土壤多为黄沙土和薄层黄沙土，呈酸性和微酸性，矿物质丰富，土质疏松，通透性良好，是茶树生长的适宜地区。

紫阳毛尖条索圆紧，肥壮匀整。

紫阳毛尖的鲜叶，采自绿茶良种紫阳种和紫阳大叶泡，茶芽肥壮，茸毛特多。加工工艺分为杀青、初揉、炒坯、复揉、初烘、理条、复烘、提毫、足干、焙香十道工序。该茶冲泡后，茶香嫩香持久，汤色嫩绿清亮，滋味鲜醇回甘，叶底肥嫩完整，嫩绿明亮。

品尝紫阳毛尖，至少要过三道水。初品，会觉得茶味较淡，且有些苦涩之味；再品，苦中含香，味极浓郁，入肚之后，爽心清神；三品，茶味愈香，沁人心脾，令人回味无穷。

现在的紫阳毛尖加工工艺，变晒青为半烘炒型绿茶，品质得以提高。

唐代时紫阳山南茶叶作为金州"土贡"，成为献给朝廷的山珍；宋、明时期以茶易马，茶农们"昼夜制茶不休，男废耕，女废织"；清朝时，紫阳毛尖被列入全国名茶，兴安知府叶世卓曾写下"自昔岭南春独早，清明已煮紫阳茶"的诗句。

遵义毛峰有什么特点？

遵义毛峰，产于贵州省遵义市湄潭县。湄潭县风景秀丽，湄江逶迤而过，溪水蜿蜒，纵横交错，素有"小江南"之称，茶产区在群山环抱之中，山高、雨多、雾重，昼夜温差明显，土壤肥沃，质地疏松，有机质丰富，四周山坡上有桂花、香蕉梨、柚子、紫薇等芳香植物，香气缭绕，有利于优质茶叶的形成。

每年清明节前后十几天，茶树经过一冬天可塑性物质的积累，生机旺盛，茶芽苗壮成长，芽叶细嫩，密披茸毛。遵义毛峰就是用这些新春茶芽加工而成。毛峰茶炒制技术极为精巧，要点是"三保一高"，即保证色泽翠绿、茸毫显露不离体、锋苗挺秀完整，一高就是香高持久。具体的工艺分杀青、揉捻、干燥三道工序。

该茶冲泡后，嫩香持久，汤色碧绿明净，滋味清醇爽口。遵义毛峰为绿茶类新创名茶，是为了纪念"遵义会议"而创制。自1974年问世以来，曾连年获奖。目前遵义毛峰已进入全国名茶行列，深受海内外人士的赞誉。

遵义毛峰茶片紧细圆直，锋苗显露。

满披白毫，白毫显露。

南山白毛有什么特点？

南山白毛茶，属炒青细嫩绿茶，产于广西横县的南山，因茶叶背面披有白色茸毛而得名。横县种植茶叶历史悠久，以南山白毛茶最为著名，相传为明朝建文帝避难于南山应天寺时亲手所植。

茶园主要分布在南山寺及南山主峰一带，海拔为800～1000米，绿荫浓郁，云雾弥漫，气候温和，雨量充沛，土质疏松。茶树多为中叶种品种，芽壮毫密，叶薄而柔嫩，是制作白毛茶的理想原料。白毛茶的焙制方法非常精细，力求不脱白毛。上品茶只采一叶初展的芽头，特级茶只采一芽一叶。遇有较大的茶茎和叶子尚须撕为2～3片。加工过程，用锅炒杀青、扇风摊晾、双手轻揉、炒揉结合，反复三次，最后在烧炭烘笼上以文火烘干。

南山白毛茶按采摘季节可分为春茶、夏茶和秋茶，其中以春茶最佳。按产地又可分为高山茶和平地茶：高山茶厚重、色绿、味香；平地茶细瘦、色黄，香淡。

该茶香色纯正持久，具有类似荷花的清香之气，又有似蛋奶之香气；汤色绿而明亮，滋味醇厚甘爽，叶底嫩绿匀整明亮。

色泽绿润，白毫覆被。

南山白毛茶条索紧结微曲，细嫩秀丽。

桂林毛尖有什么特点？

作为新创名茶，桂林毛尖产于广西桂林尧山地带。茶区属丘陵山区，海拔 300 米左右，园内渠流纵横，气候温和，年均温度 18.8℃，年降雨量 1873 毫米，无霜期长达 309 天，春茶期间雨多雾浓，有利于茶树的生长。

毛尖茶选用从福建引进的福鼎种和福云六号等良种的芽叶为原料，毛尖鲜叶于 3 月初开采，至清明前后结束。特级茶和一级茶要求一叶一芽新梢初展，芽叶要完整无病虫害，不同等级分开采摘，鲜叶不能损伤、堆沤，不能在阳光下暴晒。毛尖茶加工方法与高级烘青茶类似，主要工艺分为鲜叶摊放、杀青、揉捻、干燥、复火提香等工序。复火提香是毛尖茶的独特工序，即在茶叶出厂前进行一次复烘，达到增进香气的目的。

该茶冲泡后，香气清高持久，滋味醇和鲜爽，汤色碧绿清澈，叶底嫩绿明亮。

桂林毛尖条索紧细。

白毫显露，色泽翠绿。

九华毛峰有什么特点？

九华毛峰是历史名茶，曾被称为闵园茶、黄石溪茶、九华佛茶，现统称九华佛茶，产于佛教圣地安徽九华山区，主产区位于下闵园、黄石溪、庙前等地。由于高山气候之缘故，昼夜温差大，而方圆百里人烟稀少，茶园无病虫害，是天然有机生态茶园。

九华山为中国四大佛教名山之一，九华毛峰被当作"佛茶"，深受前来朝圣的广大海外侨胞青睐。史载，九华毛峰初时为僧人所栽，专供寺僧享用，后用于招待贵宾香客。据《青阳县志》记载："金地源茶：为地藏从西域携来者，今传梗空筒者是"，地藏即是唐代的高僧金乔觉，由此可知，九华山产茶始于唐。

九华毛峰一般在 4 月中下旬进行采摘，只对一芽二叶初展的进行采摘，要求无表面水、无鱼叶、茶果等杂质。采摘后的鲜叶，按叶片老嫩程度和采摘顺序摊放待制，经过杀青、揉捻、烘焙等工序，才能制造出顶级的九华佛茶。

成品茶叶分为上、中、下三级，冲泡之时，汤色碧绿明净，叶底黄绿多芽，柔软成朵。雾气结顶，香气高长，滋味浓厚，回味甘甜，冲泡五六次，香气犹存。

色泽嫩绿微黄，白毫显露。

九华毛峰外形匀整紧细，扁直呈佛手状。

舒城兰花茶有什么特点？

舒城兰花茶，产于安徽舒城、通城、庐江、岳西一带，其中以舒城产量最多，品质最好。兰花茶名有两种说法：一是芽叶相连于枝上，形似一枚兰草花；二是采制时正值山中兰花盛开，茶叶吸附兰花香，故而得名。

成品茶叶，分特级、一级、二级。特级鲜叶采摘标准以一芽一叶为主；小兰花鲜叶采摘标准以一芽二叶、三叶为主，大兰花则为一芽四五叶。手工制兰花茶分杀青、烘焙作业。杀青由生锅、熟锅相连，熟锅炒揉整形。烘焙分初烘、复烘、足烘。机制兰花增加一道揉捻工序。

匀润显毫，色泽翠绿。

该茶冲泡后，犹如兰花开放，枝枝直立杯中，有特有的兰花清香，俗称"热气上冒一支香"；汤色绿亮明净，滋味浓醇回甘，叶底成朵，呈嫩黄绿色。

舒城兰花茶芽叶相连似兰草。

舒城兰花为历史名茶，创制于明末清初。1980年舒城县在小兰花的传统工艺基础上，开发了白霜雾毫、皖西早花，1987年双双被评为安徽名茶，形成舒城小兰花系列。

岳麓毛尖茶有什么特点？

岳麓毛尖，产于湖南省长沙市郊的岳麓山。此地处于湘江西岸，气候温和，冬暖夏凉，自古就是产茶之地。明清年间，岳麓山已是著名的茶和水的产供之地，岳麓山上的茶、白鹤泉的水，都是当时有名的贡品。

岳麓毛尖，采摘细嫩，批次多，采期长，产量高，质量好。

清明至谷雨节前为采制时期，芽叶标准以一芽二叶为主。一般来说，春、夏季采用留鱼叶采摘法，秋季停采集中留养。鲜叶经适当摊放，高温杀青，并经二揉、三烘和整形等工序而成。

该茶冲泡之后，汤碧微黄，清澈明亮，栗香持久，味醇甘爽，汤色黄绿明亮，叶底肥壮匀嫩。

茶品	岳麓毛尖
产地	湖南省长沙岳麓山
采制	清明至谷雨节前，以一芽二叶为标准，经摊放、杀青、揉捻、烘焙等工序制成
特点	外形条索紧结齐整、卷曲多毫、深绿油润、白毫显露，汤色黄绿，滋味甘爽
历史传奇	相传以附近的白鹤泉水冲泡，杯中有形似白鹤的热气腾起

天目青顶有什么特点?

天目青顶，又称天目云雾，产于浙江临安天目山。茶区分布在海拔 600 ~ 1200 米高的自然山坞中。此地山峰灵秀，终年云雾笼罩，是国家级自然保护区，气候温湿，森林茂密，树叶落地，形成灰化棕色森林土，腐殖层厚达 20 厘米左右，土壤疏松，适于良茶生长。

天目青顶的采摘时间较晚，按采摘时间、标准和焙制方法不同，可分为顶谷、雨前、梅尖、梅白、小春五个等级。顶谷、雨前属春茶，称"青顶"，茶芽最幼嫩纤细，色绿味美；梅尖、梅白称"毛峰"；小春则属高级绿茶。

芽毫显露，色泽深绿。

鲜叶标准为一叶包一芽，一芽一叶初展；一芽一叶，一芽二叶。选晴天叶面露水干后开采，采下的鲜叶薄摊在洁净的竹匾上，置凉后以高温杀青，之后经过摊晾、揉捻、锅炒、冷却、烘干等工序制成。该茶冲泡之后，滋味鲜醇爽口，香气清香持久，汤色清澈明净，芽叶朵朵可辨。冲泡三次，色、香、味犹存。

双井绿茶有什么特点?

双井绿茶，产于江西省修水县杭口乡双井村。修水在隋、唐属洪州，毛文锡约公元935 年所著《茶谱》载："洪州双井白芽，制造极精。"

古代"双井茶"属蒸青散茶类，如今的"双井绿"，属炒青茶，分为特级和一级两个品级。特级以一芽一叶初展，芽叶长度为 2.5 厘米左右的鲜叶制成；一级以一芽二叶初展的鲜叶制成。加工工艺分为鲜叶摊放、杀青、揉捻、初烘、整形提毫、复烘六道工序。

该茶冲泡之后，香气清高持久，滋味鲜醇爽厚，汤色清澈明亮，叶底嫩绿匀净。

锋苗润秀，银毫显露。

双井绿茶已有千年历史，宋时列为贡品，历代文人多有赞颂：北宋文学家黄庭坚曾有诗句"山谷家乡双井茶，一啜犹须三日夸"，他曾把双井茶送给老师苏东坡；欧阳修在《归田录》中还把它推崇为"草茶第一"；明代李时珍在《本草纲目》说："昔贡所称，大约唐人尚茶，茶品益众，双井之白色……皆产茶有名者"；清代龚鸿著有《双井歌》，描绘了双井绿茶的特点。新中国成立后，双井茶的品质不断提高，1985 年获得优质名茶称号。

双井绿茶成茶外形圆紧略曲，形如凤爪。

雁荡毛峰有什么特点？

雁荡毛峰，也叫雁荡云雾，旧称雁茗，雁山五珍之一，产于浙江省乐清市境内的雁荡山。雁荡山，以山水奇秀闻名，山高、雨多、气寒、雾浓，号称"东南第一山"。只因山势险峻，一些山茶生在悬崖绝壁之上，只有猴子才能攀登采摘，民间又称之"猴茶"。

因茶园地处高山，气温低，茶芽萌发迟缓，采茶季节推迟。茶树终年处于云雾荫蔽之下，生长于深厚肥沃土壤之中，芽肥叶厚，色泽翠绿油润。其中以龙湫背所产之茶质量最佳。

芽毫隐藏，色泽翠绿。

雁荡毛峰外形秀长紧结，茶质细嫩。

该茶冲泡后，茶香浓郁，滋味醇爽，异香满口，汤色浅绿明净，叶底嫩匀成朵。品饮雁荡毛峰，有"三闻三泡"之说：一闻浓香扑鼻，再闻香气芬芳，三闻茶香犹存；滋味一泡浓郁，二泡醇爽，三泡仍有感人茶韵。

雁荡山产茶历史悠久，相传在晋代由高僧诺讵那传来。北宋时期，沈括考察雁荡后，雁茗之名开始传播四方。明代，雁茗列为贡品，朱谏《雁山志》中记载："浙东多茶品，而雁山者称最。"新中国成立后，大力发展新茶园，雁荡毛峰品质不断提高，获得浙江省名茶称号。

麻姑茶有什么特点？

麻姑茶，产于江西南城的麻姑山区，以产地而得名。麻姑山茶园大多分布于海拔600～1000米的山地，常年云雾缭绕，气候温和，年均气温15℃，年降水量2300毫米，日照短，空气湿润，相对湿度85%以上；土壤多为石英砂岩母质风化而成的碎屑状紫色土，土层深厚，吸水力强，腐殖层厚，土质肥沃。

麻姑茶的鲜叶，采摘于初展一芽一叶或一芽二叶；经过采青、杀青、初揉、炒青、轻揉、炒干等六道工序制成。麻姑茶香气鲜浓清高，汤色明亮，滋味甘郁，有益思、止渴、利尿、提神、解忧之功效。

麻姑山产茶历史悠久，相传在东汉时，有一仙女麻姑曾云游仙居此山修炼，春时常常采摘山上茶树的鲜嫩芽叶，汲取清澈甘美的神功泉石中乳液，烹茗款客，其茶味鲜香异常，有"仙茶"之称。

茶品	麻姑茶
产地	江西省南城麻姑山区
采制	采摘初展一芽一叶或一芽二叶，经采青、杀青、初揉、炒青、轻揉、炒干等工序制成
特点	外形条索紧结匀整，色泽银灰翠润，汤色明亮，滋味甘郁
历史传奇	相传仙女麻姑仙居于此，采制仙茶烹茗款客，乃茶中极品

华顶云雾有什么特点？

华顶云雾茶，又称华顶茶，产于浙江天台山的华顶峰。山谷气候寒凉、浓雾笼罩，土层肥沃，富含有机质，适宜茶树生长。

由于产地气温较低，茶芽萌发迟缓，采摘期约在谷雨至立夏前后；采摘标准为一芽一叶或一芽二叶初展。它原属炒青绿茶，纯手工操作，后改为半炒半烘，以炒为主。鲜叶经摊放、高温杀青、扇热摊晾、轻加揉捻、初烘失水、入锅炒制、低温辉焙等工序制成。

华顶云雾茶色泽绿润，具有高山云雾茶的鲜明特色。冲泡之后，香气浓郁持久，滋味浓厚鲜爽，汤色嫩绿明亮，叶底嫩匀绿明，清怡带甘甜，饮之口颊留芳。经泡耐饮，冲泡三次犹有余香。

天台山产茶历史悠久，早在东汉末年，道士葛玄已在华顶上植茶。唐宋以来，天台山云雾茶名闻全国，并东传日本。北宋时，云雾茶已列入贡茶。近代以来，华顶云雾茶在各级茶叶评比会中多次获奖，已被公认为国家名茶。

色泽绿润。

外形细紧略扁，芽叶壮实。

峨眉毛峰茶有什么特点？

峨眉毛峰，原名凤鸡毛峰，产于四川省雅安市凤鸣乡，是近年新创名茶。雅安地处四川盆地西部边缘，与西藏高原东麓接壤，由于四面环山，雨量充沛，气候温和，冬无严寒，夏无酷暑，烟雨蒙蒙，湿热同季。土壤肥沃，表土疏松，酸度适宜，适宜培育良茶。

雅安地区产茶历史悠久，始于唐代，载于陆羽《茶经》，迄今已有1200余年。1978年雅安地区茶叶公司与桂花村联合，选早春一芽一叶初展茶芽，采用炒、揉、烘交替进行的工艺，创制出峨眉毛峰。

峨眉毛峰继承了传统名茶的制作方法，采取烘炒结合的工艺，炒、揉、烘交替，扬烘青之长，避炒青之短，整个炒制过程分为三炒、三揉、四烘、一整形共十一道工序。该茶冲泡之后，香气鲜洁，汤色微黄而碧绿，滋味浓郁适口，叶底嫩绿匀整。

嫩绿油润，条索紧卷。

银芽秀丽，白毫显露。

窝坑茶有什么特点？

窝坑茶又名蕉溪茶，产于江西省赣州市南康区南岭山脉北端的浮石、蕉溪一带。主要产区为蕉溪上游海拔 600 余米、林木葱郁的窝坑。

窝坑茶在清明前后开始采摘新芽、标准为一芽一叶，鲜叶要求匀、整、洁、清。芽叶采回后，及时摊放于洁净、通风处，6 小时后开始炒制。窝坑茶加工工艺分为杀青、揉捻、烘干、搓团、摊晾、足干、拣别七道工序。窝坑茶的独特品质，主要在"初干"和"搓团"两个工序中形成。茶叶出锅后，稍经摊晾，烘焙至足干，再经过拣别，即行包装贮存。

该茶冲泡后，汤色嫩绿明亮，滋味鲜醇回甜，叶底嫩绿匀齐；芽锋直立，白毫翻滚，是绿茶中的珍品。

茶品	窝坑茶
产地	江西省南康蕉溪地区
采制	清明前后采摘一芽一叶为标准的新芽，经杀青、揉捻、烘干、搓团、摊晾、足干、拣别等工序制成
特点	外形近似于珠茶，又似眉茶，条索纤细，形曲呈螺状，芽毫隐藏，色泽翠绿，汤色嫩绿明亮，滋味鲜醇回甘
历史传奇	相传北宋苏东坡被贬官后曾路经南康，品尝窝坑茶后，萌生归隐乡间之念

祁门工夫茶有什么特点？

祁门红茶，简称祁红，产于安徽南端的祁门县一带。茶园多分布于海拔 100～350 米的山坡与丘陵地带，高山密林成为茶园的天然屏障。这里气候温和，年均气温在 15.6℃，空气相对湿度为 80.7%，年降水量在 1600 毫米以上，土壤主要由风化岩石的黄土或红土构成，含有较丰富的氧化铝与铁质，极其适于茶叶生长。

当地茶树品种高产质优，生叶柔嫩，内含水溶性物质丰富，以 8 月份鲜味最佳。茶区中的"浮梁工夫红茶"是祁红中的良品，以"香高、味醇、形美、色艳"闻名于世。

祁门红茶所采茶树为"祁门种"，在春夏两季采摘，只采鲜嫩茶芽的一芽二叶，经过萎凋、揉捻、发酵，使芽叶由绿色变成紫铜红色，香气透发，然后进行文火烘焙至干。红毛茶制成后，还要进行复杂制的工序。红茶与绿茶相比，主要是增加了发酵的过程，让嫩芽从绿色变成深褐色。

色泽乌润。

条索紧细匀整，锋苗秀丽。

该茶冲泡后，内质清芳，带有蜜糖果香，上品茶又带有兰花香，香气持久；汤色红艳明亮，滋味甘鲜醇厚，叶底鲜红明亮。清饮，可品味祁红的清香；加入牛奶调饮也不减其香。由于祁门红茶有一种特殊的芳香，外国人称其为"祁门香""王子香""群芳最"。

滇红工夫茶有什么特点？

滇红是云南红茶的统称，分为滇红工夫茶和滇红碎茶两种，产于云南省南部与西南部的临沧、保山、凤庆、西双版纳、德宏等地。产地群峰起伏，平均海拔1000米以上，属亚热带气候，年均气温18℃～22℃，昼夜温差悬殊，年降水量1200～1700毫米，森林茂密，腐殖层深厚，土壤肥沃，茶树长得高大，芽壮叶肥，生有茂密白毫，即使长至5～6片叶，仍质软而嫩；茶叶中的多酚类化合物、生物碱等成分含量，居中国茶叶之首。

> 金毫多而显露，色泽乌黑油润。

> 条索紧直肥壮，苗锋秀丽完整。

滇红工夫茶采摘一芽二三叶的芽叶作为原料，经萎凋、揉捻、发酵、干燥制成成品茶；再加工制成滇红工夫茶，又经揉切制成滇红碎茶。工夫茶是条形茶，红碎茶是颗粒型碎茶。前者滋味醇和，后者滋味强烈富有刺激性。

在滇红工夫茶中，品质最优的是"滇红特级礼茶"，以一芽一叶为主精制而成。冲泡之后，汤色红浓透明，滋味浓厚鲜爽，香气高醇持久，叶底红匀明亮。

滇红的品饮多以加糖加奶调和饮用为主，加奶后的香气滋味依然浓烈。冲泡后的滇红茶汤红艳明亮，茶汤与茶杯接触处常显金圈，冷却后立即出现乳凝状的冷后晕现象，冷后晕早出现者是质优的表现。

宁红工夫茶有什么特点？

宁红工夫茶，简称宁红，产于江西修水。产区位于幕阜、九宫两大山脉间，山多田少，树木苍青，雨量充沛，土质富含腐殖质；春夏之际，浓雾达80～100天，因此，茶芽肥硕，叶肉厚软。

宁红工夫茶的采摘，要求于谷雨前采摘生长旺盛、持嫩性强、芽头硕壮的蕻子茶，多为一芽一叶至一芽二叶，芽叶大小、长短要求一致。经萎凋、揉捻、发酵、干燥后初制成红毛茶；然后再筛分、抖切、风选、拣剔、复火、匀堆等工序精制而成，该茶冲泡后，香高持久，汤色红亮，滋味醇厚甜和，叶底红嫩多芽。

> 条索紧细秀丽，锋苗挺拔。

> 金毫显露，乌黑油润。

道光年间，太子茶被列为贡茶，宁红茶声名显赫。之后，宁红畅销欧美，成为中国名茶。清末战乱，宁红受到严重摧残，濒临绝境。新中国成立后，"宁红"获得很好的恢复和发展，改原来的"热发酵"为"湿发酵"，品质大大提高，深受海外饮茶者所喜爱。

宜红工夫茶有什么特点?

宜昌工夫红茶,简称宜红,产于武陵山系和大巴山系境内,因古时均在宜昌地区进行集散和加工,所以称为宜红。茶区多分布在海拔 300～1000 米之间的低山和半高山区,温度适宜,降水丰富,土壤松软,非常适宜茶树的生长。

鲜叶于清明至谷雨前开园采摘,以一芽一叶及一芽二叶为主,现采现制,以保持鲜叶的有效成分。加工分为初制和精制,初制包括萎凋、揉捻、发酵、烘干等工序,使芽叶由绿色变成紫铜红色,香气透发;精制工序复杂,提高其干度,保持其品质,最终制成成品茶。该茶冲泡后,香气清鲜纯正,滋味鲜爽醇甜,叶底红亮柔软,茶汤稍冷有"冷后浑"的现象。

宜昌红茶问世于 19 世纪中叶,当时汉口被列为通商口岸,英国大量收购红茶,宜昌成为红茶的转运站,宜红因此得名。

叶条紧结秀丽。

色泽乌润,金毫显露。

闽红工夫茶有什么特点?

闽红工夫茶,是政和工夫、坦洋工夫和白琳工夫三种红茶的统称,都是福建特产。三种工夫茶产地和风格各有不同,各自拥有消费爱好者,百年不衰。

政和工夫按品种分为大茶、小茶两种。大茶采用政和大白条制成,属闽红上品,条索紧结,肥壮多毫,色泽乌润;冲泡后,汤色红浓,香高鲜甜,滋味浓厚,叶底肥壮尚红。小茶用小叶种制成,条索细紧,香似祁红但欠持久,汤味稍浅。

坦洋工夫茶区分布较广,因源于福安境内白云山麓的坦洋村,故得其名。相传该红茶是村民胡福四在清代同治年间所创制。坦洋工夫,外形细长匀整,带白毫,色泽乌黑有光;冲泡后,香味清鲜甜和,汤鲜艳呈金黄色,叶底红匀光滑。

白琳工夫,产于福鼎县太姥山白琳、湖林一带。茶树根深叶茂,芽毫雪白晶莹。19 世纪 50 年代,闽广茶商在福鼎加工工夫茶,收购当地红条茶,集中在白琳加工,白琳工夫由此而生。成品茶条索紧结纤秀,含有大量的橙黄白毫,具有鲜爽愉快的毫香,汤色、叶底艳丽红亮,取名为"橘红",风味独特,在国际市场上很受欢迎。

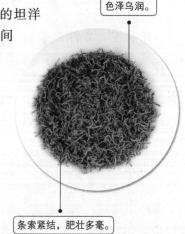

色泽乌润。

条索紧结,肥壮多毫。

湖红工夫茶有什么特点？

湖红工夫茶，主要产于湖南安化、新化、涟源一带。茶区多处于湘中地段，属亚热带季风湿润气候，土壤为红黄土，微酸性，适宜茶树生长。不过，湘西石门、慈利、桑植、大庸等县市所产的工夫茶，称为"湘红"，归入"宜红"系列。

安化工夫茶作为湖红工夫茶的代表，条索紧结，尚算肥实。

湖红工夫以安化工夫为代表，条索紧结，尚算肥实，香气高，滋味厚，汤色浓，叶底红稍暗。平江工夫香气高，欠匀净。长寿街、浏阳大围山一带所产工夫，香高味厚；新化、桃源工夫，条索紧细，毫多苗现，但叶肉较薄，香气较低；涟源工夫茶，条索紧细，香味较淡。

安化红茶是清代同治年间所创，当时江西宁州商人在养口开设商号，设置示范茶庄，由于安化红茶销路很好，汉寿、新化、醴陵等地相继生产。

越红工夫茶有什么特点？

越红工夫茶，产于浙江省绍兴、诸暨、嵊州等市，以"紧结挺直、重实匀齐、锋苗显、净度高"的优美外形而著名。

浙江省是中国珠茶和珍眉绿茶的主产地，早期平阳、泰顺等地生产的工夫红茶，称为"温红"。1955年平水珠茶产区绍兴、诸暨、余姚等县，由"绿"改"红"，后来扩大至长兴、德清、桐庐等县，都以生产红茶为主，称之为"越红"。

该茶冲泡后，香味纯正，汤色红亮较浅，叶底稍暗。浦江一带红茶，茶索紧结壮实，香气较高，滋味较浓；镇海红茶较细嫩。总体而言，越红条索美观，但叶张较薄，香味较低。

小种红茶有什么特点？

小种红茶是福建省的特产，有正山小种和外山小种之分。正山小种产于崇安县星村乡桐木关一带，而产于政和、坦洋、北岭、屏南、古田、沙县及江西铅山等地的小种红茶，质地相对较差，统称"外山小种"。

正山小种茶条索肥实。

色泽乌润。

星村乡地处武夷山脉之北段，地势高峻，冬暖夏凉，春夏之间，终日云雾缭绕，土质肥沃，又有培客土的习惯，加深土层，因此茶蓬繁茂，叶质肥厚嫩软。该茶冲泡后，汤色红浓，香气高长，带有松烟香，滋味醇厚，带有桂圆汤味，加入牛奶，茶香味不减，液色更绚丽。

武夷岩茶有什么特点？

　　武夷岩茶，是产于闽北名山武夷乌龙茶类的总称，因茶树生长在岩缝之中而得其名。武夷山茶区主要分为两个：名岩产区和丹岩产区。产区气候温和，冬暖夏凉，雨量充沛。

　　武夷岩茶属半发酵茶，制作方法介于绿茶与红茶之间，兼有绿茶之清香、红茶之甘醇，是中国乌龙茶中之极品。其主要品种有大红袍、白鸡冠、水仙、乌龙、肉桂等。

　　该茶冲泡后，茶汤呈深橙黄色，清澈艳丽；叶底软亮，叶缘朱红，叶心淡绿带黄；久藏不坏，香久益清，味久益醇。泡饮时常用小壶小杯，因其香味浓郁，冲泡五六次后余韵犹存。

条形壮结、匀整。

色泽绿褐鲜润。

　　武夷岩茶品质独特，虽未经窨花，却有浓郁的花香，饮来甘馨可口，让人回味无穷。18世纪传入欧洲后，备受人们喜爱，曾把它作为中国茶叶的总称。武夷岩茶也是我国沿海各省和东南亚侨胞最喜爱的茶叶，是有名的"侨销茶"。

大红袍茶有什么特点？

　　大红袍，出产于福建武夷山九龙窠的高岩峭壁上，是武夷岩茶中品质最优的一种乌龙茶。

　　传说，天心寺和尚用岩壁上的茶叶治好了一位上京赶考秀才的疾病，这位秀才中状元后，被招为驸马，回到武夷山谢恩时，将身上红袍盖在茶树上，"大红袍"茶名由此而来。

外形条索紧结，色泽绿褐鲜润。

　　九龙窠的岩壁上有"大红袍"石刻，是1927年天心寺和尚所作。这里日照短，多反射光，昼夜温差大，岩顶终年有细泉浸润。这种特殊的自然环境，造就了大红袍的特异品质。大红袍母茶树，现仅存6株，均为千年古茶树，其叶质较厚，芽头微微泛红。现在的大红袍茶区，是茶叶研究所采取扦插繁育技术培育出来的。

叶片红绿相间或者镶有红边。

　　该茶冲泡之后，汤色橙黄明亮，香气馥郁有兰花香，香高而持久；很耐冲泡，七八次仍有香味。

铁罗汉茶有什么特点？

铁罗汉，武夷山传统四大珍贵名枞之一，原产于福建武夷山慧苑岩的鬼洞（峰窠坑），生长地是一狭长地带，两旁绝壁陡立。茶树生长茂盛，叶大而长，叶色细嫩有光，据说有治疗热病的功效。每月5月中旬开始采摘，以二叶或三叶为主，色泽绿里透红，清香回甘。

武夷岩铁罗汉现多为人工种植，产区主要有两个：名岩产区和丹岩产区。铁罗汉虽然极难种植，但茶农们利用武夷山多悬崖绝壁的特点，在岩凹、石隙、石缝中甚至砌筑石岸种植铁罗汉，有"盆栽式"铁罗汉园之称。

该茶冲泡之后，汤色清澈，呈深橙黄色，叶底软亮，叶缘朱红，叶心淡绿带黄；性和而不寒，久藏不坏。铁罗汉属半发酵的乌龙茶，制作方法介于绿铁罗汉与红铁罗汉之间，成品兼有红铁罗汉的甘醇和绿铁罗汉的清香；它未经窨花，却有浓郁的鲜花香，饮时甘馨可口，回味无穷。

条形壮结、匀整。

色泽绿褐鲜润。

白鸡冠茶有什么特点？

白鸡冠，武夷岩茶四大名枞之一，原产于武夷山大王峰下止止庵道观白蛇洞，相传为宋时止止庵主持白玉蟾所培育。因产量稀少，让人倍感神秘。

茶树势不大，但枝干坚实，分枝颇多，生长旺盛。叶色淡绿，幼叶薄绵如绸，顶端的茶芽微黄且弯垂，毛茸茸的犹如白锦鸡的鸡冠，故得雅名。

每月5月下旬开始采摘，以二叶或三叶为主，色泽绿里透红，回甘隽永。成品茶色泽米黄乳白，汤色橙黄明亮，入口齿颊留香，回味极长。

由于武夷岩茶多为墨绿色，茶芽较直，光洁而无绒毛，唯有白鸡冠茶叶片淡绿，绿中显白，茶芽弯曲且毛茸茸的，故而名贵。清雅的品质，高贵的出身，以及香甜甘美的口感让其深受人们的青睐。

干茶有淡淡的玉米清甜味。

色泽黄绿色、嫩砂绿两类皆有，条索较紧结。

水金龟茶有什么特点?

　　水金龟,武夷岩茶四大名枞之一,产于武夷山区牛栏坑社葛寨峰下的半崖上,因茶叶浓密且闪光犹如金色之龟,因而得名。

　　水金龟茶树,树皮灰白色,枝条稍微弯曲,叶长圆形。每年5月中旬采摘,以二叶或三叶为主,色泽绿里透红,滋味甘甜,香气高扬,浓饮也不见苦涩。

条索肥壮、紧结。

色泽青褐、油润。

　　水金龟在清末备受茶人推崇,名扬大江南北。据当地茶农传说,水金龟茶树原产于天心岩杜葛寨下,有一天由于暴雨冲刷,山洪把峰顶上的水金龟茶树冲到了牛栏坑头的岩石凹处,兰谷岩主乘势而为,砌筑石围,壅土以蓄之。之后,磊石寺和天心寺为此事对簿公堂,双方不惜耗费巨资争夺茶树的归属。经当时的国民政府判定,水金龟茶树不是人为盗窃,是自然灾害所为,属于不可抗力造成,裁定水金龟茶树归兰谷寺所有。

武夷肉桂有什么特点?

　　武夷肉桂,由于它的香气滋味似桂皮香,俗称"肉桂"。据《崇安县新志》记载,清代便有其名。该茶是以肉桂良种茶树鲜叶,以武夷岩茶的制作方法而成,为岩茶中的高香品种。它产于福建省著名的武夷山风景区,近年种植面积逐年扩大。

　　武夷肉桂茶树为大灌木型,树势半披张,梢直立。叶色淡绿,叶肉厚质尚软,叶面内折成瓦筒状,叶缘略具波状,叶呈椭圆形,整株叶片差异较大。

条索匀整卷曲。

色泽褐绿,油润有光。

　　在武夷山的生态环境中,每年四月中旬茶芽萌发,五月中旬开采岩茶,通常每年可采四次,而且夏秋茶产量尚高。在晴天采茶,于新梢顶叶中采摘二三叶,俗称"开面采"。

　　武夷肉桂干茶嗅之有甜香,冲泡后的茶汤,有奶油、花果、桂皮般的香气;入口醇厚回甘,咽后齿颊留香,茶汤橙黄清澈,叶底匀亮,呈淡绿底红镶边,冲泡六七次仍有肉桂香。

闽北水仙有什么特点?

闽北水仙,是闽北乌龙茶中两个花色品种之一,其品质别具一格,是乌龙茶类的上乘佳品,原产于闽北建阳县水吉乡大湖村一带,现主产区为建瓯、建阳两县。

水仙品种茶树,属半乔木型,枝条粗壮,鲜叶呈椭圆形,叶色浓绿富光泽,叶面平滑富草质,叶肉特厚,芽叶透黄绿色。春茶于谷雨前后采摘驻芽第三、四叶,每年分四季采制。

该茶冲泡之后,香气浓郁颇似兰花,滋味醇厚回甘,汤色红艳明亮,叶底柔软,叶缘朱砂红边或红点,"三红七青"。

清光绪年间,畅销国内和东南亚一带,产量曾达500吨。1914年在巴拿马赛事中得一等奖,1982年在全国名茶评比中获银奖。现在,闽北水仙占闽北乌龙茶销量十之六七。

条索紧结沉重,叶端扭曲。

色泽油润暗砂绿,呈现白色斑点,俗称"蜻蜓头,青蛙腿"。

铁观音有什么特点?

铁观音,是中国乌龙茶名品,介于绿茶和红茶之间,属半发酵茶。于民国八年自福建安溪引进木栅区试种,分"红心铁观音"和"青心铁观音"两种,主产区在西部的"内安溪"。纯种铁观音树为灌木型,属横张型,枝干粗硬,叶较稀松,芽少叶厚,天性娇弱,产量不高。茶叶呈椭圆形,叶厚肉多,叶片平坦。

三月下旬萌芽,一年分四季采制,谷雨至立夏为春茶,夏至至小暑为夏茶,立秋至处暑为暑茶,秋分至寒露为秋茶。品质以秋茶为最好,春茶次之。秋茶香气特高,俗称秋香,但汤味较薄。夏、暑茶品质较次。铁观音茶的采制特别,不采幼嫩芽叶,而采成熟新梢的二、三叶,俗称"开面采",是指叶片已全部展开,形成驻芽时采摘。

该茶冲泡之后,汤色金黄似琥珀,有天然兰花香气或椰香,滋味醇厚甘鲜,回甘悠久,七泡有余香,俗称有"音韵"。

茶条卷曲,肥壮圆结,沉重匀整。

铁观音色泽乌黑油润,砂绿明显,整体形状似"蜻蜓头、螺旋体、青蛙腿"。

黄金桂有什么特点?

　　黄金桂,又叫黄旦,是以黄旦茶树嫩梢制成的乌龙茶,因其汤色金黄有似桂花香味,故名黄金桂。它原产于福建省安溪县虎邱美庄村,是乌龙茶中的又一极品。由于它是现有乌龙茶中发芽最早的品种,香气又特别高,所以又被称为"清明茶""透天香"。

　　黄旦植株属小乔木型,中叶类,早芽种。树姿半开展,分枝较密,节间较短;叶片较薄,叶面略卷,叶齿深而较锐,叶色黄绿具光泽,发芽率高;能开花,结实少。一年生长期8个月,适应性广,抗病虫能力较强,单产较高。适制乌龙茶,也适制红、绿茶。

　　该茶冲泡之后,香奇味佳,汤色金黄透明,茶底单薄黄绿,叶脉突出显白。

　　相传,清咸丰年间,安溪罗岩村茶农魏珍,外出路过北溪天边岭,见一株茶树呈金黄色,将它移植家中盆里。后来压枝繁殖200余株,精心培育,单独采制。冲泡之时,茶香扑鼻,从此名扬。

色泽暗绿泛黄、润亮,条索紧细,茶梗细小。

品质较佳的黄金桂外观特征有"黄、薄、细"一说。

凤凰水仙有什么特点?

　　凤凰水仙,产于广东潮安凤凰乡,它是条形乌龙茶,有天然花香,滋味浓,耐冲泡。

　　凤凰水仙采摘严谨,通常在午后采摘;以驻芽后第一叶开展到中开面时最为适宜;过嫩,成茶苦涩,香不高;过老,茶味粗淡,不耐泡。鲜叶经晒青、晾青、做青、炒青、揉捻、烘焙制成。

　　凤凰水仙可分为单枞、浪菜、水仙三个级别,其中以凤凰单枞最具特色,"形美、色翠、香郁、味甘";茶汤橙黄清澈,叶底肥厚柔软,味醇爽回甘,香味持久,耐泡。

　　凤凰水仙原产于广东省潮安县凤凰山区。传说南宋末年,宋帝赵昺南下潮汕,路经凤凰山区乌际山,口渴不堪,侍从们采下一种叶尖似鸟嘴的茶叶加以烹制,饮之止咳生津,立奏奇效,从此广为栽植,称为"宋种",迄今已有近千年历史。

茶条肥大。

色泽呈鳝鱼皮色,油润有光。

台湾乌龙茶有什么特点？

台湾乌龙茶源于福建，制茶工艺传到台湾后有所改变，依据发酵程度和工艺流程的区别可分为轻发酵的文山型包种茶和冻顶型包种茶；重发酵的台湾乌龙茶。

清朝嘉庆十五年（1810年），福建茶商柯朝将茶子在台北县试植，从此，植茶在台湾传播开来。1858年，英法联军与中国缔结天津条约，台湾成为国际通商口岸，乌龙茶精茶开始出口。1868年，英国商人约翰杜德在台北精制乌龙茶试验成功，台湾乌龙茶首次运销国际。现在乌龙茶除了内销广东、福建等省外，主要出口日本、东南亚和港澳地区。

台湾乌龙茶汤色橙红，滋味醇和，有馥郁的清香。其中，夏茶因晴天较多品质最好。台湾包种茶别具一格，比较接近绿茶，形状粗壮，无白毫，色泽青绿；干茶具有明显花香，冲泡后汤色呈金黄色，带有甜味，香气清柔。

白毫较多，呈铜褐色。

台湾乌龙是乌龙茶中发酵程度最重的一种，最近似于红茶。

银针白毫茶有什么特点？

银针白毫，又名白毫、白毫银针，由于鲜叶原料全部是茶芽，制成成品茶后，形状似针，白毫密披，色白如银，因此命名为白毫银针。

该茶产于福建福鼎和政和，为白茶中的极品。清嘉庆初年，福鼎以菜茶的壮芽为原料，创制银针白毫。后来，福鼎大白茶繁殖成功，改用其壮芽为原料，不再采用茶芽细小的菜茶。政和县1889年开始产制银针。福鼎所产的又叫"北路银针"，政和所产的又叫"南路银针"。

银针白毫采制时选择凉爽晴天，标准为春茶嫩梢萌发一芽一叶时即将其采下，然后将芽心轻轻抽出，或将真叶、鱼叶轻轻剥离，俗称之为抽针。白毫银针的制法特殊，不炒不揉，只分萎凋和烘焙两道工序，使茶芽自然变化，形成白茶特殊的品质。

该茶冲泡之后，汤色浅杏黄，汤味清醇爽口，香气清芬。银针性寒凉，有退热、祛暑、解毒之功效。

芽头肥壮。

遍披白毫。

银针白毫成品，长3厘米左右，挺直如针，色白似银。

白牡丹茶有什么特点？

白牡丹茶，产于福建福鼎市一带。这种茶身披白毛，芽叶成朵，冲泡后，绿叶托着银芽，形态优美，宛如一朵朵白牡丹花，故得美名。

白牡丹的鲜叶，主要采自政和大白茶和福鼎大白茶，有时也采用少量水仙茶以供拼和。制成的毛茶，也分别称为政和大白、福鼎大白和水仙白。

白牡丹的鲜叶，必须白毫尽显，芽叶肥嫩。采摘标准是春茶第一轮嫩梢的一芽二叶，芽与二叶的长度基本相等，且均要满披白毛。夏秋之际的茶芽瘦，不予采制。

该茶冲泡之后，形态绚丽秀美，滋味清醇微甜，毫香鲜嫩持久，汤色杏黄明亮，叶底嫩匀完整，叶脉微红，叶底浅灰，有"红装素裹"之誉。

> 芽叶连枝，叶缘垂卷，毫心肥壮。

> 叶色灰绿，夹以银白毫心。

白牡丹为福建特产。最初，白牡丹创制于建阳水吉；1922年之后，政和县也开始产制白牡丹，并成为主要产区；1960年左右，松溪县一度盛产白牡丹。现在白牡丹的主产区仍分布在这些县市，主销港澳及东南亚地区，有润肺清热的功效，为夏日佳饮。

贡眉茶有什么特点？

白茶因其制法独特，不炒不揉，成茶外表满披白毫，因此得名，是福建特有茶类。贡眉是白茶中产量最大的一种，主产于福建的福鼎、政和、建阳、松溪等地。

贡眉，过去以菜茶为原料，采一芽两三叶，品质次于白牡丹。菜茶的芽虽小，要求必须含有嫩芽、壮芽，不能带有对夹叶。现在也采用大白茶的芽叶为原料。

> 叶张伏贴，边缘略卷，叶面有明显波纹。

贡眉的基本加工工艺是：萎凋、烘干、拣剔、烘焙、装箱。萎凋一是去掉水分，二是使茶青变化，贡眉算是"微发酵茶"。

贡眉以全萎凋的品质最好。该茶汤色橙黄或深黄，叶底匀整、柔软、鲜亮，叶张主脉迎光透视时呈红色，味醇爽，香鲜纯。

贡眉茶有清凉解毒、明目降火之功效，可治"大火症"，在越南是小儿高热的退烧良药。贡眉主要销往香港、德国、日本、荷兰、法国、澳门、印尼、新加坡、马来西亚、瑞士等国家和地区，内销极少。

> 色泽灰绿或翠绿鲜艳，有光泽。

君山银针茶有什么特点？

君山银针，产于湖南岳阳洞庭湖中的君山，是黄茶中的珍品，很有观赏性。

君山是洞庭湖中的一个岛屿，岛上土壤肥沃，多为沙质土壤，年平均温度为16℃～17℃，年降雨量为1340毫米左右，相对湿度较大，气候非常湿润。春夏之季，湖水蒸发，云雾弥漫，岛上树木丛生，适宜茶树生长，山地遍布茶园。

采摘茶叶的时间限于清明前后7～10天内，采摘标准为春茶的首轮嫩芽。叶片的长短、宽窄、厚薄均是以毫米计算，500克银针茶，约需十万五千个茶芽。经过杀青、摊晾、初烘、初包、再摊晾、复烘、复包、焙干等八道工序，需78个小时方可制成。

该茶香气高爽，汤色橙黄，叶底明亮，滋味甘醇。冲泡之时，根根银针直立向上，悬空竖立，继而徐徐下沉，三起三落，簇立杯底。

君山银针始于唐代，清朝时被列为"贡茶"。《巴陵县志》载："君山产茶嫩绿似莲心。"清代，君山茶分为"尖茶""茸茶"两种。"尖茶"如茶剑，白毛茸然，纳为贡茶，素称"贡尖"，1956年在莱比锡国际博览会上，荣获金质奖章。

茶身满布毫毛，色泽鲜亮。

芽头茁壮，长短大小均匀。

君山银针外层白毫显露完整，包裹坚实，茶芽外形就像一根银针。

蒙顶黄芽茶有什么特点？

蒙顶黄芽，属黄茶一种，产于四川蒙山山区。蒙山终年烟雨蒙蒙，云雾茫茫，土壤肥沃，为茶树提供了良好的生长环境。

黄茶采摘于春分时节，待茶树上有部分茶芽萌发时，即可开园采摘。标准为圆肥单芽和一芽一叶初展的芽头，制造分为杀青、初包、复炒、复包、三炒、堆积摊放、四炒、烘焙八道工序。

该茶冲泡之后，汤色黄中透碧，叶底全芽嫩黄，滋味甜香鲜嫩，甘醇鲜爽。

蒙顶茶栽培始于西汉，自唐开始，直到明、清，千年之间一直为贡品，为我国历史上最有名的贡茶之一。二十世纪五十年代，蒙顶茶以黄芽为主；近来多产甘露，但黄芽仍有生产，为黄茶中的珍品。

芽条匀整，扁平挺直，叶嫩芽壮。

色泽黄润，金毫显露。

霍山黄芽茶有什么特点？

霍山黄芽，主产于安徽霍山县大化坪、金竹坪、金鸡山、金家湾、乌米尖等地，这里山高云雾大、雨水充沛、空气相对湿度大、漫射光多、昼夜温差大、土壤疏松、土质肥沃、林茶并茂，生态条件良好，极适茶树生长。

霍山黄芽一般在谷雨前后二、三日采摘，标准为一芽一叶至一芽二叶初展。其炒制技术分为炒茶（杀青和做形）、初烘（摊放）、足火（摊放）和复火踩筒等过程。

该茶冲泡之后，汤色黄绿清明，香气鲜爽，有熟栗子香，滋味醇厚回甜，叶底黄亮，嫩匀厚实。

霍山自古多产黄茶，在唐时为饼茶，唐人李肇《国史补》把寿州霍山黄芽列为名茶之一。明清之时，均被列为贡品。近代，由于战乱影响，霍山黄芽一度失传。直至1971年才重新开始研制和生产。1990年获商业部农副产品优质奖，1993年获全国"七五"星火计划银奖，1999年获第三届"中茶杯"名优茶评比一等奖。

芽叶细嫩多毫，叶色嫩黄。

霍山黄芽外形条直微展，匀齐成朵，形似雀舌。

北港毛尖茶有什么特点？

北港毛尖，属条形黄茶，产于湖南岳阳市北港和岳阳县康王乡一带。茶区气候温和，雨量充沛，湖面蒸汽腾绕，茶树生长环境良好。北港毛尖，在1964年被评为湖南省优质名茶。

鲜叶在清明后五六天开采，标准为一芽一叶和一芽二三叶。鲜叶随采随制，其加工方法分锅炒、锅揉、拍汗、烘干四道工序。

该茶冲泡后，香气清高，汤色橙黄，滋味醇厚，叶底黄明，肥嫩似朵。

岳阳产茶，唐时已有名气。唐代斐济《茶述》中，邕湖茶叶为贡茶之一;《唐国史补》中有"岳州有邕湖之含膏"的记载。明代时，岳州的黄翎毛为名茶之一。清代黄本骥《湖南方物志》有"岳州之黄翎毛，岳阳之含膏冷，唐宋时产茶名"的记载。

外形芽壮叶肥。

毫尖显露，呈金黄色。

温州黄汤茶有什么特点?

温州黄汤，又称平阳黄汤，主产于平阳、苍南、泰顺、瑞安、永嘉等地，以泰顺的东溪、平阳的北港所产品质最佳。该茶创制于清代，当时即被列为贡品；民国时期失传，直至新中国1979年才恢复生产，为浙江名茶之一。

温州黄汤在清明前开采，采摘标准为一芽一叶和一芽二叶初展，要求大小匀齐一致。采摘后，经过杀青、揉捻、闷堆、初烘、闷烘五道工序制成。温州黄汤的制法介于绿茶和黑茶之间，比绿茶多一个闷蒸工艺，又没有黑茶的闷堆程度深。其品质也介于两者之间，汤色深浅、滋味醇和均不同。

该茶汤色橙黄鲜明，叶底嫩匀成朵，香气清高幽远，滋味醇和鲜爽。温州黄汤最明显的特征是：茶汤为纯黄色，汤面很少夹混绿色环。绿茶的汤色透绿色，茶杯边缘有绿色环。青茶的汤色为橙黄色或金黄色，其色度深浅与黄茶不同。

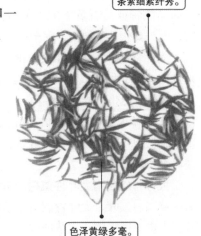

条索细紧纤秀。

色泽黄绿多毫。

皖西黄大茶有什么特点?

皖西黄大茶，主要产于安徽霍山、金寨、大安、岳西一带。这里地处大别山北麓的腹地，因有高山屏障，水热条件较好，生态环境适宜种茶。其中，以霍山县大化坪、漫水河，以及金寨县燕子河一带所产品质最佳。霍山大化坪黄芽茶曾被定为2008年奥运五环茶。

黄大茶的采摘标准为一芽四五叶，春茶要到立夏前后才开采，春茶采3~4批，夏茶采1~2批。鲜叶原料比较粗老，但要求茶树长势好，叶大梗长，一个新梢上长4~5片叶子以上，才能制出质量好的黄大茶。

该茶冲泡之后，汤色淡黄绿明亮，叶底黄中显褐，滋味浓厚醇和，具有高嫩的焦香。黄大茶性质清寒，有提神、助消化、化痰止咳、清热解毒之功效，有助于减肥和防治食道癌。

当地人形容黄大茶："古铜色，高火香，叶大能包盐，梗长能撑船。"黄大茶大枝大叶的外形，在我国茶类中非常少见，已成为消费者判定黄大茶品质的标准。

梗壮叶肥，叶片成条，细嫩多毫。

梗叶相连形似鱼钩，梗叶金黄，色泽油润。

广东大叶青茶有什么特点？

大叶青为广东的特产，制法是先萎凋后杀青，再揉捻闷堆，这与其他黄茶不同。杀青前的萎凋和揉捻后闷黄的主要目的，是消除青气涩味，促进香味醇和纯正。产品品质特征具有黄茶的一般特点，所以也归属黄茶类，但与其他黄茶制法不完全相同。

大叶青产于广东省韶关、肇庆、湛江等县市。广东地处南方，北回归线从省中部穿过，五岭又屏障北缘，属亚热带，热带气候温热多雨，年平均温度大都在 22℃以上，年降水量 1500 毫米，甚至更多。茶园多分布在山地和低山丘陵，土质多为红壤，透水性好，非常适宜茶树生长。

大叶青以云南大叶种茶树的鲜叶为原料，采摘标准为一芽二、三叶。大叶青制造分萎凋、杀青、揉捻、闷黄、干燥五道工序。该茶冲泡后，香气纯正，滋味浓醇回甘，汤色橙黄明亮，叶底淡黄。

叶张完整、显毫，色泽青润显黄。

外形条索肥壮、紧结、重实，老嫩均匀。

普洱茶有什么特点？

普洱茶，是以云南特产的大叶种晒青茶为原料加工而成的茶叶。直接加工为成品的，叫生普；经过发酵后再加工而成的，叫熟普。从形制上，又分为散茶和紧压茶两类。普洱茶属于后发酵茶，成品一直持续着氧化作用，具有越陈越香、越温和的独特品质。

从贮存方式上，可分为两种：干仓普洱，存放于干燥仓库，使茶叶自然发酵，陈化 10 ~ 20 年为佳；湿仓普洱，放于较潮湿地窖中，以加快发酵速度，容易霉变，对健康不利。

该茶冲泡后，滋味醇厚回甘，具有独特的陈香味儿。普洱茶可续冲 10 次以上，最后还可以再煮一次茶。普洱茶作为传统饮料，除能止渴生津和提神外，还有暖胃、减肥、降脂、防治动脉硬化、防治冠心病、降血压、抗衰老、抗癌、降血糖之功效，被许多人当作养生滋补珍品。

普洱散茶外形条索粗壮肥大。

色泽乌润或褐红。

茉莉花茶有什么特点？

茉莉花茶，又叫茉莉香片，是花茶中的名品。茉莉花茶是将茶叶和茉莉鲜花进行拼和、窨制，使茶叶吸收花香而成的。茉莉花茶使用的茶叶称茶坯，一般以绿茶为多，少数也有红茶和乌龙茶。茉莉花茶的花香是在加工过程中添加的，因此成茶中的茉莉干花大多只是一种点缀，不能以有无干花作为判断其品质的标准。

茉莉花茶因产地不同，其制作工艺与品质也各具特色，其中著名的产地有福建福州、福鼎，浙江金华，江苏苏州，安徽歙县、黄山，广西横县，重庆等地。茶坯不同，名称也不同，如用龙井茶做茶坯，就叫龙井茉莉花茶，用黄山毛峰做茶胚，就叫毛峰茉莉，等等。也有根据茶叶形状命名的，如龙团珠茉莉花茶、银针茉莉花茶。

优质的茉莉花茶冲泡后，香气鲜灵持久，汤色黄绿明亮，叶底嫩匀柔软，滋味醇厚鲜爽。常饮茉莉花茶，可清肝明目、生津止渴、通便利水、降血压、防辐射损伤；还可松弛神经，情绪紧张的人可多饮茉莉花茶。

色泽黑褐油润。

茉莉花茶外形条索紧细匀整。

茉莉花茶"引花香、益茶味"，香气馥郁，绿茶较易于吸收花香之气，加工成茶后茉莉干花多被筛除，不能以干花存留的多少来判定其品质。

珠兰花茶有什么特点？

珠兰花茶是以烘青绿茶、珠兰或米兰鲜花为原料窨制而成，是中国主要花茶产品之一，因其香气浓烈持久而著称，尤以珠兰花茶为佳，产品畅销国内及海外。

米兰，又称米仔兰、鱼子兰、树兰，是一种常绿小乔木，小叶 3～5 片，对生，倒卵圆形，全缘无毛，叶面深绿色，较平滑。花为黄色，裂片圆形，花瓣五片，花香似蕙兰。

珠兰，也叫珍珠兰、茶兰，为草本状蔓生常绿小灌木，单叶对生，长椭圆形，边缘细锯齿，花无梗，黄白色，有淡雅芳香。4～6月开花，以5月份为盛花期，故夏季窨制珠兰花茶最佳。该茶生产始于清乾隆年间（1736—1795），迄今已有200余年。

该茶冲泡之后，茶叶徐徐沉入杯底，花如珠帘在水中悬挂，既有兰花的幽雅芳香，又有绿茶的鲜爽甘美。数次冲泡，花香仍清雅隽永。

珠兰花茶外形条索紧细。

锋苗挺秀，白毫显露，色泽深绿油润。

桂花茶有什么特点?

桂花茶，是由精制茶坯与鲜桂花窨制而成的一种花茶，香味馥郁持久，茶色绿而明亮，滋味醇和浓厚，深受消费者喜爱。

在桂花盛开期，采摘那些呈金黄色、含苞初放的花朵，采回的鲜花要及时剔除花梗、树叶等杂物，尽快窨制。桂花有金桂、银桂、丹桂、四季桂和月月桂等品种，其中以金桂香味最浓郁持久。

桂花茶有通气和胃、温补阳气之功效，可治疗阳气虚弱型的高血压病，以及由此引起的眩晕、腰痛、畏寒、小便清长等症。桂花茶还有美白肌肤、排解体内毒素、止咳化痰之效用，对夏季皮肤干燥、声音沙哑有缓解作用。

桂花香味浓厚而持久，无论窨制绿茶、红茶、乌龙茶均有良好效果，因此有许多种类，如：桂花烘青、桂花乌龙、桂花红碎茶、桂林桂花茶、贵州桂花茶、咸宁桂花茶等。

条索紧细匀整，色泽绿润。花色金黄，香气馥郁。

市面上较为常见的桂花烘青茶，在我国广西、湖北等地的产量最大。

决明子茶有什么特点和功效?

决明子茶有很多种，可单独煎煮，以代茶饮，也与绿茶相搭配，也可与枸杞子、菊花、山楂、桃仁、荷叶相搭配，更可加入蜂蜜、冰糖等调味，甚至可以与粳米、紫菜等煮成粥。

决明子，又叫决明、草决明、马蹄子、野青豆、羊尾豆、假绿豆等。决明属豆科植物，常生长于村边、路旁和旷野等处，其成熟种子即为决明子。

决明子茶含有糖类、蛋白质、脂肪外，还含甾体化合物、大黄酚、大黄素等，还有人体必需的微量元素，如铁、锌、锰、铜、镍、钴、钼等。它含有大黄素，有平喘、利胆、保肝、降压之功效，能降低胆固醇，还有一定的抗菌消炎作用，可用于治疗肝炎、肝硬化腹水、高血压、小儿疳积、夜盲、风热眼痛、习惯性便秘等症。

决明子茶是一种泻药，有很强的滑肠作用，长期饮用会损气，易引发月经不规律，甚至使子宫内膜不正常。

以颗粒饱满、色绿棕者为佳。形似马蹄。

决明子气微，味微苦，捣碎可做中药，有明目之效。

枸杞茶有什么特点和功效？

枸杞茶是采用枸杞树的根、叶、花、果及菊花等为原料精制而成，平和了枸杞根、叶的寒性和凉性及枸杞干果的温性，使枸杞的药性更为平和，便于人体吸收。

枸杞根，别名地骨皮、仙人杖，内含桂皮酸、多量酚类物质、甜菜碱等成分，可清热消毒，止渴凉血，坚筋补气，治虚劳、潮热、盗汗、咳喘、高血压、高血糖等；枸杞叶，别名天精草、地仙苗，富含蛋白质、胡萝卜素、粗纤维、维生素C、微量元素等营养成分，可补虚益精，清热止咳，祛风明目，清热毒，散恶肿。

枸杞茶无副作用，身体虚弱者可长期饮用。其温热效果强烈，感冒发热及高血压患者不宜饮用。

枸杞子性味甘平，可滋肾润肺，补肝明目，治肝肾阴亏，腰膝酸软，头晕目眩等。

枸杞茶中，也可根据情况适量加入红枣、菊花、金银花、莲子心、冰糖等。

柿叶茶有什么特点和功效？

柿叶茶，是以柿叶为原料加工而成的一种新型茶饮。在制品中有的拼入茶叶，也有不拼茶叶的。经常饮用柿叶茶，具有通便利尿、净化血液、抗菌消肿等多种保健功能。

每克新鲜柿叶中含有维生素C 2～5毫克，尤其是五六月的叶片含量最高，有的品种高达34毫克，这在植物叶片中是非常罕见的。柿叶的粗蛋白含量占干重的12.67%，有16种氨基酸。柿叶含有丰富的矿质元素，如钾、磷、钙、铜、铁、锌、锰等。

但柿叶含鞣质较多，有收敛作用，会减少消化液的分泌，加速肠道对水分的吸收，造成大便硬结。因此，便秘患者不宜饮用。

叶阔呈椭圆形

柿叶含有较高的黄酮苷，能降低血压、增加冠状动脉的血流量，并有一定的杀菌作用。

榴叶茶有什么特点和功效？

　　石榴，又名天浆果，历代为朝贡天子、供奉神灵的上等供品。石榴全身是宝，尤其是其叶，含有丁香酚、槲皮素、番石榴苷、扁蓄苷等成分，多种微量元素，十多种氨基酸和维生素，有健胃消食、涩肠止泻、杀虫止痒、收敛止血的作用，对降低血脂、血糖、软化血管、增强心肌活力、预防癌症和动脉粥样硬化、延缓衰老有特殊功效。

　　榴叶茶是一种助消化、促进营养成分吸收、预防和治疗消化性溃疡、降低胆固醇、防治老年病的保健饮品。适宜口干舌燥者、腹泻者、扁桃体发炎者；不适宜便秘者、尿道炎患者、糖尿病者、实热积滞者。

《图经本草》中说，"榴叶者，主治咽喉燥渴、止下痢漏精、止血之功能"。

竹叶茶有什么特点和功效？

　　竹叶茶，是以竹叶为主要原料制作的一种茶。

　　家里制作竹叶茶，可取鲜竹 50 ～ 100 克，用水煎煮，以代茶饮。滋味清新纯和，汤色晶莹透亮，具有清热利尿、清凉解暑作用，可用于缓解流行性感冒、上呼吸道感染等症。

　　竹叶茶可加入生地黄、绿茶一起煮闷 15 分钟左右，可加白砂糖增加甜味。也可加灯芯草共煮，可清心降火，用于虚烦不眠者。

竹为禾本科植物，《本草纲目》称其"味苦寒、无毒"。

桑叶茶有什么特点和功效？

　　桑叶茶，是以优质的嫩桑叶为原料经烘焙精制而成。由于去除了桑叶中有机酸的苦味和涩味，桑叶茶口味甘醇，清香宜人。用开水冲泡，茶水清澈明亮，清香甘甜，鲜醇爽口，具有减肥、美容、降血糖的作用，常饮此茶有利于养生保健、延年益寿。

　　桑叶中含有一种脱氧霉素，可阻止糖分解酶发挥作用，能抑制蔗糖酶、麦芽糖酶、α-葡萄糖甘糖、α-淀粉酶的分解，能刺激胰岛素分泌，降低胰岛素分解速度。桑叶有利水的功用，能促进排尿，改善水肿，清除血液中过剩的脂肪和胆固醇。

桑叶富含黄酮化合物、酚类等，对脸部的痤疮、褐色斑也有较好的疗效。

金银花茶有什么特点和功效?

金银花又称忍冬花,忍冬为半常绿灌木,茎半蔓生,其茎、叶和花,皆可入药,具有解毒、消炎、杀毒、杀菌、利尿和止痒的作用。

鲜花经晒干或按制绿茶的方法制干后,即为金银花茶。市场上的金银花茶有两种,一种是鲜金银花与少量绿茶拼和,按花茶窨制工艺制成的金银花茶;另一种是用烘干或晒干的金银花干与绿茶拼和而成。前者花香浓,以品赏花香为主;后者香味较低,但药效较为完整。

金银花茶是老少皆宜的保健饮料,尤其适宜夏天饮用。其茶汤芳香、甘凉可口,有清热解毒、通经活络、护肤美容之功效。

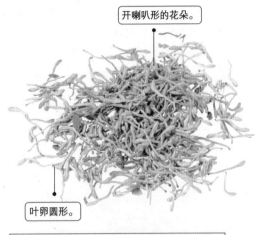

开喇叭形的花朵。

叶卵圆形。

金银花初开花时为白色,后转为黄色,故而得名。

玫瑰花茶有什么特点和功效?

玫瑰花茶,是用玫瑰花和茶芽混合窨制而成的花茶,有美容养颜、通经活络、软化血管之功效,对心脑血管、高血压、心脏病及妇科病均有一定疗效。

玫瑰花含丰富的维生素 A、维生素 C、B 族维生素、维生素 E、维生素 K 以及单宁酸,能改善内分泌失绸,对消除疲劳和伤口愈合也有帮助,能调气血、促进血液循环,可美容、调经、利尿、滋润肠胃、减少皱纹、防治冻伤。玫瑰花茶可以健胃益肠,清凉去火,保持精力充沛,增加活力;长期饮用,有美容护肤之效。

在玫瑰花茶中加入冰糖或蜂蜜,可减轻其涩味。玫瑰花有收敛作用,便秘者不宜饮用;玫瑰花有活血散瘀作用,经期内不宜饮用。

家制玫瑰花茶,可将几枚干玫瑰花配上绿茶少许,以及红枣几颗,用沸水冲饮。

玫瑰花富含香茅醇、香叶醇等多种香气成分。

玫瑰原名徘徊花,香气甜美,是红茶窨花主要原料。

菊花茶有什么特点和功效？

　　菊花，多年生草本植物，叶子为卵形，边缘有锯齿，秋季开花，原产于中国，品种很多，是中国十大名花之一，各地均有种植。菊花花色丰富，清香宜人，有药用、食用价值。

　　现代医学证实，菊花具有降血压、消除癌细胞、扩张冠状动脉和抑菌的作用，长期泡茶饮用能增加人体钙质、调节心肌功能、降低胆固醇、预防流行性结膜炎，适合中老年人饮用。

泡茶用的菊花，较常见的是白菊或甘菊。

放入四五颗菊花。

以透明的玻璃杯为佳。

放上几颗冰糖，味道更佳。

《本草纲目》记载，菊花味甘苦，性微寒；有散风清热、清肝明目、解毒消炎之功效。

泡菊花茶时，用沸水冲泡2～3分钟，待茶水渐渐变成微黄色，即可饮用。

橄榄茶有什么特点和功效？

　　橄榄茶的制法简单，取橄榄5～6枚，冰糖适量，将橄榄放入杯中，加入冰糖，用沸水冲泡，晾凉后，即可代茶饮用。

　　橄榄茶富含维生素E和钙质，可改善内循环环境，帮助身体排出废物，促进血液循环，加速新陈代谢，对月经不调、容易疲劳、压力大的肥胖女性尤其适合。橄榄茶有滋咽润喉、生津爽口、清热解毒之功效，可消积解胀、醒酒去腻、滋养脾胃，增强食欲，对于咽喉不适、减肥有明显效果。

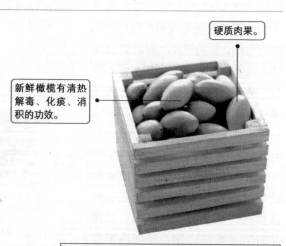

硬质肉果。

新鲜橄榄有清热解毒、化痰、消积的功效。

橄榄又名青果，初尝橄榄味道酸涩，久嚼后方觉得满口清香，回味无穷。

姜茶有什么特点和功效？

姜茶，是流行于英国的一种饮料，其做法和中国用来治感冒的姜汤大同小异。茶叶少许，去皮生姜几片，一起放于水中煎，然后加糖，宜在饭后饮用。

姜茶可发汗解表、温肺止咳，对流感、伤寒、咳嗽等有明显疗效；但只限于风寒感冒，对风热感冒反会加重。风寒感冒头不痛，口不渴，嗓子不疼，无痰涕或清痰涕；风热感冒有头痛，嗓痛，口渴，咳浓痰，流浓涕症状。

姜辣能促进胃液分泌及肠管蠕动，帮助消化，抑制恶心感，防治晕车，但大量食用会引起口干、喉痛。姜茶的辛辣香味，能促进肢体末端的血液循环，怕冷的人可多喝；对怀孕恶心也很有效，但是一杯茶只能用 1/2 片。也可把生姜切成细长片，含在嘴里咀嚼。

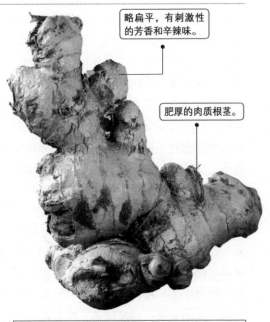

略扁平，有刺激性的芳香和辛辣味。

肥厚的肉质根茎。

姜性温、味辣，能增强血液循环，促进消化，增进食欲；炎热时节，可起到排汗降温、提神的作用。

龙眼茶有什么特点和功效？

龙眼，人们通常把鲜果称为龙眼，焙干后则称为桂圆。因其既可鲜吃又可药用，历来被人们称为岭南佳果。龙眼富含营养，自古以来就被人们视为珍贵补品，李时珍曾说"资益以龙眼为良"。

龙眼有壮阳益气、补益心脾、养血安神、润肤美容等多种功效，可治疗贫血、心悸、失眠、健忘、神经衰弱及病后、产后身体虚弱等症。

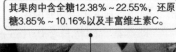

其果肉中含全糖12.38%～22.55%，还原糖3.85%～10.16%以及丰富维生素C。

龙眼茶做法简单，将龙眼洗净去核取肉，放在碗中加入清水，隔水蒸熟后取出即可食用。通常在睡前饮用效果较佳，补气血、安心神之功效，可缓解因血虚而引起的失眠。也可加入酸枣仁和茯实，与龙眼肉一起煮上半个小时左右，可养血安神，益肾固精，适宜于心悸、失眠、神疲乏力者食用。龙眼肉与绿茶同煮，可补血清热，补充叶酸，预防贫血，适宜血虚体弱者饮用。

外形圆滚如弹丸，略小于荔枝，皮青褐色。

龙眼去皮后剔透晶莹偏浆白，隐约可见肉里红黑色果核，极似眼珠，故以"龙眼"名之。

杜仲茶有什么特点和功效？

杜仲茶，即以杜仲叶制成的茶状饮品。杜仲，又名丝连皮、扯丝皮、丝棉皮、玉丝皮、思仲等，属落叶乔木，是我国特有树种，资源稀少，属国家二级珍贵保护树种。

在杜仲叶生长最旺盛时，或在花蕾即将开放时，或在花盛开而果实种子尚未成熟时，采收杜仲的嫩叶，用传统的茶叶加工方法制成杜仲茶。杜仲茶，色泽橙黄透明，初尝微苦，回甜上口，常饮有益健康，无任何副作用，适合当作睡前饮料。饮用时，把 2～3 克杜仲茶放入杯中，浇上开水，闷盖 3 分钟，即可饮用。

《本草纲目》上说：杜仲，能入肝补肾，补中益精气，坚筋骨，强志，治肾虚腰痛，久服，轻身耐老。现代医学认为，杜仲茶可促进代谢，预防衰老；解除疲劳，恢复损伤；改善人体免疫系统；降血压，防治动脉硬化；抗菌消炎，抵抗病毒；排毒养颜，轻身健体。

杜仲叶为椭圆形或卵形。

表面为黄绿色或黄褐色，微有光泽。

具短叶柄。

丹参茶有什么特点和功效？

丹参是唇形科多年生草本植物，其根为圆柱形，略弯曲，有须根；表面棕红色或暗棕色，粗糙；含有丹参醌、皂苷元、维生素 E 等成分，具有扩张冠状动脉、镇静、降压、降低血糖的作用。

丹参茶，即将丹参切片或磨成粗末后，用沸水冲泡，以代茶饮，喝至滋味清淡为止。也可加入少量绿茶，一起泡饮。丹参茶是一种性状平和的保健饮料，有活血化瘀作用，适用于冠心病、心绞痛等的预防和治疗。孕妇和无瘀血者，不宜饮用。

丹参还有养血安神的作用，用于心悸失眠，可与酸枣仁、柏子仁等中药配合使用。

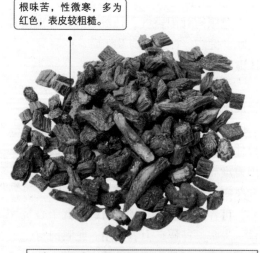

根味苦，性微寒，多为红色，表皮较粗糙。

丹参又名赤参，常切成块或片状使用，可养血安神。

灵芝茶有什么特点和功效？

灵芝茶，即用灵芝草切成薄片，以沸水冲泡，加绿茶少许饮用。冲泡时，可搭配丹桂、金银花、山楂、枸杞等中草药。

经常饮用灵芝茶，可补中益气、增强筋骨、养颜聪耳、益寿延年，适用于肾虚气弱而导致的耳聋、失眠、便秘、甲亢、腹泻等症。据《神农本草经》记载：灵芝有紫、赤、青、黄、白、黑六种，但现代所见标本，多为紫芝或赤芝。

中医认为，灵芝入五脏、补益全身，具有滋补强身、补肺益肾、健脾安神的作用。现代医学也认为，灵芝能提高人体免疫力，有健肤抗衰老的作用。对人体具有双向调节作用，所治病种涉及呼吸、循环、消化、神经、内分泌及运动等各个系统；尤其对肿瘤、肝脏病变、失眠以及衰老的防治作用十分显著。

灵芝性味甘平，是一种多孔菌科类植物，含水解蛋白、脂肪酸、甘露醇、麦角甾醇、B族维生素等物质，此外还含有大量的酶。

人参茶有什么特点和功效？

人参茶，是用人工栽培的人参鲜叶，按制绿茶的方法，经过杀青、揉捻、烘干等工序而制成的烘青型保健茶。人参属五茄科多年生草本植物，掌状复叶中含有多种人参皂苷，具有抗疲劳、镇静，壮阳等作用。

此茶回味甘醇，其香味与生晒参很相似，初入口微带苦，尔后回味甘醇。初饮人参茶，如口味嫌其不合，泡饮时加入少量蜜糖，能调和滋味的可口程度。

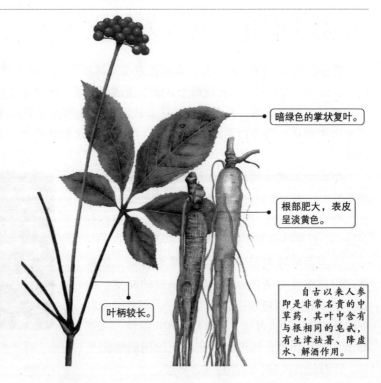

暗绿色的掌状复叶。

根部肥大，表皮呈淡黄色。

叶柄较长。

自古以来人参即是非常名贵的中草药，其叶中含有与根相同的皂甙，有生津祛暑、降虚水、解酒作用。

胖大海茶有什么特点和功效？

胖大海，又名安南子、大海子、大洞果，因遇水会膨大成海绵状而得其名。它是梧桐科多年生落叶乔木植物——胖大海的成熟种子。

《本草纲目拾遗》中说，胖大海，俗称"大发"，对于感冒、用嗓过度等引起的咽喉肿痛、急性扁桃体炎等咽部疾病，有一定的辅助疗效。

胖大海茶，即用沸水冲泡胖大海，每次3～4个，先用温水洗净，再加白糖少量，沸水冲泡，以代茶饮。它含有胖大海素，服用后能改善黏膜炎症，适用于慢性咽喉炎，能够生津止渴，缓解声音嘶哑、咽部干燥、红肿疼痛等症。

先端钝圆，基部略尖而歪。

表面棕色或暗棕色，微有光泽，具不规则的干缩皱纹。

外层种皮极薄，质脆，易脱落。

胖大海的外形呈纺锤形或椭圆形，长2～3厘米，直径1～1.5厘米。

中医认为，胖大海性寒味甘，能清宣肺气，可用于风热犯肺所致的急性咽炎、扁桃体炎；也能清肠通便，用于上火引起的便秘。但是，并不是每个人都适合饮用，如：脾胃虚寒体质、风寒感冒患者、肺阴虚咳嗽患者等。现代药理研究，胖大海有一定毒性，不宜长期服用。

青豆茶有什么特点和功效？

在浙江杭嘉湖地区的农村，常用青豆茶来款待客人。青豆茶口味微咸而鲜香，深得当地人的喜爱，农妇们流行轮流做东，邻里邀请喝咸茶，称之为"打茶会"。

青豆茶制作简单，在夏末之时摘取成熟但干黄的大豆荚，剥取其中青绿色的嫩豆粒，放在水中搓揉，淘弃白色的豆膜，随后在锅中加水和盐煮熟，切勿煮酥，以防色泽变褐走味。

把青豆从锅中捞出，滤去卤汁，放在烘笼上烘至足干，即为青豆，也称烘青茶。因制作时加了盐，很易吸湿回潮，因此宜用布袋包装后贮藏在石灰缸中，以保持青豆干燥、嫩绿、不走鲜味。

青豆茶的冲泡很讲究，主料是烘青豆，佐料有：切成细丝的兰花豆腐干、盐渍过的橘皮、桂花、胡萝卜干、炒熟的芝麻、紫苏子。将各种配料放在茶盅里，冲入开水，稍候片刻即可品饮。味道鲜美，清香扑鼻，汤色红绿相映。饮用后解渴生津，还有健胃强身、提神补气之功效。

青豆味甘性平，可健脾养胃、润燥消水，有助于滋补强壮，长筋骨，悦颜面，乌发明目。

玉米须茶有什么特点和功效？

玉米须茶，即用玉米须制成的一种茶饮料。玉米的花柱（玉米须），在中药中又称"龙须"，性味甘、平、甜、和。玉米须中有很多维生素，有广泛的预防保健用途。

玉米须茶制法非常简单，有以下几种：把玉米须清理干净，用开水冲泡即可；用玉米须煮水后服用；把带有须的玉米放进锅煮熟，然后吃玉米，喝汤水。

玉米，又称玉蜀黍，禾本科植物，玉米须即是其花柱或柱头。

玉米须多为松散的团簇状，其营养健康价值常被人们所忽略。

玉米须茶有凉血、泻热的功效，可祛除体内的湿热之气；降低血脂、血糖，适用于糖尿病患者的辅助治疗；有利尿、消水肿的作用；可用于预防习惯性流产、妊娠肿胀、乳汁不通等症。

车前子茶有什么特点和功效？

车前子，即车前或平车前的干燥成熟种子。夏秋之时，车前种子成熟，采收果穗，晒干，搓出种子，除去杂质备用。

车前子茶的做法是，先将车前子拣去杂质，筛去空粒，洗去泥沙，晒干；把车前子放入保温杯中，沸水冲泡15分钟，当茶饮；也可用水煎服；此茶每日宜服用一剂。

车前子茶可清热利尿、渗湿通淋、清肝明目、祛痰，用于水肿胀满、热淋涩痛、暑湿泄泻、目赤肿痛、痰热咳嗽。

表面黄棕色至黑褐色，有细皱纹。

质硬，气微，味淡。

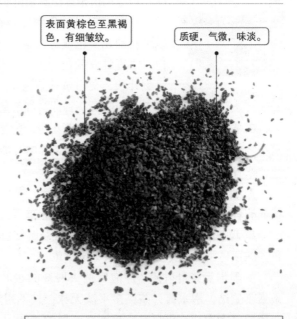

车前子呈椭圆形或不规则长圆形，略扁，长约2毫米，宽约1毫米。

第三章　饮茶的方法

怎样选购茶叶？

茶叶是生活中的必需品，怎么选择上好的茶叶、选择哪种茶叶显得尤其重要，下面介绍相关茶叶选购常识。

1. 检查茶叶的干燥度　以手轻握茶叶微感刺手，轻捏会碎的茶叶，表示茶叶干燥程度良好，茶叶含水量在 5% 以下。

2. 观察茶叶叶片整齐度　茶叶叶片形状、色泽整齐均匀的较好，茶梗、簧片、茶角、茶末和杂质含量比例高的茶叶，一般会影响茶汤品质，多是次级品。

3. 试探茶叶的弹性　以手指捏叶底，一般以弹性强者为佳，表示茶菁幼嫩，制造得宜；而触感生硬者为老茶菁或陈茶。

用重力捏茶叶仍不易碎，表明茶叶已受潮回软，品质会受到影响。

4. 检验发酵程度　红茶是全发酵茶，叶底应呈红鲜艳为佳；乌龙茶属半发酵茶，绿茶镶红边以各叶边缘有红边，叶片中部淡绿为上；清香型乌龙茶及包种茶为轻度发酵茶，叶在边缘锯齿稍深位置呈红边，其他部分呈淡绿色为正常。

5. 看茶叶外观色泽　各种茶叶成品都有其标准的色泽。一般来说，以带有油光宝色或有白毫的乌龙及部分绿茶为佳，包种茶以呈现有灰白点之青蛙皮颜色为贵。茶叶的外形条索则随茶叶种类而异，如龙井呈剑片状，文山包种茶为条形自然卷曲，冻顶茶呈半球形紧结，铁观音茶则为球形，香片与红茶呈细条或细碎形。

汤色澄清鲜亮带油光。

茶汤以没有浑浊或沉淀物产生者为佳。

6. 闻茶叶香气　绿茶清香，包种茶花香，乌龙茶的熟果香，红茶的焦糖香，花茶则应有熏花之花香和茶香混合之强烈香气。如茶叶中有油臭味、焦味、菁臭味、陈旧味、火味、闷味或其他异味者，为劣品。

7. 尝茶滋味　以少苦涩、带有甘滑醇味，能让口腔有充足的香味或喉韵者为好茶。苦涩味重、陈旧味或火味重者，则非佳品。

8. 观茶汤色　一般绿茶呈蜜绿色，红茶鲜红色，白毫乌龙呈琥珀色，冻顶乌龙呈金黄色，包种茶呈蜜黄色。

9. 看泡后茶叶叶底　冲泡后很快展开的茶叶，多是粗老之茶，条索不紧结，泡水薄，茶汤多平淡无味，且不耐泡。冲泡后叶面不开展或经多次冲泡仍只有小程度之开展的茶叶，不是焙火失败就是已放置一段时间的陈茶。

冲泡后茶叶逐次舒展。

此类茶多由幼嫩鲜叶所制成，且制造技术良好，茶汤浓郁。

茶叶的鉴别标准是什么？

茶叶的鉴别标准主要有五个方面，即嫩度、条索、色泽、整碎和净度。

1. 嫩度 茶叶品质的基本因素就是嫩度，一般来说嫩度好的茶叶，外形也很符合茶叶的要求，锋苗好，白毫比较明显。嫩度差的茶叶，即使做工很好，可是茶条上也没有锋苗和白毫。

2. 条索 条索就是指各类茶的外形规格，例如炒青条形、珠茶圆形、龙井扁形、红碎茶颗粒形等。长条形茶，从松紧、弯直、壮瘦、圆扁、轻重来看；圆形茶从颗粒的松紧、匀正、轻重、空实来看；扁形茶，要看平整和光滑的程度。

3. 色泽 从茶叶的色泽可以看出茶叶的嫩度和加工技术。一般来说，好的茶叶色泽一致，光泽明亮，油润鲜活，如果出现色泽不一，有深有浅，暗淡无光的情况，那么茶叶质量必然不佳。

4. 整碎 整碎指的是茶叶的外形和断碎程度，匀整的为好，断碎的为次。

5. 净度 净度就是看茶叶中的杂物含量，例如茶片、茶梗、茶末、茶子以及在制作过程中混入的竹屑、木片、石灰、泥沙等杂物，好的茶叶应当是不含任何杂质的。

可从茶的颗粒圆整、大小均匀、个体紧实程度等方面加以辨别。

怎样辨别新茶与陈茶？

看色泽。由于茶叶在储藏的过程中，构成茶叶色泽的一些物质会在光、气、热的作用下，发生缓慢分解或氧化，失去原有的色泽。如新绿茶色泽青翠碧绿，汤色黄绿明亮；陈茶则叶绿素分解、氧化，色泽变得枯灰无光，汤色黄褐不清。

捏干湿。取一两片茶叶用大拇指和示指稍微用劲一捏，能捏成粉末的是足干的新茶。

闻茶香。构成茶香的醇类、酯类、醛类等特质会在不断挥发和缓慢氧化，时间越久，茶香越淡，由新茶的清香馥郁变成陈茶的低闷浑浊。

品茶味。茶叶中的酚类化合物、氨基酸、维生素等构成滋味的特质会逐步分解挥发、缩合，使滋味醇厚鲜爽的新茶变成淡而不爽的陈茶。

足干的新茶捏之易碎。

陈茶受光、气、热影响，含水量较高，容易变质，在一定程度上影响茶水的色、香、味。

当年采摘的新叶加工而成的茶叶称为新茶，非当年采制的茶叶为陈茶。

怎样识别春茶？

历代文献都有"以春茶为贵"的说法，由于春季温度适中，雨量充沛，加上茶树经头年秋冬季的休养，使得春茶芽叶硕壮饱满，色泽润绿，条索结实，身骨重实，所泡的茶浓醇爽口，香气高长，叶质柔软，无杂质。

叶脉细密，叶片边缘锯齿不明显。

春茶冲泡后，香浓味厚，汤色清澈明亮，叶底厚实。

怎样识别夏茶？

夏季炎热，茶树新梢芽叶迅速生长，使得能溶解于水浸出物含量相对减少，因此夏茶的茶汤滋味没有春茶鲜爽，香气不如春茶浓烈，反而增加了带苦涩味的花青素、咖啡喊、茶多酚的含量。从外观上看，夏茶叶肉薄，且多紫芽，还夹杂着少许青绿色的叶子。

外观略松散，叶质轻飘。

夏茶香气欠缺，叶脉尽显，叶底叶片边缘锯齿明显。

怎样识别秋茶？

秋天温度适中，且茶树经过春夏两季生长、采摘，新梢内物质相对减少。从外观上看，秋茶多丝筋，身骨轻飘。所泡成的茶汤淡，味平和，微甜，叶质柔软，单片较多，叶张大小不一，茎嫩，含有少许铜色叶片。

条索紧细、轻薄。

色泽黄绿，大小不一。

怎样识别花茶？

花茶的外形一般都是条索紧实，色泽明亮均匀，如果外形粗松不整，色泽暗淡，则为劣质茶；优质的花茶一般没有杂质，掂量时会有沉实的感觉，如果杂质很多，掂量时感觉很轻，则为劣质茶。

勿因茶中带花而高估其质量，很可能有其形而无其香。

花茶一般香气浓郁持久，纯正而鲜爽，只有花香，没有其他异味。

怎样识别高山茶与平地茶?

　　高山茶和平地茶的生态环境有很大差别，除了茶叶形态不同，茶叶的质地也有很大差别。

　　高山茶的外形肥壮紧实，色泽翠绿，茸毛较多，节间长，鲜嫩度良好，成茶有特殊的花香，条索紧实肥硕，茶骨较重，茶汤味道浓稠，冲泡时间长；平地茶一般叶子短小，叶底硬薄，茶叶表面平展，呈黄绿色没有光泽，成茶香味不浓郁，条索瘦长，茶骨相对于高山茶较轻，茶汤滋味较淡。

高山茶最显著的特征在于其香高味浓、尤耐冲泡。

怎样识别劣变茶?

　　识别劣变茶的方法有以下几个：

　　1. 烟味　冲泡出的茶汤嗅时烟味很重，品尝时也带有烟味则为劣变茶。

　　2. 焦味　干茶叶散发有很重的焦味，冲泡后仍然有焦味而且焦味持久难消则为劣变茶。

　　3. 酸馊味　无论是热嗅、冷嗅和品尝茶叶都有一股严重的酸馊味则为劣变茶，不能饮用。

　　4. 霉味　茶叶干嗅时有很重的霉味，茶汤的霉味更加明显则为劣变茶，不能饮用。

如有轻微的日晒气则为次品茶，如日晒气很重则为劣变茶。

怎样甄别真假茶叶?

　　真茶和假茶，一般都是通过眼看、鼻闻、手摸、口尝的方法来综合判断。

　　1. 眼看　绿茶呈深绿色，红茶色泽乌润，乌龙茶色泽乌绿，茶叶的色泽细致均匀，则为真茶。如果茶叶颜色不一，则可能为假茶。

　　2. 鼻闻　如果茶叶的茶香很纯，没有异味，则为真茶；如果茶叶茶香很淡，异味较大，则为假茶。

　　3. 手摸　真茶一般摸上去紧实圆润，假茶都比较疏松；真茶用手掂量会有沉重感，而假茶则没有。

　　4. 口尝　冲泡后，真茶的香味浓郁醇厚，色泽纯正；假茶香气很淡，颜色略有差异，没有茶滋味。

茶香纯正、无异味。

真茶色泽自然、均匀。

手感紧实。

将茶叶放在白纸或白盘子中，将茶叶摊开。

古代人择水的标准是什么？

尽管地域环境、个人喜恶的差别造成古人择水标准说法不一，但对水品"清""轻""甘""冽""鲜""活"的要求都是不谋而合。

1. 水要甘甜洁净 古人认为泡茶的水首要就是洁净，只有洁净的水才能泡出没有异味的茶，而甘甜的水质会让茶香更加出色。宋蔡襄在《茶录》中说道："水泉不甘，能损茶味。"赵佶的《大观茶论》中说过："水以清轻甘洁为美。"

2. 水要鲜活清爽 古人认为水质鲜活清爽会使茶味发挥更佳，死水泡茶，即使再好的茶叶也会失去茶滋味。明代张源在《茶录》中指出："山顶泉清而轻，山下泉清而重，石中泉清而甘，砂中泉清而冽，土中泉清而白。流于黄石为佳，泻出青石无用。流动者愈于安静，负阴者胜于向阳。真源无味，真水无香。"

水质清澈、洁净是古人择水的基本标准，在此基础上求真的诉求则更贴合茶道的初衷。

3. 适当的贮水方法 古代的水一般都要储存备用，如果在储存中出现差错，会使水质变味，影响茶汤滋味。明代许次纾在《茶疏》中指出："水性忌木，松杉为甚，木桶贮水，其害滋甚，洁瓶为佳耳。"

现代人的水质标准是什么？

现代科学越来越发达了，人们的生活层次也在不断提高，对水质的要求也提出了新的指标。现代科学对水质提出了以下四个指标：

1. 感官指标 水的色度不能超过 15 度，而且不能有其他异色；浑浊度不能超过 5 度，水中不能有肉眼可见的杂物，不能有臭味异味。

2. 化学指标 微量元素的要求为氧化钙不能超过 250 毫克／升，铁不能超过 0.3 毫克／升，锰不能超过 0.1 毫克／升，铜不能超过 1.0 毫克／升，锌不能超过 1.0 毫克／升，挥发酚类不能超过 0.002 毫克／升，阴离子合成洗涤剂不能超过 0.3 毫克／升。

3. 毒理学指标 水中的氟化物不能超过 1.0 毫克／升，适宜浓度 0.5 ～ 1.0 毫克／升，氰化物不能超过 0.05 毫克／升，砷不能超过 0.04 毫克／升，镉不能超过 0.01 毫克／升，铬不能超过 0.5 毫克／升，铅不能超过 0.1 毫克／升。

饮用水的 pH 值应当为 6.5 ～ 8.5，硬度不能高于 25 度。

4. 细菌指标 每 1 毫升水中的细菌含量不能超过 100 个；每 1 升水中的大肠菌群不能超过 3 个。

什么是纯净水？

纯净水的水质清纯，没有任何有机污染物、无机盐、添加剂和各类杂质，这样的水可以避免各类病菌入侵人体。纯净水一般采用离子交换法、反渗透法、精微过滤等方法来进行深度处理。纯净水将杂质去除之后，原水只能有 50% ~ 75% 被利用。

纯净水的优点是安全，溶解度强，与人体细胞亲和力强，能有效促进人体的新陈代谢。虽然纯净水在除杂的同时，也将对人体有益的微量元素分离出去，但是对人体的微量元素吸收并无太大妨碍。总体来说，纯净水是一种很安全的饮用水。

纯净水，就是指不含任何有害物质和细菌的水。

什么是自来水？

自来水，是指将天然水通过自来水处理净化、消毒后生产出符合国家饮用水标准的水，以供人们生活、生产使用。家庭中可以直接将自来水用于洗涤，但是饮用时一般都要煮沸。

自来水的来源主要是江河湖泊和地下水，水厂用取水泵将这些水汲取过来，将其沉淀、消毒、过滤等，使这些天然水达到国家的饮用水标准，然后通过配水泵站输送到各个用户。

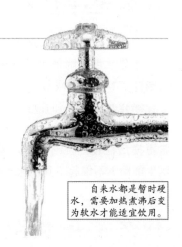

自来水都是暂时硬水，需要加热煮沸后变为软水才能适宜饮用。

什么是矿泉水？

矿泉水含有一定量的矿物盐、微量元素或二氧化碳气体。相对于纯净水来说，矿泉水含有多种微量元素，对人体健康有利。

从国家标准看，矿泉水按照特征可分为偏硅酸矿泉水、锶矿泉水、锌矿泉水、锂矿泉水、硒矿泉水、溴矿泉水、碘矿泉水、碳酸矿泉水、盐类矿泉水九大类；按照矿化度可分为低矿化度、中矿化度、高矿化度三种；按照酸碱性可分为强酸性水、酸性水、弱酸性水、中性水、弱碱性水、碱性水、强碱性水七大类。每个人的体质不同，在选择矿泉水时，要根据自身的需求来选择，就可以起到补充矿物质的作用。

矿泉水，就是指直接从地底深处自然涌出的或者人工开发的无污染的地下矿泉水。

什么是活性水?

活性水,也称为脱气水,就是指通过特定工艺使水中的气体减掉一半,使其具有超强的生物活性。活性水的表面张力、密度、黏性、导电性等物理性质都发生了变化,因此它很容易就能穿过细胞膜进入细胞,渗入量是普通水的好几倍。

活性水可以利用加热法、超声波脱气、离心去气法等制作而成。活性水包括磁化水、矿化水、高氧水、离子水、自然回归水、生态水等。活性水的功效有渗透性、扩散性、溶解性、代谢性、排毒性、富氧化和营养性。

活性水通常以自来水为水源,然后过滤、精制、杀菌、消毒,形成特定的活性。

什么是净化水?

净化水就是将自来水管网中的红虫、铁锈、悬浮物等杂物除掉的水。净化水可以降低水的浑浊度、余氧和有机杂质,并可以将细菌、大肠杆菌等微生物截留。

净化水的原理和处理工艺一般包括粗滤、活性炭吸附和薄膜过滤三级系统。在净水过程中,要注意经常清洗净水器中的粗滤装置,常常更换活性炭,否则,时间久了,净水器内胆中就会有污染物堆积,滋生细菌,不仅起不到净化水的作用,反而会进一步污染水。

净化水是利用净化器将自来水通过二次过滤后所取得的健康饮水。

什么是天然水?

天然水,就是指构成自然界地球表面各种形态的水相,包括江河、海洋、冰川、湖泊、沼泽、泉水、井水等地表水以及土壤、岩石层内的地下水等。

地球上的天然水总量大约为 13.6 亿立方米,其中海水占 97.3%,冰川和冰帽占 2.14%,江、河、湖泊等地表水占 0.02%,地下水占 0.61%。这些水中既有淡水也有咸水,其中淡水大约占天然水的 2.7%。天然水的化学成分很复杂,含有很多可溶性物质、胶体物质、悬浮物,例如盐类、有机物、可溶气体、硅胶、腐殖酸、黏土、水生生物等。

取用自然界中的天然水需密切留意水源、环境、气候等特定因素,以确保适宜饮用。

第四章　煮茶的器具

茶具的起源是什么？

　　中国最早关于茶的记录是在周朝，当时并没有茶具的记载。而茶具是茶文化不可分割的重要组成部分，汉代王褒的《僮约》中，就有"烹茶尽具，酺已盖藏"之说，这是我国最早提到"茶具"的史料。此后历代文学作品及文献多提到茶具、茶器、茗器。

　　到了唐代，皮日休的《茶具十咏》中列出茶坞、茶人、茶笋、茶籝、茶舍、茶灶、茶焙、茶鼎、茶瓯、煮茶等十种茶具，"茶圣"陆羽在其著作《茶经》的"四之器"中先后共涉及多达 24 种不同的煮茶、碾茶、饮茶、贮茶器具。

　　中国的茶具种类繁多，制作精湛，从最初的陶制到之后的釉陶、陶瓷、青瓷、彩瓷、紫砂、漆器、竹木、玻璃、金属，无论是茶具材质还是制作工艺，茶具都经历了由粗渐精的发展过程。

| 口小而圆滑。 |

| 可供固定或悬挂的把手和拉环。 |

| 浑圆的缶体可盛食物或酒浆。 |

| 平底内收的底部便于火力均匀、高效加热。 |

| 根据考古研究推论，多数人认为最古老的茶具原型取自可兼作食器或酒器，陶土制成的瓦器——缶。 |

唐代的茶具有什么特点？

　　唐代的茶饮及茶文化已发展成熟，人们以饼茶水煮作饮。湖南长沙窑遗址出土的一批唐朝茶碗，是我国迄今所能确定的最早茶碗。

　　茶业兴盛带动了制瓷业的发展，当时享有盛名的瓷器有越窑、鼎州窑、婺州窑、岳州窑、寿州窑、洪州窑和邢州窑，其中产量和质量最好的当数越窑产品。越窑是我国著名的青瓷窑，其青瓷茶碗深受茶圣陆羽和众多诗人的喜爱，陆羽评其"类玉""类冰"。当时茶具主要有碗、瓯、执壶、杯、釜、罐、盏、盏托、茶碾等。瓯是中唐时期风靡一时的越窑茶具新品种，是一种体积较小的茶盏。

白瓷瓷碗
碗作为唐时最流行的茶具，造型有花瓣形、直腹式、弧腹式等。

三彩陶杯盘
以黄、赭、绿为基本色调，色彩斑斓。

青瓷执壶
执壶是中唐以后才出现的器形，通常刻有各类纹饰。

宋代的茶具有什么特点？

　　承唐人遗风，宋代茶饮更加普及，品饮和茶具的发展已进入了鼎盛时期，茶成了人们日常生活中的必需品。

　　宋代的茶为茶饼，饮时须碾为粉末。饮茶的茶具盛行茶盏，使用盏托也更为普遍。其形似小碗，敞口，细足厚壁，适用于斗茶技艺，其中著名的有龙泉窑青釉碗、定窑黑白瓷碗、耀州窑内瓷碗。由于宋代瓷窑的竞争，技术的提高，使得茶具种类增加，出产的茶盏、茶壶、茶杯等品种繁多，式样各异，色彩雅丽，风格大不相同。全国著名的窑口共有五处，即官窑、哥窑、定窑、汝窑和钧窑。

青白瓷盖托（北宋），景德镇窑出产。

茶盏外沿精薄。

外口开阔，内底较浅。

下有盏托。

瓷盒内有各式茶具。

盒盖刻有典雅的花纹。

青釉剔花瓷盒（宋）

壶盖、壶口处装有银饰，壶盖更以扣环结于把手之上，简洁实用。

壶体光洁圆润，外形简约，壶腹宽敞。

青釉银扣执壶（宋）

元代的茶具有什么特点？

　　元代时期，茶饼逐渐被散茶取代。此时绿茶的制作只经适当揉捻，不用捣碎碾磨，保存了茶的色、香、味。茶具也有了脱胎换骨之势，从宋人的崇金贵银、夸豪斗富的误区进入了一种崇尚自然、返璞归真的茶具艺术境界，对茶具去粗存精、删繁就简，为陶瓷茶具成为品饮场中的主导潮流开辟了历史性的通道。尤其是白瓷茶具不凡的艺术成就，把茶饮文化及茶具艺术的发展推向了全新的历史阶段，直到今天，元朝的白瓷茶具依然还有着势不可挡的魅力。

罐盖如荷叶般宽平，边缘微翘。

罐体上部宽圆，罐脚内收。

青釉荷叶盖罐（元），可作贮茶器具。

明代的茶具有什么特点？

明代饮用的茶是与现代炒青绿茶相似的芽茶，"茶以青翠为胜，陶以蓝白为佳，黄黑红昏，俱不入品"，人们在饮绿茶时，喜欢用洁白如玉的白瓷茶盏来衬托，以显清新雅致。

自明代中期开始，人们不再注重茶具与茶汤颜色的对比，转而追求茶具的造型、图案、纹饰等所体现的"雅趣"上来。明代制瓷业在原有青白瓷的基础上，先后创造了各种彩瓷，钧红、祭红和郎窑红等名贵色釉，使造型小巧、胎质细腻、色彩艳丽的茶具成了珍贵之极的艺术品。名噪天下的景德镇瓷器甚至为中国博得了"瓷器王国"的美誉。

外侧浮刻有螭龙纹，螭龙传说是龙子之一，有防火之能。

螭纹白玉水盂（明）

明朝人的饮茶习惯与前代不同，在饮茶过程中多了一项内容，就是洗茶。因此，茶洗工具也成了茶具的一个组成部分。茶盏在明代也出现了重大的改进，就是在盏上加盖。加盖的作用一是为了保温，二是出于清洁卫生。自此以后，一盏、一托、一盖的三合一茶盏，就成了人们饮茶不可缺少的茶具，这种茶具被称为盖碗。

蓝釉执壶（明）

清代的茶具有什么特点？

清代的饮茶习惯基本上仍然继承明代人的传统风格，淡雅仍然是这一时期的主格调。

紫砂茶具的发展经历了明供春始创、"四名家"及"三妙手"的成就过程终于达到巅峰。茶具以淡、雅为宗旨，以"宛然古人"为最高原则的紫砂茶具形成了泾渭分明的三大风格——讲究壶内在朴素气质的传统文人审美风格、施以华美绘画或釉彩的市民情趣风格以及镶金包银专供贸易的外销风格。

以海龟科动物的背甲制成。质地半透明，光润圆滑，有黄、黑、褐色的斑纹。

玳瑁镶银里盖碗（清）

一贯领先的瓷具也不甘寂寞，制作手法、施釉技术不断翻新，到清代已形成了陶瓷争艳、比肩前进的局面。而文人对茶具艺术的参与，则直接促进了其艺术含量的提高，使这一时期的作品，成了传世精品。

绿、黄、紫三色交相辉映。造型栩栩如生，极富表现力。

素三彩鸭形壶（清）

茶具按照用途怎样分类?

1. **制茶用具** 如古代的茶碾、罗合，现代的炙茶罐。

2. **贮物器具** 如古代的具列、都篮，现代的茶具柜、茶车、茶包。

3. **贮水用具** 即贮水类器物，如古代的水方，现代的水缸。

4. **生火用具** 即燃具类，如古代的风炉，现代的电炉、酒精炉等。

5. **量辅用具** 即置茶类物品，如茶匙、茶则。

6. **煮茶用具** 即煮水类茶具，如古代的茶铛、茶釜、茶铫，现代的随手泡、玻璃壶、陶瓷壶、铜茶壶。

7. **泡茶用具** 如紫砂壶、盖碗杯、玻璃杯等。

8. **调味器具** 如古代的盛盐罐，现代英式红茶中的糖缸、奶盅。

9. **饮茶用具** 如茶碗、茶盅、茶杯等。

10. **清洁用具** 如古代的滓方、涤方、茶帚，现代的茶巾、消毒锅等。

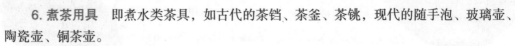

茶海：用来均匀茶汤色泽与滋味的贮水器具。

茶壶：用来冲泡茶叶的煮茶器具。

茶杯：用来装茶水的饮茶器具。

陶质茶具有什么特点?

陶质茶具是指用黏土烧制而成的饮茶用具，分为泥质和夹砂两大类。由于黏土所含各种金属氧化物的不同百分比，以及烧成环境与条件的差异，可呈红、褐、黑、白、灰、青、黄等不同颜色。陶器成形，最早用捏塑法，再用泥条盘筑法，特殊器形用模制法，后用轮制成形法。

7000 年前的新石器时代已有陶器，但陶质粗糙松散。公元前 3000 年至公元前 1 世纪，出现了有图案花纹装饰的彩陶。商代，开始出现胎质较细洁的印纹硬陶。战国时期盛行彩绘陶，汉代创制铅釉陶，为唐代唐三彩的制作工艺打下基础。

至唐代，茶具逐渐从酒食具中完全分离，《茶经》中记载的陶质茶具有熟盂等。北宋时，江苏宜兴采用紫泥烧制成紫砂陶器，使陶质茶具的发展在明代走向高峰，成为中国茶具的主要品种之一。

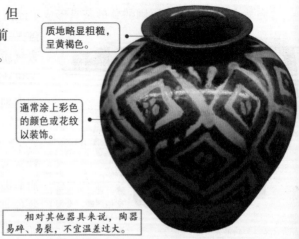

质地略显粗糙，呈黄褐色。

通常涂上彩色的颜色或花纹以装饰。

相对其他器具来说，陶器易碎、易裂，不宜温差过大。

瓷质茶具有什么特点？

在陶器烧结过程中，含有石英、绢云母、长石等矿物质的瓷土经过高温焙烧后，会在陶器的表面结成薄釉，釉色也会根据烧制温度的变化而呈现出不同的效果，从而诞生出胎质细密、光泽莹润、色彩斑斓的精美瓷器。瓷器食器质地坚硬、不易涸染、便于清洁、经久耐用、成本低廉。

瓷器始于商周，成熟于东汉，发展于唐代。瓷脱胎于陶，初期称原始瓷，至东汉才烧制成真正的瓷器。瓷分为硬瓷和软瓷两大类，硬瓷者如景德镇所产白瓷，软瓷如北方窑产的骨灰瓷。瓷茶具有碗、盏、杯、托、壶、匙等，中国南北各瓷窑所产瓷器茶具有青瓷茶具、白瓷茶具、黑瓷茶具和青花瓷茶具等。

可以绘上各色精美的颜色或图案。

质地坚硬致密。

形态各异、精薄温润、流光溢美的瓷器更兼具着一定的艺术价值。

青瓷是在坯体上施含有铁成分的釉，烧制后呈青色，发现于浙江上虞一带的东汉瓷窑。白瓷是以含铁量低的瓷坯，施以纯净的透明釉烧制而成，成熟于隋代。唐代民间使用的茶器以越窑青瓷和邢窑白瓷为主，形成了陶瓷史上著名的南青北白对峙格局。

青瓷茶具有什么特点？

青瓷茶具胎薄质坚，造型优美，釉层饱满，有玉质感。明代中期传入欧洲，在法国引起轰动，人们找不到恰当的词汇称呼它，便将它比作名剧《牧羊女》中女主角雪拉同穿的青袍，而称之为"雪拉同"，至今世界许多博物馆内都有收藏。

在瓷器茶具中，青瓷茶具出现得最早。在东汉时，浙江的上虞已经烧制出青瓷茶具，后经历了唐、宋、元代的兴盛期，至明、清时期略受冷落。

线条流畅，造型典雅。

龙泉窑豆青釉盖罐（明）

胎质圆滑细腻。

龙泉窑瓷碗（元）

青瓷茶具主要产于浙江、四川等地，其中浙江龙泉县的龙泉窑生产的青瓷茶具以造型古朴挺健，釉色翠青如玉著称于世，被世人誉为"瓷器之花"。南宋时，质地优良的龙泉青瓷不但在民间广为流传，也成为皇朝对外贸易交换的主要商品。

白瓷茶具有什么特点？

　　白瓷，以其色白如玉而得名。白居易曾盛赞四川大邑生产的白瓷茶碗："大邑烧瓷轻且坚，扣如哀玉锦城传。君家白碗胜霜雪，急送茅斋也可怜。"

　　白瓷的主要产地有江西景德镇、湖南醴陵、四川大邑、河北唐山、安徽祁门等，其中以江西景德镇产品最为著名，这里所产的白瓷茶具胎色洁白细密坚致，釉色光莹如玉，被称为"假白玉"。明代以来，人们转而追求茶具的造型、图案，纹饰等，白瓷造型的千姿百态正符合人们的审美需求。

白瓷双螭耳瓶（唐）
　　白瓷茶具约始于公元6世纪的北朝晚期，至唐代已发展成熟，早在唐代就有"假玉器"之称。

黑瓷茶具有什么特点？

　　黑瓷茶盏古朴雅致，风格独特，瓷质厚重，保温良好，是宋朝斗茶行家的最爱。斗茶者认为黑瓷茶盏用来斗茶最为适宜，因而驰名。据北宋文献《茶录》记载："茶色白（茶汤色），宜黑盏，建安（今福建）所造者绀黑，纹如兔毫，其坯微厚，……其青白盏，斗试家自不用。"

　　黑瓷茶具产于浙江、四川、福建等地，其中四川广元窑的黑瓷茶盏，其造型、瓷质、釉色和兔毫纹与建瓷也不相上下。

茶壶的嘴呈鸡头状。

黑釉盘口鸡首壶
　　浙江余姚、德清一带也生产过漆黑光亮、美观实用的黑釉瓷茶具，其中最流行的是这种鸡头壶。

青花瓷茶具有什么特点？

　　青花瓷茶具蓝白相映，色彩淡雅宜人，华而不艳，令人赏心悦目，是现代中国人心中瓷器的代名词。

　　青花瓷茶具是在器物的瓷胎上以氧化钴为呈色剂描绘纹饰图案，再涂上透明釉，经高温烧制而成。它始于唐代，盛于元、明、清，曾是那一时期茶具品种的主流。北宋时，景德镇窑生产的瓷器，质薄光润，白里泛青，雅致悦目，并有影青刻花、印花和褐色点彩装饰。元代出现的青花瓷茶具，幽靓典雅，不仅受到国人的珍爱，而且还远销海外。

纹饰繁杂、典雅。

胎质薄润。

宣德款青花缠枝莲纹瓷碗（明）

玻璃茶具有什么特点？

　　玻璃茶具是指用玻璃制成的茶具，玻璃质地硬脆而透明，玻璃茶具的加工分为两种：价廉物美的普通浇铸玻璃茶具和价昂华丽的水晶玻璃。

　　玻璃，古人称之为琉璃，我国的琉璃制作技术虽然起步较早，但直到唐代，随着中外文化交流的增多，西方琉璃器的不断传入，我国才开始烧制琉璃茶具。近代，随着玻璃工业的崛起，玻璃茶具很快兴起，这是因为，玻璃质地透明，光泽夺目，可塑性大，因此，用它制成的茶具，形态各异，用途广泛，加之价格低廉，购买方便，而受到茶人好评。在众多的玻璃茶具中，以玻璃茶杯最为常见，也最宜泡绿茶，杯中茶汤的色泽，茶叶的姿色，以及茶叶在冲泡过程中的沉浮移动尽收眼底。但玻璃茶杯质脆，易破碎，比陶瓷烫手，是美中不足。

玻璃茶具可以作为茶水的盛器或贮水器，由于其制品透明，是品饮绿茶时的最佳选择。

搪瓷茶具有什么特点？

　　搪瓷茶具是指涂有搪瓷的饮茶用具。这种器具制法由国外传来，人们利用石英、长石、硝石、碳酸钠等烧制成的珐琅，然后将珐琅浆涂在铁皮制成的茶具坯上，烧制后即形成搪瓷茶具。

　　搪瓷茶具安全无毒，有着一定的坚硬、耐磨、耐高温、耐腐蚀的特征，表面光滑洁白，也便于清洗，是家庭日常生活中所常见的器具。搪瓷可烧制不同色彩，更可以拓字或图案，也能刻字。搪瓷茶具种类较少，大多数为杯、碟、盘、壶等。

由于搪瓷茶具导热快，容易烫手，因此真正讲究茶趣的人较少使用它泡茶。

不锈钢茶具有什么特点？

　　不锈钢茶具是指用不锈钢制成的饮茶用具。不锈钢茶具耐热、耐腐蚀、便于清洁的特性，外表光洁明亮，造型规整，极富有现代元素的外表让其深受年轻人的喜爱。由于不锈钢茶具传热快、不透气，因此大多用来作旅游用品，如带盖茶缸、行军壶以及双层保温杯等。讲究品茶质量的茶人，一般不使用不锈钢茶具。

由于不锈钢茶具相对其他茶具在泡茶过程中优势不明显，加之不透光，因而某些时候可能还不如玻璃茶具。

漆器茶具有什么特点？

漆器茶具是以竹木或他物雕制，并经涂漆的饮茶器具。虽具有实用价值，但人们还是多将其作为工艺品陈设于室内。

漆器的起源甚早，在六七千年前的河姆渡文化遗址中发现有漆碗。唐代瓷业发达，漆器开始向工艺品方向发展。河南偃师杏园李归厚墓出土的漆器中发现有一贮茶漆盒，宋元时将漆器分成两大类：一类以髹黑、酱色为主，光素无纹，造型简朴，制作粗放，多为民众所用；另一类为精雕细作的产品，有雕漆、金漆、犀皮、螺钿镶嵌诸种，工艺奇巧，镶镂精细，还有的以金银作胎，如浙江瑞安仙岩出土的北宋泥金漆器。明朝时期，髹漆有新发展，名匠时大彬的"六方壶"髹以朱漆，名为"紫砂胎剔红山水人物执壶"，为宫廷用茶具，是漆与紫砂合一的绝品。清乾隆年间，福州名匠沈绍安创制脱胎漆工艺，所制茶具乌黑清润轻巧，成为中国"三宝"之一。

> 漆器茶具表面晶莹光洁，质轻且坚，散热缓慢。

彩绘云凤纹漆盂（西汉）

> 部分漆器嵌金填银，绘以人物花鸟，具有很高的艺术收藏价值。

镶螺钿漆盒（清）

金银茶具有什么特点？

金银茶具按质地分为金茶具和银茶具，以银为质地者称银茶具，以金为质地者称金茶具，银质而外饰金箔或鎏金称饰金茶具。金银茶具大多以锤成型或浇铸焊接，再以刻饰或镂饰。金银延展性强，耐腐蚀，又有美丽色彩和光泽，故制作极为精致，价值高，多为帝王富贵之家使用，或作供奉之品。

中国自商代始用黄金作饰品，春秋战国时期金银器技术有所进步。据考证，茶具从金银器皿中分化出来约在中唐前后，陕西扶风县法门寺塔基地宫出土的大量金银茶具可为佐证。从唐代藏身帝王富贵之家，到宋代的崇尚金银风气，时至明清时期的金银茶具使用更为普遍，工艺精美。

> 杯体雕有胡人乐伎八人，形态各异，惟妙惟肖。

伎乐纹八棱金杯（唐）

> 器形圆滑规整，光润如新。

罐形单环柄银杯（唐）

锡茶具有什么特点?

锡茶具是用锡制成的饮茶用具，采用高纯精锡，经焙化、下料、车光、绘图、刻字雕花、打磨等多道工序制成。精锡刚中带柔，早在我国古代人们就使用锡与其他金属炼成合金来制作器具。由于密封性能好，所制茶具多为贮茶用的茶叶罐。茶叶罐形式多样，有鼎币形、长方形、圆筒形及其他异形，大多产自中国云南、江西、江苏等地。

优秀的密封性令其能较好地保持茶香与滋味。

锡对人体安全无害。

锡提梁壶（明）

镶锡茶具有什么特点?

镶锡茶具是清代康熙年间由山东烟台民间艺匠创制，通常作为工艺茶具使用。其装饰图案多为松竹梅花、飞禽走兽，金属光泽的锡浮雕与深色的器坯对比强烈，富有民族工艺特色。镶锡茶具大多为组合型，由一壶四杯和一茶盘组成。壶的镶锡外表装饰考究，流、把的锡饰华丽富贵。

精磨细雕的高纯度熔锡模铸成形。

紫砂陶制茶具。

铜茶具有什么特点?

铜茶具是指铜制成的饮茶用具。以白铜为上品，少锈味，器形以壶为主，少数民族使用较多。四川等地的茶馆里即可见到长嘴铜壶，云南哈尼族人将茶投入铜壶，煮好的茶称"铜壶茶"。藏族茶具中的紫铜釜、铜壶、紫铜勺等均为铜制品。蒙古族等民族的茶具中也有数量不等、用途各异的铜茶具。

提梁铜盉（战国）
中国在三千年前已有铜器，但因铜器生锈气、损茶味，故很少应用。

景泰蓝茶具有什么特点?

景泰蓝茶具实际是铜胎掐丝珐琅茶具，是北京著名的特种工艺品，用铜胎制成。其经过制胎、掐丝、点蓝、烧蓝、磨光、镀金等八道工序，因以蓝色珐琅烧制而著名，且流行于明代景泰年间，故得名景泰蓝。此类茶具大多为盖碗、盏托，内壁光洁，具有浓厚的民族特色。

制作精细，花纹繁缛，蓝光闪烁，气派华贵。

掐丝珐琅缠枝莲茶具（清）

玉石茶具有什么特点?

玉石茶具是用玉石雕制的饮茶用具,玉石包括硬玉、软玉、蛇纹石、绿松石、孔雀石、玛瑙、水晶、琥珀、红绿宝石等,这些都可以做玉石茶具的原料。

玉石茶具质地坚韧、光泽晶润、色彩绚丽、细密透明。

中国玉器工艺历史悠久,玉石茶具最早出现于唐朝,河南偃师杏园李归厚墓中出土的玉石杯为证。明神宗御用玉茶具由玉碗、金碗盖和金托盘组成,玉碗底部有一圈玉,玉色青白,洁润透明,壁薄如纸,光素无纹,工艺精致。清代皇室亦用玉杯、玉盏作茶具。当代中国仍生产玉茶具,如河北产黄玉盖碗茶具通身透黄而光润,纹理清晰。

青玉灵芝耳寿字乳丁纹杯(明)

石茶具有什么特点?

石茶具是用石头制成的茶具。石茶具的特点是,石料丰富,富有天然纹理,色泽光润美丽,质地厚实沉重,保温性好,有较高的艺术价值。在制作石茶具时,先选料,选料要符合"安全卫生,易于加工,色泽光彩"的要求,而后经过人工精雕细琢、磨光等多道工序而成。产品多为盏、托、壶和杯,以小型茶具为主。石茶具根据原料命名产品,有大理石茶具、磐石茶具、木鱼石茶具等。

果壳茶具有什么特点?

果壳茶具是用果壳制成的茶具,其工艺以雕琢为主。主要原料是葫芦和椰子壳,将其加工成茶具,大多为水瓢、贮茶盒等用具。水瓢主要产自北方,椰壳茶具主产海南。果壳茶具虽然很少,但唐朝时期已经开始使用,并沿用至今,《茶经》中有用葫芦制瓢的记载。椰壳茶具主要是工艺品,外形黝黑,雕刻山水或字画,内衬锡胆,能贮藏茶叶。

在中国葫芦寓意吉祥美满、福禄绵长而深受人们喜爱。

塑料茶具有什么特点?

塑料茶具是用塑料压制成的茶具,其主要成分是树脂等高分子化合物与配料。塑料茶具色彩鲜艳,形式多样,质地轻,耐腐耐摔耐磨,成本低廉,导热性较差,耐热性较差,容易变形。在现实生活中,塑料茶具的种类不多,多数为水壶或水杯,尤其以儿童用具居多。

塑料茶壶材质紧密不透气,会影响茶质。

当代茶具都包括哪些?

饮茶离不开茶具,茶具就是指泡饮茶叶的专门器具。我国地域辽阔,茶类繁多,又因民族众多,民俗也有差异,饮茶习惯便各有特点,所用器具更是精彩纷呈,很难做出一个模式的规定。随着饮茶之风的兴盛以及各个时代饮茶风俗的演变,茶具的品种越来越多,质地越来越精美。

当代茶具主要分为六部分:

1. **主茶具** 是泡茶、饮茶的主要用具,包括茶壶、茶船、茶盅、小茶杯、闻香杯、杯托、盖置、茶碗、盖碗、大茶杯、同心杯、冲泡盅。

2. **辅助用品** 泡茶、饮茶时所需的各种器具,以增加美感,方便操作,包括桌布、泡茶巾、茶盘、茶巾、茶巾盘、奉茶盘、茶匙、茶荷、茶针、茶箸、渣匙、箸匙筒、茶拂、计时器、茶食盘、茶叉、餐巾纸、消毒柜。

茶夹

茶则

茶筒

茶海

茶壶

茶荷

茶杯

3. **备水器** 包括净水器、贮水缸、煮水器、保温瓶、水方、水注、水盂。

4. **备茶器** 包括茶样罐、贮茶罐(瓶)、茶瓮(箱)。

5. **盛运器** 包括提柜、都篮、提袋、包壶巾、杯套。

6. **泡茶席** 包括茶车、茶桌、茶席、茶凳、坐垫。

另外还有茶室用品,包括屏风、茶挂、花器。

煮水器的用途是什么?

煮水器由烧水壶和热源两部分组成,热源可用电炉、酒精炉、炭炉等。

为了茶艺表演的需要,一些茶艺馆中经常备有一种"茗炉"。炉身为陶器,可与陶水壶配套,中间置酒精灯,点燃后,将装好开水的水壶放在"茗炉"上,可保持水温,便于表演。

现代使用较多的是电水壶,电水壶以不锈钢材料制成,表面呈颜色有光亮的银白色和深赭色两种。人们还给此种电水壶取名为"随手泡",取其方便之意。

上部为内置电热盘的盛水壶。

下部为盘状通电的承座。

电水壶通常由上、下两部分组成,位于上部的水壶可方便自如地取用。

开水壶的用途是什么?

开水壶是用于煮水并暂时贮存沸水的水壶。水壶,古代称注子,现在随着国学的盛行,又有人称之为水注的。开水壶的材质以古朴厚重的陶质水壶最好,通常讲究茶道的人不会选用金属水壶,而对陶质水壶情有独钟。

金属水壶虽然传热快,坚固耐用,但是煮水时所产生的金属离子会影响茶香茶味。

茶叶罐的用途是什么?

茶叶罐是专门用来保存茶叶的器具,为密封起见,应用双层盖或防潮盖。锡罐是最好的储茶罐,只是价格昂贵。其次为陶瓷制罐为佳,不宜用塑料和玻璃罐子贮茶,因为塑料会产生异味,而玻璃透光容易使茶叶氧化变色。

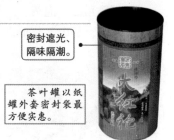

密封遮光、隔味隔潮。

茶叶罐以纸罐外套密封袋最方便实惠。

茶则的用途是什么?

茶则是一种从茶叶罐中取茶叶放入壶盏内的器具,通常以竹子、优质木材制成,还有以陶、瓷、锡等制成的。在茶艺表演中,茶则除了用来量取茶叶以外,另一种用途是用以观看干茶样和置茶分样。

量置茶叶   手柄

茶则的主要功用是衡量茶叶用量,确保投茶量的准确。

茶漏的用途是什么?

茶漏是一种圆形小漏斗,用小茶壶泡茶时,把它放在壶口,茶叶从中漏进壶中,以免干茶叶撒到壶外。

内凹形设计

茶漏常用于冲泡乌龙茶时,借以其遮挡、汇拢的作用防止茶叶外撒。

茶匙的用途是什么?

茶匙是一种细长的小耙子,其尾端尖细可自壶内掏出茶渣,用来清理壶嘴淤塞,茶匙多为竹质,也有黄杨木质和骨、角制成的。

匙面   手柄

茶匙可帮助将茶则中的茶叶耙入茶壶、茶盏。

茶壶的用途是什么?

　　茶壶是用以泡茶的器具。泡茶时，将茶叶放入壶中，再注入开水，将壶盖盖好即可。茶壶由壶盖、壶身、壶底和圈足四部分组成。壶盖有孔、钮、座、盖等细部。壶身有口、延、嘴、流、腹、肩、把等细部。由于壶的把、盖、底、形的细微部分的不同，壶的基本形态就有近200种。茶壶的材质一般选用陶瓷。壶之大小视饮茶人数而定，泡工夫茶多用小壶。

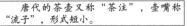
唐代的茶壶又称"茶注"，壶嘴称"流子"，形式短小。

茶盏的用途是什么?

　　茶盏又称茶盅，是一种小型瓷质茶碗，可以用它代替茶壶泡茶，再将茶汤倒入茶杯供客人饮用。茶盏的应用很符合科学道理，如果茶杯过大，不仅香味易散，且注入开水多，载热量大，容易烫熟茶叶，使茶汤失去鲜爽味。

　　茶盏可分为三种：一是壶形盅：以代替茶壶用之；二是无把盅：将壶把省略，为区别于无把壶，常将壶口向外延拉成一翻边，以代替把手提着倒水；三是简式盅：无盖，从盅身拉出一个简单的倒水口，有把或无把。

茶盏可以泡任何茶类，有利发挥和保持茶叶的香气滋味。

品茗杯的用途是什么?

　　品茗杯俗称茶杯，是用于品尝茶汤的杯子。可因茶叶的品种不同，而选用不同的杯子。茶杯有大小之分，小杯用来品饮乌龙茶等浓度较高的茶，大杯可泛用于绿茶、花茶和普洱茶等。

一般品茶以白色瓷杯为佳，以便于观赏茶汤的色泽。

闻香杯的用途是什么？

闻香杯，顾名思义，是一种专门用于嗅闻茶汤在杯底留香的茶具。它与饮杯配套，再加一茶托则成为一套闻香组杯。闻香杯是乌龙茶特有的茶具。

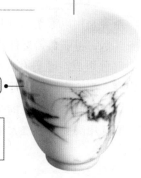

茶香挥发慢

保湿效果好

闻香杯外形较品茗杯略微细长，很少单独使用，多与品茗杯搭配使用。

茶荷的用途是什么？

茶荷又称"茶碟"，是用来放置已量定的备泡茶叶，同时兼可放置观赏用样茶的茶具，瓷质或竹质，好瓷质茶荷本身就是一件高雅的工艺品。

引口

半球状凹面容器。

茶荷的形状多为有引口的半球形，供人赏茶之用。

茶针的用途是什么？

较细的一端用以疏导之用。

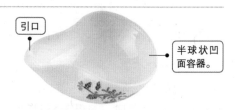

茶针用于清理疏通壶嘴，以免茶渣阻塞，造成出水不畅。一般在泡工夫茶时，因壶小易造成壶嘴阻塞而备用的。

茶针形状为一根细头针，在茶渣堵塞壶嘴时用以疏导，使水流通畅。

公道杯的用途是什么？

公道杯，又称茶海，多用于冲泡乌龙茶时，可将冲泡出的茶汤滋味均匀，色泽一致，同时较好地令茶汤中的茶渣、茶末得以沉淀。常见的材质有陶瓷、玻璃、紫砂等，少数还带有过滤网。

引口

较大的容纳量，近似茶壶。

手柄

公道杯外形类似于一个敞口茶壶，有无把柄、有把柄两类。

白瓷材质

茶盘的用途是什么？

茶盘，也叫茶船，是放置茶具、端捧茗杯、承接冲泡过程中溢出茶汤的托盘。有单层、双层两类，以双层可蓄水的茶盘为适用。以前还有专门的壶盘，用来放置冲茶的开水壶，以防开水壶烫坏桌面的茶盘；还有茶巾盘、奉茶盘等，现在一般只有一个茶盘，与壶具或杯具相协调配套使用。

排水性好的栅栏

茶盘的质地可为竹子、瓷质、紫砂、金属、原木，形状有规则形、自然形、排水形等多种。

茶池的用途是什么？

茶池是用于存放弃水较多的一种盛器。泡茶时将茶壶或茶盏置于上面，多余的水便可流入池中，材质多为瓷器。

茶池是一种扁腹的圆形罐子，上面有一个盖，盖上带孔。

水盂的用途是什么？

水盂是存放弃水的茶具，其容量小于茶池，通常以竹制、木制、不锈钢制居多，共有两层，上层设有筛漏可过滤、隔离废水中的茶渣。

深腹敞口用于盛放废弃用水或茶潭。

水盂是一种小型瓷缸，用来贮放废弃之水或茶渣。

汤滤的用途是什么？

汤滤就像滤网，是用于过滤茶汤用的器物，多由金属、陶瓷、竹木或葫芦瓢制成。使用时常架设在公道杯或茶杯杯口，发挥过滤茶渣的作用；不用时则安置在滤网架上。

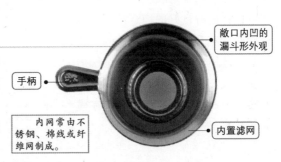

敞口内凹的漏斗形外观

手柄

内网常由不锈钢、棉线或纤维网制成。

内置滤网

盖置的用途是什么?

盖置是用来放置茶壶盖的茶具,以减少茶壶盖上的茶汤水滴在茶桌上,更能保持茶壶盖的卫生、清洁,其外形有木墩形、盘形、小莲花台形等。

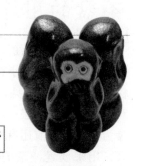

三点固定、收集壶盖上的水滴。

盖置通常被设置成具有一定集水功能的器形,以快速收集壶盖上的水滴。

茶巾的用途是什么?

茶巾又称"涤方",以棉麻等纤维制成,主要作为揩抹溅溢茶水的清洁用具来擦拭茶具上的水渍、茶渍,吸干或拭去茶壶、茶杯等茶具的侧面、底部的残水,还可以托垫在壶底。

以吸水性强的棉麻材质为佳。

需注意的是茶巾只能擦拭茶具溢出或溅出的水渍,不能用来擦净茶桌或其他脏渍。

怎样根据茶叶品种来选配茶具?

"器为茶之父",可见要想泡好茶,就要根据不同的茶叶用不同的茶具。

一般来说,泡花茶时,为保香可选用有盖的杯、碗或壶;饮乌龙茶,重在闻香啜味,宜用紫砂茶具冲泡;饮用红碎茶或工夫茶,可用瓷壶或紫砂壶冲泡,然后倒入白瓷杯中饮用;冲泡西湖龙井、洞庭碧螺春、黄山毛峰、庐山云雾茶等细嫩的绿茶,以保持茶叶自身的嫩绿为贵,可用玻璃杯直接冲泡,也可用白瓷杯冲泡,杯子宜小不宜大,其中玻璃材料密度高、硬度好,具有很高的透光性,更可以看到杯中轻雾缥缈,茶汤澄清碧绿,芽叶亭亭玉立,上下浮动;此外,冲泡红茶、绿茶、乌龙茶、白茶、黄茶,使用盖碗也是可取的。

从工艺花茶的特性出发,可以选择适宜绿茶、花茶冲泡的玻璃茶具,如西式高脚杯。选用这种杯子取其大径、深壁与收底的特征,使花茶在杯内有良好的稳定性,并适合冲泡后花朵展开距离较长的工艺花茶。选用透明度极高、晶莹剔透的优质大口径短壁玻璃杯,其造型上矮胖一些,适宜冲泡后花朵在横向展开的工艺花茶。

白瓷质地可较好衬托其红艳的汤色。

红茶红汤红叶,香气持久,味浓汤艳。宜用紫砂茶具或瓷质盖碗杯。

怎样根据饮茶风俗来选配茶具？

闽南、潮汕地区饮用工夫茶，其工夫茶茶具亦称"烹茶四宝"。在演进过程中，工夫茶具由十件简化到现时实用的四件，由罐、壶、杯、炉四件组成，即孟臣壶、若琛杯、玉书茶碾、汕头风炉。质地主要是陶质和瓷器两种，外观古朴雅致，其形各异。

怎样根据饮茶场合来选配茶具？

茶具的选配一般有"特别配置""全配""常配"和"简配"四个层次：

参与国际性茶艺交流、参与全国性茶艺比赛、应邀进行茶艺表演时，茶具的选配要求是最高的，称为"特别配置"。这种配置讲究茶具的精美、齐全、高品位。根据茶艺的表演需要，必备的茶具件数多、分工细，求完备不求简捷，求高雅不粗俗，文化品位极高。

某些场合的茶具配置以齐全、满足各种茶的泡饮需要为目标，只是在器件的精美、质地要求上较"特别配置"略微低些，这种配置通常称为"全配"。如昆明九道茶是云南昆明书香门第接待宾客的饮茶习俗，所用茶具包括一壶、一盘、一罐和四个小杯，这七件套茶具亦称"九道茶茶具"。

中国台湾沏泡工夫茶一般选配紫砂小壶、品茗杯、闻香杯组合、茶池、茶海、茶荷、开水壶、水方、茶则、茶叶罐、茶盘和茶巾，这属于"常配"。如果在家里招待客人或自己饮用，用"简配"就可以。

为了适应不同场合、不同条件、不同目的的茶饮过程，茶具的组合和选配要求是各不相同的。

怎样根据个人爱好来选配茶具？

茶具的选配在很大程度上反映了主人或饮茶者的不同地位和身份。大文豪苏东坡曾自己设计了一种提梁紫砂壶，至今仍为茶人推崇。慈禧太后喜欢用白玉作杯、黄金作托的茶杯饮茶。现代人饮茶对茶具的要求虽没有如此严格，但由于每个茶人的学历、经历、环境、兴趣、爱好以及饮茶习惯的不同，对茶具的选配也有各自的要求。

用于冲泡和品饮茶汤的茶具，从材质上主要分为玻璃茶具、瓷质茶具和紫砂茶具。

> 紫砂材质的透气性、吸水性、保温性令茶汤更加出色。

> 壶体精妙的诗词与绘画。

> 紫砂壶融诗词书画篆刻于一炉，赋予茶品更多的韵味与艺术性，颇受许多茶友的青睐。

玻璃茶具透光性好，有利于观赏杯中茶叶、茶汤的变化，但导热快，易烫手，易碎，无透气性；瓷质茶具的硬度、透光度低于玻璃但高于紫砂，瓷具质地细腻、光洁，能充分表达茶汤之美，保温性高于玻璃材质；紫砂茶具的硬度、密度低于瓷器，不透光，但具有一定的透气性、吸水性、保温性，这对滋育茶汤大有益处，并能用来冲泡粗老的茶。

简朴的竹制茶具则使品饮者返璞归真，茶的恬淡、优雅之情顿然而生。

怎样选购茶具？

茶文化在我国可谓历史悠久、源远流长，集沏茶良器与欣赏佳品于一身的各式茶具，更可以给人带来独特的文化享受。历代茶人对茶器具提出的要求和规定，归纳起来主要有五点：一是具有保温性；二是有助于育茶发香；三是有助于茶汤滋味醇厚；四是方便茶艺表演过程的操作和观赏；五是具有工艺特色，可供观赏把玩。

北方人喜欢的花茶，一般常用瓷壶冲泡，用瓷杯饮用；南方人喜欢炒青或烘青的绿茶，多用有盖瓷壶冲泡；乌龙茶宜用紫砂茶具冲泡；工夫红茶和红碎茶一般用瓷壶或紫砂壶冲泡。品饮西湖龙井、君山银针等茶中珍品，选用无色透明的玻璃杯最为理想。

茶具的材质、品种、器形众多，常让人眼花缭乱，因而应参照所品饮茶叶的种类、人数多少以及饮用习惯综合选定。

怎样选用紫砂壶?

选购紫砂壶时,可以从七个方面入手:一是看颜色,在基本颜色紫色、红色、黄色、绿色中,绛紫色和墨绿色紫砂壶为上品;二是看外形,质地坚实,造型别致,色泽华润,无明显划痕、破损,壶嘴、壶钮、壶把应"三点成一线";三是看壶内,要无明显损伤,无异味;四是听声音,用壶盖轻轻敲击壶把2/3处,声音如金属般清脆悦耳者为佳;五是密封性,壶盖与壶身的紧密程度要好,否则茶香易散;六看"走水",倾壶倒水,出水流畅,水柱无拧麻花状者为上;七看"挂珠",壶"走水"时突然将其持平,壶嘴下沿不挂水珠者为好壶。

此外,轻轻转动壶盖,壶盖与壶身嵌合严实,阻力小者为好;在壶中装满水,用手指压住壶盖上的气孔,倾壶倒水,壶嘴不出水者表示精密度高。壶的出水跟流水工艺设计最有关系,倾壶倒水能使壶中滚水不存者为佳;出水水束的集束段长短也可比较,长者为佳。喜欢冲泡乌龙茶、红茶、花茶、普洱茶的茶人,可选择壶身较高的紫砂壶,喜欢冲泡绿茶的茶人可选择壶身较低的紫砂壶。

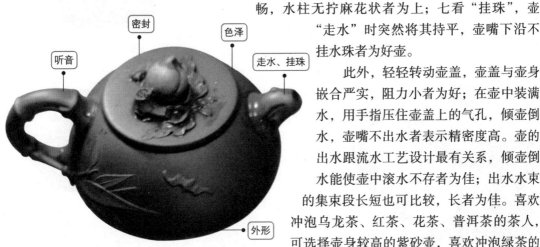

听音　密封　色泽　走水、挂珠　外形

购买紫砂壶要注意壶的形制、质地与完整性,还要注意壶的烧制火候及水色。

怎样养护紫砂壶?

紫砂壶贵在养护,好壶是花时间、用心血养出来的。简单地说,养壶有三种基本方法:一是手养护法:经常用手抚摸紫砂壶;二是茶巾养护法:经常用茶巾沾上茶水擦拭紫砂壶;三是养壶刷养护法:用养壶刷沾上茶水,轻轻刷洗紫砂壶细微处。这三种方法宜配合使用,并注意用力均匀。

另外,紫砂壶在每个时期的养护方法也不同。新壶启用之前,应先用旧砂布将茶壶外表通身仔细打磨一遍,洗净内外的泥粉砂屑,再将新壶置于一容器中,在壶底和容器之间垫一块毛巾,将容器加满茶叶和清水;旺火煮开后,再用文火煮半小时,除去新壶的烟土味并洗除污垢,自然阴干后使用。每次用完后,用纱布吸干壶外面的水分,倒出壶内的2/3的茶叶,留下约1/3冲进沸水焗两三次,冲过的水留用,然后清理净所有的茶叶,将冲过的水浇匀壶上,再用布轻轻擦干。另外,要多备几个紫砂壶,喝某一种茶叶时用指定的一个壶。

经常用干净的湿布揩拭壶身,每次喝完茶后,倒净茶渣,清洗并保持壶内干爽。

怎样鉴赏紫砂壶?

紫砂壶具有良好的透气性能，泡茶不走味，贮茶不变色，盛暑不易馊，为宜兴特有产品。紫砂茶具是指用宜兴紫泥烧制的饮茶用具。紫泥色泽紫红，质地细腻，可塑性强，渗透性好，成型后放1150℃高温下烧制。

宜兴紫砂茶具工艺技术是在东汉烧制陶器的"圈泥"法和制锡手工业的"镶身"法相结合的基础上发展而来。紫砂茶具成为人们的日常用品和珍贵的收藏品，按其外形可分为筋纹、几何和自然三类。筋纹类是紫砂艺人在长期生产实践中创造出来的一种壶式；几何类是指整个造型中不同形体部位，要求每个过程都要做到有骨有肉，如传统的掇球壶、竹鼓壶、汉君壶、合盘壶、四方壶、提壁壶等；自然类则直接模拟自然界固有物或人造物作壶的造型。

枝条上红叶舒展。

以装饰的手法将雕刻或透雕某种典型的几何形象附贴上壶身。

犹如植物叶片的筋纹。

以线条为主要装饰的筋纹类紫砂壶。

憨态可掬的熊猫外形

竹管

直接将某一种对象的典型物演变成壶的形状。

怎样鉴别紫砂壶?

当代壶艺泰斗顾景舟提出，鉴定紫砂器具优劣标准可归纳为形、神、气、态四要素。"形"即形式的美，是指具体的面相，作品的外轮廓；"神"即神韵，需要有一种能令人意会体验出精神的韵味；"气"即气质，壶艺所有内涵的本质美；"态"即形态，作品的高、低、肥、瘦、刚、柔、方、圆的各种姿态。这四方面贯通一气的作品才是一件好作品。

具体来讲，评价一件紫砂壶的内涵须具备以下三个主要因素：

一是完美的形象结构，即壶的嘴、扳、盖、钮、足，应与壶身整体比例协调；二是精湛的制作技艺，除了它的形制、质地与完整性外，还应该注意壶的烧制火候及水色；三是优良的实用功能，指容积和重量的比例是否恰当，挡壶扳、执握、壶的周围合缝、壶嘴出水流畅，同时也要考虑图案的脱俗、和谐与否。

壶身光纹细润。

红梅怒放

从不同的角度细察壶身所反射出来的光暗面，柔润细腻者为上品。

如何欣赏紫砂提梁壶？

壶体浑圆。

壶把自壶肩部分凌空而起，以三股结于壶体正上方。

紫砂提梁壶是一种古老而独特的款式。这种壶的把手不像通常那样安在壶身一侧，整个壶形气势高昂，古朴大气。提梁出现于早期紫砂壶上，是为了便于将壶悬于火上或置于炉上并利于提携之用。提梁的形式有方有圆，有拱形、海棠形等，此外还有各种象生形状，如松枝、梅枝、藤蔓等，多变的提梁造型为紫砂壶增添了许多神来意趣。

如何欣赏三足圆壶？

壶嘴略扬　　兽首壶把

翘足

三足圆壶的壶身似球形，腹鼓似鬲，外形规整圆滑，壶身无纹饰，掌中把玩大小恰入掌心；三足略矮小，脚底稍稍上翘，精巧中悠然之态点缀其间；壶盖颈处为圆柱形，稍高出壶肩，壶把雕有兽首，壶嘴宛然而上，壶嘴尖略微扬起，整体感古朴大方，给人一种浑然天成的和谐之美。

如何欣赏僧帽壶？

壶口口沿上翘，前低后高，形似僧帽。

鸭嘴形流

束颈

鼓腹

圈足

传说金沙寺中的老僧始创紫砂壶时，壶的造型仿的是自己的僧帽，做出来被称为僧帽壶。明代供春也制作过僧帽壶。明末时大彬制作的僧帽壶，现藏香港茶具文物馆，此壶高 9.3 厘米，阔 9.4 厘米。壶底四方形，壶颈不长，其线面明快，轮廓清晰，刚健挺拔，神韵清爽。

如何欣赏菊花八瓣壶？

菊花八瓣壶由李茂林制作，高 9.6 厘米，阔 11.5 厘米。壶以筋纹型为主，呈菊花自然型。壶型似一坛子，只加上把和流而已，整体看古朴秀逸，风格高雅，现藏香港茶具文物馆。

李茂林是明代紫砂壶走向成熟期间的一位名家，以朴致敦古闻名。他在紫砂壶史上的一大贡献是"另作瓦囊，闭入陶穴"，瓦囊即匣钵。在他之前，壶坯烧制时不装匣，会沾缸坛油泪，自从他创新了瓦囊后，壶坯烧制时受到保护，不再沾染油泪釉斑。

如何欣赏扁圆壶？

扁圆壶由李仲芳制作，壶高 6 厘米。壶盖大而平，壶盖与壶口接触处弥合紧密，真可谓"其间不容发"。壶呈铁栗色，壶体轮廓分明，线条流畅，刚柔兼济，方圆互寓，挺拔中见端庄，潇洒中见稳重，现由私人收藏。

李仲芳，明万历至清初人，时人称他为时大彬门下第一高足。其父李茂林也是一位制壶高手，作品多古拙朴致，而李仲芳另辟蹊径，其壶形制以文巧相竞。

壶盖大面平

线条流畅

如何欣赏朱泥圆壶？

朱泥圆壶由惠孟臣制作，他是明代万历至清代康熙年间的制壶高手。他尤工小壶，名为赭石色，壶小如香橼，容水 50 毫升，器底刻有"孟臣"铭记。他的作品被称为孟臣壶，亦称"孟公壶""孟臣罐"，主要用于冲泡乌龙茶，为工夫茶茶具之一。他所创作的梨形小壶传入欧洲引起世人竞相观赏，据说安尼皇后也特别喜欢惠孟臣的作品，她在定制银质茶具时，也要仿惠孟臣的梨形壶。

肩宽

短直流

平盖

壶身较矮，外形小巧可爱。

壁直

如何欣赏蚕桑壶？

蚕桑壶由陈鸣远制作，这是他仿自然形壶的力作。壶身扁圆折腹，腹下部素面，上部则雕蚕食桑叶状。壶盖是一片桑叶，上卧一条金蚕。壶身上的其他蚕均半藏半露在桑叶中，惟妙惟肖。壶泥白色微黝，调砂，使其更逼真似蚕。陈鸣远是清朝康熙、雍正年间的一位制壶大家。他继承了明人壶造型朴素高雅大方的民族形式，又加入了自然写实的元素，独具特色。

如何欣赏南瓜壶？

南瓜壶和蚕桑壶一样，由清朝陈鸣远制作，是自然元素在茶具中的独特体现。南瓜壶高 10.7 厘米，壶身为一个完整的南瓜形。顶小底大，造型自然，构思奇巧，刻画逼真，田园气息很浓。

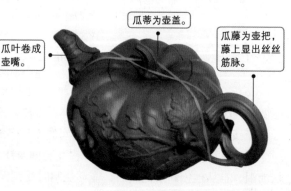

瓜蒂为壶盖。

瓜叶卷成壶嘴。

瓜藤为壶把，藤上显出丝丝筋脉。

如何欣赏束柴三友壶？

　　束柴三友壶由当今上海的壶艺家许四海制作。他的作品令人爱不释手，名闻海内外。束柴三友壶是他的代表作之一。此壶的外形是一捆束着的柴爿，被束的 20 多根柴爿由松干、梅桩和竹枝混合而成。其中两段梅桩的自然衍生的枝干分别成了壶嘴和壶柄；束柴内中一段稍微突出的竹竿节头巧妙地被当作壶盖掇子；至于捆住柴爿的是一根细嫩弯曲得可以当绳使用的竹梢。仔细观看，那松干上的鳞皮、蛀洞巧夺天工，每根柴爿断面的锯迹、折痕乃至年轮都历历在目。最令人称奇的是在一根内心蛀空的松段上沿，一只机灵的小松鼠正在洞口窥察，给人无限的遐想空间。

如何欣赏紫砂竹节壶？

　　紫砂竹节壶中最有名的是明清时期宜兴窑陈曼生制作，于 1977 年在上海金山王坫墼山墓出土。此壶紫中透红，腹部阴刻"单吴生作羊豆用享"八字铭，下署楷书"曼生"款。此壶造型庄重，纹饰清晰流畅，浮雕精细入微，给人以妙手天成之感，乃紫砂壶中珍品。

与器身连接处均以浮雕竹叶点缀。

圆口，腹、流、錾、钮均仿竹而为之。

壶身呈竹节状。

如何欣赏梅雪壶？

　　梅雪壶，是清代制壶名家杨彭年制作的，上有陈曼生的题铭，现藏于南京博物馆。该壶造型很独特，是难得的佳品。壶身镌刻有"梅雪枝头活火煎，山中人兮仙乎仙"。"梅雪枝头"应该为"枝头梅雪"，意思就是用梅花枝头的雪水，用活火来煎水泡茶。古人喝茶很讲究用水，这里说的就是用雪水煮茶。

如何欣赏百果壶？

　　百果壶的代表作品有两把。一把是清代瞿应绍所制。此壶以石榴为身，藕为流，菱为把，香薷为盖。壶身上半部以各色砂土塑成花生、瓜子、豇豆、白扁豆、栗、枣、葵花子黏附。三足为核桃、百合、荸荠，合计十八件果品。壶身铭文"本是榴房结子多，菱腰藕口晶如何。一堆成颗皆秋色，万果园中次第歌。"瞿应绍工诗词书画，篆刻鉴古，尤爱制砂壶，以"壶公"自号，请邓奎为之制造。

如何欣赏鱼化龙壶？

鱼化龙壶是清朝邵大亨的代表作。壶高为 9.3 厘米，口径为 7.5 厘米，壶身呈圆球状，通身作海水波浪纹，线条流畅明快。龙头突然从海浪中伸出，张口眙目，耸耳伸须，吐出一颗宝珠，神情十分生动。壶盖上也是一片海浪，壶钮是从海浪中探首而出的龙头。壶把是一条弯曲的龙尾，颇有情趣。壶呈栗色，有清纯之感，与其海水波浪相应。

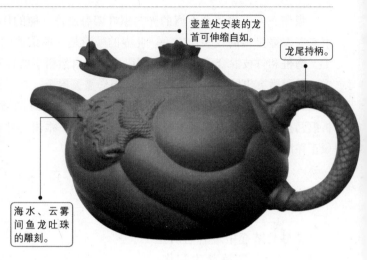

壶盖处安装的龙首可伸缩自如。

龙尾持柄。

海水、云雾间鱼龙吐珠的雕刻。

如何欣赏八卦束竹壶？

八卦束竹壶是出自清朝邵大亨之手。壶通高 8 厘米，口径为 9.6 厘米，由 64 根细竹围成，每根都是一般粗细，工整而光洁。腰中另用一根圆竹紧紧束缚，微瘦一点。壶底四周用 4 个由腹部伸出的 8 根竹子做足，上下一体，十分协调，更增强了壶身的稳定性。八卦束竹壶不仅造型古典，而且深得易学哲理。壶盖上有微微凸起的伏羲八卦方位图，盖钮也做成一个太极图式，壶把与壶嘴则饰以飞龙形象，壶的色泽呈蟹青色，有冷逸之感。

用64根竹子拼成的壶身。

用32根小竹做成的4个底足。

壶中隐藏着"易有太极，是生两仪，两仪生四象，四象生八卦"的象征。

如何欣赏方斗壶？

方斗壶壶高 6.5 厘米，口径 4.7 厘米，壶身铺满金黄色的"桂花砂"。壶形仿古代农村用以量米的方斗。壶身上小下大，由四个梯形组成，正方形嵌盖，盖上有立方钮，壶流与把手均出四棱，整体刚正挺拔，坚硬利索，素面铺砂，浑穆莹洁，不仅方中见秀，而且清新别致。壶体两面刻有图文，一面刻有扬州八怪之一的黄慎的《采茶图》，一老者席地而坐，身旁一蓝青茶，并刻："采茶图，廉夫仿瘿瓢子。""廉夫"是近代著名画家陆恢，"瘿瓢子"就是黄慎。另一面刻有吴大澂书写的黄慎《采茶诗》："采茶深入鹿麋群，自剪荷衣渍绿云。寄我峰头三十六，消烦多谢武陵君。瘿瓢斋句，客斋。"这是黄玉麟与吴大澂合作最有代表性的一把壶。

如何欣赏孤菱壶？

孤菱壶是黄玉麟的壶品中堪称杰作的一把壶。壶高为8.9厘米，口径为5.8厘米，此壶泥色似沉香而略带青色，制技精巧，线面和谐。壶呈方形，四角圆转，上小下大，盖钮内孔圆，外呈三瓣弧形，壶把围成一圆，边沿棱角清晰。壶体稳重端庄，线条柔和圆润。整器造型有深奥莫测的方中寓圆、圆中见方的奇妙特点。孤菱壶更为名贵之处，是有书法篆刻艺术大师吴昌硕的壶铭"诵秋水篇，试中冷泉，青山白云吾周旋"。

如何欣赏掇球壶？

这里的"掇"有选取、连缀之意，掇球就是运用若干个球体、半球体以一定的规律结合在一起，使其整体带有一定节奏感与艺术性。三球重叠的整体造型丰润稳健，线条流畅、简洁、高雅，极富茶文化的神韵与脱俗，让人心生喜爱。掇球壶出自晚清宜兴紫砂壶名匠程寿珍之手，1915年在巴拿马国际赛会获奖。

盖钮为圆球。

壶盖为半球状。

壶体近似圆球。

如何欣赏提璧壶？

提璧壶由顾景舟创作，以盖面似一枚古雅玉璧而得名。壶体呈扁圆柱形，平盖，钮为扁圆形，扁提梁。从两个侧面看上去方正的璧形变成向里微凹的曲面。壶身底部利用外圆式的收拢方式，给人的感觉稳固而又牢靠。底部圈足支点缩小，托起壶身，壶底为玉璧底，显得壶身丰满活泼。壶流从底部弧线顺势延伸，修长微曲。此壶整体结构严谨，虚实节奏和谐。壶身的基本形态为古玉璧形状，寓变化于壶身之中。

如何欣赏石瓢壶？

石瓢壶由当代壶艺泰斗顾景舟创作。此壶呈扁圆，上窄下宽，线条流畅，造型朴拙。壶钮似一座缓坡的拱形桥，壶底有三只圆足，线条流畅，意境舒展。壶面画修篁数枝，款落"湖帆"。另一面是吴湖帆的行书壶铭："无客尽日静，有风终夜凉。药城兄属。"壶盖内有"景舟"篆书长方印，壶底钤"顾景舟"篆书方印。

梯形壶身。

桥钮

平盖

倒三角形持柄。

直流设计。

第五章 　茶食、茶肴与茶膳

什么是茶食？

　　茶食是一个泛指，不仅包括含有茶叶成分的各种食品，如茶饮料、茶糖果、茶饼干、茶菜肴等，还包括与茶适宜搭配的各类副食和点心，如各种炒货、蜜饯、糕点、小吃、点心等，这些我们通常把它们称为茶食或茶点。品茗搭配茶食可以增添茶文化的精彩，增加茶艺的情趣。

　　有的人认为必须掺有茶成分的食品才是真正的茶食。其实，茶食、茶点中掺不掺茶并不是至关重要的，因为一杯清茶可以涤去肠胃的污浊、醒脑提神，而几种茶食，既满足了口腹之欲，又使饮茶平添了几分情趣，从而使清淡与浓香、湿润与干燥有机地结合。茶水在口舌上流淌，使疲劳的味觉重新得以振奋，点心之味在茶水的配合下，被人更好地享用。所以，只要在饮茶时，不管是什么茶食、茶点，只要搭配合理，使忙碌复杂的心情得到放松才是最重要的。

> 清淡型的茶饮
> 舒缓润口

> 浓香型的茶点
> 香脆干燥

> 茶食不仅包括带有茶叶成分的各色食品，也包括与茶相配得宜的各种副食或点心。

茶与茶食怎样进行搭配？

　　茶食的种类繁多，因各人的喜好、体质而有所取舍。在与茶食的搭配上，"甜配绿，酸配红，瓜子配乌龙"是总的原则，也就是说品绿茶时，配以甜的茶食，如芝麻糖、蛋黄酥、豆沙包等；品红茶时，配以酸甘类的茶食，如话梅、甜橙、金橘饼等；品乌龙茶时配咸碱类的茶食，如五香瓜子、开口蚕豆、玫瑰茶杏仁等。

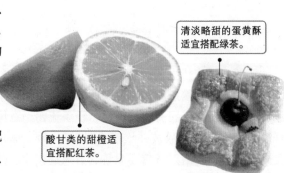

> 清淡略甜的蛋黄酥适宜搭配绿茶。

> 酸甘类的甜橙适宜搭配红茶。

怎样选择茶食的器皿?

　　将削好的苹果一切两半，一半放在塑料袋上，一半放在盘子里，你会去拿哪一半呢？肯定是盘子里的，让人看了就有食欲。可见，盛放食物的器物对人们的心理作用影响有多大。茶食作为中华传统文化的见证者，更应该讲究。好茶配佳点，除了茶食本身的质量要好，还要用洁净、素雅、别致的盛器来衬托茶食的可口、精美。

素雅的花纹　　别致的造型　　洁净的杯体

适宜的器皿不仅洁净卫生，平添人取食的欲望，更能烘托出饮食的格调与品质。

茶食与节令有什么关系?

　　节令是几千年来，人们根据季节气候与植物的生长过程总结的节气名称。人的体质会因节气时令而有所调整，"春困秋乏"就是例子，而茶的实质也会随着地域和季节的不同有所变化，因此从茶的内质和人的体质来说，在准备茶食时，要依节令的不同而有所不同。

　　春天的茶食要多一些花色或艳丽；夏天要准备味道较清淡的茶食；秋天的茶食宜以素雅为主；冬天的茶食就得准备味道较重的。另外，不管在什么节令，茶食的颜色、种类、数量、宜少不宜多，适可而止。

准备味道较重的。冬天的茶食就得

以素雅为主。秋天的茶食宜

冬

春　　不同的节令应该选择不同种类的茶食　　秋

一些花色或艳丽。春天的茶食要多

夏

道较清淡的茶食。夏天要准备味

炒货类茶食有哪些？

炒货系列可称得上是茶食品系列的一绝。炒货类按制作方法，可分为炒制、烧煮、油氽等种类，能与茶搭配的常见炒货有：五香、奶油、椒盐等各味花生和茶叶、玫瑰、话梅、五香、椒盐等各色瓜子，还有香榧、榛子、松子、杏仁、开心果、腰果、葵花子、西瓜子、兰花豆等。

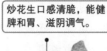

炒花生口感清脆，能健脾和胃、滋阴调气。

炒腰果甘甜清脆，唇齿留香，可润肠通便，润肤美容。

鲜果类茶食有哪些？

鲜果类主要是指四时鲜果，也就是时令水果，常见品种有苹果、橘子、葡萄、西瓜、哈密瓜、香蕉、李子、杏子、桃、荔枝、甘蔗、杨梅等。

我国幅员辽阔，地跨寒、温、热三个气候带，自然条件优越，瓜果栽培遍及各地，品种资源非常丰富。新鲜水果的营养丰富，多吃一些水果固然好，但南方人不要多吃北方水果，北方人也不要多吃南方水果，因为"一方水土养育一方人"，吃跨地域的水果多会造成水土不服。

苹果，性情温和，酸甜可口。

葡萄营养丰富，糖多性温。

蜜饯类茶食有哪些？

蜜饯类茶食分为果脯和蜜饯两类。果脯多出自北方，是以鲜果直接用糖浸煮后再经干燥的果制品，特点是果身干燥，保持原色，质地透明；蜜饯多出自南方，是用鲜果或晒干的果坯作原料，经糖渍浸煮后加工成半干的制品，特点是果形丰润，甜香俱浓，风味多样。

常用的蜜饯有葡萄干、苹果脯、桃脯、山楂糕、话梅、脆青梅、盐金枣、果丹皮、蜜枣、糖冬瓜、金橘饼、芒果干、九制陈皮、糖杨梅、加应子等。

果形丰润，甜香俱浓，风味多样。

蜜饯以鲜果或晒干的果坯经糖渍浸煮后加工而成。

甜食类茶食有哪些？

甜食类又称茶糖类，在饮茶过程中起调节口味的作用。在日本，人们饮抹茶时，先要尝些甜食，其理就在于此。甜食类可以称得上是茶食品健康的标志之一。在日常生活中，特别是老人和小孩比较忌讳高脂肪、高糖分、高热量的食品，而茶糖系列恰恰相反，采用的是优级白砂糖、精制麦芽糖浆为主要原料，辅以高档绿茶精制而成，没有添加任何化学成分，是低脂、低糖、低热量的纯天然绿色食品，自然备受消费者的喜欢。

目前在茶艺馆或家庭待客时，选用的茶糖主要有芝麻糖、花生糖、挂霜腰果、可可桃仁、糖粘杏仁、白糖松子、桂花糖、琥珀核桃等。此外，还有掺绿茶、红茶、乌龙茶等的各种奶糖和茶胶姆糖。

所含茶提取液浓度以及其色香味品质决定了茶糖的品质。

茶糖即是带有一定茶味、茶香的糖食。

点心类茶食有哪些？

点心类的茶食种类很多，一是原料广泛，山珍海味、飞禽走兽、瓜果蔬菜都可作原料；二是质感讲究，口感多样；三是成熟方法多样，炸、煎、蒸、煮、烤、烘、氽等使茶点品种更加丰富。

常见的茶点品种根据成熟的方法有很多样，蒸煮类有粽子、汤圆、馄饨、水饺、馒头、包子、米糕、花色面条、糖藕、八宝饭、烧麦、水果羹、银耳羹、赤豆羹；煎炸类有春卷、煎饺、锅贴、麻球、馓子等；烘烤类有金钱饼、月饼、宫廷桃酥、夹心饼干、家常饼、蛋糕等；茶菜类有香干、鹌鹑蛋、火腿片等。

另外，每一种点心又可采用多种配料和不同的做法，形成更多的花色品种。如包子，既可制作叉烧小包、奶黄馅包、香菇素菜包、鲜肉包，又可制作豆沙包、雪菜冬笋包、牛肉小汤包、南翔小笼包等；还有饺子，除了煮水饺之外，还可以做成蒸饺、煎饺等。

原料、配料、制作方式、熟制手段的不同致使点心类茶食呈现出多姿多彩的局面。

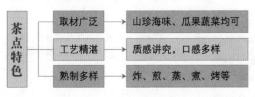

茶点特色	取材广泛	→	山珍海味、瓜果蔬菜均可
	工艺精湛	→	质感讲究，口感多样
	熟制多样	→	炸、煎、蒸、煮、烤等

怎样制作挂霜腰果?

🥜 原料

腰果 400 克、白砂糖 150 克、植物油适量。

🍴 制作

1 炒锅置于中火上,注入花生油,冷油放入腰果仁,文油低温炸 3～5 分钟,腰果颜色略变,立即捞出;

2 锅里放少许清水加入白糖,小火慢慢熬至糖浆由大泡转为细密小泡时,放入腰果,拌均匀使糖液均匀地粘在腰果表面,冷却后入盘即可。

📺 特色

色泽洁白,香酥脆甜。

> **🔧 制作要诀**
>
> 腰果富含脂肪,要冷油入锅,炸制时间不宜过长。

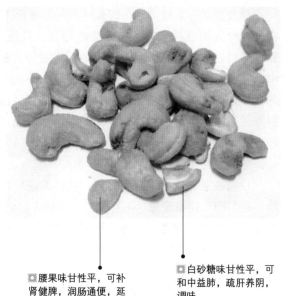

🔲 腰果味甘性平,可补肾健脾,润肠通便,延缓衰老,增进性欲。

🔲 白砂糖味甘性平,可和中益肺,疏肝养阴,调味。

怎样制作五香花生米?

🥜 原料

花生米 500 克、精盐 50 克、花椒、大料、豆蔻、姜适量。

🍴 制作

1 将花生米洗净,用温开水泡在盆内约两小时;

2 锅内加入水放到火上,放入盐、花椒、大料、豆蔻、姜,加入花生米煮熟;

3 如果当时吃不完,要连汤倒入盆内,吃时捞出盛盘即成。

📺 特色

五香味浓,宜下酒饭。

🔲 花生性味甘平,能健脾和胃、润肺化痰、滋阴调气。

怎样制作香酥核桃仁？

原料

核桃仁 500 克，食盐 50 克，糖少许。

制作

1 将核桃仁放入淡盐水中浸泡 12 个小时；
2 将捞起的核桃仁用冷水冲洗干净，晾晒至表皮干燥；
3 在盛器中放少量清水和糖，然后将核桃仁倒入，再撒上食盐，搅拌均匀后再次晾干；
4 将晾干的核桃仁置于烘箱内烘干，取出冷却后即成。

特色

甜、咸、香、酥，风味独特。

制作要诀

食盐水要用开水配制，不能用铁制品存放。

怎样制作玫瑰瓜子？

原料

南瓜子 1000 克，食盐 50 克，糖精 1 克，五香粉 30 克，丁香粉 10 克，玫瑰香精 3 滴，食用红色素少许。

制作

1 将南瓜的白瓜子洗净；
2 将盐、糖精、五香粉、丁香粉以及食用红色素放入碗中，注入沸水 500 克，冷却后放下瓜子，再滴上玫瑰香精，加盖放置 24 小时；
3 将瓜子捞出后，放入锅中焙炒至瓜子皮上呈现芝麻黑点，水分完全焙干，再用小火炒 10 分钟即成。

特色

咸甜、味美、可口。

南瓜子性味甘平，可补脾益气，润燥消肿，驱虫。

丁香性味甘辛、大热，可温肾健胃，止痛抗菌，气味芳香浓烈，常用以调味。

怎样制作椒盐瓜子?

　　椒盐瓜子有两种,一种是椒盐葵瓜子,一种是椒盐白瓜子。

　　椒盐葵瓜子的做法:

📷 原料

葵瓜子 500 克,食盐 50 克,大料、桂皮、花椒、茴香各适量。

🍴 制作

1 将葵瓜子洗净,然后放入锅内,加入清水煮沸;

2 水开后,把大料、桂皮、花椒、茴香用纱布包好放入锅内,大火煮。

3 半小时后,捞出几粒瓜子,用手按挤,如瓜子口露出水珠,即可放入食盐,改文火继续煮 2 小时即成。

　　椒盐白瓜子的炒法:

📷 原料

白瓜子 1000 克,食盐 100 克,花椒 50 克。

🍴 制作

1 在开水中放入食盐、花椒,再将南瓜子浸渍 2 小时,捞出晾干;

❖葵瓜子性味甘平,可安神,抗衰老,降低血脂,增强记忆力。

2 锅中放入白沙,用旺火炒热,再倒入南瓜子慢慢翻炒;

3 待瓜子壳发出爆裂声时,再炒 5 分钟,筛去白沙即成。

🍴 特色

咸香适口。

怎样制作五香瓜子?

📷 原料

葵瓜子 1000 克,花椒 50 克,食盐、茴香、大蒜适量。

🍴 制作

1 将大蒜去皮拍碎,与花椒、茴香放入纱布袋内,扎紧;

2 先把瓜子洗净,同香料袋和盐一起放到锅里,先浸泡 24 小时;

3 开火,将调料水与瓜子煮沸半分钟,继续浸泡一个小时;

4 捞出瓜子沥干水分,晾晒两天至干;

5 将晾干的瓜子放到锅里翻炒至香熟。

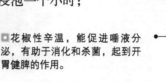

❖花椒性辛温,能促进唾液分泌,有助于消化和杀菌,起到开胃健脾的作用。

🍴 特色

咸香味浓,味美怡人。

怎样制作奶油五香豆？

原料

蚕豆 500 克，白糖 100 克，盐 25 克，桂皮、茴香、奶油适量。

制作

1 先将蚕豆去杂、洗净，放在清水中以旺火煮 30 分钟后捞出；

2 锅中水倒掉，把蚕豆重新放入锅中，加清水淹住蚕豆为准，加入盐、糖、桂皮、茴香等辅料，用文火煮至水干；

3 将铁锅烧热，倒入煮好的蚕豆，用小火焙炒，不断翻动，直至水分焙干；

4 锅离火，放入少量奶油，搅拌均匀，冷却后即成奶油五香豆。

特色

色呈淡棕色，蚕豆硬韧而富有芳香之味，美味可口。

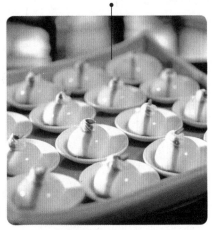

❁奶油作用仅在于提味和增香。

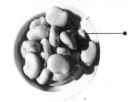

❂蚕豆性味甘平，补中益气，健脾益胃，利湿止血，补脑。

怎样制作芝麻糖？

原料

芝麻 500 克，白糖 400 克，饴糖（或蜂蜜）200 克。

制作

1 将芝麻放入铁锅，用文火翻炒 5 分钟；

2 将炒熟的芝麻平摊在台板上；

3 在锅内加一点清水，将白糖、饴糖入锅熬煮至黏稠，倒在芝麻上；

4 在擀面杖上涂些油将糖擀平，并使芝麻与糖黏结；

5 芝麻饼未完全冷却时，依个人习惯，用刀将其切成片或块。

特色

香、脆、甜。

❖蜂蜜味甘性平，可润肺止咳、调补脾胃。

◭芝麻味甘性平，可开胃健脾，助消化、化积滞、降血压。

怎样制作桂花核桃糖？

🍶 原料

核桃仁 250 克，白砂糖 250 克，糖桂花 5 克，蜂蜜 60 克，猪油少量，植物油适量。

🍴 制作

1 用开水将核桃仁焯 1 分钟左右，沥干水分捞出；

2 放入温油中余 5 分钟左右，桃仁色略转黄，即可捞出冷却；

3 锅中加入少量水，将白糖熬煮溶化后，再加入蜂蜜煮沸，并加入少量猪油，改用文火，在此过程中需要不断地搅拌，熬至用筷挑起糖液能拉丝时，关火；

4 将核桃仁和糖桂花倒入锅中，拌均匀后，迅速将核桃仁一颗颗拣出，即成。

🍵 特色

色泽浅黄，松脆香甜。

🔲 桂花气味芬芳，能化痰止咳、缓急止痛。

🔲 核桃仁是难得的补脑坚果，能促进头部血液循环，还能增强大脑记忆力。

> 🔖 制作要诀
> 核桃仁最好选用成瓣的、较完整的、大小均匀的。

怎样制作糖膏茶？

🍶 原料

白糖 500 克，红茶 50 克。

🍴 制作

1 将红茶加水煎熬，每 20 分钟提取一次茶汁，再加水，取三四次，至茶汁变淡无茶味；

2 将所取茶水用文火烧煮至茶汁浓厚，加入白糖调匀；

3 继续用文火熬，至用筷子挑起糖液有黏丝而不粘手时关火；

4 在瓷盘上抹匀色拉油，将热糖液倒在上面；

5 待糖液稍冷，根据个人喜好，用刀将糖切成菱形、长方形或三角形即成。

🔲 红茶可清热解毒、养胃利尿、提神解疲、抗衰老。

🔲 白糖味甘性平，有着润肺生津、补中缓急的功效。

🍵 特色

消食舒胃，甜而不腻。有消食之功效，可治饮食积滞，胸闷饱胀，胃痛不适等症。

怎样制作桂花赤豆糕?

原料

白糖 200 克,赤豆 100 克,桂花茶叶 20 克,琼脂适量。

制作

1 用 600 毫升热开水冲泡茶叶 5 分钟,取茶汁备用;

2 用 600 毫升清水将赤豆煮酥后,加入糖搅拌;

3 将茶汤与赤豆汤倒在一起,加入琼脂后煮至琼脂完全熔化;

4 将此浓液倒入模型杯中,加入少许赤豆,冷却后放入冰箱冷冻室。食用时,倒扣在盘中即可。

用赤豆做成的桂花赤豆糕色彩悦目、入口香甜,是一道味美可口的茶食。

特色

色彩悦目,入口香甜。

怎样制作抹茶甜糕?

原料

糯米粉 100 克,白糖 100 克,精制油、抹茶少许。

制作

1 将糯米粉、白砂糖和抹茶混合均匀,慢慢倒入清水用筷子搅拌成稀糊状;

2 在方形容器内涂抹色拉油,将米糊倒入其中,蒙上保鲜膜;

3 放入微波炉内加热 6 分钟,出炉冷却;

4 待抹茶甜糕冷后,倒置砧板上,切成方块或三角形,即可。

怎样制作茶香水饺?

原料

饺子皮、绿茶、瘦猪肉、白菜、调味品。

制作

1 将白菜剁好挤出水分备用;

2 茶叶泡开后切碎,茶汁备用;

3 将白菜、茶叶放入猪肉馅中拌匀,加入盐和调味品;

4 在调好的馅里加少许茶汁,再次搅拌均匀;

5 将馅包进饺子皮里,入锅煮熟即成。

茶香水饺的特点是风味别致、清香宜人。

怎样制作绿茶冷面?

📷 原料

高筋面粉 600 克,绿茶 25 克,盐少许。

🍴 制作

1 用一杯开水将绿茶冲泡几分钟,取茶汁冷却备用;

2 在面粉里放少许盐,加茶汁揉匀后,醒面 10 分钟,
   再揉一次,直至面团光滑发亮;

3 将面团擀成薄片,切成细面条;

4 把面条煮熟后捞出放入凉开水中浸泡,待冷却后捞
   起,食用时依个人口味加入调味料。

绿茶冷面的特点是清香可口、风味
怡人。

怎样制作茶奶冻?

📷 原料

牛奶 150 毫升,鲜奶油 60 克,白砂糖 60 克,抹茶、琼脂粉少许。

🍴 制作

1 将抹茶放入少许热开水中熔化;

2 将琼脂放入碗中加少许水浸涨,放入微波炉加热 30 秒;

3 将牛奶和糖放入碗中,放入微波炉中加热 2 分钟;

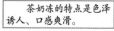

茶奶冻的特点是色泽
诱人、口感爽滑。

4 将上面三者混合后,冷却至糊状,加入鲜奶油并搅拌起泡;

5 在盘中抹少许色拉油,将茶奶糊倒入盘中,放入冰箱冷冻,待凝固后切成块即可。

怎样制作抹茶豆沙冻?

📷 原料

白豆沙馅 200 克,白糖 300 克,抹茶 8 克,琼脂 15 克,麦芽糖 30 毫升。

🍴 制作

1 将琼脂放入碗中,加 50 毫升水静置 2 小时使之充分吸水;

2 将白糖放进 200 毫升水中溶化后,进微波炉加热 90 秒;

3 糖水碗内加入浸泡的琼脂,加盖加热 2 分钟,快速搅拌,使之溶解;

4 再放入白豆沙馅和麦芽糖,加热 1 分钟,取出搅拌均匀,再加热 1 分钟;

5 取出倒入盘中,待冷却凝固后切成方块,装盘即食。

🔲 特色

色泽墨绿,滋润光亮,茶香味浓,入口酥化。

怎样制作红茶甜橙冻？

原料

甜橙 3 个，红茶 3 克，琼脂 15 克，蜂蜜、白糖少许。

制作

1 将红茶以 600 毫升清水泡开，取茶汤备用；

2 甜橙切成两半，将肉取出，压出橙汁备用；

3 用清水将琼脂浸涨；

4 将茶汤煮沸，放入浸涨的琼脂；

5 琼脂溶化后加入蜂蜜、白糖、橙汁拌匀，放凉后，将红茶琼脂橙汁倒回半个甜橙皮中，放入冰箱冷冻。取出即可食用。

特色

酸甜可口，别致出众。

> 甜橙性温味甘酸，可生津止渴、开胃消食、补充体力，特别适合夏季食用。

怎样制作绿茶银耳羹？

原料

绿茶 10 克，银耳 6 克，白糖 50 克，蜂蜜、淀粉适量。

制作

1 将银耳用温水泡发 1 小时，然后放入 500 毫升水中煮至熟烂；

2 将绿茶放入 200 毫升开水中泡开，取茶汁备用；

3 将茶汁和白糖倒进银耳锅中，加入少许水淀粉煮沸即可，食用时可依个人口味加适量的蜂蜜。

> 银耳可补气和血、强精补肾、润肠益胃，绿茶银耳羹的特点是清甜适口、美容养颜。

怎样制作绿茶莲子羹？

原料

绿茶 15 克，通心莲 50 克，湿淀粉、白糖适量。

制作

1 将莲子置锅中加 300 毫升水煮烂；

2 用 200 毫升开水将绿茶泡开，取汁备用；

3 将茶汁和白砂糖加入莲子汤中，加入少许水淀粉煮沸，装碗即可。

特色

酥软顺滑。

> 通心莲即是去掉莲心的莲子，以其制成的绿茶莲子羹有清心顺气之效。

怎样制作百合西米糯米羹？

原料

百合 150 克，西米 100 克，糯米 100 克，绿豆 50 克，红枣 50 克，白糖 100 克，湿生粉 100 克，薄荷叶少许。

制作

1 取洁白的百合瓣洗干净备用，绿豆、红枣洗干净，西米用水涨发；

2 糯米淘洗干净，用清水煮沸 3 小时，上笼蒸成米饭；

3 将绿豆、红枣加清水煮沸，用文火焖 10 分钟，加百合再煮沸，焖至熟烂加白糖、西米，搅拌后，淋入湿生粉；

4 将薄荷叶切成细丝，用清水洗一下，放入锅中，搅匀后盛入碗中即可。

特色

清凉爽口，清甜酥糯。

◙百合性平味甘，能补中益气、养阴润肺、止咳平喘。

怎样制作瓜片莲子汤？

这里的瓜片是六安瓜片茶叶，并不是冬瓜、南瓜之类的瓜，六安瓜片茶叶产自安徽六安市，唐陆羽《茶经》中有寿州茶区的记载，历史名茶有六安瓜片、霍山黄芽、舒城兰花、舒城珍眉等。其中六安瓜片为全国十大名茶之一，始源元朝，贡于明朝，明代徐光启《家政全书》中记载：六安州之瓜片，为茶之极品。

原料

六安瓜片茶 5 克，莲子 40 克，冰糖 20 克。

制作

1 在锅中加 400 毫升水，将莲子煮熟；

2 将六安瓜片茶和冰糖放在大碗中加水，待冰糖溶化后，倒入莲子汤中加盖闷 3 分钟，不需再放火上煮，盛出即可食用。

特色

茶香宜人，清甜适口。

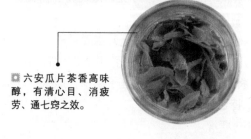

◙六安瓜片茶香高味醇，有清心目、消疲劳、通七窍之效。

怎样制作绿茶粥?

绿茶粥其实很简单, 和平时煮白米粥差不多, 就是在煮粥时加入茶汁, 使粥有淡淡的绿茶香味。绿茶的品种依个人爱好取用。

■ 原料

绿茶 5 克, 粳米 100 克。

■ 制作

1 将茶叶用沸水分 3 次冲泡, 取得茶汁 500 毫升备用;

2 粳米淘洗净, 用茶汁煮粳米, 文火熬成粥, 食用时可添加适量调味品。

■ 特色

和胃消食, 抗疲劳。

■ 绿茶粥的特点是和胃消食、对抗疲劳, 且简单易学、操作方便。

怎样制作红茶糯米粥?

红茶品性温和, 味道醇厚, 可以帮助胃肠消化、促进食欲, 可利尿、消除水肿, 并强壮心脏功能。因此, 除了每天饮用红茶外, 还可以将红茶做成茶食来用, 这款红茶糯米粥保健性强, 具有降血糖作用, 适合糖尿病人食用。

■ 原料

红茶 20 克, 糯米 80 克。

■ 制作

在锅中加入 800 毫升水, 煮沸后倒入淘净的糯米, 文火将粥煮熟后关火, 加入红茶闷 10 分钟即可。

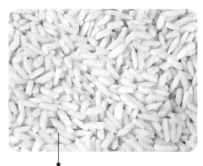
■ 糯米性温味甘, 可补中益气, 健脾暖胃。

怎样制作抹茶芝麻糊?

黑芝麻有补血、润肠、通乳、养发等功效, 经常食用能使皮肤光滑、皱纹减少, 肤色红润白净。如果再加入茶叶, 可达到滋肝补肾, 养血润肺之功效。

■ 原料

茶叶 10 克, 黑芝麻 20 克, 糯米粉 20 克, 白糖 50 克。

■ 制作

1 将茶叶研末, 黑芝麻炒熟后捣成碎屑, 糯米粉加水调湿;

2 将黑芝麻屑和白糖置锅中, 加水 600 毫升用中火加热, 煮沸后加入茶末, 熄火, 加盖闷 5 分钟。

3 倒入糯米糊, 边加热边用筷子调匀, 待再次煮沸成糊状即可。

抹茶芝麻糊具有滋肝补肾、养血润肺的作用。

怎样制作血糯八宝饭？

🥢 原料

血糯米 150 克，细豆沙 50 克，白糖 50 克，熟猪油、猪板油、桂圆肉、糖莲子、蜜枣、葡萄干、青梅、杏脯、瓜子仁、熟松仁各适量。

🍴 制作

1 将糯米用清水淘净，浸泡 6 个小时以上，放入笼内蒸熟；

2 熟糯米内加入白糖和熟猪油搅拌匀；

3 将猪板油切成小丁，莲子隔水蒸酥，蜜枣去核与其他果料一起切成碎片；

4 在大碗的碗壁上涂匀熟猪油，将板油丁放入碗中间，果料碎片铺入碗内，可摆成各种图案。

5 加入半碗糯米饭，揿成凹形，加细豆沙，豆沙上面再加入另一半糯米饭刮平，放入笼屉内，蒸 1 小时左右取出，倒扣至盘子上，即成。

☀ 血糯米因其色殷红如血而得名，可滋补气血，养颜护肤。

🔲 特色

色鲜味美，甜中带香，油润香甜。

怎样制作祁门茶干？

🥢 原料

祁门红茶 6 克，宁波香干 300 克，生姜、青葱、食盐少许。

🍴 制作

将红茶用纱布包好，生姜拍松，青葱打结。在清水锅中放入香干、茶叶包及所有调料，旺火烧沸后，转小火煮 15 分钟，关火浸泡 4 小时后即成。

祁门茶干色泽酱红，芳香适口。

怎样制作五香豆腐干？

🥢 原料

豆腐干 500 克，红茶末、桂皮、茴香、八角、红酱油适量。

🍴 制作

1 将豆腐干洗净，用清水将豆腐干煮熟，倒去热水，以去除豆腥气；

2 锅内加清水，放入红茶末、桂皮、八角、茴香、红酱油，急火烧沸，改文火煮半小时即成。

🛈 制作要诀
视咸淡程度可增减红酱油量，也可加些食盐、味精等。

🔲 特色

色泽酱红，浓香四溢。

怎样制作茶香花生米？

原料

花生米 500 克，绿茶 15 克，盐 25 克，五香粉、味精、八角、葱段 5 克、姜适量。

制作

将花生米洗净，放入锅中加水适量，投入其他作料，先用大火烧开，然后转用小火焖熟至酥烂即成。

> 茶香花生米的特点是入口潮润，味厚醇香。

怎样制作红茶鹌鹑蛋？

原料

鹌鹑蛋 20 个，红茶 2 克，猪油 30 克，盐、酱油、姜片适量，桂皮、大茴香、小茴香各少许。

制作

1 将鹌鹑蛋洗净后放清水中，开火煮沸后再煮 3 分钟，然后捞出浸泡在冷水中至凉；

2 将蛋壳轻轻捏出裂痕后再放入锅中，加入红茶、猪油、酱油、盐、姜片、桂皮、大茴香、小茴香，以水淹过蛋为准；

3 用大火煮沸，再改用小火煮至香味四溢时即成。

特色

补虚健脑，香气飘逸。

> ☑ 鹌鹑蛋有补益气血、强身健脑、丰肌泽肤等功效。

怎样制作鲜肉粽？

原料

糯米 500 克，五花肉 400 克，黄酒少许，酱油、白糖、精盐、味精各适量，粽叶、棉线适量。

制作

1 将粽叶洗净，放在开水锅内煮 5 分钟，捞起整理整齐，沥干水；

2 将糯米淘干净，泡 20 分钟后沥干水，倒入盆内，加入白糖、精盐、酱油拌匀；

3 将五花肉切成长方形小块，加入白糖、精盐、味精、黄酒入味；

4 包好粽子，将生粽放在开水锅内，水要浸没粽子，烧煮四小时左右关火闷五六个小时即成。

> 鲜肉粽的特点是肥而不腻，肉嫩香鲜。

怎样制作苏式糖藕?

原料

鲜藕 500 克,糯米 120 克,白糖适量,碱少许。

制作

1 将鲜藕表面的泥洗净,去掉两头老的和嫩的一段,
　用斜刀削除藕节表面根须,使两端平滑;

2 在较小的一端距藕节约 3 厘米处切断,保留切下的
　一段做盖用,将藕倒置,将藕内的水控干;

3 将糯米淘净,灌入藕孔。灌满后,将原来切下的一
　段合好,为了使藕盖不脱落,可以用竹签从盖正中直戳藕内;

苏式糖藕的特点是藕红米白、荷香宜人,是品茶论道时的上等佳品。

4 将藕置锅中加水,水量要超过鲜藕,加入碱,用旺火煮沸后改用小火焖煮 5 小时,至藕
　呈紫黑色;

5 趁热轻轻地将紫黑色的藕皮刮去,使藕肉呈淡红色,取出盛于大盘内。食用时,摘去两
　端藕节后,切成藕片,入盘撒上适量白糖即可。

怎样制作豆沙麻球?

原料

水磨糯米粉 500 克,面粉 100 克,红豆馅、白芝麻适量,小苏打少许,食油 500 克。

制作

1 将糯米粉和面粉搅拌均匀,用冷水和成软面团;

2 每个面团包入适量豆沙,收紧口,放在白芝麻中滚沾上芝麻成生坯;

3 锅内放油,五成热时将锅离火,放入麻团,边炸边用筷子翻动麻球,等外表起壳时捞出,
　装盘即成。

特色　色泽金黄,壳脆心甜。

怎样制作生煎馒头?

原料

面粉 250 克,五花肉 250 克,葱花 50 克,酵母粉 10 克,芝
麻油、姜末、黄酒、胡椒粉、黑芝麻各适量。

制作要诀

洒水时不要来回翻动包子,生煎包子的馅可根据自己爱好调配。

制作

1 拌肉馅。将五花肉剁泥,放入精盐及适量清水,加入调料,拌匀成馅心;

2 做生肉包。将面粉和好,包成褶花纹的肉包生坯;

3 煎肉包。平锅烧热,刷上油,煎成底部呈金黄色,往锅内洒开水,盖上锅盖,用旺火蒸 3
　分钟,撒上葱花、黑芝麻,盖上锅盖至水分收干。

特色　底部金黄香脆,面部洁白柔软,馅心鲜嫩多汁。

什么是茶肴？

　　中华美食历史悠久，品种繁多，风味独特。茶肴是我国八大菜系中的一枝奇葩，是用茶或茶水与烹饪原料一起烹制而成的菜肴。茶肴的特点在于利用茶特有的清香调味除腻，还可以通过茶中丰富的营养物质，增强菜肴的营养价值和药用功能。

　　历代名厨巧妙地将茶品与菜肴完美交融，既改良了菜肴本身的不足，又使菜肴通过茶的渗透达到去油腻、去腥、去异味的作用，清雅爽口、味美芳香，色、香、味更具特色。

中华饮食 → 讲究色、香、味、形、质、声、器、意合而为一

茶的加入 → 菜肴 → 茶肴 → 增香、调味、去腥、除腻 → 附加新的营养价值与药用功能

洁白如玉的虾仁与碧绿柔嫩的茶芽交相辉映，给人以视觉之美。

为什么把茶应用到食品上？

　　传统的茶，只作饮用。但茶叶作为一种广受欢迎的天然饮料，不仅具有丰富的营养，而且具有一定的保健功能。因此，随着人们对茶的科学认识，茶在食品领域的应用逐渐广阔。

　　（1）饮茶吸收茶的营养不充分，如果将茶叶直接添加到食品中去，就可充分利用茶叶所含有的所有营养物质。

　　（2）泡茶多为高中档茶，中低档茶可以磨粉或制汁提取有效成分添加到食品中。

　　（3）有一些人不爱饮茶，但又想利用茶叶所具有的多种保健功能。因此，将茶叶添加到食品中去制成各种保健食品已成为一种需要。

为不宜冲泡的中低档茶提供了新的用途。

改善了茶饮中营养物质难以被充分利用的局面。

茶肴

为不爱饮茶的人提供更多途径获取茶的保健功能。

丰富了新的健康膳食品种。

以茶入菜有什么讲究?

（1）根据茶性选择入菜。

绿茶是非发酵制成，色碧绿，味清香，适合烹制清新淡雅的菜肴，如碧螺春炒银鱼、香炸云雾、金钩春色等；红茶是全发酵制成，因茶味有点苦涩，故做菜只取汤，适合用于口味浓重的菜肴，如红烧肉、红鸡丁、红牛肉等；花茶是成品绿茶之一，属浓香型，汤汁黄绿，适合用于烹调海鲜类原料，如茉莉花蒸鱼、花鱼卷、花海鲜羹等；乌龙茶是半发酵茶，其香气浓烈持久，汤色金黄，适合用于油腻味浓的菜肴，如乌龙蒸猪肘、铁观音炖鸡等。黑茶属于后发酵茶，叶粗老，色暗褐，如做卤水汁，适合制作普洱茶香肉、普洱茶东山羊、普洱茶豉油鸡等。

（2）宜选用新、嫩的茶叶入菜。

因为新、嫩的茶叶中含丰富的蛋白质、有机酸、生物碱及水溶性果胶，各种成分的组成比例也较协调，滋味浓醇，香气清鲜，以其入肴可增加菜肴的鲜香味。

（3）存放时间太长，带有霉味的茶叶不能用于烹制菜肴。

绿茶色碧绿澄清，味清香，适合烹制清新淡雅的菜肴。

红茶因茶味有点苦涩，故做菜只取汤，适合用于口味浓重的菜肴。

花茶是成品绿茶之一，属浓香型，汤汁黄绿，适合用于烹调海鲜类原料。

乌龙茶是半发酵茶，其香气浓烈持久，汤色金黄，适合用于油腻味浓的菜肴。

黑茶属于后发酵茶，叶粗老，色暗褐，适合做卤水汁。

茶入肴有几种加工方法？

第一种，将新鲜茶叶直接入肴。通常会选用鲜嫩的茶叶，可以作主料，如炸雀舌是用谷雨时节采摘的树嫩芽，油炸碧螺春是将碧螺春泡发后油炸，还可以作辅料，如香炸云雾、碧螺春炒银鱼。

第二种，将茶汤入肴。以汤入肴的形式很多，可把泡好的茶连同汤一起倒入锅中与主料合炒，如乌龙肉丝、汁鱼片；还可按一定比例和原料一起放锅内加水直接煮，如煮鸡、铁观音炖鸡、煮牛肉丸等；还可用水腌浸鸡鸭鱼肉，待水浸入肉内时，再制成各种菜，成菜不见茶但味浓郁，如童子敬观音、红牛肉；还有"红火锅"，这种火锅和传统火锅的做法基本相同，煮烫出来的菜肴，滋味略苦、香，食之不腻。

第三种，将茶叶磨成粉入肴。碾成粉末，融于菜中，既为取之色，又为取香之雅，代表菜例有绿沙拉、香蟹、味鸡粥、香腰果等。

第四种，用茶叶的香气熏制食品。用焙燃产生的烟雾熏制菜肴，重在取茶的香味。如著名的徽菜毛峰熏鱼。

鲜嫩的茶叶可作为主料或辅料直接入肴，以借助茶的香气与口感

以茶汤直接入肴，运用炒、煮、炖、腌渍等方式增其味道与香气。

以茶叶焙燃产生的烟雾熏制而成的菜肴，重在取茶的香味。

将茶叶碾磨成粉入肴，取茶的色香之雅。

所有的茶叶都可以用来做菜吗？

小部分茶叶不宜做菜
特征：粗老、味淡、茶梗多、存放时间长、叶上有虫眼等。

多数茶叶适宜做菜
特征：色鲜、味香、口感好。

从理论上来说，所有的茶叶都可以做菜，就像所有的青菜都可以吃，但是老青菜、有虫眼的青菜、有怪味的青菜肯定不会吃。茶叶也一样，做菜时，要从色鲜、味香、口感好三方面考虑。因此，香味淡、存放时间长、茶梗多、叶上有虫眼的茶叶就不能用来做菜。从茶味的效果来说，红茶、绿茶、普洱茶、乌龙茶的效果相对好一些，花茶就要差一些。

做菜时茶叶要完全泡开吗？

茶叶愈嫩绿，所需冲泡水温愈低。

茶叶要泡开，这样香味才能溢出来。不过泡茶也有一定的讲究，从做菜方面来讲，绿茶一般用80℃的水浸泡两分钟即可。泡茶的水以刚煮沸为宜，如果水沸腾过久，即古人所称之"水老"，不宜泡茶，要将沸水冷却至80℃以后再用。叶愈嫩绿，冲泡水温愈低，这样茶汤才鲜活明亮，滋味爽口，维生素C也较少破坏。在高温下，茶汤颜色较深，维生素C大量破坏，茶中咖啡碱浸出后茶水会发苦，茶本身的香味会损失，做出的菜肴香味也就没有那么浓郁了。

在高温下的茶汤颜色较深，滋味偏苦，香味也会损失。

茶叶和水的配比为多少做出的菜效果最好？

说到茶叶和水的比例，不得不提到古人对泡茶的讲究。传说唐代智积和尚十分懂得品茶，以至于非陆羽煎的茶不饮。当时代宗皇帝便召智积和尚进宫，试一试是否如人们传说的那样。代宗先让擅长煮茶的人煮了一杯茶给智积和尚，谁知他略一沾唇就放下了。皇帝又让陆羽进宫，智积和尚喝到陆羽煮的茶，十分欣喜，一边品茶，一边赞叹说："这碗茶真是陆羽亲手做的！"皇帝这才信服。

入菜的茶水与饮茶的茶水比例是不同的，茶多水少，味浓；茶少水多，味淡。茶中多酚类物质会有苦涩味，烹制茶肴时，用量应当适度，因为量多了会带来苦涩味，量少了又体现不出茶肴的风味。一般来说，如果茶叶可以保证质量的话，每10克茶叶，放入600毫升水浸泡效果最佳。但是，还要针对不同的菜肴，增减水量。

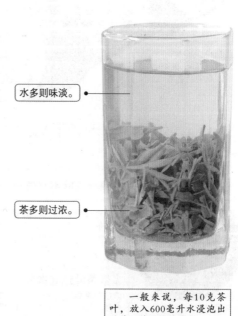

水多则味淡。

茶多则过浓。

一般来说，每10克茶叶，放入600毫升水浸泡出的茶入菜效果最佳。

做不同的茶肴怎样选取茶叶？

　　茶与菜配，应视菜的主材料来定。海鲜腥味重，烹调海、河鲜类原料，如花茶鱿鱼卷、茉莉花茶蒸鱼、花茶海鲜羹等，选择香味浓的花茶效果最好。口味重、色泽重的菜肴，可以用红茶去腥解腻，还具有一定的养胃作用，如红茶蒸鳜鱼、红茶烧肉、红茶鸡丁、红茶牛肉等。口味较清淡的菜肴适合用绿茶，比如龙井茶香味清淡。普洱茶的茶汤色泽红亮，用于焖、烧效果最好。铁观音茶叶大而且香味比较浓郁，可以将其泡开经炸制后配菜，如铁观音肉片汤、乌龙蒸猪肘、铁观音炖鸡等，还可以泡出茶汤做饺子。

　　另外，灼虾、蒸鱼适宜用绿茶汤；普洱茶适合做卤水汁；碧螺春适合女士美容饮用，如一款太极碧螺春菜式，它先以矿泉水泡出茶味，然后再将茶叶捣碎混合一起做羹汤等。

烹调海、河鲜类菜肴适宜选取清香馥郁的花茶。

烹调肥腻厚味的焖烧类菜肴可选解腻消食的普洱茶。

烹调口味重、色泽重的菜肴适宜选取养胃解腻的红茶。

烹调口味清淡的菜肴适宜选取清香味淡的绿茶。

所有的烹饪原料都可以用来制作茶肴吗？

　　做茶肴时，需要根据菜的主料来选择茶的类别，相应地，茶也有选择菜的权利，并不是所有的菜都适合配合茶来制作茶肴。从烹饪效果来看，海鲜、肉类都可以当茶肴的材料，蔬菜中比较脆的梗类原料可以制作茶叶菜，选用的茶叶以香味浓的红茶为优，大多用来制作凉菜。蔬菜中的一些叶类菜由于烹饪后质地软烂，所以不宜用茶叶来烹制。

海鲜、肉类都适宜做茶肴的材料。

梗类蔬菜适宜与红茶搭配。

叶类蔬菜不宜用茶叶搭配烹制。

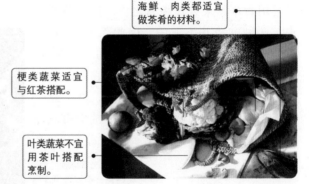

烹饪时的香料是否会影响茶叶的香味？

在烹饪美食时，常用到葱、姜、蒜、红辣椒、五香粉等香辛料，为了给菜提鲜，在菜炒熟之后还会加入鸡精和味精。但是在做茶肴时，大葱具有辛辣芳香之气，易将茶的自然香气掩盖；生姜含有一定的辛辣芳香成分，易对茶固有的气味造成干扰；大蒜辛香浓烈，与茶的清香淡雅之气截然相反；辣椒含有大量辛辣成分辣椒素，易对人的味觉产生过烈刺激。

因而，就要尽量少用或不用这些调味品，这样才能体现出茶的本性，突出茶肴的清淡鲜香、香味浓等特点。

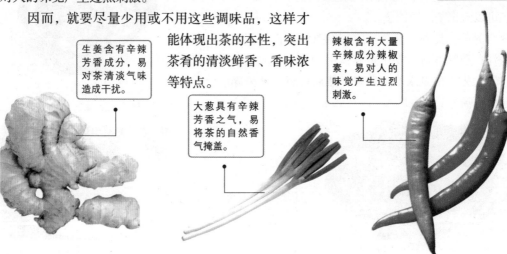

> 大蒜辛香浓烈，与茶的清香淡雅之气截然相反。

> 生姜含有辛辣芳香成分，易对茶清淡气味造成干扰。

> 辣椒含有大量辛辣成分辣椒素，易对人的味觉产生过烈刺激。

> 大葱具有辛辣芳香之气，易将茶的自然香气掩盖。

哪些调料不适合烹饪茶肴？

茶肴的本性是突出清淡的茶香，保证食物的无腥不腻。在平时的菜肴中，我们经常用香辛料来处理腥腻之物，但在茶肴中，这种方法并不适用，因此除了辣椒、香辛调料、蒜之外，花生油、猪油、奶油、芥辣、黄油也尽量不要用，因为它们的香味过于浓郁，如果掌握不好用量，就会遮盖茶香，因此，初做茶肴时，尽量少用或不用这些辅料。

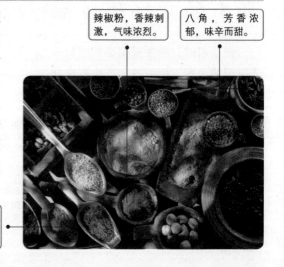

> 辣椒粉，香辣刺激，气味浓烈。

> 八角，芳香浓郁，味辛而甜。

> 五香粉，芳香馥郁，配料多变而致使气味复杂。

所有人都可以食用茶肴吗？

茶有诸多保健功效，常食茶水或茶肴可以起到防病治病的目的，这也是将茶添加到菜肴中的初衷。但是，"是药三分毒"，茶肴既然有药用价值，食用时就要有讲究，并不是所有的人都可以随便吃，比如茶叶中含有大量的儿茶素，

容易造成胃部溃疡，所以有胃病的人就要少吃。茶中的咖啡因虽然和咖啡中的咖啡因状态不同，但也能够起到提神的作用，而且持续时间较长，因此，神经衰弱的人不适合吃茶制成的茶肴。

茶叶中含有大量的儿茶素，容易造成胃部溃疡，有胃病的人要注意少吃。

茶叶中的咖啡因有提神之效，且持续时间较长，神经衰弱的人不宜食用茶肴。

什么是茶膳？

对于茶，过去人们一直习惯饮用传统的花茶、绿茶、红茶、乌龙茶等，而随着生活水平的提高，人们在吃好的同时也开始注重喝好，于是保健茶应运而生。保健茶之后，又从"饮茶"到"吃茶"，其方法是将乌龙茶、红茶或绿茶的茶末、茶粉加入到食品中，从而创出全新的食品，如山西的茶心面包，杭州的茶可乐、茶汽水，台湾的李白茶酒，北京的茶冰淇淋，四川的蒙顶贡茶酒，贵州的眉窖茶酒等。但"吃茶"在某种程度上只是将茶叶加入作为个体的单个食品或某一类食品中，而"茶膳"则是在"吃茶"的基础上，有意识地将茶作为菜肴和饭食的烹制与食用方法，形成茶饭、茶菜、茶食品、茶饮料的全面配套的特色餐。现在，茶膳正逐渐成为一种大众化的茶叶消费方式进入到人们的生活中。

古老的茶食、茶膳多数源自有着悠久种茶传统的少数民族手中。

茶的加入

传统饮茶
以各类茶叶的冲泡饮用为主 ┐ 茶饮阶段

保健茶
茶保健功能的发现与应用

吃茶
将茶添入独特的个体食物中 ┐ 茶食阶段

茶膳
茶食制作与取用的逐步系统化、规范化

茶膳的起源和现状是什么情况?

中国是茶的发祥地,吃茶并不是从现代的某一天开始的,而是从公元前的周朝初期就开始吃茶叶了。东汉壶居士写的《食忌》说:"苦茶久食为化,与韭同食,令人体重。"《晏子春秋》记述:"婴相齐景公时,食脱粟之饭,炙三文五卵,茗菜而已。"唐代储光羲曾专门写过《吃茗粥作》一诗。清代乾隆皇帝十分钟爱杭州的龙井虾仁,慈禧太后则喜欢用樟茶鸭宴请大臣。今天,我国许多地方仍保留着吃茶叶的习惯,如云南基诺族有吃凉茶的习俗,傣族有竹筒茶等。

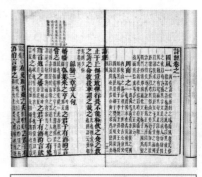

《诗经》中"采荼薪樗,食我农夫"即描述了旧时农民采荼取薪的困苦生活。

20世纪90年代以来,随着生产和茶文化事业的发展,茶膳开始进入了新的发展阶段。目前,最有代表性的茶膳有:北京的特色茶宴,有玉露凝雪、茗缘贡菜等;上海的碧螺腰果、红茶凤爪、旗枪琼脂、太极碧螺羹等;台湾的茶宴全席、茶果冻、茶水羹、得意茶叶蛋、乌龙茶烧鸡、泡沫红茶、李白茶酒等;香港的武夷岩茶扣鲍鱼角、茉莉香片清炒海米等;杭州的狮峰野鸭、龙井虾仁、双龙抢珠等。

茶膳的特点是什么?

茶膳在普通中餐的基础上,采用优质茶叶烹制茶肴和主食,具有以下特点:

(1)以精为贵,以清淡为要。茶膳讲求精巧,菜的色、形及容器都更讲究观赏性。茶膳口味清淡而不油腻,多酥脆型、滑爽型、清淡型,每道菜都加以点饰。

(2)将美味饮食和文化品位融为一体。茶膳从饭菜的色、香、味、形、器、名称、环境、服务都表现出与茶文化相结合的气息。如播放专门编配的茶曲,使食客既饱口福,又饱眼福,将餐饮消费上升到文化消费的层次。

(3)茶膳有益健康,茶膳多以春茶入菜,春茶不施化肥,又富含多种维生素,还有杀菌解毒的作用。

(4)雅俗共赏,老少咸宜。茶膳顺应人们日益增强的返璞归真、注重保健、崇尚文化品位等消费新需求,适应更广泛的消费群体。

周边环境也会倾向于营造一种清新、素雅、富有文化底蕴之感。

茶品取材多以健康的春茶为主。

菜色精致典雅,口味清淡而不油腻。

茶膳有哪些种类？

茶膳的种类很多，保健作用的有绿茶蜂蜜饮、红茶甜乳饮、红茶黄豆饮、红茶大枣饮等；抗癌和抗辐射的有绿茶大蒜饮、绿茶薏仁饮、绿茶圆肉饮、红茶猕猴桃饮等；止咳祛痰的有绿茶枇杷饮、绿茶芒果饮、绿茶柑果饮等；清热解表的有绿茶葡萄饮、绿茶薄荷饮等；健脾胃助消化的有绿茶莲子饮、红茶糯米饮、红茶荔枝饮、绿茶香蕉饮等；预防心血管和血液病的有绿茶柿饼饮、绿茶山楂饮等。

不同的选料取材与口味搭配让茶膳的品种众多，且都具有不同的营养保健功能。

茶膳有哪些形式？

茶膳形式，按消费方式可分为三种：家庭茶膳、旅行休闲茶膳和餐厅茶膳。

餐厅茶膳的内容比较多，分为五种类别：一是茶膳早茶，如绿茶、乌龙茶、花茶、红茶、茶粥、皮蛋粥、八宝粥、茶饺、虾饺、炸元宵、炸春卷等；二是茶膳套餐，如茶饺、茶面配一碗汤，或一杯茶，一听茶饮料；三是茶膳自助餐，如各种茶菜、茶饭、茶点、热茶、茶饮料、茶冰淇淋，还可自制香茶沙拉、茶酒等；四是家常茶菜茶饭，如茶笋、炸雀舌、茶香排骨、松针枣、怡红快绿、白玉拥翠、春芽龙须、茶粥、龙须茶面、茶鸡玉屑等；五是特色茶宴，如婚礼茶宴、生辰茶宴、庆功茶宴、春茶宴等。

简单的膳食以提供能量为主。

茶饮多倾向于生津开胃的功能。

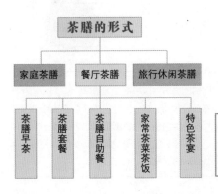

茶膳的形式

```
          茶膳的形式
    ┌────────┼────────────┐
  家庭茶膳   餐厅茶膳   旅行休闲茶膳
    ┌────┬────┼────┬────┐
  茶膳  茶膳  茶膳  家常  特色
  早茶  套餐  自助  茶菜  茶宴
              餐    茶饭
```

茶膳自助餐的形式多样、内容丰富，不同的菜式与口味给予人更多的选择方向。

如何做好茶膳？

茶膳既然消费群体广泛，发展空间就更大，而且茶膳原材料资源十分丰富，成本相对较低，具有广泛的开发价值和商业前景。我国的茶膳还处于发展的初级阶段，需要在实践的基础上，逐渐丰富改进。为了更好地做好茶膳事业，需要做好以下三个方面：

（1）着重在特色与茶膳体系建设上下工夫。突出口味清淡，制作精巧和富有文化内涵、富有人情味等特点的菜品，使茶膳真正成为特色中餐。

（2）积极宣传引导消费。采用多种消费中喜闻乐见的方式宣传，“茶膳有益健康”，“茶膳是高品位的消费”，“发展茶膳，利国利家”等。

（3）使茶膳进入家庭并走向国际。饭店是茶膳发展的根据地。但是，茶膳仅在饭店中是发展不起来的，必须进入家庭，成为家常菜的一种，才能发展得更稳，走得更远。

茶膳的特色及文化内涵突出，不断充实并富有成效地宣传推广是茶膳发展的重中之重。

怎样制作茶月饼？

茶月饼又称新茶道月饼，以新绿茶为主馅料，口感清淡微香。有一种茶蓉月饼是以乌龙茶汁拌和莲蓉，较有新鲜感。这些月饼还有另外一种特色，就是“低糖”，平时不能吃糖的人也能中秋吃月饼。

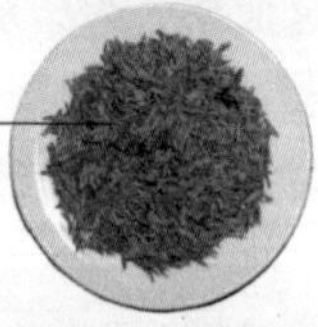

绿茶清香淡雅，滋味爽净。

原料

面粉 500 克，糖浆 200 克，绿茶粉 50 克，色拉油 150 克，凤梨馅适量，模子 1 个，刮刀 1 把。

制作

1 将面粉、绿茶粉混到一起，加入糖浆、色拉油和水，顺同一方向将所有原料和匀，抓搓成面团；
2 分成剂子面块，擀成圆饼，将凤梨馅包进饼皮，将口捏紧；
3 模子里面刷点油，放进带馅面团，将四周压密实，厚度需与饼模水平，以免倒扣时月饼塌陷；
4 倒扣出来，放进烤箱 200℃烤 10 分钟即成。

制作要诀

做月饼的面饼可以根据个人爱好，在面粉里加鸡蛋或者黄油、糖、果汁、菜汁等做成各种口味和颜色的月饼。月饼的馅料也可以做各种尝试，比如将花生芝麻等炒熟了捣碎做果仁馅，剁五香大肉馅等。

怎样制作茶叶面条?

原料

茶叶20克,热水1000毫升,面粉、配料各适量。

制作

1 茶叶用洁净的纱布包好,开水冷却到60℃左右时,将茶包放入,加锅盖浸泡10分钟,若茶叶较粗老,用水量可略多些;

2 用茶汁进行和面,再按制作面条的程序,擀片、切条,制出茶汁面条;

3 面条入开水锅内煮熟,捞出加入喜欢吃的配料即可。

特色

色、香、味俱全,既含有茶叶的营养功能,又有清新爽口的口感,风味独特,能增进食欲。

茶叶面条色、香、味俱全,既含有茶叶的营养功能,又有清新爽口的口感。

▣ 茶叶包能滤过茶渣,使茶汁浸泡更充分、纯净。

怎样制作茶粥?

经常饮茶,有清心神、益肝胆、除烦止渴、醒脑增志的作用。《神农本草经》中云:"久服,令人有力悦志。"《本草纲目》曰:"茶苦而寒,最能降火。火为百病,火降则上清矣。"以茶叶煮粥食用,能适应急慢性痢疾、肠炎、急性肠胃炎、阿米巴痢疾、心脏病水肿、肺心病和过于疲劳等症,《保生集要》说:"茗粥,化痰消食,浓煎入粥。"

原料

绿茶10克,粳米50克,白糖适量。

制作

将绿茶煮成浓茶汁,粳米洗净,加入茶汁和水,文火熬成稠粥,食用时可依个人口味添加适量白糖。

▣ 粳米颗粒粗而短,均匀且晶莹透明,可补中益气、健脾胃。

▣ **制作要诀**

茶粥作为药物的辅助治疗时,每天两次食用。如果精神亢奋,不易入眠者,晚餐不要食用。

怎样制作茶叶馒头？

原料

新茶、面粉、发酵粉各适量。

制作

1 将新茶加适量的水泡制成浓茶汁放凉至 35℃，将发酵粉放入茶汁中化开；

2 用发酵水和面，到软硬适度不粘手。揉匀后，用湿布盖好醒面发酵；

3 将发好的面再揉匀，醒一会儿，使面团更光滑；

4 这个步骤视个人爱好而定，揉透揉匀后搓成长条后，可以切成方块，或揪成剂子揉成圆馍，或做花卷、糖三角，还可以包成各种馅的包子；

5 在锅内加清水，将生馍摆在笼屉上，用中火蒸 20 分钟，取出即可。

特色

色泽洁白，香酥脆甜。

茶叶馒头的特点是色如秋梨，味道清香。

制作要诀

发酵粉溶于温水中，水温不能超过40℃。最后一道工序，一定要用冷水上屉，放入馒头后，再加热升温，可使馒头均匀受热，松软可口，如果像平常那样大火开水，出来的绝对是死面团。

怎样制作茶叶米饭？

原料

大米 500 克，客家肉丸 6 个，鸡蛋 1 个，辣椒 1 个，龙井茶少许，蒜、盐、酱油、鸡精适量。

制作

1 将米饭煲熟，煲的米是用来炒米用，所以加水时要比平时煲饭水少一点；

2 将客家肉丸切成丁，龙井茶叶泡开后捞出晾一下，切成末，蒜和辣椒切成碎片；

3 在锅内放少许油，烧热后下蒜、茶叶末和辣椒爆香，之后放肉丸一起翻炒，放少许盐和酱油，跟着放熟米饭，不断翻炒至干透，打散鸡蛋，最后再撒点鸡精，快速翻炒匀出锅即可；

4 泡过的茶叶水加上蜂蜜，吃完炒饭之后饮之一是热气，二是有解热之功效。

茶叶米饭中的配料可根据个人口味选定，不同的茶叶会赋予米饭不同的香气，但茶叶宜少不宜多。

怎样制作茶叶薄饼?

原料

面粉300克，奶油150克，白糖105克，抹茶粉10克，杏仁粉45克，鸡蛋1个。

制作

1 将奶油软化，加入白糖一起打至松发变白；

2 加入鸡蛋搅拌均匀，再加入低筋面粉、抹茶粉和杏仁粉，混合搅拌打成面团；

3 面团放置30分钟后，以擀面杖将面团擀成厚度为1厘米左右的面片，用模具在绿茶面皮上压模后，取出绿茶面皮备用；

4 将绿茶面皮放置于烤盘上，于表面刷上蛋汁后，放进180℃的烤箱中，烤约20分钟即可。

❉鸡蛋能健脑利智、护肝抗衰，蛋汁刷在面饼上可令其口感松软、味道鲜香。

怎样制作茶叶水饺?

原料

嫩茶叶、肉馅适量，姜、葱、味精、生抽、油、盐、白糖少许。

制作

1 用开水泡茶叶，倒出茶汁，留茶叶备用；

2 将调味品和泡好的茶叶拌入肉馅中，在肉馅中再加适量的茶汁，使肉馅中有水分；

3 和一般饺子做法一样，和面，擀皮包饺子，煮熟即可。

> **制作要诀**
> 用新鲜的茶叶，最好是春茶。茶叶不必放太多，如果嫌油腻，可适当加点别的蔬菜。

怎样制作八宝茶香饭?

原料

大米适量，茉莉茶5克，干香菇1朵，时蔬适量，白胡椒粉少许、油1 / 2大匙。

制作

1 将米饭煲熟，煲的米是用来炒米用，所以加水时要比平时煲饭水少一点；

2 将茉莉茶用热水泡几分钟即可捞起，并沥去水分；

3 将干香菇泡软，除去蒂头切成丁，时蔬如胡萝卜、黄瓜、青椒等切成丁；

4 锅中加油，用小火将香菇和茶叶炒香；

5 加蔬菜丁、冷白饭及其他配料，改用大火炒松软，撒调料拌匀后起锅即可食用。

怎样制作红茶香蕉蛋糕?

香蕉含有大量糖类物质及其他营养成分,可充饥、补充营养及能量;润肠通便,可治疗热病烦渴等症;能缓和胃酸的刺激,保护胃黏膜;可以抑制血压的升高;香蕉中的甲醇提取物对细菌、真菌有抑制作用,可消炎解毒;还可以防癌抗癌。但不适合脾胃虚寒、便溏腹泻者和急慢性肾炎及肾功能不全者食用。下面介绍一款红茶香蕉蛋糕的做法。

🍽 原料

蛋糕粉5杯,鸡蛋2个,香蕉5个,白糖2杯,牛奶1杯,食用油1杯,水半杯,苏打粉、绿茶粉少许。

📖 制作

1 将苏打粉与面粉混合均匀;

2 将香蕉搅拌成泥,加入白糖和适量的绿茶粉;

3 在一个碗中打散鸡蛋,加入牛奶和油,与香蕉糊加半杯水混合均匀;

4 将烤盘抹上一层油,调到220℃预热;

5 将蛋糕糊倒入烤盘中,送入已预热好的烤箱;

6 用牙签插入试一试,没有东西粘在上面即可取出食用。

🔲 香蕉味甘性凉,有清热解毒、养阴润燥的功效。

怎样制作茶瓜子?

茶瓜子,主要有茶叶绿瓜子和玫瑰花瓜子两种。绿茶瓜子颜色呈浅绿色,每粒瓜子都端庄饱满,还没送到嘴就已闻到一股浓郁的茶香,迫不及待地拿起一颗往嘴里啃,"剥"的一声,皮薄肉厚,香脆可口,那股浓郁的茶香,在嘴里久久还香着。玫瑰花瓜子也一样,它主要是由南瓜子和玫瑰花茶制成,爽脆可口,而且营养丰富,还有养颜的功效,最受女士的青睐。下面介绍一款玫瑰花茶瓜子。

🍽 原料

玫瑰花茶、南瓜子、盐、糖、玫瑰香精适量。

📖 制作

在清水中加入南瓜子与茶叶共同煮制,之后加入调味料,使香味渗入到瓜子仁后,去除茶叶,并沥去多余的水分再经炒制即成。

🔲 特色

止干渴、去烦躁、舒筋骨、除疲劳、清口腔、助消化、振精神、防治前列腺疾病等多方面具有独特的功效。

🔲 南瓜子性味甘平,可补脾益气,润燥消肿。

怎样制作绿茶蜜酥?

原料

中筋面粉 120 克,猪油 40 克,糖 20 克,温水 40 克。低筋面粉 100 克,绿茶粉 10 克,猪油 45 克。红豆沙、绿豆沙、芝麻五仁等。

制作

1 将面粉加适量温水混合均匀,揉成表面光滑细致的面团;

2 将油皮与油酥分别揉成长条,切成 10 个大小一致的小面块;将油皮稍揉圆用手压扁包入油酥,收口朝上擀成牛舌状;

3 将擀好的面皮由上至下圈成圆筒,用 10 分钟醒面;将卷好的圆筒稍稍擀开;

4 把油酥皮擀开,包入适量的馅料,收紧口,用手轻轻搓圆包好馅料的油酥,收口朝下置于烤盘上;

5 烤箱预热 200℃,烤 20 分钟后,开始观察,油酥点心稍微变色,酥皮层次显现出来即成。

绿茶蜜酥色泽金黄,口感酥软、甜润,茶香清爽。

■ 绿豆味甘性寒,有清热解毒、利尿消暑、降脂平肝的作用。

怎样制作绿茶蛋糕?

原料

面粉 100 克,干酵粉 5 克,砂糖 30 克,黄油 45 克,牛奶 1 大勺,奶油香精少许,绿茶粉 10 克,鸡蛋 4 个。

■ 绿茶蛋糕色泽金黄,口感松软,滋味鲜美、甜润。

制作

1 把鸡蛋和砂糖混合,用打蛋器用力打出泡沫,觉得有厚重感了就可以了;

2 将黄油用微波炉加热融化;

3 将面粉、黄油、发酵粉、牛奶、奶油香精和绿茶粉一起放进蛋液,用力搅拌均匀;

4 在制作蛋糕的容器上抹点食用油,把搅拌好的面糊倒入容器,表面抹平,然后轻轻地用保鲜膜盖住,放入微波炉加热;

5 用竹签刺入,如果竹签上不沾液体,就可以出炉食用了。

■ 鸡蛋是制作蛋糕的重要角色,占其总成本的1/3 ~ 1/2。

怎样制作桂花核桃糖？

原料

核桃仁 250 克，白砂糖 250 克，糖桂花 5 克，蜂蜜 60 克，猪油、植物油适量，清水 50 毫升。

制作

1 核桃仁用开水汆一下，捞出沥干，用温热的油炸熟。

2 把白糖加清水熬化，加入蜂蜜煮沸，并加入猪油。

3 糖温达到 140℃时，端锅起火，把核桃仁和糖桂花放入，搅拌均匀即可。

怎样制作茶叶果冻？

原料

琼脂 15 克，茶叶 5 克，糖、果汁适量。

制作

1 茶叶冲泡后去渣取茶汤两大碗，倒入锅中；

2 在茶汤中放入琼脂，煮至溶化，关火，根据个人口味加糖或果汁；

3 倒入模型杯中，如果准备添加水果，在即将凝固前加水果丁，放置于冰箱冷冻室中，凝固后即可。

> **制作要诀**
>
> 如果将茶冻切成小块，加上各种水果切块、浇上糖浆，即成美味可口的茶冻甜点。假如在茶冻尚未凝固时加入茶菊，即可制成菊花茶冻。

怎样制作茶叶冰激凌？

在过滤后的茶汁中加入鸡蛋、奶粉、稳定剂和砂糖，经巴氏灭菌、冷却、老化，再经凝冻成型，硬化而成茶叶冰激凌。不仅可消暑解渴，而且色泽翠绿，感觉清鲜，并具丰富营养。

怎样制作绿茶酸奶？

原料

鲜奶、绿茶粉适量。

制作

1 在杯子里倒入牛奶，七分满即可，放入微波炉加热，以手摸杯壁不烫为准。如果是塑料袋装的牛奶，最好煮开后晾成温的；

2 在温牛奶中加入酸奶，用勺子搅拌均匀；

3 电饭煲加水烧开后，将水倒出断电。将奶杯放入电饭煲，盖好电饭锅盖，利用锅中余热进行发酵；

4 10 小时后，低糖酸奶就做好了。然后将绿茶粉倒入酸奶中，搅拌均匀即可。

> **制作要诀**
>
> 250克酸奶，加入3克绿茶粉搅拌均匀就可以了。

怎样制作茶叶啤酒？

说到茶叶啤酒，人们的脑海中第一时间想起的可能就是啤儿茶爽的广告。"上课还喝啤酒？""你 out（落伍）了！""开车还喝啤酒？""你 out 了！"

就是这款啤儿茶爽，引起了喝茶叶啤酒的热潮。它以天然的新鲜绿茶和芳香乌龙茶，融合了优质的香浓麦芽，以其颠覆性的炫酷外表，新鲜爽滑的酷爽口感，赢得了广泛的消费群体。其实，只要有绿茶和啤酒，随时都可以喝到这样的茶叶啤酒。

制作方法方法很简单，就是将喜欢喝的绿茶或花茶用开水泡一下冷却，在饮啤酒时，以 3 : 1 的比例兑入冷茶汁，茶香浓郁，味醇至极，微苦中蕴含舒爽。

☑ 乌龙茶的芳香。

☑ 绿茶的鲜爽。

☑ 麦芽的柔醇舒爽。

茶叶啤酒茶香浓郁，味醇至极。

怎样制作白毫猴头扣肉？

☑ 原料

白毫乌龙茶 5 克，素火腿 300 克、猴头菇 2 朵，干梅菜、酱油、盐、糖、姜末、辣油、豆瓣酱、水淀粉少许。

☑ 制作

1 将白毫乌龙茶叶用开水泡开，取茶汤备用；
2 将素火腿、猴头菇分别煎至香味溢出，然后将素火腿排放在碗中央，猴头菇排两旁；
3 将梅菜洗净、切碎、炒香，加入泡好的茶汤和酱油、糖、姜末，炒至入味，倒入碗中，上笼蒸 40 分钟，取出扣入盘中；
4 用炒锅把辣油、豆瓣酱炒香，加入剩下的茶汤和盐、白醋、糖、淀粉，勾兑成芡汁淋在盘中。如果想要好看，可以将新鲜的青菜心用水烫一下，取出摆在盘子的四周。

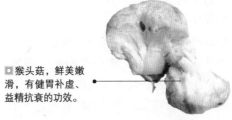

☑ 猴头菇，鲜美嫩滑，有健胃补虚、益精抗衰的功效。

怎样制作绿茶豆腐？

珍贵的龙井茶，泡过一两趟水的茶叶如果倒掉，实在有点可惜了。如果将龙井和豆腐搭配起来做成菜肴，不但营养丰富，吃起来还鲜嫩可口，清淡养胃。这两种原料可以做成凉拌和清炒两种。

第一种凉拌的：

原料

水豆腐、茶叶、盐、香油。

制作

1 锅中加水，把水豆腐炖上 5 分钟后捞出待用；

2 给豆腐拌上精盐、香油；

3 放入冲泡过两次开水的茶叶，搅拌之后即可食用。

第二种清炒的：

原料

老豆腐、茶叶、鸡蛋、盐、香油、葱。

制作

1 将一块豆腐洗净，鸡蛋一只打入碗加少许盐搅匀；

2 锅内放少量食用油烧热，加豆腐用勺捣碎，边炒边煎至水分收干后，加绿茶、鸡蛋、盐，边拌边淋上香油，再加葱花翻炒至熟即可出锅。

老豆腐白嫩清香，有补中益气、生津润燥的功效。

豆腐是黄豆制品，人们通过把黄豆加水发胀、磨浆去渣，煮熟后加入盐卤或石膏，使豆浆中的蛋白质凝固而成。

怎样制作冻顶焖豆腐？

原料

老豆腐 500 克，冻顶乌龙茶 50 克，花生米 150 克，食用油、盐、酱油各适量。

制作

1 将老豆腐洗净，入清水中滚煮约 10 分钟去其豆腥味；

2 换清水，放入豆腐与冻顶乌龙茶，加少许酱油置旺火上煮沸后，转小火焖至豆腐呈金黄色时，捞起冷却，切片装盘即可；

冻顶焖豆腐油润爽滑，滋味鲜香，色香味俱佳。

3 锅内放入食用油，五成热时放入花生米，转小火至花生皮微变色香味溢出即可捞出滤油，入盘后趁热加入适量细盐拌匀冷却，与豆腐片同食别有一番风味。

怎样制作红烧龙井大排？

原料

猪排1000克，龙井茶叶25克，花生油适量，葱末50克，姜汁15克，醪糟汁30克，料酒、蚝油、花生酱、美极鲜酱油、五香粉各少许。

制作

1 将排骨剁成10厘米长的段，放入葱末、姜汁、醪糟汁、料酒、蚝油、花生酱、美极鲜酱油、五香粉腌30分钟；

2 龙井茶叶泡开，捞出茶叶，控干水分；

3 锅内加油，烧至五六成热时，放入龙井茶叶，炸至香酥时捞出备用；

4 油温至四成热，放入腌好的猪排，炸至金黄色捞出，再将油温升至六成热，入大排复炸至熟，捞出控油；

5 锅留底油，待油温至三成热时，放入猪排、龙井茶叶，轻轻翻匀即可出锅。

红烧龙井大排色泽金红，骨肉酥软，香气浓醇。

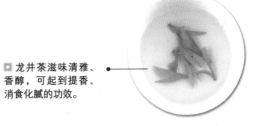

龙井茶滋味清雅、香醇，可起到提香、消食化腻的功效。

怎样制作茶香牛肉？

原料

牛肉1000克，绿茶20克，食用油、葱段、姜片适量，料酒、酱油、白糖、红枣、桂皮、茴香各少许。

制作

1 牛肉切成小块，冷水下锅，煮至将沸时，撇去浮沫，改用小火再煮30分钟，捞出洗净；

2 炒锅烧热，放入植物油、下葱段、姜片和牛肉翻炒一下；

3 加入绿茶和各种调味品，加清水，用大火烧沸后改用小火焖约1小时半，待牛肉熟酥，茶香扑鼻时，再改用大火收汁即成。

茶香牛肉口感酥软，茶香浓郁。

牛肉有补中益气、滋养脾胃的作用。

怎样制作红茶牛肉？

　　"红茶牛肉"是用红茶汁先将牛肉块煨好，再配以其他作料烧制，一则是去其腥味，二则是使牛肉变得鲜嫩，不会嵌入牙缝，牛肉入口慢嚼，一股浓浓的红茶与牛肉香味溢满口中。

原料

牛肉 1000 克，红茶 10 克，红枣 2 个，葱、姜、花椒、八角、红辣椒、盐、糖、油各适量。

制作

1 将红茶泡入开水中待 2 分钟后，除去茶渣，茶汁备用；

2 将牛肉用开水洗净，切小块，放入锅内加红茶汁文火炖熟，捞出；

3 锅内倒油，油八成热时，放入葱花、姜、花椒、八角炒香，倒入煮熟的牛肉，加盐、糖、红枣炖 20 分钟即可。

红茶牛肉口感酥软鲜嫩，滋味甘醇，香气悠长。

红茶滋味甘鲜醇厚，可起到去除腥膻、增其香味的作用。

怎样制作太和蘸鸡？

　　用嫩仔鸡为主料制作而成，是湖北太和地区的传统佳肴。

原料

嫩仔鸡 1 只，太和茶 10 克，白糖 100 克，盐、料酒、姜、葱各适量，味精、胡椒粉各少许。

制作

1 将收拾净的鸡膛内放入葱段、姜片，鸡膛内外均匀地涂上盐；

2 锅中放入汤汁烧沸，放入鸡煮熟，捞出，淋上料酒；

3 将白糖炒成黄色涂抹在鸡身上，将鸡放入香油中炸成黄色捞出；

4 取出鸡膛内葱姜，剔去鸡骨切成大块码在盘内，随泡好的太和茶及调好的作料一同上桌，拿起鸡块蘸着食用，别具风味。

太和蘸鸡色泽金黄，鸡肉外焦脆而内酥软，清香扑鼻。

太和茶色泽嫩绿清亮，香幽持久，滋味鲜爽。

怎样制作毛峰鸡?

原料

母鸡1只,毛峰茶叶20克,大米30克,白糖35克,葱末、姜末、酱油、蒜泥、盐、味精、芝麻油各适量。

制作

1 将母鸡洗净,剁去鸡爪,放入汤锅里煮至五成熟时,取出鸡抹上酱油晾干;

2 将葱末、姜末、蒜泥、酱油、白糖、精盐、味精与鸡汤、芝麻油对成卤汁;

3 炒锅内放入毛峰、大米、白糖,放箅子,再将鸡放在箅子上,盖上锅盖,放在中火上烧至锅冒浓烟时,转用小火,并放点清水,再转中火熏,反复两三次。至鸡皮呈枣红色时取出,淋上麻油,剁成块状,再整齐地码成原形,放在盘中,浇上卤汁即可。

毛峰鸡的特点是皮脆肉酥、茶香清雅。

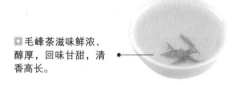

毛峰茶滋味鲜浓、醇厚,回味甘甜,清香高长。

怎样制作茶味熏鸡?

原料

童子鸡1只,小米锅巴100克,茶叶15克,姜、盐、小葱、红糖、酱油、黄酒、香油、花椒各适量。

制作

1 少许葱和花椒、盐一起制成细末,拌成葱椒盐,再切几根葱段备用;

2 将鸡内脏取出,鸡身洗净,用葱椒盐均匀撒在鸡身上,腌半小时;

3 将鸡身扒开,皮向下放在碗里,肚内放葱段、姜片,抹匀酱油、黄酒,上笼蒸至八成熟,取出,除去葱姜;

4 锅巴掰碎放入炒锅里,撒上茶叶、红糖,上面摆入箅子;

5 将鸡皮向上放在箅子上,盖严锅盖,先用中火熏出茶叶味,改旺火熏至浓烟四起时关火,焖5分钟后,掀开锅盖,取鸡刷上香油即可。

茶味熏鸡色泽金灿,皮酥肉嫩,茶香浓郁。

鸡肉具有温中益气、补精填髓、益五脏、补虚损的功效。

第六章　茶的保健与食疗

茶叶中有哪些营养成分？

　　茶叶一直以来被大家所推崇，有"健康的护卫者"之誉。茶叶中含有丰富的营养成分，能够提供给人体所需要的各种营养。新鲜的茶叶中含有80%的水分及20%的干物质，所有的营养成分都集中于干物质中。这些营养元素包括蛋白质、氨基酸、维生素、各种矿物质、碳水化合物、生物碱、有机酸、脂类化合物、天然水色素、茶多酚等。

　　茶叶不仅为人体提供多种营养物质，而且还经常运用于药理，对人体保健有很重要的作用，对心血管疾病和病毒菌方面的预防和治疗有着很明显的效果。

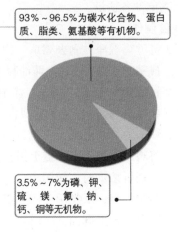

93%～96.5%为碳水化合物、蛋白质、脂类、氨基酸等有机物。

3.5%～7%为磷、钾、硫、镁、氟、钠、钙、铜等无机物。

茶叶中有哪些蛋白质？

　　蛋白质是生命攸关的物质，关系到人体成长和能量的供给。茶叶中的蛋白质含量很多，包括谷蛋白、球蛋白、精蛋白、白蛋白等。茶叶中的蛋白质占茶叶干量的20%左右，但在茶叶制作过程中蛋白质与茶多酚结合，加热后会凝固，剩下直接能溶解于水的不到2%。所以茶叶中蛋白质的含量不是很高，但这部分水溶性蛋白质是形成茶汤滋味的成分之一。如果一个人每天饮茶5～6杯，从中摄取的蛋白质也只有70毫克，对人体所需大量的蛋白质只能起到一点补充作用。

茶叶中有哪些脂肪？

　　脂肪在茶叶中的比重大约占2%，用开水冲泡茶叶时，浮在水面的泡沫和水表面的有形物质就是被热水溶解的脂肪。茶叶中的脂肪包括磷脂、甘油酯、糖脂和硫酯等，其中磷脂是最主要的成分。绿茶的脂肪含量为1.1%，乌龙茶中的脂肪含量为2.4%。每天饮茶对人体十分有利。茶叶中的类脂类物质，对形成茶叶的香气有着积极作用。另外，这些脂类还能促进脂溶性维生素的吸收，防止维生素缺乏病的产生。

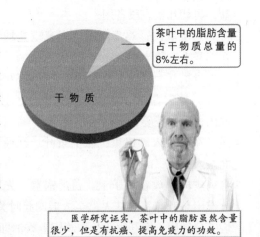

干物质

茶叶中的脂肪含量占干物质总量的8%左右。

医学研究证实，茶叶中的脂肪虽然含量很少，但是有抗癌、提高免疫力的功效。

茶叶中有哪些碳水化合物？

茶叶中的碳水化合物也就是糖类，包括葡萄糖、果糖、蔗糖、麦芽糖、淀粉、纤维素、果胶等很多种，其含量占干物质总量的20%以上。

茶叶的各种营养成分中，碳水化合物的含量很高，其中的单糖、双糖是组成茶叶滋味的物质之一。茶叶的老嫩主要取决于茶叶中的多糖类化合物，即纤维素、淀粉等，茶叶越嫩，多糖类化合物含量越高。茶叶中的果胶等物质是糖的代谢产物，含量占干物质总量的4%左右。

> 茶叶中的碳水化合物是茶汤中甜味的主要呈味物质。

> 茶叶中的果胶是形成茶汤和外形光泽度的主要成分之一。

茶叶中有哪些维生素？

维生素是茶叶中的重要营养成分，其种类有维生素 A、维生素 B_1、维生素 B_2、维生素 B_3、维生素 B_{11}、维生素 B_5、维生素 B_{12}、维生素 C、维生素 D、维生素 E、维生素 K、维生素 U、生物素、肌醇等。

由于茶叶中维生素含量丰富，历来被人们认为是养生饮品。能维持上皮组织正常机能，防止角化的维生素 A，还有对人体神经、消化及心脏系统有帮助的 B 族维生素，作为一种氧化剂的维生素 C，在人体内参与糖的代谢及氧化还原过程，广泛应用于增加机体对传染病的抵抗能力，维生素 E 能防衰老、抗瘤、抑制动脉硬化，而维生素 K 则能够降血压、强化血管，维生素 U 有预防消化道溃疡的功效。

> 维生素的种类很多，主要按其溶解性分为两大类，即脂溶性维生素和水溶性维生素。

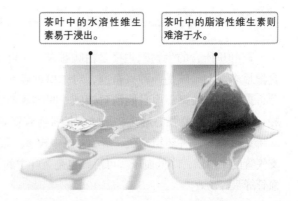

> 茶叶中的水溶性维生素易于浸出。

> 茶叶中的脂溶性维生素则难溶于水。

茶叶中有哪些矿物质？

茶叶中含有丰富的矿物质元素，种类繁多，其中含量较多的是钾，其次就是磷、钠、硫、钙、镁、锰、铅，微量元素有铜、锌、钼、镍、硼、硒、氟等，这些元素大部分是人体所必需的。

茶叶中的矿物质对人体十分有利：氟对牙齿的保健有益；铁是血液中交换和输送氧气所必需的一种元素；铜能调节心搏，同时还对骨骼形成、脑功能有益；所以茶经常被应用于药理调节人体，通过饮茶补充人体所需要的各种微量元素，比如夏天饮茶能补充人体因出汗过多而流失的钾元素。茶叶中的矿物质元素对人体内某些激素的合成，能量转换以及人类的生殖、生长、发育等都有着很重要的作用。

钾有助于脑部供氧。

大量的钠、钾元素随汗液排出体外。

高强度运动后适量饮茶是人体快速补钾的首选手段。

茶叶中有哪些药用成分？

茶叶中不仅含有丰富的营养成分，还有很多药用成分，最重要的是咖啡碱、茶多酚。这些药用成分对人体的健康有着十分重要的作用。

咖啡碱，茶叶中一种含量很高的生物碱，占3%左右，用于药中，具有提神醒脑的作用。茶多酚，茶叶中的可溶性化合物，主要由儿茶素类、黄酮类化合物、花青素和酚酸组成，以儿茶素类化合物含量最高，约占茶多酚总量的70%。儿茶素是茶叶药效的主要活性成分，具有防治血管硬化、防治动脉粥样硬化、降血脂、消炎抑菌、防辐射、抗癌等功效。

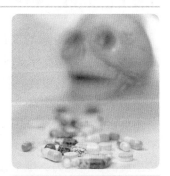

人体在正常饮用剂量下摄取咖啡碱，无致癌和突变作用。

茶叶中的生物碱对人体有什么保健作用？

茶叶里所含的生物碱主要是由咖啡碱、茶叶碱、可可碱、腺嘌呤等组成，其中咖啡碱含量最多。咖啡碱是一种兴奋剂，对中枢神经系统起作用，能帮助人们振奋精神、消除疲劳、提高工作效率；而且能消解烟碱、吗啡等药物的麻醉与毒害；另外，还有利尿、消浮肿、解酒精毒害、强心解痉、平喘、扩张血管壁等功效。

茶叶碱是一种药物，在红茶和绿茶中较多。茶叶碱对呼吸系统疾病有保健作用，能放松支气管的平滑肌，降低血压。可可碱也是茶叶中的一种重要的生物碱，具有利尿、心肌兴奋、血管舒张等功效。

茶叶中的茶多酚对人体有什么保健作用?

　　茶叶中的茶多酚已经被证实是一种强效、低毒的抗菌药，能够有效地防治耐抗生素的葡萄球菌感染，尤其对肠道致病菌具有抑制和杀伤作用。茶多酚和蛋白质结合起来可以缓和肠胃紧张，消炎止泻。

　　茶多酚中的儿茶素是抗辐射性物质，有利于人体造血功能的恢复，能够明显地提高白细胞的总数，增强身体的抵抗力。另外还可以活血化瘀，促进血液循环，对人体机能调节有着重要的作用。

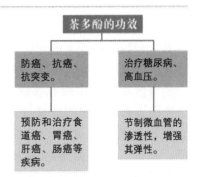

茶多酚的功效	
防癌、抗癌、抗突变。	治疗糖尿病、高血压。
预防和治疗食道癌、胃癌、肝癌、肠癌等疾病。	节制微血管的渗透性，增强其弹性。

茶叶中的芳香类物质对人体有什么保健作用?

　　茶叶中含有芳香类物质，可以使茶叶挥发出香气。在茶叶化学成分的总含量中，芳香物质含量很少，但种类却很复杂。一般茶叶含有的香气成分化合物达五百余种。组成茶叶芳香物质的主要成分有醇、酚、醛、酮、酸、酯、内酯类、含氮化合物、含硫化合物、碳氢化合物、氧化物等十多类。

　　其中，茶黄烷醇能够抗辐射；醛类含有甲醛、丁醛、戊醛、己醛等；酸类化合物有抑制和杀灭酶菌和细菌的作用，对于黏膜、皮肤及伤口有刺激作用，并有溶解角质的作用；茶叶中的叶酸有补

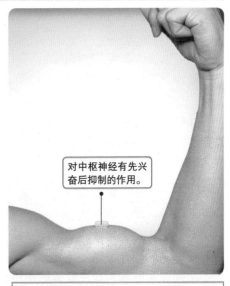

对中枢神经有先兴奋后抑制的作用。

酚类物质可沉淀蛋白质，杀死病原菌，兼具镇痛效果。

血的作用，特别是经过发酵及类似过程的茶叶，治疗贫血症有一定效果。

　　茶叶中的芳香类物质所挥发出的香气，不仅能使人心旷神怡，还能带走一部分热量，使得口腔感觉清新凉爽，可以从内部控制体温、调节中枢神经，达到解渴的目的。

芳香类物质能溶解油脂，降低胆固醇，使人体减肥健美。

茶叶中的脂多糖类对人体有什么保健作用？

茶叶中的脂多糖，含量很低，但脂多糖具有独特的药效。中国民间有采用粗老茶治疗糖尿病的传统，现代研究得知，粗老茶中具有降血糖作用的有效成分是茶叶多糖。茶叶中多糖化合物的含量只占 5% 左右，粗老茶比细嫩茶含量高。茶多糖主要由葡萄糖、核糖、半乳糖等所组成。脂多糖有降低血糖的作用，对糖尿病有很好的预防和治疗作用。

保护视力

吸附和捕捉电脑辐射。

茶叶的细胞壁中含有3%的脂多糖，对于常坐电脑前工作的人具有一定的保健功效。

茶叶中的皂苷类物质对人体有什么保健作用？

茶叶和茶子中都含有皂苷化合物。茶皂素是一种天然非离子型表面活性剂。茶皂素具有良好的消炎、镇痛、抗渗透等药理作用。茶叶中的皂苷类物质含量很少，但其保健功效不可轻视，它能提高人体的免疫功能，并且能起到抗菌抗氧化、消炎、抗病毒、抗过敏的作用。经常饮茶，能吸收皂苷类物质，对人体的保健很有利。

茶叶中的皂苷类物质与其他营养元素在水中很快结合，能够很好地促进消化吸收，排毒止泻，对一些肠胃疾病有辅助治疗的功效。

为什么茶叶具有保健功能？

茶叶中含有多种营养成分，能够补充人体所需的各种营养。

生物碱能够起到提神醒脑的作用；茶多酚可以抗癌，预防癌细胞扩散；氨基酸能够降低血氨；蛋氨酸能调整脂肪代谢；脂多糖能减低血糖。茶叶中富含维生素，能够提供给人体所需要的各种维生素，维生素 B 族可以预防癞皮病，维持神经、心脏和消化系统的正常功能，参与脂肪代谢。维生素 E 还能阻止人体中脂质的过氧化过程，具有抗衰老的功效。还可以促进肝脏合成凝血素。维生素 C 还可降低眼睛晶体浑浊度，对减少眼部疾

生物碱

茶多酚

氨基酸

蛋氨酸

脂多糖

维生素

矿物质

茶叶中丰富的营养素和多种药用成分使茶叶具有保健功能。

病，护眼明目有积极的作用。矿物质元素更为丰富，氟元素能坚固牙齿，可以防止龋齿，并且对防止老年骨质疏松症有明显的效果。

为什么茶叶能生津止渴？

茶叶中的茶多酚、脂多糖、果胶以及氨基酸等能与口中涎液发生化学变化，能够滋润口腔，使人感觉口腔清凉。喝热茶可刺激口腔黏膜，促进口内回甘生津，并加速胃壁收缩，促进胃的幽门启开，使水加快流入小肠被人体吸收，满足各组织和器官的需要。茶内的芳香类物质还能从人体内部控制体温，调节中枢神经，从而达到解渴的目的。

茶内的芳香类物质也能带走一部分热量，使得口腔感觉清新凉爽。

为什么茶叶能消暑？

茶叶中的生物碱有调节人体体温的作用，在炎热的夏季，饮用热茶，能够起到消暑的作用，这是因为茶叶内的咖啡碱可以带走皮肤表面的热量。此外，茶叶含有较多的茶单宁、糖类、果胶和氨基酸等成分，这些物质可以加快排泄体内的大量余热，保持人体的正常体温，从而达到消暑的目的，给人爽身醒目之感。

人们在喝热茶时还能促进汗腺排汗，从而有效地将体内积攒的暑热释放出去。

为什么茶叶具有清热功能？

茶叶，特别是绿茶，是一种清热去火的凉性食品。用于清热的药茶方，大多数有抗感染作用，包括抗病毒、抗菌、抗原虫等，可以杀灭和抑制各种感染因子。如药茶方中的银花、连翘、大青叶、板蓝根、贯众等，对病毒均有抑制作用，大黄、蒲公英等有广谱的抗菌作用。

其次，茶叶是一种寒性食品，其中的茶多酚类化合物、脂多糖的游离分子、氨基酸、维生素 C 和皂苷化合物都具有清热的功能，因此茶叶具有清热的功能。但是要注意，胃寒的人不适宜多饮茶，特别是绿茶。

李时珍认为："茶苦而寒，阴中之阴，沉也，降也，最能降火。"

为什么喝茶能提神？

茶叶中有一种生物碱，是一种兴奋剂，能促使人体的中枢神经系统兴奋，增强大脑皮质的兴奋过程，使人感觉大脑清醒，还能加快血液循环，促进新陈代谢。

另外，茶叶中特有的儿茶素类及其氧化缩和物可使咖啡因的兴奋作用减缓并且持续时间增长，所以，开长途车或者需要长时间持续工作的人可以喝茶以保持头脑清醒，也能保持和恢复耐力。

综上所述，喝茶能够起到提神益思、清心的效果。

夏日人体耗气伤津，容易倦怠，一杯热茶往往能起到快速提神解之效。

为什么喝茶能解毒？

明代《本草通元》中记载有茶能"解酒毒""解诸中毒"。茶水中的茶多酚可以与水质中含有的一些重金属元素如铅、锌、锑、汞等发生化学反应，产生沉淀，在饮入人体后通过排尿排出体外，这样就减少了毒素在人体内的存留时间。茶叶中的其他元素还能促进人体消化系统的循环，也能帮助加快体内的毒素排出。所以喝茶有解毒的功效。

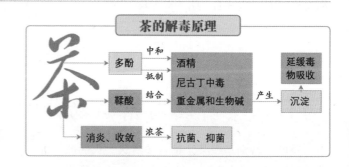

茶的解毒原理

茶 → 多酚 —中和→ 酒精 —抵制→ 尼古丁中毒 → 延缓毒物吸收
茶 → 鞣酸 —结合→ 重金属和生物碱 —产生→ 沉淀
茶 → 消炎、收敛 —浓茶→ 抗菌、抑菌

为什么喝茶能止泻？

茶叶中含有的脂肪酸和芳香酸等有机酸具有杀菌的作用，而且茶内的鞣质类成分也具有抗病菌的作用，这样就能达到止泻的目的。而且茶叶中的茶多酚能与细菌蛋白结合，使细菌的蛋白质凝固变性导致细菌死亡，进而达到消除炎症的目的。一般来说腹泻都是由于体内有病菌而导致的，所以喝茶可通过杀菌来止泻，对单纯性腹泻等病有较好的辅助疗效。

为什么喝茶能通便?

茶叶中的茶多酚具有促进胃肠蠕动、促进胃液分泌、增加食欲的功效,茶叶经冲泡后,茶多酚被人体吸收,能达到通便的目的,使人体的有害物质及时地排出体外,对人体健康非常有利。

对于当前生活往往过于紧张的现代人而言,生活状态很紧张,生活不规律,很容易造成便秘。继而引发很多对身体不利的因素,如经常喝茶则能摆脱这些困扰。如今喝茶已成为一剂通便的良药,既简单又方便。

茶叶中的茶多酚不仅能加快肠胃的蠕动,还能将人体内的废弃物及时地排出体外。

为什么喝茶能减肥?

唐代的《本草拾遗》中记载有"茶久食令人瘦,去人脂。"很久之前,我们的祖先就发现茶叶有减肥作用。茶叶中的咖啡碱、黄烷醇类、叶酸和芳香类物质等多种化合物,不仅能增强胃液的分泌,调节脂肪代谢,而且能够促使脂肪氧化,除去人体内的多余的脂肪。

茶叶中含有大量的维生素以及纤维化合物,食物纤维不能被人体吸收,喝茶后,这些食物会停留在腹中,给人以饱足感,这样就会减少进食。维生素 B_1 则能促使脂肪充分燃烧,转化为人体所需要的热能,这样就会达到减肥的效果。

常饮乌龙茶能够提高人体胰脏脂肪分解酵素的活性,降低糖与脂肪的吸收,加快脂肪燃烧。

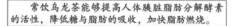

为什么喝茶能利尿?

茶叶中的咖啡碱不仅是一种兴奋剂,它还可起到刺激肾脏的作用。喝茶后,咖啡碱进入体内,刺激肾脏,促使尿液迅速排出人体。此外,咖啡碱还能排除尿液中的过量乳酸,有助于消除人体疲劳。茶叶中的茶多酚被称为"人体器官最佳清洁卫士",它在促进肠道和胃的蠕动时也能达到利尿的目的,帮助肾脏及时将体内的有毒、有害物质及时地排出体外。

茶叶中的咖啡碱能提高肾脏的滤出率,减少有害物质在肾脏中的滞留时间。

为什么喝茶能帮助消化?

由于茶含有茶单宁酸成分,它具有促进胃液分泌的功能,并有提升胃肠蠕动作用,故能有效帮助消化。茶叶中的咖啡碱也能提高胃液的分泌量,可以帮助消化。

饮茶后,胃蛋白酶活力会明显增强,加强胃肠对蛋白质的消化吸收。而且茶叶中的咖啡碱和黄烷醇类还有松弛消化道的功能,这样对消化非常有利,并且能预防消化器官疾病的发生。

乌龙茶的促消化功能最好。

饭后喝茶,可去除油腻,清洁口腔,帮助消化。

为什么喝茶能预防高血脂?

血脂是指血液中的脂类,如果人体内的血脂升高,会引起许多疾病,例如肥胖症、冠心病、糖尿病等。而茶叶具有降低血脂,改善血管的作用。茶叶还能预防肥胖,提高机体的免疫能力。尤其是绿茶可以降低血脂,并且还有预防高脂血症的作用。

过量的脂肪、胆固醇类食物摄入是造成人们罹患高血脂的主因。

为什么喝茶能预防高血压?

茶叶中富含多种矿物质元素,其中的钾、钙、镁和锌都有预防高血压的作用。现代医学研究表明,膳食中的钾、钙、镁与血压的升高呈负相关关系。所以经常喝茶,就能摄入更多的钾、钙和镁,这样血压就不容易升高。茶叶中的锌元素也能有效地预防高血压。

茶叶中含有的茶多酚能降低血液中胆固醇、甘油三酯及低密度脂蛋白,还能降低胆固醇与磷脂的比例,对高血压的治疗有很大的帮助。

但是,茶叶中含有的咖啡碱,是一种兴奋剂,会促使心率加快,心脏负担加重,饮过浓的茶水有可能引起这些副作用,对高血压病人不利。所以,最好喝绿茶,因为在各类茶叶中,绿茶所含咖啡碱较少,茶多酚较多。

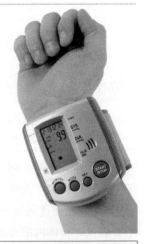

高血压患者既要控制血压过高,又要避免副作用,就应多加注意茶类的选择与饮用量。

为什么喝茶能预防脂肪肝？

茶叶中的儿茶素可以降低胆固醇的吸收，具有很好的降血脂及抑制脂肪肝的功能，对于高脂的人来说，经常喝茶可通过儿茶素有效地抑制体脂肪与肝脂肪在体内积聚，从而降低血脂含量，达到保健效果。对于患有脂肪肝的病人来说，茶叶中多种营养成分也对人体有很好的保健作用。红茶、绿茶、乌龙茶、白茶、黑茶和黄茶均有降脂的效果，其中以绿茶最佳，绿茶的茶多酚含量最高。

长期饮酒者是易发脂肪肝的重点人群，经常喝绿茶能够有效地预防脂肪肝。

为什么喝茶能预防糖尿病？

茶叶中的复合多糖具有降低人体中血糖的功效，而茶叶中的脂多糖又有改善造血功能、保护血象的作用，因此可增强机体的非特异性免疫能力，对提高机体的抵抗力作用很强。综合两者的功能就能达到防治糖尿病的功效。

另外茶叶中还含有儿茶素化合物和二苯胺等多种降血糖成分，这也是能降低血糖的原因。绿茶比红茶的降血糖效果好，但是要注意，绿茶性寒，身体较虚弱的人不适宜多喝。患有糖尿病的患者可以多喝绿茶来预防产生失明的后遗症。

茶叶中的维生素B₁、维生素C具有促进体内糖分代谢的作用，所以喝茶有治疗和预防糖尿病的作用。

为什么喝茶能防癌抗癌？

茶中的茶多酚能够抑制和阻断人体内致癌物亚硝基化合物的形成。经科学研究证实，茶叶中的茶多酚协同茶叶中其他微量元素，有很好的防癌抗癌功效。

抗癌症阻断作用高达90％以上。

茶叶中的茶多酚是最主要的抗癌物质，各种维生素以及茶叶中的皂素也能起到防癌抗癌的作用。除了具有较强防癌抗癌能力的绿茶以外，花茶、乌龙茶和红茶的阻断能力也不逊色多少。因此人们在饭后喝一杯茶水，对身体百利而无一害。

绿茶能控制恶性肿瘤繁殖，起到配合、增强其他抗癌药物的效果。

为什么喝茶能补硒?

硒是人体必需微量元素之一。茶叶内含有硒元素,而且茶叶中的硒为有机硒,很容易被人体吸收,所以喝茶补硒是最简单最理想的办法。茶叶内的茶多酚等物质能够有效地控制体内自由基,各种矿物质元素还能增强身体的免疫能力,对人体的健康十分有利。

硒的作用
(1) 减少头皮屑及预防某些皮肤疾病。
(2) 维护心血管的健康,保护肝脏功能。
(3) 维持组织的柔软性,保护细胞膜免遭自由基侵袭,维持红细胞和白细胞的功能,减弱某些致癌物质的活性。

人体缺硒以致免疫功能下降,以及外界不良因素易引发癌症或其他疾病。

为什么喝茶能杀菌消炎?

茶叶中含有的多种成分可以起到杀菌消炎的作用。现代科学研究发现,茶叶中的醇类、醛类、酯类、酚类等为有机化合物,对人体的各种病菌都有抑制和杀灭的功效,而且杀菌的作用机理各不相同。茶叶中的硫、碘、氯和氯化物等有机化合物,也有杀菌消炎的功效,且多为水溶性。茶叶经浸泡后,这些化合物都溶于水中,喝茶后就能将这些物质吸收入体内,从而达到杀菌消炎的功效。茶叶中还有少量的皂苷化合物,具有抗炎症的功效。

人们远足探险或是深入沙漠地带常备茶叶,不仅为消暑解渴,必要时也可应急处理伤口。

为什么喝茶能改善心血管功能?

茶叶中的茶单宁具有抑制动脉平滑肌细胞的增殖、明显具有抗凝血及促进纤维蛋白溶解、抗血液斑块的形成、降低毛细血管脆性和血液黏度等作用。此外,喝茶能防止坏血病和动脉硬化,降低胆固醇,增加抗凝血,促进纤维蛋白溶化,使人体处于兴奋状态,这样能减少心脏病患者的痛苦。

茶叶含有丰富的矿物质,若每天适度冲泡饮用,能补充人体所不足的碱性矿物质,降低血液酸性值,净化酸性血液,促进血液循环,对改善心血管疾病也大有裨益。

茶叶中含有的维生素和路丁可增强血管韧性,对改善老年人心血管功能很有帮助。

为什么喝茶能消除口臭？

日常生活中如果不注意口腔卫生，口腔内残留的食物就会发酵，产生酸性物质，这些酸性物质不仅会带来细菌，引发口腔炎症，还会对牙齿产生腐蚀作用。口腔内的细菌和食物发酵会导致口臭，另外，患有消化不良时也会发生口臭。

茶叶中的生物碱和黄酮醇可消除口臭。

喝茶在抑制细菌的同时还可除臭，特别是对酒臭、烟臭、蒜臭效果很好。饭后用茶水漱口，可以清洁口腔内的残留物质，除了可以消除饭后食物渣屑所引起的口臭外，同时也能够去除因胃肠障碍所引起的口臭。因此，在饭后喝茶能有效地除口臭。

叶绿素中的芳香成分能消除口臭。

茶水能杀死口腔中的细菌，防止口腔炎症。

为什么喝茶能预防龋齿？

茶叶中含有矿物质元素氟，氟离子与牙齿的钙质结合，能形成一种较难溶于酸的"氟磷灰石"，使得牙齿变得坚固，有效地提高牙齿的抗龋能力。氟还能抑制口腔内的细菌产生，减少蛀牙，饭后饮茶或以茶漱口，还能清洁口腔。不仅如此，茶叶的氟还能增强人体骨质的坚韧度，这是因为牙齿组织成分主要是氢氮磷灰石，与氟接触后，变成氟磷灰石，具有较强的抗酸能力，而且能减弱牙质内神经纤维束的传导性，所以，对牙本质过敏症有良好的疗效。

古代人经常在饭后用茶汤漱口，能够去除口中油腻，对脾胃也能起到清洁作用，有效地清除口腔，对牙齿也有保护作用。调查发现，常喝乌龙茶的人，龋齿发生率下降60%左右。

为什么喝茶能抗辐射？

茶中的维生素B₂对眼睑和眼结膜有保护作用。

维生素C补充晶状体营养。

茶叶中的很多成分都能起到抗辐射的作用，有关医疗部门曾用茶叶提取物对患者进行治疗，有效率达到90%以上。茶叶中的脂多糖抗辐射效果非常好，对于经常受电脑辐射的人群来说，经常饮用热茶能起到很好的防辐射作用。

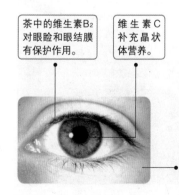

维生素D减轻视觉疲劳。

茶多酚中的儿茶素能够减轻电脑屏幕对眼睛的辐射。

为什么喝茶能延缓衰老？

中医认为，茶叶有益于身体健康，有抗衰延老的作用，《杂录》也曾记载"苦茶轻身换骨"。经科学研究发现，茶叶含有的茶多酚类物质，能清除氧自由基，具有很强的抗氧化性和生理活性，有效地清除体内的活性酶。茶叶中茶多酚的抗衰老效果要比维生素 E 强 18 倍以上。

茶叶中有一种茶单宁物质，能够维持人体内细胞的正常代谢，抑制细胞突变和癌细胞分化；茶叶中的脂多糖能防辐射损害，改善造血功能和保护血管，增强微血管韧性，防止破裂，降低血脂，防止动脉粥样硬化。

茶中的维生素E能对抗自由基的破坏，促进人体细胞的再生与活力。

为什么忌空腹喝茶？

茶叶大多属于寒性，空腹喝茶，会使脾胃感觉凉，产生肠胃痉挛，而且茶叶中的咖啡碱会刺激心脏，如果空腹喝茶，对心脏的刺激作用更大。特别是心脏病患者，不要空腹喝茶。我国自古就有"不饮空心茶"之说，喝茶是为了吸收茶叶中的营养元素，但是空腹喝茶会对身体机能造成损伤，这样喝茶就会失去了应有的健康意义，因此尽量不要空腹喝茶。

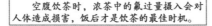

空腹饮茶时，浓茶中的氟过量摄入会对人体造成损害，饭后才是饮茶的最佳时机。

为什么忌喝过烫茶？

茶叶作为一种健康饮料，已被越来越多的人所喜爱，现在很多人都有喝茶的习惯，尤其是有一些人喜欢喝刚泡好的过烫的茶。古人云："烫茶伤五内。"这说明，烫茶对人的健康有害。太烫的茶水对人的喉咙、食道和胃刺激较强，长期喝烫茶容易导致这些器官的组织增生，产生病变，甚至诱发食管癌等恶性疾病。所以，喜欢喝过烫的茶对健康有害，不能饮用过烫的茶水。

泡茶用水的温度应以80℃左右为佳。

为什么茶叶忌冲泡的次数过多？

一般来说，茶叶中可溶性物质将近40%，其总量与茶自身的品质成正比。随着茶冲泡次数的增加，可浸出的营养物质会大幅度降低，所以茶水冲泡的次数越多，越没有喝茶的价值。此外，茶叶中还含有少量的有害物质，一般会在浸泡茶叶的最后浸出，如果冲泡的次数过多的话，这些有害物质就会进入茶水中被喝入体内。这样喝茶不仅不能达到保健的效果，反而对身体不利。所以，茶叶一般来说冲泡三次为宜。

随着冲泡次数的增加，汤色变淡，营养物质逐渐降低。

茶叶中营养成分浸出量研究				
冲泡次数	第一次	第二次	第三次	第四次
浸出量	50%	30%	10%	1%~3%

为什么忌过量喝茶？

过量喝茶，茶叶中的咖啡碱等物质在体内堆积过多，超过卫生标准，就会中毒，损害神经系统，还会对心脏等造成过大的负担，会引发心血管疾病，动脉粥样硬化。喝茶过多，茶叶中含有的利尿成分也会对肾脏器官造成很大的压力，影响肾功能。喝茶过量，咖啡碱等兴奋剂处于高度亢奋状态，会使人精神过度膨胀，影响睡眠。

一般来说，健康的成年人，平时有饮茶的习惯，一日饮茶6~10克之间，分二、三次冲泡较适宜。吃油腻食物较多、烟酒量大的人，也可适当增加茶叶用量。孕妇和儿童饮茶量应适当减少。

过量喝茶严重者会造成脑力衰退，降低思维能力。

为什么忌喝劣质茶？

劣质茶中含有大量的残留农药以及未经处理过的有害物质，如果喝劣质茶过多，茶叶中的有害物质就会在体内存积，这样就会影响到整个身体的机能。长期喝劣质茶，一些垃圾水中所含的有毒物质，可能会引发血液中毒、肝肾等脏器中毒，使这些器官的功能下降，还会造成神经系统损伤，引发植物神经紊乱等。

人们为了健康而喝茶，而喝劣质茶则达不到这种初衷。

为什么忌喝隔夜茶？

从营养的角度来看，隔夜茶因为时间过久，茶中的维生素 C 已丧失，茶多酚也已经氧化减少；从卫生的角度来看，茶汤暴露在空气中，易被微生物污染，且含有较多的有害物质，放久了易滋生腐败性微生物，使茶汤发馊变质。

而从前人们认为隔夜茶喝不得，喝了容易得癌症，理由是认为隔夜茶含有二级胺，其实在很多食品中都存在有二级氨，这并不会造成癌症。尽管隔夜茶没有太大的害处，一般情况下人们还是随泡随饮的好。

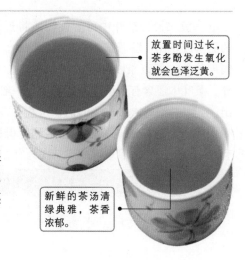

放置时间过长，茶多酚发生氧化就会色泽泛黄。

新鲜的茶汤清绿典雅，茶香浓郁。

为什么忌用茶水喝药？

茶叶中含有咖啡碱，刺激中枢神经系统以致兴奋，因此在服用镇静、安眠药物时会与药效发生冲突，降低药效。

茶叶中多酚类容易与酶结合，在服用酶制药剂时，茶水会降低酶的活性，尤其是硫酸亚铁、碳酸亚铁、枸橼酸、铁胺等含铁剂和氢氧化铝等含铝剂的西药，遇到茶汤中茶多酚类物质与金属离子结合而沉淀，会降低或失去药效。所以，切忌用茶水喝药，并且在服药后两小时内也要停止饮茶。

以茶水服药会阻碍药物的吸收，故有"茶水解药"的说法。

为什么忌酒后喝茶？

茶水会刺激胃酸分泌，使酒精更容易对胃黏膜造成伤害；酒中的乙醇和茶叶中的咖啡碱都同时刺激心脏，多饮也会造成心血管疾病。

饮酒后酒中含有的乙醇成分通过胃肠道进入血液，在肝脏中转化成为乙醛，再转化成醋酸，由醋酸分解成二氧化碳和水而排出。但是如果酒后喝茶，茶叶中的茶碱迅速地对肾发挥利尿作用，这样尚未分解的乙醛就会过早地进入肾脏，对肾脏造成强烈的刺激，影响到肾功能，因而经常酒后喝浓茶的人易发生肾病。

酒中的乙醇会刺激胃黏膜引发后者强烈收缩、扩张，故有饮酒伤胃之说。

为什么忌睡前喝茶？

因为茶叶中含有大量的咖啡碱，它是一种兴奋剂，能对人的中枢神经系统起到兴奋作用，使人处于高度亢奋状态。在睡觉前喝茶，特别是浓茶，咖啡碱含量很多，刺激作用大，很容易导致失眠或者睡眠不充分，影响到第二天的精神状态。

茶叶有利尿的作用，在晚上睡觉前喝茶，必然会使夜尿频繁，这样也对休息造成影响，所以在睡觉前最好不要喝茶。

睡前喝浓茶易致使大脑处于亢奋状态而长时间难以入睡。

为什么儿童喝茶要清淡？

浓茶中含有大量的茶碱、咖啡因，会对人体产生强烈的刺激，严重时还易引起头痛、失眠。儿童适量饮一些淡茶，通过饮茶，可以补充一些维生素和钾、锌等矿物质营养成分。通过饮茶还可以加强胃肠的蠕动，帮助消化；饮茶又有清热、降火的功效，可以有效地避免儿童大便干结，造成肛裂。另外，茶叶还有利尿、杀菌、消炎等多种作用，因此儿童可以适当饮茶，只是不宜饮浓茶。

茶叶的氟含量较高，饮茶或用茶水漱口还可以预防龋齿。

为什么不能喝新炒的茶？

出现"茶醉"后立即吃甜食即能逐渐缓解。

新炒制的茶口感较差，刺激性较强。

新茶指摘下不足一月的茶，这种茶形、色、味上乘，品饮起来确实是一种享受。但新茶不宜常饮，因新茶存放时间短，多酚类、醇类、醛类含量较多，人经常饮会出现腹痛、腹胀等现象。且新茶中含有活性较强的鞣酸、咖啡因等，人饮后容易神经系统高度兴奋，产生四肢无力、冷汗淋漓和失眠等"茶醉"现象，因此新茶也不宜久饮。

女性喝茶有哪五忌?

虽然饮茶有多种保健作用,但并非任何情况下饮茶对身体都有好处,女性朋友尤其应注意。对女人来说,下列几种情况不宜饮茶:

1. 行经期 女性经期期间大量失血,应在经期或经期后补充些含铁丰富的食品。而茶叶中含有 30% 以上的鞣酸,它在肠道中较易同食物中的铁结合,产生沉淀,阻碍了肠黏膜对铁的吸收和利用,起不到补血的作用。

2. 怀孕期 茶叶中的咖啡碱,会加剧孕妇的心跳速度,增加孕妇的心、肾负担,增加

排尿,而诱发妊娠中毒,更不利于胎儿的健康发育。

3. 临产期 临产期饮茶,其中的咖啡因会引起孕妇心悸、失眠,导致体质下降,严重时导致分娩产妇精疲力竭、阵缩无力,造成难产。

4. 哺乳期 茶中的鞣酸会被胃黏膜吸收,后进入血液循环,从而产生收敛作用,抑制产妇乳腺的分泌。另外,由于咖啡因的兴奋作用,母亲睡眠不充分,影响母乳效果,也会造成奶汁分泌不足。

乳汁中的咖啡因进入婴儿体内,易致使婴儿发生肠痉挛,出现无故啼哭的情况。

5. 更年期 更年期妇女头晕、乏力,会出现心动过速,易感情冲动,还会睡眠不定或失眠、月经功能紊乱。常饮茶,会加重这些症状,不利于妇女顺利度过更年期,从而有害身心健康。

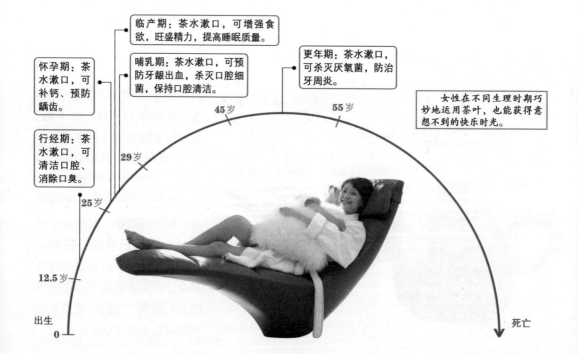

怀孕期:茶水漱口,可补钙、预防龋齿。

临产期:茶水漱口,可增强食欲,旺盛精力,提高睡眠质量。

哺乳期:茶水漱口,可预防牙龈出血,杀灭口腔细菌,保持口腔清洁。

更年期:茶水漱口,可杀灭厌氧菌,防治牙周炎。

行经期:茶水漱口,可清洁口腔、消除口臭。

女性在不同生理时期巧妙地运用茶叶,也能获得意想不到的快乐时光。

45岁

55岁

29岁

25岁

12.5岁

出生

0

死亡

中国古代人怎样用茶来治病？

中国饮茶历史非常悠久，中华民族认识茶的历史有这么几句话，叫："茶之为饮，发乎神农氏，闻乎鲁周公，"还有说茶是"万病之药"。

古代文献对茶有非常丰富的记载，最早的记载有："神农尝百草，日遇七十二毒，得茶而解之。"这个记载说明古人在很早的时候就认识到，茶具有保健功能和解毒功能，人类应用茶的历史也非常悠久。古人最早是把采摘来的茶叶，用来咀嚼，发现咀嚼以后就可以治病，此后进一步发展到了"煮作羹饮"，用茶来做汤做饭，来达到预防和治疗疾病的作用。后来才逐步有了各种专门制茶的人。

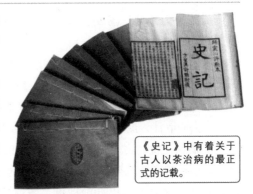

《史记》中有着关于古人以茶治病的最正式的记载。

"神农以赭鞭鞭草木，尝百草，始有医药。"

——出自《史记·补三皇本记》

怎样从茶叶中选择适合治病的茶叶？

茶树的叶片吸收了来自根部和大气中的各种养分，最主要的是太阳能，经过十分复杂的生化过程，加工合成了特有的生化成分如茶多酚，也富集了矿物质。不同品种、不同地区、不同季节的茶树叶片主要内含成分的量和结构不尽相同，茶树叶子经采摘、加工后其生化成分也有所变化，不同的加工方式制成了不同类茶，冲泡后溶入茶汤内的生化成分也就各不相同。

根据人的不同体质与病症辨证选茶

品种	功用
绿茶	抑菌消炎、降血脂、抑制心血管疾病、防辐射、抗癌
红茶	清热解毒、养胃利尿、提神解疲、抗衰老
乌龙茶	消脂减肥、防癌、抗衰老
普洱茶	解油去腻、消脂减肥、降压、防癌、醒酒
花茶	平肝润肺、理气解郁、养颜排毒

药茶的制作方法是什么？

广义的药茶是指由中药材与食物制成的汤、乳、汁、露、汁、浆、水等具有药用疗效的饮料。一般来说，制药茶有冲泡法和煎煮法两种方法。冲泡法是将药茶放入杯中直接加沸水冲泡，一般要浸泡 5～30 分钟之后服用；煎煮法是将药茶放入锅中，像煎饮中药一样煎煮，然后饮用。

药茶是指由食物和药物经冲泡、煎煮、压榨及蒸馏等各种方法制作而成的茶及代茶饮用品。

怎样加工药茶？

　　药茶分为茶剂、汤饮、鲜汁、露剂和乳剂，其加工方法各不相同。

　　1. 茶剂　将茶叶和食物、药物混合制作而成的饮料。将茶叶等都放入杯中，冲入沸水，浸泡半小时左右饮用。也可将其置于锅中煎煮，去渣取汁，煎煮两三次，将药汁合并。

材料选择需优质、新鲜。

可根据情况适当添加糖类调味。

食材、药材一般要加工切碎，以利于药物有效成分析出。

　　2. 汤饮　将食物或药材以沸水冲泡或煎煮的方式取汁，制取的方式选择上需注意质地轻薄而有易挥发成分的食物或药材只要简单冲泡即可，多数都是代替茶来饮用，但其中不一定含有茶叶。

　　3. 鲜汁　是将一种或几种有一定药用食疗价值的新鲜蔬果或花草以压榨的形式取其汁液，再适量加入清水，稀释后并入药汁中饮用。

　　4. 露剂　与鲜汁相似，是将新鲜的蔬果或花草放在备好的容器中以蒸馏加工的方式制成可饮用的液体饮料。

　　5. 乳剂　顾名思义，即是以乳制品为主要原料制成的可饮用的液体饮料。

怎样服用药茶？

　　药茶的饮用方法有多种，根据不同的病理，选择合适的服用方法才能更好地发挥药效。

　　冲泡法。一般花茶类都可直接冲泡饮用。提取花类，切成薄片，捣碎，或制成粗末的茶方，或袋泡茶、块茶，取适量放置茶杯中，将煮沸的开水沏入，再用盖子盖好，闷 15 ~ 30 分钟，即可以饮用，以味淡为度。

药茶的服用多以温热为宜。

　　煎煮法。有一部分复方药茶，因药味多，茶杯内泡不下，而且有一部分厚味药、滋补药的药味不易泡出，所以，需要将复方药茶共制成粗末，用砂锅煎药汁，加水煎 2 ~ 3 次，合并煎液后过滤，即可代茶饮用。

　　调服法。若茶药方为药粉，可加入少量的白开水调成糊状服用，如八仙茶等。

　　含服法。将药茶汁含在口中片刻，再慢慢咽下，或含在口中漱口片刻，再咽下。

药茶除可以口服外，还可通过外涂、外搽、外洗、热熏等方式使用。

服用药茶有哪些禁忌？

药茶是一种传统的治疗方法，服用药茶要注意一些禁忌。

（1）霉变的茶叶和药材制作药茶时要忌用。茶叶和多数中药材均容易受潮变霉，饮用后不仅不能达到治疗作用，还会对健康有害，并有致癌的危险。

（2）盛装茶叶和药材的容器也应清洗干净，不能有异味。茶叶和某些花类、叶类的药材极易吸收樟脑等物的异味，有异味的茶叶和药材不能用于制作药茶。

（3）要辨证使用药茶方。例如感冒有寒热之分，还有春夏秋冬之分；一般风寒感冒，宜辛温解表，应

服用药茶的同时应避免服用西药。

药茶中的鞣酸、茶碱等成分易与西药产生化学反应，影响甚至破坏药效。

使用桑菊茶、甘露茶等。只有辨证准确，才能提高药茶的疗效。

（4）隔夜药茶不能服用。隔夜药茶被微生物细菌感染，容易变馊。所以，药茶应随泡随饮，随煎随饮，当天饮完，忌饮隔夜药茶。

（5）含有茶叶的药茶不宜冲泡或煎煮时间过久，因为挥发过多会造成茶叶中的维生素等营养成分受破坏，这样就不能达到治疗的作用。

（6）药茶不宜过多服用。饮用剂量过大、过浓，茶叶中的咖啡碱可兴奋神经，导致胃肠不适，加重消化道病情，增加肾脏负担。所以，一般每天服用1剂，或冲泡或煎煮的药茶量可分2～3次饮用。

（7）注意服药的"忌口"。如服解表药，宜禁生冷、酸食，服止咳平喘药，宜禁食鱼虾之类食品；服清热解毒药宜禁食油腻辛辣、腥臭食品；服理气消胀药，宜禁豆类、白薯等。另外，饮药茶，还需弄清"茶忌"：烫茶伤人，冷茶滞寒聚痰，温度合适才可以。胃寒者、冠心病患者、哺乳妇女不要饮浓茶，服用阿司匹林不能喝茶。

避免饮用有异味的药茶。

绝对忌用已经开始出现霉变的茶叶或食材。

药茶每次冲泡约15分钟，煎煮不超过15分钟。

肥胖病的茶疗方法有哪些？

　　肥胖症是指由于遗传或其他因素而造成的人体体内脂肪过度堆积，从而引发体重异常增加的常见病症。饮茶能促进肠胃功能，有利于通便排尿，对减肥很有效。

　　1. 乌龙茶　半发酵茶，富含丰富的氨基酸及纤维素，能有效促进脂肪分解，促进新陈代谢。

　　2. 沱茶　能有效地促进脂肪分解，茶叶中的咖啡碱等物质还可促进排毒，这样将有害物质排出体外，达到减肥的目的。

　　3. 桑叶茶　桑叶可以促进排尿，使积在细胞中的多余水分排走，还可以将血液中过剩的中性脂肪和胆固醇排清，可消除体内脂肪，有利于减肥。

　　4. 黑茶　由黑曲菌发酵制成，对抑制腹部脂肪的增加有明显的效果。想用黑茶来减肥，最好是喝刚刚泡好的浓茶。另外，应保持一天喝 1.5 升，在饭前饭后各饮一杯，长期坚持下去。

❀ 桑
甘、苦、寒，归肺、肝经。
🔲 功效：桑叶可以消除多余的脂肪，有利于减肥。
🔲 制法：沸水直接冲泡。

高血脂症的茶疗方法有哪些？

　　高血脂症是动脉粥样硬化、高血压、冠心病、糖尿病的危险潜藏因素，严重威胁着人类身体健康。高血脂症是一种顽固性疾病，通过茶疗可以减轻一些症状。

　　1. 酸溜根茶　用山楂、茶树根、玉米须茶放在一起煮后而成。饭后喝上一杯，可以抑制血压升高，从而预防高血脂症的病发率。

　　2. 橘皮茶　取橘皮、茶叶各一半，焙干，研为细末，放入杯内，倒入沸水加盖闷泡 10 分钟，每日1 剂，分 2 次冲泡，饭后服。可健脾消食，止咳化痰，对高血脂症有很好的疗效。

　　3. 荷叶茶　绿茶、荷叶各 10 克，沸水冲泡饮用，治疗高血脂症。

❀ 荷叶
甘、涩、平。归脾、肾、心经。
🔲 功效：荷叶有清血脂的作用，可以减轻肥胖症状。
🔲 制法：与绿茶一起以沸水冲泡饮用。

动脉粥样硬化的茶疗方法有哪些?

　　茶叶中的茶多酚通过升高高密度脂蛋白胆固醇（HDL-C）的含量来清除动脉血管壁上胆固醇的蓄积，同时抑制细胞对低密度脂蛋白胆固醇的摄取，从而实现降低血脂，预防和缓解动脉粥样硬化目的。

　　1. 菊花茶　甘菊味甜，每次用3克左右泡茶饮用，每日3次；对动脉硬化患者有显著疗效。

　　2. 山楂茶　山楂所含的成分可以助消化、扩张血管、降低血糖、降低血压。同时经常饮用山楂茶，对于治疗高血压具有明显的辅助疗效。其饮用方法为，每天数次用鲜嫩山楂果1～2枚泡茶饮用。

　　3. 返老还童茶　槐角18克，何首乌30克，冬瓜皮18克，山楂肉15克，乌龙茶3克。前四味药用清水煎好去除渣，乌龙茶以药汁蒸服，作茶饮，有清热、化瘀，益血脉的作用，可增强血管弹性，降低血中胆固醇含量，防治动脉硬化。

❀ 山楂
酸、甘，性温，归脾、胃、肝经。
▣ **功效：** 山楂有行气化瘀的功效，对治疗动脉粥样硬化有一定的辅助作用。
▣ **制法：** 每天取鲜嫩山楂果泡茶饮用。

冠心病的茶疗方法有哪些?

　　茶叶能有效地预防冠心病，冠心病的加剧，与冠状动脉供血不足及血栓形成有关。茶多酚中的儿茶素以及茶多酚在煎煮过程中不断氧化形成的茶色素，对预防血栓很有效。

❀ 灵芝
可滋补强壮、补肺益肾、健脾安神。

　　1. 红茶、绿茶　将红茶或绿茶五克，加入清水二百毫升，用中火煮沸后，再小火煮五分钟，然后沉淀去渣，空腹一次饮下，每日一次，坚持三个月。对冠心病的防治很有效。

　　2. 灵芝茶　灵芝能有效地扩张冠状动脉，增加冠脉血流量，改善心肌微循环，增强心肌氧和能量的供给，可广泛用于冠心病、心绞痛等的治疗和预防。直接冲泡润湿后即可饮用。

　　3. 乳香茶　茶末120克，炼乳香30克，共研末，用醋和兔血调和制大丸，温醋送服，每日1丸，治疗冠心病、心绞痛。

　　4. 三根汤　老茶根30克，榆树根30克，茜草根15克，水煎服，治疗冠心病、高血压。

❀ 丹参
味苦性微寒，能活血通络、益气养血。
▣ **制法：** 丹参9克研末，加绿茶3克，以沸水冲泡饮用。

　　5. 山楂根茶　茶树根、山楂根、玉米须和荠菜花各50克，水煎饮用，治疗冠心病。

高血压的茶疗方法有哪些？

一般来说，饮茶能兴奋神经，升高血压，高血压患者尽量不要饮茶。有关专家指出，有的茶具有降血压的作用，适合高血压患者饮用。

1. 荷叶茶　荷叶有扩张血管、清热解暑、降血压的作用。患有高血压的患者，可以将荷叶洗净切碎，加适量水煎，放凉后代茶饮。

2. 菊花茶　菊花茶也有很好的降血压作用，直接泡用即可。

3. 枸杞茶　枸杞不但具有补肝益肾、润燥明目的作用，还能降低血压和胆固醇。一般每日用 9 克枸杞泡水服用即可。

枸杞

甘、平，归肝、肾经。

功效：枸杞具有平肝的作用，对高血压患者有帮助。

制法：每天用9克枸杞泡水喝。

有关提神的茶疗方法有哪些？

茶叶中所含有的咖啡碱能刺激人体的中枢神经系统，起到兴奋神经、醒脑明目的作用，从而达到提神的效果。绿茶能清凉降火，快速提神；茉莉花茶，花香浓郁，入口清爽；普洱茶中的咖啡碱能迅速地作用于中枢神经，使人处于兴奋状态。

虾米茶　干虾米十几粒，茶 3 克。用沸水冲泡，温后送服虾仁，可以提神，滋补，增加营养，维持身体正常机能，提高抗病力。

有关镇静安神的茶疗方法有哪些？

花茶的镇静安神效果最好，花茶不像一般的茶叶那样含有太多的咖啡碱，因而不会使神经处于过度亢奋的状态。

1. 龙眼百合茶　龙眼肉加上百合，在午后饮用，有安神、镇定神经的作用。

2. 莲藕茶　藕粉一碗，水一碗入锅中不断地搅匀再加入适量的冰糖即可，当茶喝，有养心安神的作用。

3. 玫瑰花茶　不仅可美容强身，还具有很好的清香解郁作用。

4. 薰衣草茶　安抚紧张情绪，具有镇静安神的作用。

薰衣草

香味芬芳浓郁，滋味甘中微苦。

功效：净化心灵、安抚紧张情绪，具有镇静安神的作用。

制法：沸水冲泡，闷泡5~10分钟，将茶叶滤出即可饮用。

有关消食的茶疗方法有哪些?

茶叶可促进肠胃的蠕动改善消化系统,对消食很有利。一般的茶叶都具有消食的功能。

1. 山楂消食茶 开胃消食,对肠胃有改善作用,对小儿积滞,因停滞不化出现食欲不振有很好的疗效。

2. 大麦茶 用开水冲泡即可饮用。能起到暖胃的作用,促进消化系统的运行。

3. 铁观音 乌龙茶中的极品好茶,不仅可预防多种疾病,还可消食解腻。

> **大麦**
> 甘咸,凉。归脾经。
> 功效:大麦具有暖胃的作用,促进消化系统的运行。
> 制法:沸水冲泡饮用。

有关解酒的茶疗方法有哪些?

茶能醒酒是众所周知的事实。明代理学家王阳明就有"正如醋醉后,醒酒却须茶"的名句。酒的成分主要是酒精,一杯酒中含有 10% ~ 70% 的酒精,而铁观音茶多酚能和乙醇相互抵消。

1. 醋茶 将茶冲泡好后,加入适量的醋,调匀,可以解酒醉。

2. 解酒茶 葛花、葛根、山楂、薄荷叶、金莲花等放在一起煮泡,酒后饮用,可醒酒。对酒后引起的肠胃不适很有效,尤其是酒后头痛、头晕、呕吐等人群。山楂有消除油腻的作用;加上具有传统醒酒功效的葛花;疏风清热的薄荷;调理肠胃、帮助消化的金莲花,喝酒前饮用,还有一定的预防醉酒作用。

痢疾的茶疗方法有哪些?

茶叶有止泻的功能。茶叶中的茶多酚能够起到排毒的功效,具体的茶疗方法有:

1. 醋茶 将茶泡好后,将茶叶去掉,按 5 : 2 的比例将茶水和醋调匀配制。每日饮用 2 ~ 3 次,可治暑天腹泻、痢疾。

2. 菊花茶 将茶叶用开水冲泡,待泡开后即可饮用。帮助治疗痢疾。

3. 天然草茶 猫薄荷、洋甘菊、治痢草根、金印草根、茴香、胡卢巴、薄荷茶、木瓜、欧薄荷均是很好的药草。勿长期使用治痢草根。

> **薄荷**
> 辛,凉,归肺、肝经。
> 功效:薄荷对痢疾杆菌有一定的抑菌作用。
> 制法:沸水冲泡,可与金银花等同时用。

慢性肝炎与肝硬化的茶疗方法有哪些?

茶叶中的营养物质对治疗慢性肝炎和肝硬化有很大的帮助，而且有资料表明，经常喝茶的人患病率很低。

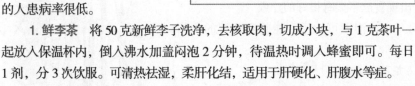

李

果肉味甘、酸、性寒。

功效：鲜李子肉具有清热祛湿，柔肝化结的功效。

制法：去核取肉，与茶叶一起用沸水冲泡饮用。

1. **鲜李茶**　将 50 克新鲜李子洗净，去核取肉，切成小块，与 1 克茶叶一起放入保温杯内，倒入沸水加盖闷泡 2 分钟，待温热时调入蜂蜜即可。每日 1 剂，分 3 次饮服。可清热祛湿，柔肝化结，适用于肝硬化、肝腹水等症。

2. **甘蔗茶**　将 250 克甘蔗切片，煎沸 15 分钟后，去渣取汁，趁热加入 1 克绿茶拌匀即成。

感冒的茶疗方法有哪些?

1. **荆芥防风茶**　荆芥 15 克，防风 15 克，水煎后代茶饮。适合风寒型的感冒，除了表现为鼻塞、喷嚏、咳嗽、头痛等一般症状外，还有畏寒、低热、无汗、头痛身痛、流清涕等偏于寒证的表现。

2. **金银花连翘茶**　金银花 20 克、连翘 15 克，水煎后代茶饮。这道茶适合风热型的感冒，既有鼻塞、流涕、咳嗽、头痛外，还有痰黄、舌苔黄厚等症状。

连翘

苦、微寒。归肺、心、小肠经。

功效：连翘具有解毒，疏散风热的功效。

制法：与金银花一起用沸水冲泡饮用。

咳喘的茶疗方法有哪些?

1. **柿茶**　柿饼 6 个，冰糖 15 克，共煮烂后，将 5 克茶叶冲泡出的茶汁和入，饮食用，每日 1 剂，治疗肺虚咳嗽、痰多等症。

2. **久喘桃肉茶**　胡桃肉 30 克、雨前茶 15 克共煮取汁并加入炼蜜 5 茶匙，每日 1 剂，不拘时温服，治疗久喘口干。

3. **川贝茶叶散**　川贝母 3 克，茶叶 3 克，米糖 9 克共研末，温开水送下，治疗感冒、支气管炎咳嗽。

贝母

苦、甘，微寒，归肺、心经。

功效：川贝具有清热化痰、润肺止咳的功效。

制法：与茶叶、冰糖一起沸水冲泡饮用。

肺痈的茶疗方法有哪些？

1.**柿茶** 柿饼适量煮烂，加入冰糖，茶叶适量，再煮沸，配成茶水饮之，有理气化痰、益肠健胃的功效，它最适于肺结核患者饮用。

2.**茶根酒汤** 老茶根 30 克，水煎取汁，加黄酒调匀，睡前服，治疗肺痈病。

3.**车前草茶** 茶树根、车前草各 30 克，连翘 15 克，水煎服，治疗肺痈病。

> **车前**
> 甘、酸，性寒。归肝、肾、肺、小肠经。
> 功效：车前具有清肺祛痰的功效。
> 制法：与茶树根、连翘一起水煎服。

咽喉炎的茶疗方法有哪些？

1.**橄榄茶** 将橄榄连核切成两半，与绿茶同放入杯中，冲入开水，加盖闷 5 分钟后饮用。适用于慢性咽炎，咽部异物感者。

2.**大海生地茶** 将胖大海和生地加冰糖用沸水冲泡。代替茶来饮。每日 2～3 剂。可以清肺利咽、滋阴生津，用于慢性咽喉炎。尤其是用于治疗声音嘶哑，兼有肺阴不足、虚火夹实的慢性咽喉炎效果最佳。

> **橄榄**
> 苦、辛，温。归胃、大肠经。
> 功效：橄榄具有治疗慢性咽喉炎、咽喉不适的功效。
> 制法：连核切成两半，沸水闷泡后饮用。

鼻炎的茶疗方法有哪些？

1.**菊花栀子茶** 菊花 10 克，栀子花 10 克，薄荷 3 克，葱白 3 克，蜂蜜适量。将上述药物用沸水冲泡，取汁加蜂蜜调匀，代茶频饮，每日 1 剂，连用 3～5 日，可以有效治疗急性鼻炎。

2.**辛荑花茶** 辛荑花子 2 克、苏叶 6 克。选用春季末开辛荑花蕾，晒至半干，堆起，内部发热后晒至全干，苏叶切碎，1 日 1 剂，开水泡饮。散寒祛湿，通窍。主治急、慢性鼻窦炎，过敏性鼻炎。

> **菊花**
> 苦、辛，微寒，归肝、心经。
> 功效：菊花对治疗急、慢性鼻炎有辅助治疗的功效。
> 制法：与栀子、薄荷、葱白、蜂蜜一起用沸水冲泡饮用。

茶多酚治肾疾方法有哪些?

茶多酚是治疗肾脏疾病的重要药材,医学上,常从茶叶中提取茶多酚,对肾脏疾病进行辅助治疗。茶叶中含有大量的茶多酚,在日常的饮用中,就能摄取大量的茶多酚,茶多酚能够加快排出肾脏中的废弃物,有利于排尿,茶叶中的咖啡碱等还对消化系统有利,促进体内血液循环,调节身体机能。

茶多酚是茶叶中酚类物质及其衍生物的总称,并不是一种物质,因此常称为多酚类,占干物质总量的 20% ~ 35%。过去茶多酚又称作茶鞣质、茶单宁。茶多酚,在医学上已经被认为是治疗肾脏疾病的主要药物,所以经常饮茶对预防和治疗肾疾病很有帮助。

妇产科疾病的茶疗方法有哪些?

喝茶有利于妇女的健康,对子宫肌瘤等多种妇科常见病症都有很好的预防作用。

1.**糖茶** 茶叶 2 克、红糖 10 克,用开水冲泡 5 分钟,饭后饮。对妇女小腹冷痛、痛经等有很好的疗效。

2.**仙鹤草茶** 仙鹤草 60 克,荠菜 50 克,茶叶 6 克。上 3 味同煎,每日 1 剂,随时饮用。适用于崩漏及月经过多。

3.**止血葡萄茶** 红枣 2 克,葡萄干 30 克,蜜枣 25 克,加水 400 毫升共煎,煮沸 3 分钟,分 3 次服,每日 1 剂。化瘀止血,用于功能性子宫出血及血瘀型月经过多。

4.**黑木耳红枣茶** 黑木耳 30 克,红枣 20 枚,茶叶 10 克。煎汤代茶频饮。每日 1 剂,连服 7 日。功能补中益气、养血调经,适用于气不摄血之月经过多。

5.**益母草茶** 益母草花 5 克、蜂蜜 25 克、绿茶 1 克。混合后加水煎沸 5 分钟即成。每日一剂,分 3 次饭后温服(孕妇忌服),可以祛瘀,调经,和血。对赤白带下,乳痈,胆囊炎也有辅助治疗作用。

6.**二鲜汤茶** 鲜藕 120 克切片、鲜茅根 120 克切碎,用水煮汁当茶饮,可以滋阴凉血,祛瘀止血。适宜月经量多,血热淤阻型。

7.**山慈姑茶** 山慈姑、大麦芽各 10 克,茶叶适量,研为末,用浓茶水敷患处,可以防治乳腺炎。

🌹 **玫瑰花**

🌹 味甘微苦、性温,能疏肝解郁、理气活血。

📋 **制法:** 玫瑰花5克、蜂蜜25克、绿茶1克,混合后加水煎沸5分钟即成。

📋 **备注:** 每日一剂,分3次饭后温服。

眼科疾病的茶疗方法有哪些？

茶叶中胡萝卜素的含量比一般食品高，在植物性食物中仅次于辣椒和苜蓿，而胡萝卜素对于预防或治疗眼科疾病有着非同一般的意义。

1. **石斛菊花茶**　将菊花茶、决明子、石斛各少许配起来代茶饮，清热凉血、清肝明目，特别适合长时间坐在空调房中使用电脑的职员。

2. **决明子茶**　绿茶 1～5 克、决明子 10 克、冰糖 25 克。先将决明子炒至鼓起备用。沸水冲泡约 300 毫升，分 3 次饭后服，每日 1 剂，用于夜盲症。

3. **绿茶明目方**　沸水冲泡饮用，每日 2 杯。常用能预防白内障，控制白内障病情发展。

> **决明**
> 甘、苦、咸、微寒。归肝、大肠经。
> **功效**：决明具有清热明目，润肠通便的作用。
> **制法**：与绿茶、冰糖一起沸水冲泡饮用。

龋齿的茶疗方法有哪些？

1. **绿茶**　绿茶含有的大量氟与牙齿中的磷灰石结合，具有抗酸防蛀牙的效果；同时可除去难闻口气。

2. **橄榄茶**　咸橄榄 4 枚，芦根 30 克，水煎服。有清热生津，解毒降火的作用。对上火引起的牙龈疼痛有显著的疗效。

3. **普洱茶**　6～10 克，用开水冲泡饮用。可以防止龋齿。

4. **荷叶茶**　干荷叶 15 克，水煎服，或干荷叶研末，每服 10 克，可预防龋齿，治牙痛。

5. **醋茶**　茶叶 3 克，用开水冲泡 5 分钟，取茶汁加入食醋 10 克，每日含漱 2～3 次，也可以预防龋齿。

糖尿病的茶疗方法有哪些？

糖尿病人经常感到口渴，尤其是炎炎夏日，更觉口渴难耐。一般饮茶治疗后，口渴症状减轻，深夜排尿次数减少，尿糖减少或消失。饮茶可以治疗糖尿病的重要原因是茶叶中含有多酚类物质。

1. **麦冬茶**　取麦冬、党参、北沙参、玉竹、天花粉各 9 克，知母、乌梅、甘草各 6 克，研成粗末，加绿茶末 50 克，煎茶水 1000 毫升，冷却后当茶喝。

2. **降糖茶**　取淮山药 9 克，天花粉 9 克共同研碎，连同 10 克枸杞一起放入陶瓷器皿中，加水文火煮 10 分钟左右，代茶连续温饮。

> **麦冬**
> 甘、微苦、微寒。归胃、肺、心经。
> **功效**：与绿茶同饮对治疗糖尿病有辅助作用。
> **制法**：与明党参、北沙参、玉竹、天花粉、知母、乌梅、甘草、绿茶煮沸冷却后饮用。

有关解暑止渴的茶疗方法有哪些？

1. 苦瓜茶 苦瓜去瓤装入绿茶，挂通风处阴干，用时切碎取 10 克沸水冲泡饮用，能解暑利尿。

2. 藿香花茶 茉莉花 3 克，青茶 3 克，藿香 6 克，荷叶 6 克，沸水浸泡后饮用，治疗夏季暑湿、发热头胀、胸闷。

3. 薄荷珠兰茶 茶叶 6 克、珠兰 3 克、薄荷 3 克，沸水冲泡饮用，治疗夏季暑湿，头胀烦闷。

4. 三叶青蒿茶 青竹叶一把，鲜藿香叶 30 克，青蒿 15 克，水煎取汁冲泡 10 克茶叶，饮服，治疗中暑、高热、胸闷恶心等症。

> 🌿 **苦瓜**
>
> 苦，寒。归脾、胃、心、肝经。
>
> 🔲 **功效：** 苦瓜具有清热消暑、养血益气的功效。
>
> 🔲 **制法：** 苦瓜去瓤装入绿茶，挂通风处阴干，用时切碎取10克沸水冲泡饮用。

有关抑菌消炎的茶疗方法有哪些？

1. 橘红茶 橘红 3～6 克，绿茶 5 克。用开水冲泡后再放入锅内隔水蒸 20 分钟服用，每日 1 剂随时饮用。此茶有润肺清痰、理气止咳之功，适用于秋令咳嗽痰多、黏而咳痰不爽之症。此茶中橘红可宣肺理气，消痰止咳；而茶叶有一定抗菌消炎作用，以此二味合用对咳嗽痰多、黏而难以咯出者疗效较好。

2. 蒲公英甘草茶 绿茶 1 克，蒲公英 15 克，甘草 3 克，蜂蜜 15 克。当中两味加水 500 毫升，煮沸 10 分钟，去渣，加入绿茶、蜂蜜即可，分 3 次温服，可以防止细菌感染导致化脓。

> 🌿 **蒲公英**
>
> 甘、苦，寒。归胃、肝经。
>
> 🔲 **功效：** 蒲公英具有防止细菌感染的功效。
>
> 🔲 **制法：** 与绿茶、甘草、蜂蜜煮沸10分钟后过滤饮用。

有关解毒的茶疗方法有哪些？

1. 菊花茶 茶叶、杭菊各 2 克，以沸水冲泡。具有清肝明目、清热解毒功效。

2. 猕猴桃茶 猕猴桃 100 克，红枣 10 枚，红茶 3 克。先将猕猴桃洗净，切碎，与红枣一起水煎沸 15 分钟，以沸煎水冲泡红茶即可。每日 1 剂，当茶饮用，可解毒。

3. 藤黄茶 红茶 30 克，藤黄 30 克。用红茶煎汁磨藤黄，涂患处，可以治丹毒。

有关益气疗饥的茶疗方法有哪些？

1. **救饥茶** 将茶嫩叶或冬生叶洗净，煮作羹食，可以救饥。

2. **疗饥茶** 将茶叶去苦味二、三次，淘净，用油盐酱醋调食，可以疗饥。

3. **益气茶** 将石斛、西洋参、玉竹、麦冬、枸杞子、玄参、砂仁、佛手放在水里煮开即可。益气养阴，生津止渴，可改善口渴喜饮，多食易饥。

4. **桂圆茶** 白兰地9毫升，红枣4个，桂圆干100克，茶叶2克。先煮桂圆干，再加入红枣和白兰地，调成桂圆茶，冲入茶器即可饮用。益心脾，补气血，提精神，治虚劳羸弱。

> **桂圆**
> 甘、温。归心、脾经。
> - **功效**：桂圆具有益心脾、补气血、提精神的功效。
> - **制法**：桂圆肉沸水煮开后加入红枣和白兰地，同服。

有关抗衰老的茶疗方法有哪些？

茶叶中的茶多糖可增强以血清凝集素为指标的体液免疫，促进单核巨噬细胞系统吞噬功能。茶多酚有很强的清除自由基和抗氧化作用，有助于抗衰老。抗衰老的茶疗方有：

1. **抗衰茶** 粳米、黄粟米、黄豆、赤小豆、绿豆各750克，细茶500克，净芝麻375克，净花椒75克，净小茴香150克，泡干白姜和炒白盐各30克。将前五味炒香，然后把以上各原料研为细末，混合均匀，外加麦面，炒黄熟，与前等分拌匀，并任意加胡桃仁、南枣、松子仁、白糖等。瓷罐贮放，每次3匙，白开水冲泡代茶饮，可以健身清热去脂。长期饮用，可抗衰老。

2. **菊花茶** 茶叶、杭菊各2克，以沸水冲泡。具有清肝明目、清热解毒功效，久服聪耳明目，抗衰老。

3. **大黄绿茶** 绿茶6克，大黄2克。沸水冲泡，随渴随饮。不仅清热，泻火，通便，消积，去脂，常饮此茶，还可延缓衰老。

4. **加味绿茶** 绿茶1小包、葡萄10粒、凤梨2片、蜂蜜1小匙、柠檬2片。取绿茶包放在杯中，加入开水浸泡7～8分钟；将凤梨片与葡萄粒榨成汁；果汁、蜂蜜、柠檬和绿茶同时倒入玻璃杯中拌匀即可。温和、安全地促进肌肤新陈代谢、血液循环、更新老化角质层、分解表皮层的黑色素，让肌肤变得更加均匀、光滑、白皙。

> **茶**
> 有温凉之分。归心、肺、胃经。
> - **功效**：茶叶中的茶多酚有很强的清除自由基和抗氧化作用，有助于抗衰老。
> - **制法**：单独饮用茶水，或与其他中草药煮沸后饮用。

有关抗辐射的茶疗方法有哪些？

　　茶叶之所以能抗辐射性伤害，主要是因为茶叶中含有脂多糖、儿茶素、维生素 C、氨基酸中的半胱氨酸、维生素 E 以及咖啡碱等。这些化学成分的综合性疗效，可以减轻和解除辐射损伤所引起的各种生理功能障碍。茶叶的这种特有功能，是茶叶保健作用的特点之一，茶叶用作防治辐射损伤的药剂，既没有毒性，又没有副作用。多饮茶可减轻或消除 X 射线对身体的危害。

　　1. **绿茶**　平时多喝绿茶可起到一定的抗辐射作用。绿茶中含有的维生素 C、维生素 E，还有茶多酚，具有很强的抗氧化活性，可清除人体内的自由基，达到抗辐射、增强机体免疫力的作用。

　　2. **鱼腥草茶**　将干品鱼腥草适量，直接放入杯中用沸水冲泡即可，注意多泡一会儿效果好。

🍵 **绿茶**
📖 **功效：** 绿茶不仅能延缓衰老，还有抗辐射的功效。
📋 **制法：** 沸水冲泡后饮用。

有关补血升白的茶疗方法有哪些？

　　1. **白术甘草茶**　绿茶 3 克，白术 15 克，甘草 3 克。将白术、甘草加水 600 毫升，煮沸 10 分钟，放入绿茶即可，分 3 次温饮，再泡再服，日服 1 剂。可以健脾补肾，益气生血，还可治白细胞减少。

　　2. **桂圆肉茶**　绿茶 1 克，桂圆肉 20 克。将桂圆肉加盖蒸 1 小时，备用。将绿茶与桂圆肉置于大的茶杯里，加开水 400 毫升，分 3 次温饮。日服 1 剂，或隔日 1 剂。可以补气养血，滋养肝肾。用于贫血。

　　3. **丹参黄精茶**　茶叶 5 克，丹参 10 克，黄精 10 克。将药共研粗末，用沸水冲泡，加盖闷 10 分钟后饮用，每日 1 剂。可以活血补血，治贫血症及白细胞减少。

🍵 **黄精**
甘、平。归脾、肺、肾经。
📖 **功效：** 黄精有补气养阴，益气生血的功效。
📋 **制法：** 与茶叶、丹参沸水冲泡，加盖闷 10 分钟后服。

辅助治疗唇癌的茶方有哪些?

1. **金银花茶** 金银花 30 克,蜂蜜 20 克。将金银花拣净,洗净后晒干或烘干,放入杯中,用沸水冲泡,加盖,闷 15 分钟即可饮用。饮服时可加蜂蜜,一般可冲泡 3 ~ 5 次。有消痈清热,散毒抗癌的疗效。

2. **生姜茶** 将鲜生姜洗净,在冷开水中浸泡 30 分钟,取出切片,压榨取汁,用纱布过滤,装瓶贮存于冰箱备用;每次在泡茶时,滴加 3 滴生姜汁,搅匀即可饮用。有解毒散寒,止呕防癌的功效。

辅助治疗肝癌的茶方有哪些?

1. **郁金抗癌茶** 绿茶 2 克,醋制郁金粉 5 ~ 10 克,炙甘草 5 克,蜂蜜 25 克。加水煮沸,滤去渣滓,取汁即可饮用。此茶有抗癌疗效,对肝癌的辅助治疗很有帮助。

2. **葵秆心绿茶** 向日葵秆心 30 克,绿茶 10 克。剥去向日葵秆的外皮,取秆心切碎,与绿茶一起放入砂锅内,加水适量,浓煎 2 次,每次 30 分钟左右,合并 2 次煎汁即可服用。分早晚两次服用,有消积抗癌的功效。

辅助治疗食道癌的茶方有哪些?

1. **猪苓甘草茶** 猪苓 25 克,茶叶 2 克,甘草 5 克。将三种原料捣碎煮沸,加绿茶,再次煮沸,即可饮用。解毒抗癌,对治疗食道癌很有帮助。

2. **猕猴桃茶** 猕猴桃 100 克,红茶 3 克,红枣 25 克。先将猕猴桃和红枣放在锅里煮沸,然后加红茶再次煮沸。待温后即可与猕猴桃与枣并食。解毒抗癌,适用于辅助治疗食道癌等,也适用于艾滋病的辅助治疗。

维生素 C 能防止癌症发生。

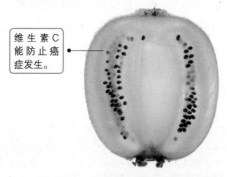

猕猴桃含有丰富的维生素 C,被誉为"维 C 之王"。

猕猴桃茶

性寒凉,味酸甘,可调中理气,解热除烦。

制法:猕猴桃 2 枚,蜂蜜 30 克。将鲜猕猴桃洗净、剥开,取其果肉,切碎,成细糊状,加冷开水调汁,加入蜂蜜混合即成。

辅助治疗胃癌的茶方有哪些?

1. **银花抗癌茶** 金银花 25 克,绿茶 2 克,甘草 5 克。放在水里煎沸,10 分钟,加绿茶再次煮沸,稍晾半分钟即可温饮。此茶可以抗癌,主要适用于胃癌的辅助治疗。

2. **甘菊桑叶茶** 甘菊 10 克,桑叶 10 克,青果、荸荠竹茹、黄梨各适量,放入锅内,加水煎汤,滤去渣滓,即可代茶饮用,对治疗胃癌有辅助作用。

乌梅,性味酸,微温,有敛肺止咳、生津止渴、涩肠止泻等功效。

山楂,味甘酸,能健益脾胃、化瘀消脂。

乌梅山楂茶	
制法	乌梅 10 枚,生山楂 15 克,绿茶 10 克。将乌梅、生山楂、绿茶放入砂锅内,加水煎煮 20 分钟,滤渣取汁即可代茶饮用
备注	当日煎熬当日服用完,体质寒凉的人不宜经常饮用

辅助治疗肠癌的茶方有哪些?

1. **绿茶** 绿茶中的茶多酚能够有效地控制患肠癌的几率。

2. **橄榄茶** 橄榄茶 10 克,川朴花 1.5 克,羚羊角 1.5 克,研成粗末,加水煎汤,每日一剂,代茶饮用,对于防治肠癌有很好的作用。

无花果
性味甘平,可消肿解毒、润肠通便、健胃清肠。
制法:无花果 2 枚,绿茶 10 克。将无花果洗净,与绿茶一起放入砂锅内,加水煎煮 15 分钟,取汁即可当茶饮。

辅助治疗鼻咽癌的茶方有哪些?

海藻,性寒味咸,可软坚散结,消痰利水。

1. **防癌茶** 乌龙茶或同质量的其他好茶适量。经常饮用,就能起到有效的防癌作用。

2. **青果乌龙茶** 青果 10 克,乌龙茶 5 克。将青果洗净,拍碎,与乌龙茶一起放入砂锅内,煎煮 20 分钟,取汁皆可代茶饮饮用,当日服完。有生津利咽,解毒抗癌之功效。

海藻茶	
制法	用冷开水轻轻漂洗海藻,洗净后放入砂锅内,加水浓煎 2 次,每次 30 分钟,合并 2 次的煎汁,当茶饮用
备注	每日 2 次,每次 150 毫升煎液,用温开水冲淡,频频饮用

辅助治疗乳腺癌的茶方有哪些？

1.冬贝茶 天门冬30克，土贝母10克，绿茶3克，蜂蜜适量。用水煎服取汁泡茶，饮用时还可以加蜂蜜。此茶方可消肿抗癌，特别对辅助治疗乳腺癌肿有显著疗效。

2.木瓜桑叶茶 木瓜30克，桑叶15克，红枣10枚。先将红枣洗净，去核晒干，与木瓜、桑叶共切成细末，放入杯内，用沸水冲泡，加盖，闷15分钟，即可当茶饮服，一般可冲泡3～5次。不仅美肤，还有止痛抗癌的功效。

 木瓜

甘，微寒。归肝、脾经。

功效：木瓜独有的番木瓜碱具有抗肿瘤功效，能阻止人体致癌物质亚硝胺的合成。

制法：沸水冲泡后饮用。

辅助治疗肺癌的茶方有哪些？

1.瓜姜抗癌茶 瓜蒌5克，绿茶2克，甘草3克。将三种原料放在锅里加水煮沸，即可取汁饮服，一日二次，可以有效地预防肺癌的发生，在治疗中也有辅助作用。

2.鱼腥黄芩茶 鱼腥草30克，金银花9克，黄芩9克，绿茶3克，蜂蜜1匙。将鱼腥草、金银花和黄芩加水煎沸，再加茶叶煮，即可取汁，加上蜂蜜饮服。对于肺癌的辅助治疗有显著的效果。

芦笋

性寒味甘，含有多种维生素和微量元素。

功效：芦笋有润肺祛痰、解毒抗癌的功效。

制法：与绿茶一起用砂锅煎煮后饮用。

辅助治疗宫颈癌的茶方有哪些？

1.菱角抗癌茶 菱角60克，生薏仁30克，绿茶3克。加水煮沸取汁即可饮用，可以辅助治疗宫颈癌。

2.制川乌抗癌茶 制川乌20克，艾叶20克，蜂蜜30克，元胡20克。先将艾叶、制川乌和元胡拣杂晒干，切成片，同放入砂锅，加水浸泡片刻，大火煮沸，取汁放入容器，待其温热时，兑入蜂蜜，拌和均匀，早晚2次分服。可以辅助治疗宫颈癌疼痛，对寒性宫颈癌疼痛尤为适宜。

菱角

生者甘、凉、无毒；熟者甘、平、无毒。入胃、肠经。

功效：菱角利尿通乳的功效，对治疗妇科疾病有一定的辅助功效。

制法：与生薏仁、绿茶一起煮沸后饮用。

辅助治疗白血病的茶方有哪些？

1. 草莓蜜茶 新鲜草莓50克，蜂蜜30克。将采摘的新鲜草莓除去柄托，放入冷开水中浸泡片刻，洗净后绞成糊状，盛入碗中，调入蜂蜜，拌和，加冷开水冲泡，当茶饮用，补虚养血，解毒抗癌。对白血病的治疗有很好的辅助作用。

2. 洛神花茶 洛神花放入沸水中冲泡即可饮用，洛神花茶中含有的花青素能促进血癌细胞的灭亡。

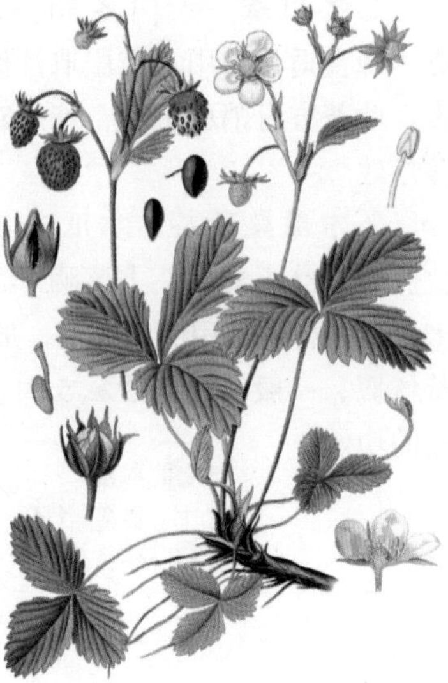

草莓

性凉，味酸甘。归肺、脾经。

功效：草莓具有补虚养血、解毒抗癌的功效。

制法：草莓绞成糊状，与蜂蜜用冷开水拌后饮用。

双花祛痘茶有什么功效？

双花祛痘茶由金银花和菊花搭配连翘煎制而成，金银花性寒味甘，可清热解毒、抗菌消炎；菊花味微甘，性微寒，有抗癌解毒、消炎利尿、降压安神、明目醒脑等作用，为人所称颂。注意体质虚寒的热人不宜饮用此茶。

但此茶的祛痘效果甚好，对于那些内火太热而引起的小痘痘有很好的攻克疗效。适宜一些喜欢吃辣、口味比较重、容易热气，长痘痘、生痱子、多痤疮的人饮用，经常饮用，对皮肤有改善作用。

食疗功效

双花祛痘茶有清热解毒、防暑降压、抗菌消炎、降压安神、明目醒脑的功效，对于因内火过盛而引起的小痘痘有着不错的治疗效果。

金银花性寒味甘，可清热解毒、抗菌消炎。

菊花味微甘，性微寒，有抗癌解毒、消炎利尿、降压安神、明目醒脑等作用。

枸杞红枣丽颜茶有什么功效？

枸杞红枣丽颜茶，由枸杞和红枣煎煮而成，饮用时加入适量的冰糖，可达到美容养颜的功效。一日食三枣，即可滋养神气，红枣营养补中益气，养血安神，健胃养脾；枸杞补肾益精，补血安神，是日常保养的佳品。此茶是爱美女性的美颜茶，对那些经常加班、睡眠不足、电脑辐射而导致的面色晦暗、皮肤粗糙有很好的帮助。此茶可提升气血，使面色看起来要好一些，再加一些玫瑰花，还可达到美肤的效果。

■红枣营养丰富，能补中益气，养血安神，健胃养脾。

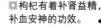

■枸杞有着补肾益精，补血安神的功效。

📷 **食疗功效**

枸杞红枣丽颜茶有补中益气、补血安神、健胃养脾、补肾益精的功效，对于爱美的女性来说，是日常补养、美肤的佳品。

洛神花玉肤茶有什么功效？

洛神花含有丰富的蛋白质、有机酸、维生素 C、多种氨基酸及多种对人体有益的矿物质，是天然的药材之一。洛神花味甘，具有清热、消烦与促进食欲、生津止渴的作用。洛神花中含有的果酸、果胶及大量维生素 C，可美白肌肤，防衰老。对于油性皮肤的人来说还可在洗脸时加入一些洛神花，能达到抑制油腻的作用，是美容的佳品，经常饮用，皮肤会细嫩润滑。

此茶还能改善睡眠质量，洛神花中的提取物对调节血压也能起到一定得作用，另外，还能促进胃癌细胞的死亡。

📷 **食疗功效**

洛神花玉肤茶有清热除烦、改善肤质、抗衰老、生津开胃、安神助眠的功效，是穿梭在都市丛林中"杜拉拉"们的闺房益友。

■可根据情况，适量氨搭配茶或蜂蜜饮用。

益母草活力亮发茶有什么功效？

益母草性味辛甘、苦，无毒，可活血祛瘀、调经利水，为妇科名药，故名"益母"。研究表明，益母草具有兴奋子宫，改善微循环障碍，改善血液流动性，抗血栓形成，调经活血，散瘀止痛，利水消肿等作用。

益母草活力亮发茶是由益母草、淮山、红枣、当归、何首乌等材料一起煎煮而成的。滤渣后取汁即可饮用。淮山供给人体大量的黏液蛋白，富含精氨酸、淀粉酶、碘、钙、磷、及维生素 C 等，有健脾补肺、固肾益精之功。何首乌能补充头发营养，促进大脑部位血液循环。此茶能健脾补肺、固肾益精、养血安神，起到黑发、乌发、养颜、抗衰老的作用。

食疗功效

益母草活力亮发茶有活血调经、健脾补肺、固肾益精、养血安神的功效，不仅能达到乌发的效果，更有美颜、抗衰老的作用。

◙ 益母草性味辛甘、苦，可活血祛瘀、调经利水。

◙ 淮山有健脾补肺、固肾益精之功，是健脑、明目的佳品。

◙ 何首乌能补充头发营养，促进大脑部位血液循环。

去黑眼圈美目茶有什么功效？

去黑眼圈美目茶，用赤小豆 10 克、丹参 3 克煎煮而成，加入红糖适量即可饮用。此茶中赤小豆性平，味甘酸，能利水消肿、解毒排汗、加快毛细血管循环，适用于睡眠不足造成的黑眼圈，对早起脸浮肿也有明显的改善作用。

这道茶适合于那些常常加班熬夜忙工作的女性白领。经常睡眠不足使眼睛疲劳，加速眼周围肌肤的衰老而产生黑眼圈。赤小豆的利水消肿和丹参的滋补作用，有效地促进微血管循环，改善"黑眼圈"，是用眼族和电脑族必不可缺的饮品。

食疗功效

去黑眼圈美目茶有利水消肿、解毒排汗、促进眼部毛细血管微循环的功效，对熬夜造成的脸部浮肿、黑眼圈有着一定的改善效果。

普洱山楂纤体茶有什么功效?

纤体可谓是现在所有女性朋友追求的"事业",普洱茶是近年来的瘦身明星,都知道它有化油腻、降血脂、减肥的作用,加上山楂促进消化的效果,简直是完美搭档。

取山楂 5 克,洛神花 2 克,普洱茶 1 匙,用开水冲泡,放入适量冰糖,待茶叶浓香时,放入 5 朵菊花即可。这道茶除了瘦身外,还具有明亮眼睛、润泽肌肤的功效,可谓是美颜瘦身一举两得。洛神花性凉味酸,甘而涩,入肝、胃二经,具有降脂降压、开胃健脾、纤体瘦身、抗疲助睡的作用。

食疗功效

普洱山楂纤体茶有解油去腻、开胃健脾、降脂减肥、明目润肤、降压助睡的功效,是女性朋友达成成功瘦身的必备佳品。

◙ 普洱茶去油解腻,降脂减肥。

◙ 山楂可促进消化。

柠檬清香美白茶有什么功效?

柠檬,有一股清凉的风味,闻之入鼻清香怡人,用柠檬泡茶饮用可以帮助消化,故常被当作餐后茶使用。柠檬中含有柠檬酸、苹果酸、丰富的维生素 C、维生素 B_1、维生素 B_2 以及香豆精类、谷甾醇类、挥发油等营养物质。柠檬所含的成分除提供营养素外,还可促进胃中蛋白质分解酶的分泌,增加胃肠蠕动,有助消化吸收。柠檬汁有很强的杀菌作用和抑制子宫收缩的功能,并能降低血脂。柠檬的美容功效也十分显著,能防止和消除皮肤色素沉淀,使肌肤光洁白嫩。

食疗功效

柠檬清香美白茶有美白嫩肤、开胃消食、提神解乏、降血脂的功效,能对抗和消除皮肤色素沉淀,清新的气息让人欲罢不能。

◙ 柠檬能防止和消除皮肤色素沉淀,使肌肤光洁白嫩。

参须黄芪抗斑茶有什么功效？

　　参须、黄芪搭配枸杞、当归和红枣放入清水中煮沸，去渣即可当茶饮用。参须性平凉，味微苦，滋阴清火，可以增强肌肤的抵抗力；黄芪素有"小人参"之称，可以行气活血，使血液循环通畅。

　　大多数女人在三十八岁后，脸上就会有黄褐斑等出现。多发于面部的颧骨、额头及嘴唇周围，这可能是由妇科病引起身体微循环功能的混乱，气血流通不畅而导致色素沉淀而形成黄褐斑。参须黄芪抗斑茶能够从内部调节，促进皮肤的新陈代谢，常饮此茶能够有效地阻止脸部皮肤黑色素沉积，可以收到洁肤除斑的功效。

食疗功效

　　参须黄芪抗斑茶有行气活血、滋阴清火、洁肤除斑的功效，能促进皮肤的新陈代谢，改善女性体内气血微循环，抑制黑色素沉积。

☑黄芪素有"小人参"之称，可以行气活血，使血液循环通畅。

☑参须性较平凉，味微苦，滋阴清火，可以增强肌肤的抵抗力。

咖啡乌龙小脸茶有什么功效？

　　用开水冲泡乌龙茶，再加入咖啡适量，稍冷却后即可饮用。此茶中，乌龙茶是半发酵茶，几乎不含维生素 C，但富含铁、钙等矿物质，也有促进消化酶和分解脂肪的成分。饭前、饭后喝一杯乌龙茶，能促进脂肪的分解，脂肪因此可以不被身体吸收就直接排出体外，阻止了因脂肪摄取过多而引发的肥胖。而咖啡的主要成分是咖啡因和可可碱，有提神醒脑、利尿强心、促进消化的功效。两者搭配在一起喝，能收到很好的瘦脸效果。

食疗功效

　　咖啡乌龙小脸茶有助消去脂、利尿强心、提神醒脑的功效，能通过促进消化、分解脂肪来达到阻止人体内脂肪的过度堆积。

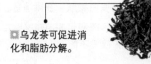

☑乌龙茶可促进消化和脂肪分解。

黑芝麻乌发茶有什么功效?

黑芝麻500克,核桃仁200克,白糖200克,茶适量。黑芝麻、核桃仁拍碎,糖10克,用茶冲服。

此茶中的黑芝麻含有大量的脂肪和蛋白质,还有糖类、维生素A、维生素E、卵磷脂、钙、铁、铬等营养成分,有乌须发、益脑活髓的功效。核桃仁是难得的补脑坚果,能促进头部血液循环,还能增强大脑记忆力。此茶有乌发美容的功效,常饮此茶可保持头发光滑、滋润、不会变白。

■黑芝麻有乌须发、益脑活髓的功效。

📷 **食疗功效**

黑芝麻乌发茶有乌须发、健脑活髓的功效,能促进人体脑部的血液循环,强化记忆力,保持头发的光泽滋润、乌黑亮丽。

丰胸通草汤有什么功效?

此茶是将通草、丝瓜络和对虾放入锅中熬烫而成,加入盐调味即可当茶饮用。通草性较寒,味甘淡,有利尿、清热的功效,是天然的通乳药材,能缓解乳房肿胀带来的不适;丝瓜络味甘性寒,可治经络不通等症状,补血滋阴;对虾含蛋白质高。此茶将三种材料配成汤,可通调乳房气血,令胸部丰满。此汤利尿通淋,可主治湿热淋痛,小便不利以及产后乳汁不下等症。

📷 **食疗功效**

丰胸通草汤有清热利尿、滋阴通络的功效,可促进乳房气血恢复通畅,在缓解乳房肿胀不适的同时,更具有一定的丰胸效果。

■对虾含有丰富的优质蛋白。

■通草性较寒,味甘淡,有利尿、清热的功效,能缓解乳房肿胀带来的不适。

■丝瓜络味甘性寒,可治经络不通等症状,补血滋阴。

迷迭香瘦腿茶有什么功效？

此茶以迷迭香与荷叶放在一起冲泡即成，此茶中，迷迭香既可消毒、驱虫、调味，也可增强脑部功能、刺激神经系统、改善胃胀气；荷叶有清脂降压减肥的功效，并有效排出体内毒气，帮助消化，促进新陈代谢。搭配在一起饮用，减肥效果更佳，特别是对腿部的效果十分明显，能够使腿看起来纤细润滑，更加迷人。

◙迷迭香既可消毒、驱虫、调味，也可增强脑部功能、刺激神经系统、改善胃胀气。

📷 食疗功效

迷迭香瘦腿茶有排毒助消、清脂减肥、调理胃气的功效，能促进机体的新陈代谢以达到瘦身的效果，使腿部肌肉格外纤细润滑。

益母玫瑰丰胸茶有什么功效？

此茶是将益母草、当归、玫瑰花加入清水中，用小火煎煮约 10 分钟后，即可去渣饮用。益母草性味辛甘、苦，无毒，能活血祛瘀，调经利水；当归味甘、性苦，内含精油、多糖类成分，有丰乳的功效；玫瑰能增加皮肤的弹性，养阴润肺。此茶中都是温和配方，对妇女身体有很好的补养效果，特别是对胸部发育不良者有良效，可达到塑造美胸的效果。

📷 食疗功效

益母玫瑰丰胸茶有养阴润肺、活血祛瘀、调经利水的功效，以温和的配方达到女性丰乳美胸、补养机体的效果，更可强化肌肤弹性。

◙当归味甘、性苦，内含精油、多糖类成分，有丰乳的功效。

◙玫瑰能增强皮肤弹性，养阴润肺。

◙益母草性味辛甘、苦，能活血祛瘀，调经利水。

丹参泽泻瘦腰茶有什么功效？

　　丹参泽泻瘦腰茶是用丹参、绿茶、何首乌和泽泻煎制而成的，去渣即可饮用。此茶中的泽泻味甘性寒，含三萜类化合物、挥发油、生物碱、天门冬素树脂等，能增加尿素和氯化物的排泄，排出身体多余的水分；丹参是天然的滋补品，补充身体所需的各种营养元素。两者放在一起煎煮而成的茶，能加速脂肪的溶解，阻止脂肪在腰部的囤积。

　　此茶适合一些经常坐着工作的上班族饮用，因经常坐着不运动，脂肪容易在腰部聚集，腰部很快变得肥胖，常饮此茶能有效地抑制腰部脂肪的堆积，保持腰部的曲线。

食疗功效

　　丹参泽泻瘦腰茶有益气滋补、润肠解毒、利水消脂的功效，能促进人体内多余水分的排出，抑制腰部脂肪的堆积，塑造完美曲线。

❀丹参可补充身体所需的各种营养元素。

❀何首乌性温，味苦、甘、涩，具解毒、润肠、通便之功能。

淮山丰胸美肤茶有什么功效？

　　淮山即山药，将淮山、蒲公英、当归放入清水中煮沸即成，去渣当茶饮用。淮山是神仙食品，不但营养丰富，还能帮助强化女性荷尔蒙，达到丰胸的效果。另外，淮山还经常用于补脾胃及治疗妇科疾病；当归味甘、性苦，内含精油、多糖类成分，有丰乳的功效；蒲公英能帮助通乳腺，清热解毒。

　　此茶有美艳肌肤与丰胸的双重功效，经常饮用，不仅能使皮肤富有弹性、光滑细嫩，而且能让胸部高耸丰满。

❀淮山可帮助强化女性荷尔蒙，达到丰胸的效果。

食疗功效

　　淮山丰胸美肤茶有滋阴通络、清热解毒、补益脾胃的功效，通过强化女性荷尔蒙以达到丰胸的效果，促进肤质细嫩、光泽。

去水肿薏仁豆奶茶有什么功效?

　　该茶用薏仁和豆浆调制而成。薏仁性味甘淡微寒，属利水渗湿药，能清热解毒，加速水分的排出，改善轻度水肿，消除虚胖。豆浆味甘性平，富含丰富的营养物质，能够调节人体内分泌，促进血液循环和水分的新陈代谢。常饮此茶能够迅速排出体内的水分，消除水肿。

　　另外，薏仁豆奶茶还有健脾去湿、舒筋除痹、清热排脓，滋润肌肤等功效，有较好的美容效果。经常饮用可以保持人体皮肤光泽细腻，减少皱纹，祛除色斑。并能治疗褐斑、雀斑、面疱，使斑点消失并滋润肌肤。

食疗功效

去水肿薏仁豆奶茶有清热解毒、健脾去湿的功效，可通过加速人体内水分代谢来改善水肿，消除虚胖状态，恢复肌肤润泽。

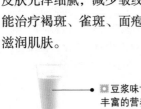

◎豆浆味甘性平，富含丰富的营养物质，能够调节人体内分泌，促进血液循环和水分的新陈代谢。

◎薏仁性味甘淡微寒，属利水渗湿药，能清热解毒，加速水分的排出，改善轻度水肿，消除虚胖。

大黄强效瘦身绿茶有什么功效?

　　此茶用大黄和绿茶一起冲泡饮用，有减肥消脂的功效。绿茶中的茶碱及咖啡因，可以经由作用活化蛋白质激酶及三酸甘油酯解脂酶，减少体内脂肪细胞堆积，从而达到减肥效果；而大黄，则可泻热通肠，凉血解毒，逐瘀通经，是女性朋友的良药。两者合服，能收到意想不到的减肥效果，特别是对腰部的瘦身效果十分明显。想要苗条瘦身的朋友可以尝试饮用。需要注意的是，妇女经期慎用绿茶，以免阻碍人体对铁的吸收。

食疗功效

大黄强效瘦身绿茶有消脂瘦身、凉血解毒、泻热通肠的功效，能有效降低脂肪细胞在人体内的长期堆积，重塑迷人身材。

◎大黄可泻热通肠，凉血解毒，逐瘀通经。

番泻叶急瘦去脂红茶有什么功效？

红茶属于全发酵茶，在其发酵过程中，大量茶多酚被氧化掉，生成茶黄素和茶红素。

茶黄素是一种有效的自由基清除剂和抗氧化剂，具有抗癌、抗突变、抑菌抗病毒的作用，对改善和治疗心脑血管疾病、治疗糖尿病等也有很好的疗效。

此外，红茶中的儿茶素保健功能强大丰富，对防止血管硬化、抗辐射性物质伤害、消炎杀菌、收敛止血、解毒、延缓老化、抗癌、降血脂、降血糖、降血压等也有很好的功效。

食疗功效

番泻叶急瘦去脂红茶有温胃散寒、开胃消食、通便利水的功效，可加强胃肠蠕动，清除体内自由基，快速打造苗条身材。

汉宫飞燕纤腰茶有什么功效？

汉宫飞燕纤腰茶用决明子、山楂、陈皮、车前子搭配乌梅、甘草加入水中煎熬而成。决明子性寒味甘，无毒，可明目通便；车前子含黏液质、桃叶珊瑚苷、车前子酸、胆碱、腺嘌呤、琥珀酸、树脂等，能清热利尿，有助通便；乌梅、山楂等可促进消化吸收。经常饮用这道茶，能收到消脂减肥的功效，特别是对腰部有显著的效果，让你腰变得更纤细。

食疗功效

汉宫飞燕纤腰茶有消食利尿、清热通便的功效，促进食物的消化与吸收，消除脂肪堆积，为爱美女性强力塑造"小蛮腰"。

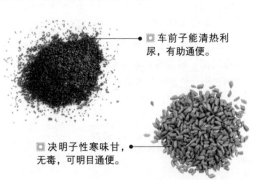

车前子能清热利尿，有助通便。

决明子性寒味甘，无毒，可明目通便。

乌梅可促进消化吸收。

芒果清齿绿茶有什么功效？

　　此茶的做法是将芒果去核，加入开水中煮3分钟；然后用芒果水冲泡绿茶，加入白糖调匀即成。芒果性凉，味甘酸，维生素C含量很高，用芒果水冲泡绿茶，能抗炎症，防止牙龈出血。

　　绿茶是不发酵茶叶，富含维生素C、维生素K等成分，具有抗血小板凝集、促进膳食纤维溶解、降血压、降血脂的作用，对防治心血管疾病十分有利。绿茶中含有的氟、茶多酚等成分，能防龋固齿，大多数牙膏都引进了绿茶成分，达到口气清爽，坚固牙齿的目的。

食疗功效

　　芒果清齿绿茶有抗炎降压、防龋固齿、提神醒脑的功效，能有效对抗牙龈出血，消除疲劳状态，令口气保持长久清新。

双花清亮茶有什么功效？

　　这里的双花是指槐花和菊花。将槐花、菊花与绿茶一同用热水冲泡，过滤即可饮用。槐花能降血压，对肝火血热、青光眼、视力模糊、眼底出血、动脉硬化等症状有缓解的功效；菊花能清肝明目，对眼睛劳损、头痛、高血压等均有一定作用。将这两种花与绿茶同饮，能减轻视力模糊不清、眼睛干涩流泪、眼红肿等症状，每天午餐后，连续饮用3个月即可见效。此茶还能用于治疗高血压头痛、头胀、眩晕等病症。

食疗功效

　　双花清亮茶有清热凉血、清肝明目的功效，可减轻由于疲劳等因素引起的眼睛干涩、红肿、视力模糊，快速恢复身体舒畅。

◾菊花有清肝明目之效。

◾槐花味苦性微寒，可清肝泻火，清热凉血，对肝火血热、青光眼、视力模糊有缓解的功效。

黄柏通鼻龙井茶有什么功效?

将黄柏与龙井放在一起冲泡，香味扑
鼻，能够改善鼻腔内部环境，有效地预防
鼻腔内细菌的滋生，防止炎症发生。

黄柏味苦，有清热解湿、泻火解毒、
抗细菌等功效。

龙井茶所含氨基酸、儿茶素、维生素
C等成分，均比其他茶叶多，营养丰富，
有生津止渴、提神益思、消食化腻、消炎
解毒之功效。另外龙井茶还能提神、生津
止渴、降低血液中的中性脂肪和胆固醇，
具抗氧化、抗突然异变、抗肿瘤、降低血
液中胆固醇及低密度脂蛋白含量、抑制血
压上升、抑制血小板凝集、抗菌、抗产物
过敏等功效。

食疗功效

黄柏通鼻龙井茶有清热解毒、抗菌消炎、解
湿提神的功效，有效改善鼻腔的内环境，不给致
病细菌留有可乘之机。

黄柏苍耳消炎茶有什么功效?

黄柏味苦，有抗菌消炎的功效，用黄
柏泡茶喝，可泻火解毒，能够有效地预防
炎症的发生。苍耳性寒味苦，有通络止痛
的功效。将两者合在一起配合绿茶冲泡服
用，能有效地预防中耳炎等疾病。绿茶性
寒，可降火清心，且含有多种营养元素。
常喝此茶可预防听力退化，对耳膜炎等有
很好的预防作用。

需要注意的是，苍耳是有毒的，冲泡
时要适量，才能避免中毒，并起到治疗疾
病的作用。

食疗功效

黄柏苍耳消炎茶有抗菌消炎、通窍解毒、清
热燥湿的功效，能够预防炎症的发生，远离耳
膜炎，还给耳朵一个清晰的世界。

■黄柏味苦，有抗菌消炎的
功效，用黄柏泡茶喝，可泻
火解毒，能够有效地预防炎
症的发生。

■苍耳性寒味苦，有通络
止痛的功效。

苹香养血绿茶有什么功效？

苹香养血绿茶是将绿茶泡入热开水中，将苹果切片加入，再加入果粒茶，然后加入果糖，搅匀，滤出茶汁即可饮用。苹果富含维生素 B_1、维生素 C，可以治疗便秘和贫血，并且能润肤养颜。而绿茶能降脂减肥，降火清心，可凝聚血小板，促进血液循环。在绿茶中加入苹果，能显著地改善贫血带来的头晕乏力、面色苍白、畏寒怕冷等症状。

经常饮用此茶，可改善贫血状况，常用于辅助治疗营养不良而造成的缺铁性贫血。此茶适合女性饮用，但是经期是不可饮用的，因绿茶影响铁的吸收。

食疗功效

苹香养血绿茶有清心降火、润肺开胃、润肤养颜的功效，能促进人体内的血液循环，益脾降脂，可有效改善女性的贫血状态。

花生衣红枣补血茶有什么功效？

花生营养丰富，其壳、叶有很高的药用价值。将花生皮洗净煎汤浓缩当茶饮用，对治疗冠心病、动脉硬化、高血压和降低血清胆固醇都有良好效果；红枣，性温味甜，含有丰富的蛋白质、脂肪、糖类、有机酸、维生素及微量钙，有补中益气、养血安神的功效。花生衣红枣茶可补血生白。

另外，经常饮用此茶可以提高人体免疫力，抑制癌细胞，对防治骨质疏松也有很好的效果，特别对女性非常有益，有很好的滋阴补血功能。

食疗功效

花生衣红枣补血茶有补中益气、养血安神、散瘀消肿的功效，提高人体机体的抗病能力，是女性健康生活的滋阴佳品。

红枣，性温味甜，有补中益气、养血安神的功效。

花生皮（红衣），性味甘、涩，平，有养血止血、散瘀消肿之功。

菊槐降压绿茶有什么功效？

将菊花与槐花同绿茶一起用开水冲泡，滤渣即可饮用。槐花有"凉血要药"之称，能降血压，对肝火血热，动脉硬化等症状有缓解的功效；菊花能清肝明目，对头痛、高血压等有一定治疗作用。此茶能够有效地降血压、降血脂、清热散风、凉血止血，预防中风，可以用于治疗由血压高而引起的各种肢体偏瘫、心力衰竭、脑梗塞、脑溢血等症。

绿茶中的儿茶素含量丰富，能降低血浆中的胆固醇、游离胆固醇、低密度脂蛋白胆固醇以及三酸甘油酯，同时可以增加高密度脂蛋白胆固醇，有抑制血小板凝集、降低动脉硬化发生率的功效。绿茶含有黄酮醇类，有抗氧化作用，亦可防止血液凝块及血小板成团，降低心血管疾病的发生。

食疗功效

菊槐降压绿茶有清肝明目、清热降压、凉血止血的功效，不仅能控制人体血压趋于健康状态，更能降低心血管疾病的发生。

地黄山药明目茶有什么功效？

将熟地黄、生地黄、山药添加一些泽泻、山萸肉、牡丹皮、柴胡、茯神、当归等加水用大火煮沸，稍凉即可饮用。

地黄具有清热生津、养阴凉血、明目益睛的作用，为护眼常用的药材。山药又名薯蓣，含淀粉酶、胆碱、黏液质、精氨酸、蛋白质、脂肪、维生素、矿物质等成分，都是生命运动必需的成分。山药性平、味甘，滋补性强，有健脾、补肝肾、理虚弱、消渴、补中益气之功效。此茶常饮，健脾补肺，固肾益精，对糖尿病的治疗也大有裨益。

◘ 地黄具有清热生津、养阴凉血、明目益睛的作用。

食疗功效

地黄山药明目茶有清热明目、补中益气、固肾益精的功效，养眼、护眼，调理虚弱体质，特别适合视力障碍的老年人日常补养。

杜仲护心绿茶有什么功效?

将杜仲叶洗净后和绿茶同置于茶杯内,以开水冲泡,加盖5分钟后即可饮用。杜仲性味平和,不含茶碱及咖啡因等物质,含丰富的蛋白质、氨基酸、有机酸、维生素C及微量生物碱,能稳定或降低血压,促进血液循环,降低胆固醇和中性脂肪,冠心病患者长服此茶能收到意想不到的疗效。

杜仲所含成分还可加速新陈代谢,促进热量消耗,使体重下降,想减肥的人也可以试用。除此之外杜仲的防衰老功效也很好,长期坚持喝杜仲茶就会达到效果。

食疗功效

杜仲护心绿茶有补益肝肾、降压护心、强健筋骨的功效,能促进人体血液循环和新陈代谢,是降压或稳定血压的良品。

玉竹秦艽养心茶有什么功效?

玉竹秦艽养心茶用玉竹、秦艽搭配当归、甘草冲泡而成,加适量冰糖就可以代茶饮用。玉竹有滋阴生津、润肺养胃的功效,还可作利尿、强心之用。秦艽辛、苦,能祛风湿,止痹痛,常饮可以预防风湿性心脏病。

玉竹秦艽养心茶在医学临床上将其应用于治疗冠心病、心绞痛、风湿性心脏病等症。平常代茶饮用,每日1剂,分早晚两次服用,特别对患风湿的病人很有益处。另外,此茶还可治疗小儿发热等症状。

食疗功效

玉竹秦艽养心茶有滋阴活血、祛湿止痹、利尿强心的功效,临床医学上多用于辅助治疗冠心病、心绞痛、风湿性心脏病等症。

◙秦艽辛、苦,能祛风湿,止痹痛。

◙玉竹有滋阴生津、润肺养胃、利尿强心的功效。

天花粉冬瓜茶有什么功效?

将天花粉 50 克与冬瓜 100 克放入砂锅内加水煎熬成汤，过滤去渣，即可取汁代茶饮用。《神农本草经》记载，冬瓜"味甘、微寒，主治小腹水肿，利小便、止渴"，可清心火，泻脾火，利湿祛风、消肿止渴，解暑化热。冬瓜中不含脂肪，可促进新陈代谢，使得体瘦轻健，有助于减肥。冬瓜含钠量低，有利肾脏病、高血压、浮肿病患者康复。天花粉性寒味酸，有清热生津，除烦止渴的作用。

将冬瓜和天花粉一起煎制成茶，可以润肺清胃，生津止渴，可做糖尿病的辅助治疗，改善肺胃燥热、烦渴多饮、饮不解渴、善饥形瘦等症。

食疗功效

天花粉冬瓜茶有润肺清热、消肿止渴、利湿祛风的功效，能促进人体的新陈代谢，轻身健体，是糖尿病患者日常选用的佳品。

绿豆清毒茶有什么功效?

将绿豆洗净，加入适量水煮 20 分钟，再加入绿茶、红糖，闷 10 分钟即可代茶饮用，绿豆性寒味甘，含丰富的蛋白质、脂肪、磷脂、糖类、胡萝卜素及维生素 B_1、维生素 B_2 等，有清热解毒、解暑生津的功效。绿茶有一定促进消化的功能，快速排出体内毒素，清毒效果非常好。

绿豆清毒茶可以用来辅助治疗下肢胀满、小便不利、口干、消渴等症。另外，此茶还有调节内分泌的功能，能够美白肌肤、抗衰老。在皮肤病的治疗上可以提取绿豆、绿茶中的有效物质进行治疗，可改善问题皮肤。

绿豆性寒味甘，含有丰富的营养元素，有清热解毒、解暑生津的功效。

食疗功效

绿豆清毒茶有清热解毒、解暑排毒的功效，能改善人体的消化功能，快速排出体内堆积的毒素，美白肌肤，延缓机体老化。

紫罗兰止咳散瘀茶有什么功效？

将紫罗兰、芙蓉花、玫瑰花放入锅中，加开水煮，还可以加入一些玫瑰，稍凉即可代茶饮用。此茶中的主要材料紫罗兰，不仅色泽好看，泡茶味道也十分温润，喝紫罗兰茶可帮助呼吸道疾病的治疗，舒缓感冒引起的咳嗽、喉咙痛等症状，对支气管炎也有调理之效。气管不好者可以时常饮用，当作预防保健。

搭配芙蓉花、玫瑰花一起冲泡，还有清热凉血、消肿排脓的功效，可用于热疖、疮痈、乳痈及肺热咳嗽、肺痈等病症。玫瑰花可以理气活血，对散瘀的效果非常好。另外，此茶还有排毒养颜、美白肌肤的功效，经常饮用，可使容颜焕发。

食疗功效

紫罗兰解咳散瘀茶有清热凉血、排毒养颜、美白肌肤的功效，色泽艳丽，滋味温润，是白领女性日常补养、调剂身心的必备。

乌梅山楂去脂茶有什么功效？

乌梅味酸，性微温，含有糖类、苹果酸、枸橼酸、维生素C等成分，有敛肺止咳、生津止渴、涩肠止泻等功效，对菌痢、肠炎、久泻、久咳、虚热烦渴均有治疗功效。常喝乌梅茶有养阴止渴之功，可缓解糖尿病患者口干口渴症候。

山楂味甘酸，能化瘀消脂，久服有降低胆固醇和三酸甘油酯的作用。山楂不仅能入脾胃消积滞，散宿血，对于水痢及产妇腹中块痛也可以治愈，还能促进消化，健脾胃，消瘀血，适宜儿童消化不良的治疗。

将乌梅与山楂同饮，对于气滞血瘀的肥胖者有很好的去脂减肥效果。但是，体质寒凉的人不宜经常饮用。

食疗功效

乌梅山楂去脂茶有养阴止渴、消食健胃、化瘀消脂的功效，能有效促进人体的消化功能，是肥胖者消脂减肥的福音。

甘枣顺心茶有什么功效?

将生甘草与大枣用沸水闷泡15分钟后即可饮用,此茶的主要功效在于能解烦安神,可用于血压偏低而引起的视力障碍、睡眠不好等症。

甘草性平味甘,有解毒、祛痰、止痛、解痉、抗癌等药效,在中医上还有补脾益气、滋咳润肺、调和药材烈性的功效,可用于治疗咽喉肿痛,痈疽疮疡,胃肠道溃疡以及解药毒、食物中毒等。但是甘草也不宜久服,会引起水肿,用时需注意剂量。大枣性味温甘,能补中益气,养血安神,有健胃养脾、生津安眠、增强心肌收缩能力等功用,还可益气补肾,用于治脾胃虚热、血虚脏燥等症。

📷 **食疗功效**

甘枣顺心茶有益气补脾、除烦安神、补中健胃的功效,可释放和减轻人体身心共存的压力,缓解睡眠不稳的症状。

橄竹乌梅亮嗓茶有什么功效?

将咸橄榄、竹叶、乌梅和绿茶都捣碎成末,用沸水冲泡即可代茶饮用。此茶味酸甘,有清肺解毒、利咽润喉的功效,对于久咳或咽喉疲劳过度而引起的声音嘶哑以及急慢性咽喉炎而致的咽喉燥痒不适、干咳少痰、咽痛声嘶,甚至失音等有辅助治疗的作用。

橄榄,能清热解毒,化痰、利咽、润喉,是治疗咽喉肿痛的常用之品。竹叶,能清心除烦,疏散风热。乌梅酸平,能敛肺而治久咳,生津而润咽喉。绿茶清热降火,消痰利咽,白糖配橄榄、乌梅,酸甘化阴,可生津止渴、涩肠止泻。

📷 **食疗功效**

橄竹乌梅亮嗓茶有清肺解毒、利咽润喉、疏散风热的功效,有着较强的化痰止咳作用,是日常家庭缓解咽喉肿痛与不适的常见之品。

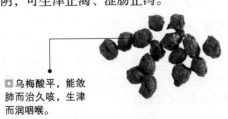

◨ 乌梅酸平,能敛肺而治久咳,生津而润咽喉。

参味苏梗治咳茶有什么功效？

此茶将人参切成薄片，苏梗切碎，与五味子共置保温杯中，用沸水适量冲泡，盖闷15分钟，代茶频饮；同时可以将参片细嚼咽下，每日1剂。此茶益气敛肺、止咳平喘、理气疏肝，对顽固不愈的咳嗽痰多，口干舌燥等症有独到的效果。

紫苏梗有散寒气、清肺气、宽中气、安胎气、下诸气、化痰气的作用，能理气宽中，对治疗风寒咳嗽、脾胃气滞有明显的作用；五味子有很好的治咳作用，日本称之为"嗽神"。加上人参的营养成分，此茶的止咳效果甚佳。

食疗功效

参味苏梗治咳茶有益气敛肺、止咳平喘、理气疏肝的功效，可有效应对咳嗽痰多、口干舌燥的症状，止咳效果尤为突出。

❈紫苏性味温辛，能理气宽中、发汗解表。

银杏麻黄平喘茶有什么功效？

银杏麻黄平喘茶即是将银杏、麻黄和茶叶加清水适量煎煮，取汁即可，饮用时候加入冰糖，在睡前服用。此茶止咳平喘，改善过敏体质，帮助免疫系统恢复正常。常用于气管炎、哮喘、肺结核等症的治疗。

银杏叶性味甘苦涩平，具有定喘、益心敛肺、化湿止泻等功效，含有的银杏酸、白果酚、五碳多糖等，以及丰富蛋白质、维生素和矿物质还能改善心血管及周围血管循环功能，起促进记忆力、改善脑功能的作用。麻黄性温微苦，可作发汗散寒、宣肺平喘、利水消肿之用，用于风寒感冒，胸闷喘咳，风水浮肿及支气管哮喘。另外麻黄还有镇咳、祛痰、利尿、抗炎、抗过敏等作用。

食疗功效

银杏麻黄平喘茶有宣肺平喘、镇咳祛痰、益心敛肺、利水消炎的功效，能改善过敏体质，促使人体免疫系统恢复正常。

雪梨止咳茶有什么功效?

　　将雪梨洗净去皮后捣碎取汁，加入蜂蜜和水，烧开后冷却即可饮用。此茶可滋阴润肺，对于阴虚火旺、咽喉干痒、肺热燥咳有缓解之功效。尤其对感冒引起的痰多、咳嗽有良效。

　　雪梨味甘性寒，含丰富的苹果酸、柠檬酸、维生素 B_1、维生素 B_2、维生素 C、胡萝卜素等，具生津润燥、清热化痰之功效，特别适合秋天食用。对急性气管炎和上呼吸道感染的患者出现的咽喉干、痒、痛、音哑、痰稠、便秘、尿赤均有良效。梨还能降低血压，所以高血压、肝炎、肝硬化病人常吃梨也是有好处的。梨可以生吃，还可以做成汤和羹，但梨性寒，不宜多吃。尤其脾胃虚寒、腹部冷痛和血虚者，不可以多吃。

食疗功效

　　雪梨止咳茶有滋阴润肺、清热化痰、润燥止咳的功效，可缓解阴虚火旺、咽喉干痒、肺热燥咳，适宜秋冬饮用。

◘蜂蜜味甘性平，可润肺止咳、调补脾胃。

夏枯草降脂茶有什么功效?

　　夏枯草、连翘加入水中，用大火煮沸，改小火煮，去渣取汁；放一些冰糖熬化，即可当茶饮用，常饮此茶有减肥降脂的功效。

　　夏枯草性寒，味苦辛，能帮助化解体内毒素，溶解脂肪，是清热泻火的常用药；连翘味苦，性微寒，能清热解毒、消肿散结。对想减肥的人来说，长期饮用此茶可以达到很好效果。另外，此茶的清热解毒功效也很好，可排出体内的毒素，调节内分泌，对身体内循环系统有利，还可起到美容的作用。

◘连翘味苦，性微寒，能清热解毒、消肿散结。

食疗功效

　　夏枯草降脂茶有清热解毒、减肥降脂、消肿散结的功效，能溶解体内过多的脂肪，化解和排出体内毒素，有着一定的美容塑身效果。

香蜂花草消胀茶有什么功效？

将薰衣草、香蜂草折成小段，放入花茶壶中，倒入热开水闷泡，可添加少许冰糖饮用。此茶能有效缓解腹胀、腹痛等症状。

薰衣草有安神消疲之效，入茶后有迷人的香气，使人愉悦，并具有镇静、松弛消化道痉挛、消除肠胃胀气、助消化、预防恶心晕眩、缓和焦虑及神经性偏头痛、预防感冒等众多益处，沙哑失声时饮用也有助于恢复。香蜂草能放松心情、健胃助消化，饭后饮用可消除油腻，缓和腹胀。腹胀、腹痛是消化系统功能紊乱常见的症状，饭后或者入睡前饮用此茶，可以消除胃胀，帮助入睡。

食疗功效

香蜂花草消胀茶有除油去腻、健胃消食、解疲除胀的功效，对于饮食不规律或不节制的人们来说，可缓解消化功能紊乱的症状。

● 薰衣草有安神消疲之效，入茶后有迷人的香气，并具有镇静、松弛消化道痉挛、消除肠胃胀气等功效。

茴香薄荷消胀茶有什么功效？

将茴香、薄荷和洋甘菊放入壶中，加入适量热开水冲泡，逸出香味即可饮用。此茶能消除因胃肠道疾病、低血钾、肝胆与胰腺疾病、腹膜疾病和手术后胃肠功能紊乱等原因引起的腹胀症状。

茴香性温味辛，长于理气散寒，有消胀、止痛之效；其内所含的茴香油，能刺激胃肠神经血管，促进消化分泌，增加胃肠蠕动，排出积存的气体，所以有健胃、行气的功效；薄荷可以刺激食物在消化道内的运动，帮助消化，适合肠胃不适或是吃了太过油腻的食物后饮用，可消除疲劳，缓解压力，提神醒脑；甘菊有清热解毒的功效。

食疗功效

茴香薄荷消胀茶有健胃行气、消胀止痛、消食解油的功效，能促进胃肠消化，适宜人们在肠胃不适或饮食过油后饮用。

莲子冰糖止泻茶有什么功效？

将莲子用温水浸泡数小时后加冰糖炖烂，然后将茶叶用沸水冲泡取汁后备用，再将炖好的莲子倒入茶汁拌匀，即可饮用，每日1～2次。此茶止泻杀菌，养心安神，能调治受凉或饮食不当引起的腹泻。

莲子性平味甘，含淀粉、蛋白质、脂肪、糖类、钙、磷、铁等，为收涩药，有补脾止泻、益肾固精，养心安神的功效。冰糖是众多糖中最纯正、滋补的一种，能润肺和补中气，快速补回腹泻所丧失的元气。

这道茶饮具有清心定热、活血止血、去湿清心的功效，对面部色斑、心火旺盛、心烦、口渴等症具有良效。但体质虚寒者不宜过多服用。

食疗功效

莲子冰糖止泻茶有补脾止泻、益肾固精、养心安神的功效，特别适宜夏日受凉或者饮食不当而引起腹泻时饮用。

番茄蜂蜜生津茶有什么功效？

将番茄洗净，开水烫洗后捣烂再将番茄与绿茶一起放入杯中，加开水冲泡，服用时还可加入适量蜂蜜。此茶可以生津止渴，健胃消食。

番茄性凉，味甘、酸。含丰富维生素C，容易被人体吸收，并发挥开胃消食的作用。番茄汁可降血压，平滑肌兴奋，清热止渴，养阴，凉血，番茄中含有的番茄碱具有抗真菌作用。所以经常食用番茄对高血压病人是有益的。番茄搭配绿茶，能有效地发挥生津止渴的作用，对改善糖尿病人的口渴症状有好处。番茄的助消化功能，还可以帮助减肥。

食疗功效

番茄蜂蜜生津茶有健胃消食、生津止渴的功效，对改善糖尿病症状患者的口渴症状大有裨益，此外番茄固有的助消化功能也有助于减肥。

番茄性凉，味甘、酸，具有开胃消食、清热止渴的功效。

山楂陈皮理胃茶有什么功效？

　　此茶是用炒好的山楂和陈皮丝用沸水冲泡而成的，代茶频饮可以调理脾胃，促进消化，并能清热泻火，排毒降脂，还能治疗高血脂症。

　　山楂味酸，性平，能消食健胃，行气散瘀，其中所含的有机酸成分可有效抑制细菌生长，能健脾消食、理气和胃。陈皮中含有大量维生素 C，将橘皮晾干保存，经常泡水代茶饮，既可获得维生素 C，还可以治疗胸腹胀满及咳嗽痰多。将橘皮、生姜、冰糖泡水喝，还能治疗风寒感冒咳嗽。将此二味调制成茶，能有效地调理脾胃，预防各种肠胃疾病的发生。经常饮用，还能达到消脂减肥、美颜焕肤的功效。

📷 食疗功效

　　山楂陈皮理胃茶有调理脾胃、健脾消食、清热理气的功效，具有一定的排毒美颜、消脂减肥的作用，常受到年轻女性的欢迎。

荷叶山楂清香消化茶有什么功效？

　　此茶的做法是将荷叶与山楂用水煎煮，可适量加入一些桂圆肉和冰糖，煮开即可代茶饮用。荷叶茶具有清热、解暑，通气宽胸、止渴的功效，对治疗中暑和由中暑引起的头昏、胸闷、腹泻也有较好的疗效；还可扩张血管，降低血中胆固醇，身体肥胖的人长期饮用还有减肥的效果。

　　山楂含有大量的山楂酸、柠檬酸和苹果酸等成分，能开胃消食、化滞消积、活血散瘀、化痰行气，对进食过多而导致的消化不良有良效。常用于治疗小儿积滞，停滞不化出现的食欲不振，或泛吐酸馊，脘腹痞胀，大便溏薄酸臭，或小便如米泔等症状。

📷 食疗功效

　　荷叶山楂清香消化茶有清热解暑、消食化滞、清脂降压、利水消肿的功效，对于中暑或因其引起的头昏、胸闷、腹泻等症有着不错的疗效。

茉莉银花舒胃止吐茶有什么功效？

茉莉银花舒胃止吐茶是将绿茶、银花、茉莉花同加沸水冲泡，泡出茶味即可饮用。此茶能和中理气，有效缓解恶心呕吐的不适感。

茉莉花，清热解毒、芳香除秽、和中降逆、止呕止吐，并能快速除掉呕吐后口中的异味。饮之使人心旷神怡，有提神功效，可安定情绪及舒解郁闷，并能理气、开郁、辟秽、和中；银花性寒，味甘、微苦，有清热解毒，疏风通络之功效。常用于温病发热，疮痈肿毒，热毒血痢，风湿热痹。将两种花茶与绿茶同饮，能泻火清热，促进肠胃蠕动，并减少胃内容物和胃压程度，可减少胃酸分泌过多而致的恶心呕吐等症状。

食疗功效

茉莉银花舒胃止吐茶有理气和中、开郁辟秽、降逆止吐的功效，能缓和恶心呕吐所带来的不适，更可安定情绪、疏解郁闷。

◙茉莉花能清热解毒、芳香除秽、和中降逆、止呕止吐。

焦米党参护胃茶有什么功效？

焦米党参护胃茶是将炒焦黄的大米和党参，加水共煮而成的，稍凉即可服用，此茶的主要功效在于调养胃。

党参味甘性平，具有健脾补肺，益气养血生津的功效，可以用来治疗脾胃虚弱，食少便溏，倦怠乏力，肺虚喘咳，气短懒言，自汗，血虚萎黄，口渴等病症。经过炒制后的大米，因含少量的细小炭粒，所以可吸收过多的胃酸、胃气及毒素等，对胃有较好的保护和调养作用。将两者调制成茶，经常饮用，对胃功能十分有利。

党参不仅具有调节胃肠运动、抗溃疡、抑制胃酸分泌、降低胃蛋白酶活性的作用，还能降低血压，抑制肾上腺素的升压。

食疗功效

焦米党参护胃茶有益气生津、调养脾胃、养血降压的功效，能有效吸收过多的胃酸、胃气及毒素，进而保护和调养胃部功能。

苍术厚朴平胃茶有什么功效？

将苍术、厚朴捣碎后，加一些陈皮、甘草，用纱布包起来，放入保温杯中，再放些生姜和大枣，用开水冲泡，即可代茶饮用。此茶有保养脾胃的功效。

苍术性温苦燥，最善除湿运脾，能调整胃肠的运动功能，对胃平滑肌有轻度的兴奋作用，可抑制胃液分泌，并对抗皮质激素对胃酸分泌的刺激作用，还能增强胃黏膜的保护作用。厚朴性温味苦，行气化湿，消除胀满。主要用于治疗脾胃虚损，腹前胀满等症。苍术、厚朴合用有增加肠蠕动作用，治疗脘腹胀满效果较好。厚朴还能对抗过敏性皮肤。将苍术和厚朴放在一起制茶，常饮能行气和胃，调整胃功能，有效预防胃下垂。

食疗功效

苍术厚朴平胃茶有行气和胃、化湿运脾、消除胀满的功效，可调整人体的胃肠功能恢复正常，缓解脾胃虚损状态。

◧厚朴性温味苦，行气化湿，消除胀满。

◧苍术性温苦燥，最善除湿运脾，能调整胃肠的运动功能。

木瓜养胃茶有什么功效？

木瓜养胃茶是将木瓜干加水煎煮，然后用煎开的水冲泡绿茶来饮用。每日饭后饮用，可以防止食物在胃内停留太长时间，促进胃液大量分泌，久而久之形成的胃溃疡疾病的发生。

木瓜性平味甘，其气香能醒脾和胃，味酸能生津，有催乳、消食、驱虫的效用，可用于脾胃虚弱、食欲不振、消化不良，能防治胃溃疡。常用于治疗胃失和降的呕吐、疼痛、泄泻。绿茶是不发酵茶，绿茶沏出的茶色是色绿汤清、香气清幽、滋味鲜爽。绿茶性寒、抗癌，属于保健饮料，用煮木瓜的汁液冲泡绿茶，可以中和绿茶的寒性，达到养胃的功效。

食疗功效

木瓜养胃茶有醒脾和胃、生津消食的功效，人们经常在饭后饮用可促进食物的消化与吸收，远离胃溃疡疾病的发生。

郁金甘草养胃解毒茶有什么功效？

将郁金、甘草和香附放在砂锅内，加水煎服，取汁即可代茶饮用，每日分两次饮用，可以行气解郁，防止一般胃病继续恶化而形成胃溃疡。适用于虚寒性胃痛、慢性胃炎及胃溃疡等症。

郁金的主要成分为姜黄烯、倍半萜烯醇、樟脑、莰烯，尚含姜黄素、脱甲氧基姜黄素、姜黄酮等，能行气解郁、凉血破瘀，对腹胀及胃溃疡有良效。甘草性平味甘，有解毒、祛痰、止痛、解痉、抗癌等药效，在中医上还有补脾益气、滋咳润肺、调和药材烈性的功效，可用于治疗咽喉肿痛、痈疽疮疡、胃肠道溃疡以及解药毒、食物中毒等。但是甘草也不宜久服，会引起水肿，用时需注意剂量。

食疗功效

郁金甘草养胃解毒茶有解毒润肺、行气解郁、凉血破瘀的功效，每日饮用两次能缓解腹胀，防止一般胃病继续恶化而形成胃溃疡。

柠檬食盐抗炎茶有什么功效？

将柠檬煮熟，去皮，晒干后用盐腌制，贮藏备用，取出用开水冲泡，代茶饮用。此茶可以抗炎消菌，对肠炎引起的腹泻、食欲不振、体重骤减有很好的疗效。长期不间断地饮用效果更佳。

柠檬，富含维生素C、柠檬酸、苹果酸、高量钾元素和低量钠元素等，对人体十分有益。可理气和胃，止呕止泻，此外，还有预防感冒、刺激造血和抗癌等作用。柠檬还是美颜焕肤的佳品。内服可以促进胃蛋白酶的分泌，从而增加胃肠蠕动，帮助消化吸收；柠檬汁中的柠檬酸还有抗肠炎菌、沙门氏菌等功效。

食疗功效

柠檬食盐抗炎茶有抗菌消炎、理气和胃、消食止泻的功效，经常饮用对肠炎引起的腹泻、食欲不振有着不错的疗效。

茵陈车前护肝利胆茶有什么功效?

茵陈车前护肝利胆茶是将茵陈和车前子放在一起,加水煎煮而成的,去渣取汁后即可代茶饮用。此茶的主要功效在于保护肝胆,清热除湿,利胆退黄,清热利尿,渗湿止泻。适用于急性黄疸型肝炎。

茵陈性微寒,味辛、苦,是治疗黄疸的主药,可以利湿热,有护肝利胆的作用。常用于黄疸尿少、湿疮瘙痒、传染性黄疸型肝炎的治疗。而车前子性味甘寒,含多量黏液质、桃叶珊瑚苷,并含车前子酸、胆碱、腺嘌呤、琥珀酸、树脂等,有利水、清热、明目、祛痰的功效。在医学上可用于治疗小便不通,淋浊,带下,尿血,暑湿泻痢,咳嗽多痰,湿痹等症。

食疗功效

茵陈车前护肝利胆茶有护肝利胆、清热除湿、渗湿止泻的功效,对于频繁参加应酬、突患急性黄疸型肝炎的人们来说是不错的选择。

龙胆平肝清热茶有什么功效?

将龙胆草、醋柴胡、川芎、甘菊、生地捣成粗末,用水煎服,每日1剂,代茶频饮。此茶有护胆利肝的功效,有效预防肝炎、胆囊炎的发生,另外对急性眼结膜炎、慢性胃炎以及早期高血压病也有治疗作用。

龙胆性寒味苦,主要含龙眼苦苷成分,可清热燥湿、泻肝定惊。对小便淋痛、阴肿阴痒、湿热带下、肝胆实火之头胀头痛、目赤肿痛、耳聋耳肿、胁痛口苦等症有很好的治疗效果。龙胆外用还可治疗皮肤与黏膜的创伤感染及溃疡、小的烫伤、口唇疱疹、溃疡性咽喉炎、鹅口疮、霉菌性阴道炎、外阴炎等。

此茶性凉,脾胃虚弱者要忌服,且不能大量服用。龙胆服用太多会妨碍消化,时有头痛,颜面潮红,陷于昏眩等症状发生。

食疗功效

龙胆平肝清热茶有疏肝解热、活血行气、清热燥湿的功效,能有效预防肝炎、胆囊炎的发生,是人们护肝利胆的保护神。

夏枯草丝瓜保肝茶有什么功效？

夏枯草、丝瓜络加入水中，用大火煮沸，改小火煮，去渣取汁；放一些冰糖熬化，即可当茶饮用。每日分早晚两次。

夏枯草性寒，味苦辛，能清肝火、降血压、散郁结，能促进肝部毒素的排出，并能改善高血脂所引起的晕眩等症；丝瓜络性凉味甘，能活血通络，清热护肝、凉血解毒。此茶能有效地预防由糖尿病等引起的脂肪肝疾病，常饮此茶，能够保肝护肝。

❀ 丝瓜络性凉味甘，能活血通络，清热护肝、凉血解毒。

食疗功效

夏枯草丝瓜保肝茶有清热凉血、活血通络、护肝解毒的功效，可促进人体肝部毒素的排出，有效预防由糖尿病等引起的脂肪肝疾病。

柴胡丹参消脂茶有什么功效？

将柴胡、丹参研为粗末，与铁观音茶叶混匀，用开水冲泡，还可以加入北山楂、白芍，每日饮用。此茶具消脂溶脂的作用，防止肝部脂肪堆积，维持肝脏正常的代谢。

铁观音属半发酵茶，由于发酵期短仍偏寒性，消脂促消化功能突出。柴胡、白芍可疏肝理气，抑制脂肪增长，北山楂健脾和胃，促进消化循环系统，有消脂功效，再辅以丹参，可以共同达到疏肝健脾、理气化瘀、扶正的效果，不仅能消脂减肥，还对脂肪肝患者有很好的养护作用。

食疗功效

柴胡丹参消脂茶有疏肝理气、健脾和胃、消脂减肥的功效，可促进消化系统的健康运作，防止肝部脂肪堆积，维持肝脏正常代谢。

❀ 柴胡可疏肝理气，抑制脂肪增长。

❀ 北山楂性微温，味甘酸，可健脾和胃，消食减肥。

白菊花利尿龙井茶有什么功效？

将龙井茶、白菊花放入杯内，用开水冲泡，泡出茶香即可饮用。此茶清热解毒、利尿保肝，能增强毛细血管抵抗力，对营养单一过剩引起的脂肪肝有很好的调理作用。

白菊花为辛凉解表药，喝起来略有芳香，具有祛暑热，清热解毒，清肝明目，降血压等功效；龙井茶含氨基酸、儿茶素、叶绿素、维生素 C 等成分均比其他茶叶多，营养丰富，有生津止渴，提神益思，消食利尿，除烦去腻，消炎解毒等功效。两者合起来冲泡，利尿护肝效果更佳，另外此茶还能对近视起到一定的改善作用，对于那些经常用眼的办公室一族经常在电脑前工作，也可以经常饮用，保护视力。

食疗功效

白菊花利尿龙井茶有清热解毒、利尿保肝、明目益思的功效，对于那些经常用眼的办公室一族常饮更可保护视力。

玫香薄荷通便茶有什么功效？

将玫瑰、薄荷和茴香放在杯中，用沸水冲泡，泡出茶香即可饮用，每日代茶频饮，能促进胃肠蠕动，利尿通便，有利于体内毒素的排出。

茴香性温味辛，主要成分是蛋白质、脂肪、膳食纤维、茴香脑、小茴香酮、茴香醛等，其香气主要来自茴香脑、茴香醛等香味物质。用来泡茶，可以温肝肾，暖胃气，散塞结，散寒止痛，理气和胃。医学上经常用于治疗寒疝腹痛，睾丸偏坠，妇女痛经，少腹冷痛，脘腹胀痛，食少吐泻等症。另外，小茴香还有抗溃疡、镇痛、性激素样作用。长期饮用，对脾胃虚寒者和患有肠绞痛等病症的人来说非常有益。

食疗功效

玫香薄荷消便茶有理气和胃、消食健胃、利尿通便的功效，能促进人体胃肠蠕动，帮助消化，有利于体内毒素的排出。

川芎乌龙活血止痛茶有什么功效？

将川芎和乌龙茶放在杯中，加沸水冲泡，泡出茶香即可饮用，此茶可用于日常调养身体，有活血止痛的功效。对女性来说是一杯好茶，不仅能改善痛经的症状，还能调节内分泌系统，达到改善皮肤的目的。

川芎性平味辛，可活血行气，祛风止痛。用于安抚神经，正头风头痛，癥瘕腹痛，胸胁刺痛，跌扑肿痛，头痛，风湿痹痛。对于月经不调、经闭痛经也有很好的治疗效果。将川芎与乌龙茶一同冲泡还能预防心血管疾病。但是月经过多，口干舌燥者不适宜多饮用。

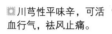
■川芎性平味辛，可活血行气，祛风止痛。

■ 食疗功效

川芎乌龙活血止痛茶有行气活血、祛风止痛的功效，日常饮用对于女性来说，不仅能改善痛经的症状，也有助于调节内分泌系统。

二花调经茶有什么功效？

将玫瑰花、月季花与红茶研为粗末，放在杯中，用沸水冲泡，泡出茶香即可饮用，此茶能活血祛瘀，理气止痛。对经前小腹及乳房胀痛，经行量少，色暗红或夹瘀块有很好的疗效。

玫瑰花香气浓，能凉血、养颜，理气开郁，调理血气，促进血液循环，且有消除疲劳、愈合伤口、保护肝脏胃肠之功能，长期饮用还有助促进新陈代谢，起到减肥消脂的作用。月季花性温味甘，有活血调经、消肿解毒的功效，祛瘀止痛作用明显，常用于治疗月经不调、痛经等症，是妇科的良药。月季与玫瑰花合用，更是治疗气血不和引起月经病的良方，气血双调，对月经不调、胸腹疼痛、食欲不振有很好的疗效。此外，这道茶还有助于改善干枯皮肤，恢复润泽。

■ 食疗功效

二花调经茶有活血祛瘀、理气止痛的功效，可用来应对女性月经不调、痛经等症，也可改善肤质，是难得的气血双调良方。

美蓉莲蓬护血茶有什么功效？

美蓉莲蓬护血茶是将木芙蓉花和莲蓬放在砂锅内，加水煎汤而成的，去渣取汁，可加入冰糖，代茶饮用。此茶能调理月经，改善月经量多而导致的气虚体乏、面色苍白等症。

木芙蓉性平味辛，有清热、凉血、解毒、消肿、排毒之功；莲蓬性温，味苦、涩，具消炎、止血、调经祛湿的功效。二者合饮能明显减少经量，缓解不适，并能改善月经量多而引起的体乏、面色苍白等症。

🎦 **食疗功效**

美蓉莲蓬护血茶有清热凉血、调经祛湿的功效，能调理月经，缓解不适，改善女性月经量多而导致的气虚体乏、面色苍白等症。

◙莲蓬性温，味苦、涩，具消炎止血、调经祛湿的功效。

当归调经茶有什么功效？

将当归与红茶同用沸水冲泡，泡出茶香即可饮用，此茶能够调理由于工作压力而致的月经紊乱。

当归性温味甘，能补气活血，调经止痛，润肠通便，经常用于治疗妇科疾病，可治疗血虚萎黄，眩晕心悸，月经不调，经闭痛经，虚寒腹痛，肠燥便秘，风湿痹痛，跌打损伤，痈疽疮疡等症。当归还能帮助调节内分泌，可用于治疗青春痘等症状，当归在中医上被广泛地用于治疗各种妇科疾病。需要注意的是，血虚的人不适合饮用当归。

🎦 **食疗功效**

当归调经茶有补气活血、调经止痛的功效，妇科良药当归在其中发挥着至关重要的作用，此茶可调理因工作压力而致的月经紊乱。

◙当归性温味甘，能补气活血，调经止痛。

蜂蜜润肠茶有什么功效？

在茶叶中加入少许蜂蜜，用沸水冲泡，每日在饭后饮用，能缓解胃的负担，加快肠胃的蠕动，促进消化，能利尿通便，常用于治疗由于肠胃蠕动缓慢而引起的腹胀、食欲不振等症。

蜂蜜有润肠的功能，每日早上饮一杯蜂蜜水，就能缓解肠胃的干涩，滋润肠胃，促进排便。而茶叶中也含有能够促进肠胃蠕动的成分，两者合用，对缓解肠胃干涩有很好的疗效。

此外，经常饮用蜂蜜润肠茶还能缓解压力，对改善皮肤有好处，也能起到消脂减肥的作用。

食疗功效

蜂蜜润肠茶有滋润肠胃、消食利导的功效，每日饭后饮用能缓解胃部负担，促进肠胃蠕动，由此减轻人体腹胀、食欲不振等症。

■蜂蜜能缓解肠胃的干涩，滋润肠胃，促进排便。

■绿茶可生津除燥、消食利导。

蜂蜜芦荟畅便茶有什么功效？

蜂蜜芦荟茶是将芦荟用沸水浸泡，然后加入蜂蜜，搅拌均匀，即可饮用，此茶的主要功效在于改善通便不畅的问题，并且能够达到滋润肠胃的作用。

芦荟性寒味苦，能有效增强肠胃的蠕动能力，促进食物消化，有利于通便排便，常用于治疗消化不良、食欲不振、便秘等症；且芦荟中含有的粗纤维可吸收大量的有害物质，从而增加每天的排便次数，有效地缓解便秘症状。蜂蜜能够滋润肠胃，促进肠胃的蠕动，能够有效地预防肠干涩以及便秘等症状的发生。经常饮用此茶，还能达到消脂减肥、改善劣质皮肤的功效。芦荟还有抗菌消炎的作用，能够预防粉刺、青春痘等病症。

食疗功效

蜂蜜芦荟畅便茶有滋润肠胃、消食利导、消脂减肥的功效，促进肠胃消化，改善通便不畅的困扰，更能预防粉刺与青春痘等问题。

枇杷炙百合平恶茶有什么功效？

枇杷炙百合平恶茶是将枇杷叶、麦冬各 10 克，炙百合 20 克，甘草 5 克混合，用沸水冲泡，加适量冰糖，代茶频饮。此茶可以缓解妊娠恶阻、呕吐不食。

枇杷叶，性味苦，微寒，有清肺止咳、降逆止呕的作用；麦冬性微寒，有养阴润肺、益胃生津、清心除烦等多重滋阴功效；炙百合有润肺止咳、清心安神的作用。怀孕初期，会出现食欲异常、挑食、喜酸味和厌油腻的现象，此茶能帮助孕妇缓解这些不适，使饮食均衡，保证小宝宝的健康成长。

食疗功效

枇杷炙百合平恶茶有滋阴润肺、益胃生津、降逆止呕的功效，能缓解孕妇妊娠恶阻、呕吐不食等不适症状，减轻身心压力。

◘枇杷叶味苦，性微寒，有清肺止咳、降逆止呕的作用。

◘麦冬性微寒，有养阴润肺、益胃生津、清心除烦等多重滋阴功效。

山楂益母缓痛茶有什么功效？

山楂益母缓痛茶，是由山楂、益母和当归调制而成的，此茶的主要功效在于缓解疼痛，有活血散瘀、安宫止痛的作用，常用于产后腹痛、恶露不尽等症的治疗。

山楂中含有大量的山楂酸、柠檬酸和苹果酸等成分，能开胃消食、化滞消积、活血散瘀、化痰行气。益母草性味辛甘、苦，无毒，能活血祛瘀、调经利水，为妇科名药，具有兴奋子宫，改善微循环障碍，改善血液流动性，抗血栓形成，调经活血，散瘀止痛，利水消肿等作用。两者均有活血散瘀的功效。此茶又加上可以补血活血的当归，对于产后的阴血气虚等症有很好的缓解作用。

食疗功效

山楂益母缓痛茶有活血散瘀、安宫止痛、调经利水的功效，适当饮用可缓解孕妇产后腹痛、恶露不尽、阴血气虚等症。

参夏姜枣去恶茶有什么功效？

参夏姜枣去恶茶是用太子参、制半夏，搭配生姜和大枣煎制而成的，此茶的功效在于缓和恶心感、食欲不振等症状，对于孕期的妇女十分有利。

太子参性平味甘、微苦，含有多种氨基酸及微量元素，有补气益脾，养阴生津等功效，常用于治疗脾气虚弱，胃阴不足，食少体倦，口渴舌干；肺虚燥咳，咽干痰黏；气阴不足，心悸失眠等症；制半夏性平味辛，能去湿健脾养胃，可止呕化痰，多用于治疗胃气上逆而引起的恶心呕吐等症。此茶将两者合泡，又加入生姜、大枣，对去恶止呕有很好的功效。

需要注意的是一些体质偏热、口干舌燥者不能常饮此茶。

食疗功效

参夏姜枣去恶茶有补气益脾、养阴生津、去恶止呕的功效，可有效缓解孕期妇女恶心、食欲不振等症，但体质偏热、口干舌燥者不宜常饮。

红花通经止痛茶有什么功效？

红花通经止痛茶用红花、生卷柏、泽兰、当归和桂枝等研成粗末，加入沸水冲泡而成，此茶的功效在于通经止痛，行气活血，主要用于治疗闭经等症状。

红花性温味辛，有活血通经、散瘀止痛的功效，常用于治疗经闭、痛经、恶露不行、症瘕痞块、跌打损伤等症，另外还具有降血压、降血脂、改善机体微循环的功能。卷柏为多年生草本卷柏科植物，生用性微寒，力能破血通经；熟用性辛温，功能止血，可用于治疗闭经等症。桂枝味辛甘性温，有温经通脉的功能，在活血调经药方中使用，有走经窜脉、增强血运的效果；此茶集能通经化瘀的三味，又辅之以活血行气的当归和泽兰，治疗闭经疗效显著。

食疗功效

红花通经止痛茶有通经止痛、行气活血的功效，能改善人体微循环，温经通脉，多用以治疗女性闭经、痛经、恶露不行等症。

益母草红糖调经茶有什么功效?

　　益母草红糖调经茶是将益母草与红糖一起用开水冲泡,搅拌均匀即可代茶饮用。功效在于活血散瘀,对调节月经很有帮助。

　　益母草性味辛甘、苦,无毒,能活血祛瘀、调经利水,为妇科名药,故名"益母",具有兴奋子宫,改善微循环障碍,改善血液流动性,抗血栓形成,调经活血,散瘀止痛,利水消肿等作用;红糖性温味甘,能补血益气,和血行瘀。多用于治疗脾胃虚弱,腹痛呕泻以及妇女产后恶露不尽等症。将益母草与红糖同饮,有效地调节月经量,并可以缓解腹痛等症,改善全身乏力,腰酸疼痛等症。另外,此茶还可用于治疗急性肾小球肾炎、眼睑浮肿等疾病。

食疗功效

　　益母草红糖调经茶有活血祛瘀、补血益气、调经利水的功效,可有效调节女性月经量,并缓解腹痛、全身乏力等症。

　　■益母草性味辛甘、苦,能活血祛瘀、调经利水。

莲子益肾茶有什么功效?

　　莲子益肾茶是用煮烂后的莲子兑入茶叶汁,加入红糖搅拌均匀,代茶饮用。此茶的功效在于能消除水肿,减轻肾脏负担,对保护肾脏有很好的功效。

　　莲子性平味甘,含淀粉、蛋白质、脂肪、糖类、钙、磷、铁等,是收涩药,有补脾止泻、益肾固精、养心安神的功效。将莲子与茶叶同饮,茶叶中的茶多酚是治疗肾脏疾病的重要药材,茶多酚能够加快排出肾脏中的废弃物,有利于排尿,茶叶中的咖啡碱等还对消化系统有利,促进体内血液循环,调节身体机能。经常饮用此茶,就能缓解肾脏压力,改善肾功能。

食疗功效

　　莲子益肾茶有补脾止泻、益肾固精的功效,促进肾脏中废弃物的排出,消除水肿,缓解肾脏压力,改善肾功能,保护肾脏的健康。

莲花甘草清腺茶有什么功效?

莲花甘草清腺茶是将莲花、甘草和绿茶加水共煎煮而成的,稍凉即可饮用,每日饮用,能抗菌消炎,对排尿不适、尿频、尿急、尿痛等症状有良效,可预防前列腺炎的发生。

莲花性平味苦,能够调理肠胃,促进肠胃蠕动,帮助消化;甘草性平味甘,有解毒、祛痰、止痛、解痉、抗癌等药效,在中医上还有补脾益气、滋咳润肺、调和药材烈性的功效,可用于治疗咽喉肿痛,痈疽疮疡,胃肠道溃疡以及解药毒、食物中毒等。但是甘草也不宜久服,会引起水肿,用时需注意剂量。

莲花与甘草同饮,能够有效地预防各种炎症及病菌等的生存。对男性前列腺炎有很好的预防作用。

食疗功效

莲花甘草清腺茶有调理肠胃、消食解毒、补脾益气的功效,能抗菌消炎,对排尿不适、尿频、尿急、尿痛等症状有良效。

五子衍宗茶有什么功效?

五子衍宗茶是用五子即枸杞子、菟丝子、覆盆子、炒车前子、五味子,研成细末,用沸水冲泡而成的,代茶饮用,其功效在于补肾益精,可用于治疗肾虚阳痿等症,适合男性饮用。

此茶中的枸杞子味甘性平,有滋肝补肾,润燥明目的作用,还能降低血压和胆固醇;菟丝子性平味辛,可以补肝肾,益精髓,且富含多种维生素;覆盆子性平味酸,主要含有机酸,具有雌激素样作用,也能补肝肾,可以锁阳固精;五味子则性温味酸,含有脂肪油和强壮剂,可改善体乏无力的症状;车前子性寒味甘,能兴奋机体中枢神经,提高人的智力活动。

食疗功效

五子衍宗茶有补肾滋肝、锁阳益精、润燥明目的功效,可降低血压和胆固醇,改善体乏无力,用于治疗肾虚阳痿等症,适合男性饮用。

金银花栀子清热茶有什么功效？

　　金银花栀子清热茶是将金银花、栀子、山楂和甘草一同用水煎制而成，晾凉后即可代茶饮用。此茶能够清热、去火、消暑、爽身，对夏季的暑热起到很好的缓解作用。

　　栀子性寒味苦，有泻火除烦、清热利湿、凉血解毒，除热效果极佳。金银花性寒味甘，可清热解毒、疏利咽喉，可治疗病毒性感冒、急慢性扁桃体炎、牙周炎等病。在炎热的夏季，将这两味一起泡茶饮用，能够起到消暑的作用，不仅可以带走皮肤表面热度，还能促进汗腺排汗，降低体内温度。此外，饮用这道茶还可加快身体循环系统，调节内分泌，达到排毒养颜的功效。

食疗功效

　　金银花栀子清热茶有清热去火、消暑利湿、凉血解毒的功效，调解内分泌，加快体内循环与汗腺排泄，对暑热有很好的缓解作用。

多味健脾茶有什么功效？

　　多味健脾茶是由西洋参、干葛、川莲、白芍、乌梅、茯苓、扁豆、麦冬、木瓜一并煎煮而成的，取汁饮用，每日分早晚两次服用，可以调节小儿消化不良的症状。

　　西洋参性凉味甘，可以补气养阴，清热生津，常用于咳喘痰血、咽干口渴等病症的治疗；干葛性平味甘，可治疗伤寒、头痛，有消渴解烦的作用；川莲可以清热去火，主要对脾胃进行调节，可治疗因食滞引起的胃火；白芍性平味苦，可以治疗腹痛，有益气功效；乌梅性味酸，微温，含有糖类、苹果酸、枸橼酸、维生素 C 等成分，有敛肺止咳、生津止渴、涩肠止泻等功效，对菌痢、肠炎、久泻、久咳、虚热烦渴均有治疗功效；扁豆性平味甘，与脾性最和，可调理脾胃。此茶也适合成人饮用，对脾胃有益。

食疗功效

　　多味健脾茶有调解脾胃、补气养阴、敛肺止咳、生津止渴的功效，常用以调节小儿消化不良、咽干口渴、腹痛等症，成人也较为适用。

米醋止泻茶有什么功效?

米醋止泻茶是将茶叶加水煎成浓汁后，加入少许米醋搅拌均匀，代茶饮用。此茶的主要功效在于抗菌消炎，可以清热利湿、通利肺气、生津止渴，治疗小儿腹泻或是水泻有较好的效果。

醋性平，味酸、甘，可消食开胃，收敛止泻，具有很强的抑菌、杀菌能力。醋有很强的抑制细菌的能力，短时间内即可杀死化脓性葡萄球菌等，对伤寒、痢疾等肠道传染病有预防作用。米醋与茶合用，能有效地治疗小儿腹泻，具有良好清热利湿、涩肠止泻作用。另外，此茶的抗菌消炎效果显著，适合慢性肠胃炎的泄泻患者服用，对治疗肠胃疾病有辅助治疗作用。

食疗功效

米醋止泻茶有抗菌消炎、清热利湿、通利肺气、生津止渴的功效，利用醋的强抑菌消炎作用，用以治疗小儿腹泻或是水泻有较好的效果。

竹叶灯芯定惊茶有什么功效?

竹叶灯芯定惊茶是取绿茶1克，竹叶3克，灯芯草1小撮和蝉衣2克加水1碗煎至半碗，每日下午当茶服饮。灯芯草味甘、淡，性微寒，有清心除烦，抗菌消炎的功效，竹叶性味甘淡，寒，能清心除烦，疏散风热，但虚寒体质及腹泻者不宜饮用。

此茶能清心除烦，对小儿夜啼、小儿惊厥、烦躁不安等症有很好的预防和治疗作用。惊厥是小儿时期常见的急症，表现为突然发作的全身性或局部性肌肉抽搐，多数伴有意识障碍。小儿惊厥发病率为成人的10倍，尤以婴幼儿多见。

■竹叶性味甘淡，寒，能清心除烦，疏散风热。

食疗功效

竹叶灯芯定惊茶有清心除烦、疏散风热、抗菌消炎的功效，多用以应对小儿夜啼、小儿惊厥、烦躁不安等症，虚寒体质及腹泻者不宜饮用。

竹叶清火茶有什么功效?

竹叶清火茶是将 60 克竹叶菜和 30 克淡竹叶用沸水冲泡，加盖闷 10 多分钟，代茶饮用。竹叶清火茶能改善因脾胃积热、虚火上升几种情况所引起的小儿口疮。风寒型感冒，恶寒明显者，不宜饮用。

食疗功效

竹叶清火茶有清热解毒、利尿除湿、生津止渴的功效。

乌药缩尿茶有什么功效?

乌药是乌药植物的根，切片后，用盐水浸泡，再用沸水冲泡代茶饮，具有温肾缩尿之功。气虚、内热者忌服。乌药性味温辛，可行气止痛，温肾散寒。

食疗功效

乌药缩尿茶有行气止痛、温肾补虚的功效，能温肾化气以助缩尿之功，可辅助治疗虚寒体质的小儿遗尿。

川贝杏仁缓咳茶有什么功效?

取川贝 10 克、杏仁 6 克和粉光参 6 克，加清水一碗，煮沸后转小火再煮 30 分钟，凉后即可喝。此茶有活血行气，顺畅呼吸系统的功效，多次服用可消除喉咙痒或气喘症状。

食疗功效

川贝杏仁缓咳茶有活血行气、润肺止咳、化痰平喘的功效，多次服用可消除喉咙痒或气喘症状，感冒期间不能饮用。

大蒜冰糖止咳茶有什么功效？

大蒜性温味辛，可消炎杀菌、止咳解毒、温中消食。取大蒜十几瓣，捣成泥状放入杯中，加冰糖适量，用开水冲泡，稍凉后当茶饮，每日1次，咳嗽严重者每日2次，此方具有快速止咳化痰的特效，但胃病患者忌用。

食疗功效

大蒜冰糖止咳茶有止咳化痰、和胃润肺、温中消食的功效。

紫罗兰畅气茶有什么功效？

取紫罗兰干花泡茶饮用，有助于呼吸器官疾病治疗，使气路通畅。紫罗兰花能清热解毒、祛痰止咳、润肺消炎；还可以清火养颜，滋润皮肤，给皮肤增加水分，增强光泽，防紫外线照射；还可缓解因伤风、感冒及咳嗽引起的喉咙不适。

食疗功效

紫罗兰畅气茶有清热解毒、祛痰止咳、润肺消炎的功效。

六味地黄滋肝茶有什么功效？

六味地黄滋肝茶滋肝益肾，适用于免疫力低下、易疲劳、睡眠不佳等多种症状以及糖尿病等多种慢性消耗性疾病患者。先把材料用清水泡半小时，再用大火煮沸后转小火煎半小时即可关火，待茶凉后饮用。

食疗功效

六味地黄滋肝茶有滋肝益肾、养阴凉血、清热生津的功效。

莲心苦丁更年清心茶有什么功效？

取苦丁茶3克，莲心1克，菊花3克，枸杞子10克放入茶杯中，以沸水冲泡，加盖焖10分钟即成。代茶频饮，可加入适量蜂蜜。最多可反复冲泡5次，第二天要换新茶再泡。

常饮此茶能清心火、安心神，对隐性更年期的心情烦躁、面色萎黄、性欲低下等有明显的改善作用。

食疗功效

莲心苦丁更年清心茶有清心安神、健脾消积、活血降脂的功效。

莲子冰糖益精茶有什么功效？

将莲子放入清水中浸泡几小时后，放入锅中，再加入适量冰糖，煮至莲子软烂。以沸水冲泡茶叶，将茶叶汁加入莲子汤中混合即可饮用。此莲子冰糖茶，有利于稳定情绪，振奋精神。

食疗功效

莲子冰糖益精茶有益肾固精、养心安神、润肺补中的功效。

橄榄润咽绿茶有什么功效？

将橄榄放入清水中煮片刻，然后冲泡胖大海及绿茶，加盖焖几分钟即可。橄榄能清热解毒，化痰、利咽、润喉；胖大海性味甘寒，有着清热润肺、利咽解毒的功效。

食疗功效

橄榄润咽绿茶有清热解毒、利咽润喉、化痰润肺的功效。

银花青果润喉茶有什么功效？

取适量金银花和绿茶，再将一枚橄榄切开，共同放入杯中，冲入开水，加盖闷5分钟后饮用。适用于慢性咽炎，咽部异物感者。

青果即橄榄，与金银花两者共用，对属阴虚燥热引起的喉咙不适有良好作用。

食疗功效

银花青果润喉茶有清热解毒、利咽润喉、凉散风热的功效。

杏仁润喉止咳绿茶有什么功效？

杏仁性温味苦，具有祛痰止咳、平喘、润肠、下气开痹等功效。蜂蜜味甘性平，可润肺止咳、补益脾胃。绿茶性寒，能降脂减肥，降火清心。将杏仁加入绿茶以沸水冲泡，放入蜂蜜调匀，可经常饮用。

食疗功效

杏仁润喉止咳绿茶有清咽利喉、润肺平喘、祛痰止咳的功效。

白芍甘草排毒茶有什么功效？

白芍性平味苦，具有清热润燥之效，可缓中止痛，舒经降气，补脾养肝。甘草性平、味甘，具有补脾益气、清热解毒的作用。将生白芍和甘草加两碗水，大火烧开后转小火煮至一碗水关火，即可。

食疗功效

白芍甘草排毒茶有清热润燥、缓中止痛、补脾养肝的功效。

泽泻乌龙护肝消脂茶有什么功效？

脂肪肝是人体代谢紊乱的早期征兆，同时也预示着肝脏损伤和一些潜在疾病。泽泻为泽泻科多年生沼泽植物泽泻的块茎，性寒，味甘淡，含有萜类化合物，能促进脂肪分解，使合成胆固醇的原料减少，因而具有降血脂，防治动脉粥样硬化和脂肪肝的功效。

取泽泻15克加水适量煮沸25分钟，取药汁冲泡乌龙茶3克，代茶频饮，可加水续泡。此茶从调理肝脏入手，恢复人体正常代谢，护肝消脂，利湿减肥。严重腹泻患者忌用。

食疗功效

泽泻乌龙护肝消脂茶有理肝护肝、消脂减肥、去油解腻的功效，能促进人体内部的脂肪分解，恢复正常代谢循环，但严重腹泻患者忌用。

▣ 泽泻性寒，味甘淡，能促进脂肪分解。

玫瑰调经茶有什么功效？

将适量玫瑰花和益母草放入锅中煮大约10分钟倒入杯中饮用，或加开水冲泡也行。此茶具有活血顺气、调节经血的功效，但饮用不宜过量，益母草每日不能超过5克，孕妇禁用。

益母草，性微寒，味苦辛，可去瘀生新，活血调经，利尿消肿，治月经不调，胎漏难产，胞衣不下，产后血晕，瘀血腹痛，崩中漏下，尿血，泻血，痈肿疮疡，是历代医家用来治疗妇科疾病之要药。玫瑰花含丰富的维生素A、B族维生素、维生素C等，以及单宁酸，能改善内分泌失调，对消除疲劳和伤口愈合也有帮助，调理女性生理问题，促进血液循环，调经，利尿，缓和肠胃神经。两者共同的作用，是调经益血，养颜美容，抗衰防老，是女性生理病的首选药茶。

食疗功效

玫瑰调经茶有活血顺气、调节经血、养颜美容的功效，能较好地调理女性生理问题，恢复健康活力，但饮用不宜过量，孕妇禁用。

▣ 益母草，性微寒，味苦辛，可去瘀生新，活血调经，利尿消肿。

杷叶回乳茶有什么功效？

一般宝宝到一周岁左右，年轻的妈妈或因工作问题，或为了保持苗条的身材，就要给宝宝断奶，此时就需要做好回乳的准备，可饮用这款杷叶回乳茶。

将 5 片鲜枇杷叶剪碎，加入 10 克捣碎的土牛膝，放入锅中，加适量沸水泡闷 15 分钟后，频频饮用，每日 1 剂。枇杷叶，性味苦，微寒，有清肺止咳、降逆止呕的作用；土牛膝味微苦，性寒，可活血化瘀，解毒利尿。此茶可逐渐减少乳汁分泌，消除乳房肿胀，并能恢复乳房良好线形，不下垂、不萎缩。但胃寒呕吐或风寒咳嗽者忌用。

🔲 **食疗功效**

杷叶回乳茶有活血化瘀的功效，年轻妈妈在宝宝一周岁左右饮用此茶可逐渐减少乳汁分泌，消除乳房肿胀，恢复乳房良好线形。

🔷 枇杷叶，味苦，性微寒，有清肺止咳、降逆止呕的作用。

大黄公英护乳消炎茶有什么功效？

哺乳期的妈妈都有积奶或急性乳腺炎的经历，痛苦不堪，吃药打针又怕西药的成分影响到宝宝发育，用传统的方法如热毛巾敷乳房、用木梳梳，虽然安全，效果却很慢。其实，你可以试试中药，这款大黄公英茶经常饮用，就可消除积奶的烦恼。

将大黄和蒲公英用开水泡闷半小时，或放入清水锅内煮开后，关火闷几分钟即可饮用。大黄具有泻热通肠，凉血解毒，逐瘀通经的功效；蒲公英甘寒清解，苦以开泄，功专解毒消肿，为治乳痈要药，兼有利湿之功。《本草纲目》记载："蒲公英主治妇人乳痈肿，水煮汁饮及封之立消。解食毒，散滞气，清热毒，化食毒，消恶肿、结核、疔肿。"

🔲 **食疗功效**

大黄公英护乳消炎茶有消肿散结、逐瘀通经、泻热利湿的功效，可缓解哺乳期妈妈积奶或急性乳腺炎的烦恼，不再顾虑重重。

山楂益母缓痛茶有什么功效？

取山楂、益母草各10克，当归6克，切碎，加一碗沸水，盖闷泡15分钟后，倒出药汁加入红糖适量后，温饮。药渣可第二天再加水浸泡服用一次。此茶具有活血散瘀，安宫止痛的功效，主治产后腹痛，恶露不尽或胞衣不下。

山楂、益母草均有活血散瘀之功，古代常用来治产后恶露不下等疾病。益母加山楂，既取其活血散瘀之力，又用其健胃消食之能，对产后腹痛，谷食不消者，一举而两得。当归补血活血，产后用之能帮助血气早日恢复。

食疗功效

山楂益母缓痛茶有活血散瘀、健胃消食、安宫止痛的功效，对缓解女性产后腹痛、谷食不消、恶露不尽等症效果明显。

◎山楂性平味甘酸，能消食健胃，活血散瘀。

◎益母草性味辛甘、苦，能活血祛瘀，调经利水。

灵芝沙参缓咳茶有什么功效？

将10克灵芝先用温水浸泡半小时，再加10克百合和南、北沙参各6克煎沸，置保温瓶中，分3次温饮。此茶对慢性支气管炎有良效。

灵芝是传统的真菌药物和健康食品，滋阴，补肺止咳，临床研究亦表明其有显著的镇咳祛痰及平喘作用，对于缓解咳痰、气喘等症状有显著效果，其免疫促进作用，又可有效防止感冒复发。沙参和百合，均有养阴清肺化痰功效。

食疗功效

灵芝沙参缓咳茶有滋阴清肺、祛痰止咳、平喘的功效，能有效应对慢性支气管炎，促进人体的免疫系统并防止感冒复发。

◎灵芝有滋补强壮、补肺益肾、健脾安神的作用。

柿叶清肺茶有什么功效？

秋天吃柿子，不到秋天的时候，可以吃柿子叶。可不是让你真的拿着叶子吃，而是制成柿叶茶喝。摘下 6～8 月的柿子嫩叶，用水洗净，如果很脏，可以用纱布边擦边洗。将洗净的叶子放在蒸锅中蒸 2～3 分钟，冷却后将叶子切成丝。晒干之后，就可以放入容器，像平时喝普通茶一样取出泡制即可。

柿叶茶的主要特点是，含维生素 C 很多，经常饮用，能提高机体免疫功能，软化血管，调整血压，降低血脂，防止脑动脉硬化、冠心病等。但柿子叶中含鞣质较多，有收敛作用，会减少消化液的分泌，加速肠道对水分的吸收，造成大便硬结。因此，便秘患者应少服。

食疗功效

柿叶清肺茶有清热润肺、止咳化痰、抗菌消炎、活血降压的功效，可提高机体免疫功能，但其收敛性致使便秘患者应少服。

桑葚红花活经茶有什么功效？

取桑葚 15 克，红花 15 克，玫瑰花 10 克，加水煮泡后，倒出温服。此茶活血养颜，适用于闭经、痛经症状，孕妇不能饮用。

桑葚中含有丰富的活性蛋白、维生素、氨基酸、胡萝卜素、矿物质等成分，营养是苹果的 5 倍、葡萄的 4 倍，具有多种功效，被医学界誉为"21 世纪的最佳保健果品"。中医认为桑葚味甘酸，性微寒，入心、肝、肾经，为滋补强壮、养心益智佳果，具有补血滋阴，生津止渴，润肠燥，补肝益肾等功效，主治阴血不足而致的头晕目眩，耳鸣心悸，烦躁失眠，腰膝酸软，须发早白，消渴口干，大便干结等。

红花产于西藏，中医认为红花有活血通经、消肿止痛、美容祛斑等功效，适用于血寒性闭经、痛经及各种瘀血性疼痛，包括无月经、月经过多、冠心病所致胸痛等。

食疗功效

桑葚红花活经茶有滋阴活血、补肝益肾、通经止痛、美容养颜的功效，可用以调理女性闭经、痛经等症状，但孕妇不能饮用。

苏梗安胎茶有什么功效？

刚刚怀孕时，还没有充分体验到即将当妈妈的喜悦，妊娠反应就会接踵而至，让你措手不及。不用烦，这款苏梗安胎茶，保证能够缓解恶心呕吐、头晕、厌食或食入即吐等常见的妊娠反应。

取苏梗6克，陈皮3克、生姜2片切碎，与1克红茶一起放入茶壶，加开水，闷泡10分钟后即可饮用。可反复泡饮，茶味渐淡为止。

苏梗味辛、甘，性微温，适用于胸腹气滞的症状，还有宣肺、理气宽中、止痛、安胎之功效；陈皮及生姜可理气和胃。但气虚或表虚者忌用。

食疗功效

苏梗安胎茶有宣肺宽中、止痛安胎、理气和胃的功效，多用以缓解女性刚刚怀孕时恶心呕吐、头晕厌食等常见的妊娠反应。

肉桂养颜开胃奶茶有什么功效？

将锅中放入300毫升鲜奶，大火煮至微开，加入5克奶精粉，搅拌至完全溶解后转小火，放入15克红茶叶，一分钟即可关火，滤出茶汁，倒入杯中。用2支肉桂棒搅动茶汁，约五秒钟，使肉桂香气进入到茶汁里即可拿出。此时奶香浓郁，入口爽滑，有浓烈的香料芳香。这款奶茶不适宜添加糖分，以品味原味为最佳。

肉桂，又称玉桂，以越南肉桂为最佳，具有浓烈而独特的香气，味甜辛辣，性温；可散寒止痛，补火助阳，暖脾胃，通血脉，杀虫止痢。阴虚火旺，里有实热，血热妄行者忌服，孕妇不宜服用。在寒冷的冬天，来一杯肉桂奶茶，一扫寒冷感觉，那"浓浓的香气"更会使你倍感温暖与舒适。饱餐后也可帮助消化，有开胃之功效。

食疗功效

肉桂养颜开胃奶茶有养胃消炎、暖脾胃、助消化的功效，给人温暖、舒适之感，阴虚火旺，里有实热，血热妄行者忌服，孕妇不宜服用。

桂花清怡减压茶有什么功效?

将干桂花和茶叶放入杯中,沸水冲泡5分钟,即可饮用。早晚各饮1杯,有温补阳气、强肌滋肤、活血润喉的功效,适用于阳气虚弱型高血压病,及内火引起的皮肤干燥、声音沙哑、牙痛等症。

桂花香气宜人,具有镇静止痛、通气健胃的作用。桂花除富于寓意和用作观赏以外,还是窨制花茶,提炼芳香油和制造糖果、糕点的上等原料。茶叶用鲜桂花窨制后,既不失茶的香味,又带浓郁桂花香气,饮后有通气和胃的作用,很适合胃功能较弱的老年人饮用。广西桂林的桂花烘青、福建安溪的桂花乌龙、四川北碚的桂花红茶均以桂花的馥郁芬芳衬托茶的醇厚滋味而别具一格,成为茶中之珍品,深受国内外消费者的青睐。

食疗功效

桂花清怡减压茶有温补阳气、强肌滋肤、活血润喉的功效,较适宜阳气虚弱型高血压和内火引起的皮肤干燥、声音沙哑等患者饮用。

玫瑰参花舒活茶有什么功效?

玫瑰参花舒活茶是将10克玫瑰花和1克人参花用开水浸泡5分钟,即可饮用。此茶具有消除疲劳,活血养颜的功效。

玫瑰花是常见的美容茶,性质温和、男女皆宜,可缓和情绪、平衡内分泌、补血气、美颜护肤、对肝及胃有调理的作用、并可消除疲劳、改善体质,玫瑰花茶的味道清香幽雅,能令人缓和情绪、疏解抑郁,能改善内分泌失调,解除腰酸背痛,有消除疲劳和伤口愈合,滋润养颜,护肤美容,活血,保护肝脏,和胃养肝,消除疲劳,促进血液循环之功能。

人参花是人参所放的花蕾,为人参最精华所在。其主要作用是:延缓衰老,消除疲劳,改善失眠;改善记忆力和性功能等。

食疗功效

玫瑰参花舒活茶有舒缓情绪、解除疲劳、活血养颜的功效,改善人体内分泌,延缓衰老,是中年女性调节身心、补益健康的佳品。

茉莉荷叶清凉茶有什么功效？

将茉莉花和荷叶放在一起冲泡，即成茉莉荷叶茶，具有清凉解毒的功效。

荷叶茶能令人神清气爽，还有改善面色、减肥的作用。经常喝荷花茶，会变得不爱吃油腻食物，也有助于减肥。

《中药大辞典》中记载：茉莉花有"理气开郁、辟秽和中"的功效，并对痢疾、腹痛、结膜炎及疮毒等具有很好的消炎解毒的作用。常饮茉莉花，有清肝明目、生津止渴、祛痰治痢、通便利水、祛风解表、疗瘘、坚齿、益气力、降血压、强心、防龋防辐射损伤、抗癌、抗衰老之功效，使人延年益寿、身心健康。

食疗功效

茉莉荷叶清凉茶有清凉解毒、清肝明目、利水消肿的功效，常饮可使人神清气爽、益寿延年，可能改善面色、有助减肥。

洋甘菊舒缓减压茶有什么功效？

德黑兰大学医学院研究发现，洋甘菊茶有抗焦虑的效果，且没有副作用。上班族遇到紧张的工作，可以提前或工作中，泡饮一杯洋甘菊茶，有助于缓解紧张情绪。洋甘菊的安抚效果绝佳，可舒解焦虑、紧张、愤怒与恐惧，使人放松有耐性，感觉祥和。减轻忧虑，让心灵平静，对失眠很有帮助。

另外，洋甘菊还有止痛的功能，可缓和肌肉疼痛，尤其是因神经紧张引起的疼痛，对下背部疼痛也很有帮助，同样的作用还能镇定头痛、神经痛、牙痛及耳痛；使胃部舒适，减轻胃炎、腹泻、结肠炎、胃溃疡、呕吐、胀气、肠炎，及各种不舒服的肠疾。据说对肝的问题也有帮助，改善黄疸及生殖泌尿管道之异常；可改善持续的感染，因为洋甘菊能刺激白血球的制造，进而抵御细菌，增强免疫系统，对抗贫血也颇见效。

食疗功效

洋甘菊舒缓减压茶有舒解情绪、安神静气、缓和压力的功效，增强人体免疫系统，对抗失眠，是上班族缓解紧张情绪与压力的佳饮。

莲子心金盏茶有什么功效？

莲子心金盏茶是取玫瑰花3朵，莲子心、金盏花和紫罗兰各1撮（拇指和示指），另加薄荷2枝，用开水冲洗干净，再放入壶中加开水浸泡3分钟即可，饮用时可加适量蜂蜜。此茶具有清火安神之功效。

金盏花可以清爽提神，解热下火，稳定情绪，最适合因经常熬夜而致的肥胖族；莲子心清心火，平肝炎，降肺火，消暑除烦，治疗心烦、口渴、目赤肿痛症状。

◙莲子心清心火，平肝炎，降肺火，消暑除烦。

食疗功效

莲子心金盏茶有清火安神、平肝降气、消暑除烦的功效，其金盏花独具的清爽提神、解热下火作用非常适宜熬夜加班者饮用。

葛花解酒茶有什么功效？

取葛花10克，用水煎服，酒前20分钟饮用可提升酒量，酒后饮用则可促使酒精快速分解和排泄，从而迅速醒酒，减轻肝脏压力。

葛花性凉味甘、辛，可入脾经和胃经，有和胃解酒、生津止渴之功，适用于饮酒过度、头痛、头晕、烦渴、胸膈饱胀、不思饮食、呕吐酸水等病症。同时具有养肝、护胃、补肾、清除毒素、延缓衰老的作用。葛花是中国的传统药物，长期以来被用于缓解酒后呕吐等症状。在对人体细胞的实验中，人们发现其中的一种皂角苷有强大的保肝功效，而异黄酮则有较强的消除活性氧的作用。科学家认为，葛花中含有的皂角苷和异黄酮分别在免疫系统和内分泌系统中发挥着协调作用，可以改善酒精对人体造成的新陈代谢异常，从而起到解酒醒酒的作用。

食疗功效

葛花解酒茶有和胃解酒、养肝护胃、补肾清毒的功效，人们酒前20分钟饮用可提升酒量，酒后饮用则可促使酒精快速分解和排泄。

薰衣草舒眠茶有什么功效？

泡薰衣草茶时，如果您喜欢淡雅清香的口味，一小杯开水只需8粒薰衣草；如果您喜欢花香浓郁的口味，一小杯开水加薰衣草量约大拇指与示指抓一小撮。此茶具有舒缓紧张情绪、镇定心神的作用，睡前饮用有助睡眠。

薰衣草可以净化心绪，舒解压力、松弛神经、帮助入眠；可治疗初期感冒咳嗽，逐渐改善头痛，安定消化系统，是治疗偏头痛的理想花茶。可以饮用，也可以沐浴时使用，还可放置于衣橱内代替樟脑丸。但应注意的是避免服用高剂量薰衣草，特别是孕妇要避免使用过多剂量。

食疗功效

薰衣草舒眠茶有舒缓情绪、松弛神经、安神助眠的功效，更可逐渐改善头痛，但需避免服用剂量过高，特别是孕妇更应格外注意。

薄荷清凉解暑茶有什么功效？

用一杯开水即可冲泡出薄荷茶，冷热皆宜。冲泡薄荷茶，还可掺进其他的花草，茶味道更为特别，最简单的方法是用一包红茶加适量的薄荷，即可冲出滋味十足的薄荷红茶，再加点儿蜂蜜更显清冷。

在烈日炎炎的夏日，喝杯冰冻薄荷茶，那清凉的感觉真是爽快，不仅令人暑气全消，更能令人提振精神，冰凉解毒，刺激食欲，最适合于午饭后饮用。而热的薄荷茶对于治疗感冒、祛除风寒亦有很好的疗效。

薄荷有很多品种，绿薄荷口感清凉，有提神醒脑的作用；胡椒薄荷则可助消化，减轻胀气。餐宴后饮薄荷茶，可以使口气清新、帮助消化，对于提神醒脑也极具功效。薄荷叶与甘菊一起冲泡，可止咳、化痰、提神。

食疗功效

薄荷清凉解暑茶有提神醒脑、解暑助消、清新口气的功效，炎炎夏日饮用不仅使人清凉爽快，更能刺激食欲，适合午饭后饮用。

▲绿薄荷口感清凉，有提神醒脑的作用。

葱白银杏缓痛茶有什么功效？

将一根葱的葱茎洗净后，从根部取葱白3厘米，加银杏叶用开水泡闷15分钟后，即可趁热饮用，可缓解风寒感冒时的头疼及腰酸背痛。

葱根部上的茎，称为葱白，其气味辛辣，性温，有发汗解热、散寒通阳的功效。现代药理研究表明，葱白有发汗解热的功效，可健胃、利尿、祛痰，对痢疾杆菌、葡萄球菌及皮肤真菌也有一定的抑制作用。

银杏叶性味甘、苦、涩、平，归心肺经，功能敛肺、平喘、活血化瘀、止痛，用于肺虚咳喘、冠心病、心绞痛、高血脂。现代科学研究证明银杏叶含有200多种药用成分，其中有黄酮类活性物质35种，微量元素25种，氨基酸8种。

食疗功效

葱白银杏缓痛茶有散寒通阳、活血化瘀、发汗止痛的功效，趁热饮用可有效缓解人体风寒感冒时的头疼及腰酸背痛。

茯苓枣仁宁心茶有什么功效？

取茯苓、炒酸枣仁各50克压成末，加入1克朱砂，用纱布包好，放入保温杯中，冲入适量沸水，盖上闷20分钟，即可饮用，在一日内饮尽。失眠者可在睡前半小时冲泡饮服。此茶对心神不宁、心气不足导致的虚汗不眠、惊悸怔忡、失眠健忘等症有特效。

茯苓补脾，利水渗湿；炒酸枣仁养心安神，敛汗；朱砂镇惊安神，清热解毒。此茶由表及里调理人体内分泌补气养血，宁心安神，定惊。但朱砂剂量不可过大，且不宜久服。

茯苓性味甘淡平，可补脾，利水渗湿。

食疗功效

茯苓枣仁宁心茶有养心安神、补脾定惊的功效，可缓解心神不宁、心气不足导致的虚汗不眠、惊悸怔忡、失眠健忘等症状。

银耳太子参宁神茶有什么功效?

人们在精神高度紧绷，铆足了劲，准备大干一场时，却事倍功半、事与愿违。如果你是用脑一族，肯定遇到过这种情况，这是神经衰弱的症状，神经衰弱是指神经活动机能失调，需要好好调理。平时让大脑有松有弛，经常饮用银耳太子参茶，神经衰弱就可以得到改善。

将银耳 15 克用温水泡 1 个小时，加入太子参 25 克与银耳同煮煎至熟烂，再加入冰糖熬稠，这款银耳太子参宁神茶就做好了。

太子参又称孩儿参，中医认为其性平，味甘微苦，能补肺健脾、益气、养阴、安神，是一味很好的滋补品；含果糖、氨基酸、维生素等，能提高机体的免疫功能，对神经衰弱引起的失眠、健忘、记忆力减退等都有很好的改善作用。

食疗功效

银耳太子参宁神茶有滋阴润肺、养气和血、补脑安神的功效，能提高机体的免疫功能，改善失眠、健忘等神经衰弱症状。

◙太子参性平，味甘微苦，能补肺健脾、益气、养阴、安神。

骨碎补活肌茶有什么功效?

繁忙的白领们由于缺少锻炼，肌肉力量差，腰部经络气血运行不畅，就很容易导致腰肌劳损、疼痛，这时可以饮用骨碎补活肌茶改善体质。

将骨碎补 50 克和桂枝 15 克加水煎煮 30 分钟，取药汁代茶饮。骨碎补对骨关节软骨有刺激细胞代偿性增生作用，配合桂枝能疏通经脉，活血定痛。不过，饮茶是一方面，还要适当休息，定时改变姿势，做一些简单的腰部运动。

食疗功效

骨碎补活肌茶有补肾强骨、温经通脉、活血定痛的功效，专门应对日常缺少锻炼的白领一族，改善体质，预防腰肌劳损、腰部气血不畅。

◙骨碎补味苦性温，可补肾强骨。

菊花抗晕乌龙茶有什么功效？

每天接触电子污染的办公室一族，体内积存着有害的化学和放射性物质，长久以往，就会积劳成疾，引起职业病。由菊花和乌龙茶泡制成的菊花乌龙茶，具有排毒的作用，可抵抗身外的辐射，排出体内积存的有害物质。

《本草纲目》中记载菊花"性甘、味寒，具有散风热、平肝明目之功效"。现代药理分析表明，菊花里含有丰富的维生素 A，是维护眼睛健康的重要物质。菊花茶能让人头脑清醒、双目明亮，特别对肝火旺、用眼过度导致的双眼干涩有较好的疗效，经常觉得眼睛干涩的人，尤其是常使用电脑的人，应多喝菊花茶。

食疗功效

菊花抗晕乌龙茶有平肝明目、溶脂排毒、抗衰老的功效，能够有效缓解眼部干涩、抵抗电脑辐射，减轻体内有害物质的堆积。

桑菊银花清热茶有什么功效？

取桑叶4克，菊花6克，金银花8克，放保温杯中，用沸水适量泡15分钟当茶饮。一般可冲泡2次。不宜久泡，以免破坏有效成分。此茶来自民间的古老配方，选取天然的清凉药材。菊花、金银花清热解毒、凉散风热，对感冒引起的发热、头晕、头痛都有很好的舒缓作用。

桑叶性寒，味甘苦，含丰富的氨基酸、纤维素、维生素、矿物质及多种生理活性物质，有疏散风热、清肝明目的功效，对风热感冒、肺热燥咳、头痛头晕、目赤昏花有良效；金银花清热解毒、凉散风热，可用于外感风热之发热、头晕、头痛。

食疗功效

桑菊银花清热茶有清热解毒、凉散风热、清肝明目的功效，对目赤昏花以及感冒引起的发热、头晕、头痛都有很好的舒缓作用。

■桑叶性寒，味甘苦，有疏散风热、清肝明目的功效。

■金银花清热解毒、凉散风热。

莲心甘草舒眠茶有什么功效？

如果躺在床上了还烦躁不安，那第二天的情绪和身体肯定不好，接着便是第二天晚上更加心烦，如此恶性循环肯定将身体拖垮。如果心烦时泡一杯莲心甘草茶，保证你能舒舒服服地酣睡一夜。

将少量的莲子心和甘草用沸水冲泡，代茶频饮。莲心性寒味苦，含莲心碱、异莲心碱等多种生物碱，能清心安神、交通心肾、涩精止血，对心烦少眠、心肾不交、失眠遗精症有很好的改善作用。故饮此茶可清心火、除烦躁，睡前喝一杯，能起到助眠的效果，充足的睡眠让你心情雀跃地迎接新的一天！

📷 **食疗功效**

莲心甘草舒眠茶有清心安神、补脾益气、交通心肾的功效，对心烦少眠、失眠遗精有着不错的疗效，睡前饮用可有助睡眠。

▣甘草性平、味甘，具有补脾益气、清热解毒、祛痰止咳、缓急止痛、调和诸药之功。

▣莲心性寒味苦，能清心安神、交通心肾、涩精止血。

莲子百合甜梦茶有什么功效？

我们祝愿朋友晚安时，通常会加上"做个好梦"。但是如果夜夜都做好梦，那可不是好兆头。不管好梦噩梦，总是噩梦，说明睡得浅，是睡眠不好的表现。要想睡个好觉可以试试这款莲子百合甜梦茶。

取桂圆、百合、莲子各50克，柏子仁20克，酸枣仁15克加水煎服，经常代茶饮。桂圆肉含葡萄糖、蔗糖、维生素A、B族维生素、酒石酸等成分，能补益心脾、养血安神；百合含多种生物碱，如秋水仙碱等，养阴润肺，清心安神。常饮此茶养阴润肺、清心安神，适用于虚烦惊悸、失眠多梦，能有效对抗失眠。

📷 **食疗功效**

莲子百合甜梦茶有养心安神、滋阴润肺、益肾固精的功效，适用于虚烦惊悸、失眠多梦等症状，能有效对抗失眠，一觉到天亮。

二子延年健骨茶有什么功效？

女性到了更年期以后，体内雌激素水平降低，首先引起维生素 D 的生成与活性降低，从而干扰肠道内的钙吸收，而致使破骨细胞的活性增强，引起老年骨质疏松症。这道二子延年健骨茶专为此症设计。

将枸杞子、五味子捣烂，加入绿茶和白糖，用开水冲泡，日常代茶饮，可长期饮用，无任何副作用。此茶补虚滋阴，调整内分泌，保养卵巢，稳定激素水平，减少体内钙质的流失，预防老年骨质疏松。

📷 食疗功效

二子延年健骨茶有补虚滋阴、补血安神、益气强肝的功效，日常代茶饮用，能调整内分泌，减少体内钙质的流失，预防老年骨质疏松。

◼ 枸杞子味甘性平，可滋肝补肾，补血安神，润燥明目。

◼ 五味子性温味甘酸，可益气强肝，养阴固精。

杜仲肉桂舒肩茶有什么功效？

取少量杜仲和两茶匙的干肉桂加入一杯热开水中，浸泡约 10 分钟后，放凉，加适量蜂蜜即可饮用。此茶可促进新陈代谢和热量消耗，降低中性脂肪，因此具有减肥的效果，还具有预防衰老、强身健体的功效。

杜仲是中医传统中药材，中国古代著名的医药学家李时珍所著《本草纲目》载："杜仲，能入肝补肾，补中益精气，坚筋骨，强志，治肾虚腰痛，久服，轻身耐老。"杜仲列为中药上品已有 2000 多年的历史。肉桂可以散寒止痛，补火助阳，暖脾胃，通血脉，杀虫止痢。但阴虚火旺，里有实热，血热妄行者不宜饮用此茶。

📷 食疗功效

杜仲肉桂舒肩茶有补益肝肾、强健筋骨、散寒通脉的功效，可促进人体新陈代谢，但阴虚火旺，里有实热，血热妄行者不宜饮用。

参须枸杞缓压茶有什么功效?

将 20 克参须加入热水中煮开,再加入 10 克枸杞用小火煮约 1 分钟即可。常饮此茶,可增强体质,神清气爽。

人参须可防止衰老,补充元气,增加身体的抵抗力,增强抗癌细胞的活性,并能补脾益肺、生津、安神;枸杞是传统的名贵中药和营养滋补品,现代医学研究证明,枸杞有免疫调节、抗氧化、抗衰老、抗肿瘤、抗疲劳、降血脂、降血糖、降血压、补肾、保肝、明目、养颜、健脑、排毒、保护生殖系统、抗辐射损伤十六项功能。

▣参须性较平凉,味微苦,滋阴清火,可以增强肌肤的抵抗力。

食疗功效

参须枸杞缓压茶有滋阴清火、滋肝补肾、养血安神的功效,常饮可增强体质、降压、降胆固醇,令人倍感神清气爽。

▣枸杞子味甘性平,可滋肝补肾,补血安神,降压降胆固醇。

葱芷去痛茶有什么功效?

风寒感冒时,会引起头痛,以前额及太阳穴区为主,常牵连颈项有拘紧感,遇风寒即加重,可能伴有咳嗽、喷嚏、鼻塞或流清涕等,重者伴有发热、全身酸痛,治疗应以散风止痛为主。

取茶叶 10 克,白芷 6 克,葱白 3 段加水煎服,趁热饮用。由于白芷能祛风、燥湿、消肿、止痛、赤白带下、痈疽疮疡、皮肤燥氧等,配合葱白的杀菌消炎作用,饮用此茶,即可有效缓解头痛症状。

▣葱白,其气味辛辣,性温,有发汗解热、散寒通阳、杀菌消炎的功效。

食疗功效

葱芷去痛茶有祛风解热、散寒通阳、杀菌消炎的功效,饮用此茶可有效缓解头痛,特别是风寒感冒所引起的头痛、发热等症状。

中篇 茶艺

第一章　茶艺介绍

　　自古以来，喝茶就被视为一件赏心悦目的事。古人在品茗的同时，还会焚香、弹琴，总之，喝茶者总会精心地准备着与泡茶有关的一切事情。喝茶已经不仅仅是解渴这么简单的事了，慢慢地，它已经变成了一种艺术。在茶香余韵中涤荡心中的尘垢，释放心情，欣赏泡茶者优雅准确的姿态，相信这样的氛围一定令人心驰神往。

什么是茶艺

　　茶的历史虽然发展久远，但"茶艺"一词却在唐朝之后才出现。对于"茶艺"从何而来，真是众说纷纭：刘贞亮认为茶艺是通过饮茶来提高人们的道德修养；皎然又认为茶艺是一种修炼的手段。但无论古人们怎么评价茶艺，这些都无法阻止茶艺的发展。

　　从唐朝开始，茶艺已经走进寻常百姓家中，到了宋代，茶文化由于进一步发展，茶艺也迎来了它的鼎盛时期。上至皇帝，下至百姓，无一不以茶为生活必需品，这也使饮茶精神从宋朝开始成为了一种广为流传的时尚。而此时的茶艺也逐渐形成了一种特色，有了一套特有的规范动作。

　　明代后期，饮茶变得越来越讲究了：茶人所选择的茶叶、水、环境都有了较高的标准，例如茶叶一定要精致干燥，水源一定要干净，环境一定要清新雅致等等。我们也许会发现，从这一时代开始，茶艺已经与现实中的越来越像了。

　　茶艺到现代经历了几起几落的发展，人们对茶艺的认识也越来越深刻。总体而言，茶艺有广义和狭义之分。广义的茶艺是指研究与茶叶有关的学问，例如茶叶的生产、制造、经营、饮用方法等一系列原则与原理，从而达到人们在物质和精神方面的需求；而狭义的茶艺是指如何冲泡出一壶好茶的技巧以及如何享受一杯好茶的艺术，也可以说是整个品茶过程中对美好意境的体现。

　　茶艺包括一系列内容：选茶、选水、选茶具、烹茶技术以及环境等几方面内容。具体内容如下：

1 茶叶的基本知识

　　进行茶艺表演之前首先要掌握茶叶的基本知识，这也是学习茶艺的基础。茶叶的知识包括茶叶的分类、主要名茶的品质特点、制作工艺，以及茶叶的鉴别、贮藏、选购等。茶艺员和泡茶者需要在冲泡时为宾客讲解有关的茶叶知识，这样才会显得专业。

2 茶艺的技术

这是茶艺的核心部分，即茶艺的技巧以及工艺，包括茶艺表演的程序、动作要领、讲解的内容，茶叶色、香、味、形的欣赏，茶具的欣赏与收藏等。

3 茶艺的礼仪与规范

即茶艺过程中的礼貌和礼节，不仅仅是茶艺员与泡茶者的礼仪，还包括对宾客的要求。礼仪与规范包括人们的仪容仪表、迎来送往、互相交流与彼此沟通的要求与技巧等，简而言之是真正体现出茶人之间平等互敬的精神。无论主人还是客人，都要以茶人的精神与品质要求自己去对待茶。

4 悟道

这属于精神层次的内容。当我们对茶艺有了一定的了解之后，就可以提升到精神层次的觉悟了，即茶道的修行。这是一种生活的道路和方向，是人生的哲学。悟道是通过泡茶与品茶去感悟生活，感悟人生，探寻生命的意义，也是茶艺的一种最高境界。

千百年来，人们以茶待客，以茶修心，在美好的品茶环境中释放心灵，平稳情绪，从而提升了自己的精神道德。可以说，茶艺俨然成了一种媒介，沟通着人与人之间的关系，将物质层面的生活享受上升为艺术与精神的享受，并逐渐成为了中国传统茶文化的奇葩。

传统茶艺和家庭茶艺

随着茶叶种类的多元化，饮茶方式的多样化，中国的传统茶艺发展越来越精深，茶艺道具也极其复杂讲究。

首先，泡茶之前需要烫壶，要用沸水注满茶壶，接着将壶中的水倒入废水盂中。接着，用茶匙或茶荷取茶，将干茶拨到壶中，可以在投茶之前将茶漏斗放在壶口处，这样做是比较讲究的置茶方式。

等水壶中的水烧好之后，将热水注入壶中，直至泡沫溢出壶口为止。静置片刻之后，提着壶沿茶船逆行转圈，以便于刮去壶底的水滴。此时要注意的是磨壶时的方向，一般来说，如果右手执壶，欢迎喝茶时要逆时针方向磨，送客时则往顺时针方向磨，如果左手提壶，则正好相反。

传统茶艺

接着将壶中的茶倒入公道杯中，这样做可以使茶汤变得均匀，以便于每个客人茶杯中的茶汤浓度相当，做到不偏不倚。如果不使用公道杯，那么应该用茶壶轮流给几杯同时倒茶，当将要倒完时，把剩下的茶汤分别点入各杯中，因为最后剩下的茶汤算得上是精华。

奉茶时可以由泡茶者或茶艺员双手奉上，也可由客人自行取饮。品饮结束之后，传统茶艺才算告一段落。等到客人离去之后，主人才能洗杯、洗壶，以便下次使用。

家庭茶艺并没有传统茶艺那么复杂，往往道具更为简单、实用，且冲泡方法自由，在家中即可轻松冲泡，实在是一次难得的家庭体验。

随着人们生活水平提高，家庭茶艺已经走入许多家庭之中，茶慢慢地成为人们日常生活中必不可少的一种元素。家庭茶艺所需要的茶具较传统茶具简单得多，一般只需包括以下几部分就好：茶壶、品茗杯、闻香杯、公道杯、茶盘、茶托、茶荷等。这些道具在家庭茶艺中都起到至关重要的作用。茶具的选择也需要根据茶种类不同而变换，例如，冲泡绿茶可以使用玻璃器皿，冲泡花茶可以用瓷盖杯，啜品乌龙茶则可以选择小型紫砂壶，如此一来，家庭茶艺一定别有一番情趣。

我们可以在闲暇之余约几位友人或亲人，聊一聊冲泡技巧，并实际冲泡一下。另外，我们还可以亲自布置饮茶环境，播放烘托气氛的音乐，在喝茶中静心、静神，陶冶情操，去除杂念，令心神达到一个全新的静神层面。

家庭茶艺可以令喜欢茶艺的人们足不出户便可领略茶的魅力，也可以使人们在品茶之余悠闲自在地享受生活的乐趣，同时也将茶艺融入寻常生活之中。

家庭茶艺

无论是传统茶艺还是家庭茶艺，都不需要我们太刻意寻求什么外在的形式，相信只要有一颗清净安宁的心，就可以领略到每种茶艺带给自己精神上的愉悦，从而获得茶艺带给我们的轻松和享受。

工艺茶茶艺表演

工艺茶属于再加工茶类，并非7大基本茶类中的成员，主要有茉莉雪莲、丹桂飘香、仙女散花等30余个品种。品饮工艺茶，不仅可以使我们从嗅觉和视觉方面获得赏心悦目的艺术享受，还可以在享受时尚的同时达到美容养颜、滋养身心的目的。因此，从工艺茶问世的那一刻起，它就成为了许多爱茶之人的首要选择，而工艺茶茶艺表演也变得越来越流行起来。下面我们将介绍工艺茶的茶艺表演：

1 春江水暖鸭先知

苏东坡在《惠崇·春江晚景》一诗中曾这样写道，用这句诗形容烫杯的过程十分贴切，我们可以想象一下经过沸水烫洗过的正在冒着热气的杯子模样，是不是很像在暖暖江水中游动的小鸭子呢？

春江水暖鸭先知

2 大珠小珠落玉盘

白居易在《琵琶行》中用这句形象地描述了琵琶弹奏出的动人琴声，在这里我们将其形容为取茶投茶的过程。当我们用茶导将工艺茶从贮茶罐中轻轻取出，将它拨进洁白如玉的茶杯中时，看着干花和茶叶纷纷落下，是不是就像落进盘中的珍珠一样呢？相信那幅画面一定很美。

大珠小珠落玉盘

3 春潮带雨晚来急

工艺茶要经过三次冲泡才会泡出其美妙的形态与滋味。头泡要低注水，直接将适宜的热水倾注在茶叶上，使茶香慢慢浸出；二泡要中斟，热水要从离开杯口不远处注入，使工艺茶与水充分交融，此时茶中的花瓣已经渐渐舒展，极其好看；三泡时要高冲水，即热水从壶中直泻而下，使杯中的菊花随着水浪上下翻滚，如同"春潮带雨晚来急"一般，将其美好的形态展露无余。

春潮带雨晚来急

4 手捧香茗敬知己

倒好茶汤之后，下一步需要敬茶。敬茶的过程中，要目视宾客，用双手捧杯，举至眉头处并行礼。随后，按照一定的顺序依次为客人奉上沏好的茶，并将最后一杯留给自己。这个过程一定要注意面带微笑，因为笑容会令宾客觉得茶艺员或倒茶者性情平和，也会更衬托出茶艺表演的氛围。

赏茶

奉茶

5 小口品饮入人心

茶汤稍凉一些时，我们就可以品饮工艺茶了。品饮时注意，要用小口饮入，切莫"牛饮"，否则会给人留下没有礼貌的印象。

6 细品茶味品人生

人生如茶，茶如人生，细细品尝茶汤味道之后，我们同时也能领悟到茶中的百味人生。无论茶味苦涩还是甘甜，无论茶性平和还是醇厚，我们都可以在这杯茶中获得美好的感悟与憧憬。因此，品味人生也是品茶时的层次提升，更是茶艺表演中的重中之重。

小口品饮

7 饮罢两腋起清风

唐朝诗人卢仝曾在自己的诗中写下了品茶的绝妙境界："一碗喉吻润；二碗破孤闷；三碗搜枯肠，唯有文字五千卷；四碗发轻汗，平生不平事，尽向毛孔散；五碗肌骨轻；六碗通仙灵；七碗吃不得，唯觉两腋习习清风生。"因此，当饮毕之后，腋下清风升起之时便是人茶融为一体之时。

以上为工艺茶茶艺表演的全部过程，当这些结束之后，茶艺员或泡茶者需要起身向宾客鞠躬敬礼，至此，一套完整的工艺茶茶艺表演就结束了。

喝上一杯工艺茶，就如同在欣赏一件艺术品。不仅是其色、香、味、形令人着迷，其中散发出的独特魅力也令每个人心驰神往。

乌龙茶茶艺表演

乌龙茶的茶艺表演很普遍，在我国许多地方都大受欢迎，我们以铁观音为例，为大家展示一下乌龙茶的茶艺表演。

1 燃香静心

茶艺表演中不可缺少焚香的过程。首先通过点燃香料来营造一个安静、温馨、祥和的气氛，此时，闻着幽幽袅袅的香气，人们一定会忘却烦恼，感觉到自己已经置身于大自然之中，并且会用一颗平凡的心去面对一切。

燃香静心

2 旺火煮泉

这个过程即是用旺火煮沸壶中的山泉水，众所周知，泡茶最好要选择山泉水，但如果实在条件有限，也可以选择其他。另外，我们也可以用电热壶来取代旺火，这样也能随时调控温度。

旺火煮泉

3 百花齐放

用百花齐放这句成语来展示精美的茶具可以说是十分贴切了。乌龙茶的茶艺表演中需要很多茶具，例如：茶盘、紫砂壶、茶荷、茶托、公道杯、茶道组合、随手泡等。最后，向客人展示闻香杯和品茗杯。

茶盘

紫砂壶

茶荷

茶托

公道杯

茶道组合

随手泡

向客人展示闻香杯的步骤

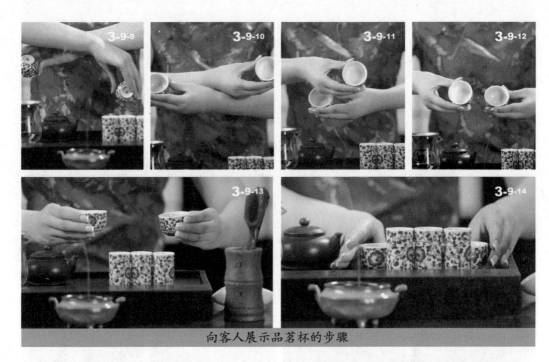

向客人展示品茗杯的步骤

4 绿芽吐芳

通过这一过程，我们可以敬请宾客欣赏一下今天将要冲泡的铁观音茶的外观，绿莹莹的颜色一定与"绿茶吐芳"贴切极了。

5 紫泥逢雨

这一过程就是用开水冲烫茶壶，即温壶的过程，这样做不仅能提高壶温，又能清洗壶体，"紫泥逢雨"即像是紫砂壶被细雨浇注一样。温壶后再温品茗杯和闻香杯。

绿芽吐芳

紫泥逢雨

6 温泉润壶

"温泉润壶"是淋壶的过程，即用温杯的热水浇淋壶的表面，以增加壶温的过程。这样做更有利于发挥茶性。

温泉润壶

7 乌龙入宫

此过程为取茶投茶的过程，因为铁观音属于乌龙茶类，所以将其用茶导拨入壶中称之为"乌龙入宫"，形象而又生动。

乌龙入宫

8 飞流直下

此为冲泡茶叶的过程，冲泡乌龙茶讲究高冲水，让茶叶在茶壶里翻腾，这样做可以令茶香散发得更快，同时也达到了洗茶的目的。因此，我们要讲究冲水的方法，使茶叶翻滚的形态更为美观。

9 蛟龙入海

一般来说，我们冲茶的头一泡汤往往不喝，而是用其来烫洗茶具。将洗茶的废水注入茶海，即称"蛟龙入海"，看着带着茶色的水流冲入，还真是十分形象。

飞流直下　　　　　　蛟龙入海

10 再铸甘露

再次出汤，此茶汤可饮用。

再铸甘露

11 祥龙行雨

所谓"祥龙行雨"就是将茶汤快速倒入闻香杯中，正与其甘露普降的本意相合。

祥龙行雨

12 凤凰点头

这是指倒茶的手法，其更多的意思不仅在于倒茶，还表达了对宾客的欢迎及尊敬。

凤凰点头

13 龙凤呈祥

将品茗杯扣于闻香杯之上，便是"龙凤呈祥"，意在祝福宾客家庭和睦。

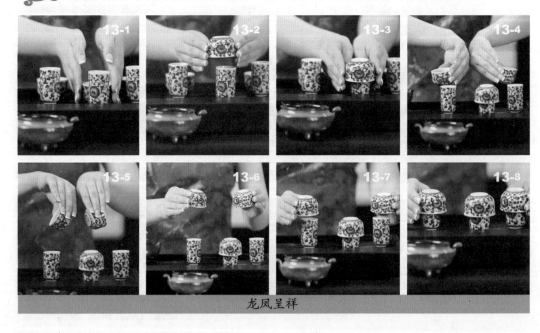

龙凤呈祥

14 鲤鱼翻身

我们将两个紧扣的杯子翻转过来，便是"鲤鱼翻身"。在我国古代传说中，有"鲤鱼跃龙门"的说法。"鲤鱼翻身"即取此意，意在祝福宾客家庭、事业双丰收。

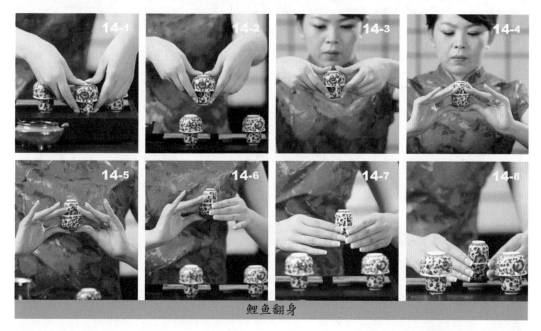

鲤鱼翻身

15 捧杯传情

倒好茶之后，我们可以将茶水为宾客一一奉上，使彼此的心贴得更近，品茶的气氛更加和谐温馨。在此，我们还需要表达一下自己对宾客的祝福之情。

捧杯传情

16 品幽香，识佳茗

此过程为闻香品茶。用手轻旋闻香杯并轻轻提起，双手拢杯慢慢搓动闻香，顿觉神清气爽，茶香四溢；闻香之后，即品茶的过程。先将茶小口含在嘴里，不急于咽下，往里吸气。使茶汤与舌尖、舌面、舌根及两腮充分接触，使铁观音的兰花香在口中释放。这个时候需要我们适当地表示赞美，无论是对茶汤的品质来说，还是对泡茶者的手艺来说，

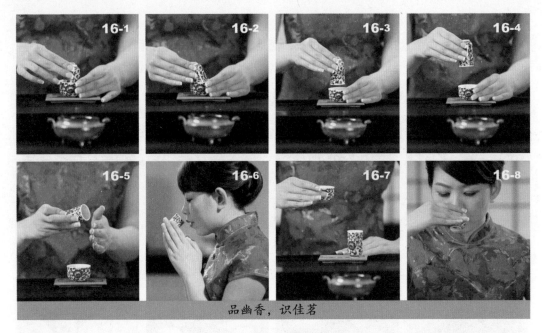

品幽香，识佳茗

都不要吝啬，这样既可以给泡茶者带去鼓舞，也可以让整个茶艺表演过程更加温馨和睦。

17 细品观音韵

铁观音茶之所以被列为名茶，不仅是品质上乘，同时也具有独特的韵味，即观音韵。我们在品饮茶的时候需要细细品味其中的音韵，这样才能感受到茶的真、善、美。

18 谢客不可少

当宾客品饮结束之后，茶艺员或泡茶者一定不要忘记谢客，将自己最真挚的祝福送给全部宾客及其家人。

以上即乌龙茶茶艺表演的全部过程，我们无论是作为泡茶者还是宾客，都可以以此作为参加茶宴的参考。

绿茶茶艺表演

绿茶茶艺表演包括茶叶品评，艺术手法的鉴赏以及品茗的美好环境等整个过程，注重茶汤品质的同时，也将形式与精神相互统一。以下为茶艺的过程简介：

1 焚香

俗话说："泡茶可修身养性，品茶如品味人生。"茶，至清至洁，为天地之灵物，泡茶之人也需至清至洁，才不会唐突了佳茗。古今品茶都讲究要平心静气。而通过焚香就可以营造一个祥和肃穆的气氛。

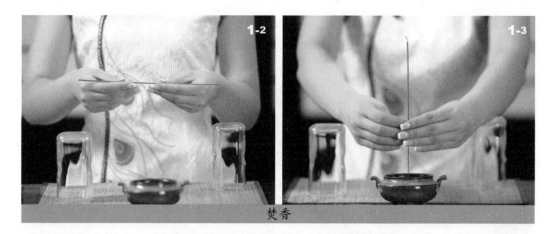

焚香

❷ 洗杯

这个过程即用开水再烫一遍本来就干净的玻璃杯，做到茶杯冰清玉洁，一尘不染。茶至清至洁，是天涵地育的灵物，因此泡茶要求所用的器皿也必须至清至洁。

洗杯

❸ 凉汤

一般来说，较高级的绿茶茶芽细嫩，如果用滚烫的开水直接冲泡，会破坏茶芽中的维生素并造成熟汤失味。因此，我们需要将开水放置一会儿，使水温降至合适的温度才可。

凉汤

4 投茶

这个过程是用茶则把茶叶投放到冰清玉洁的玻璃杯中，绿茶因为冲泡出来后的形态美观，因此常选用玻璃杯冲泡。

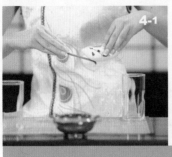

投茶

5 润茶

再开始冲泡茶叶之前，先向杯中注入少许热水，起到润茶的作用。

润茶

6 倒水

可以采用凤凰三点头方法冲泡绿茶，高冲水，使茶香扩散。

倒水

7 赏茶

由于绿茶冲泡之后形态美观，所以茶艺表演中还需要观赏其姿态。杯中的热水如春波荡漾，在热水的冲泡下，茶芽慢慢地舒展开来，尖尖的叶芽如枪，展开的叶片如旗。在品绿茶之前先观赏在清碧澄净的茶水中，千姿百态的茶芽在玻璃杯中随波晃动，好像生命的绿精灵在舞蹈，十分生动有趣。

赏茶

奉茶

8 奉茶

双手将倒好的茶汤为宾客奉上，以表达祝福之情。

9 品茶

绿茶茶汤清纯甘鲜，淡而有味，它虽然不像红茶那样浓艳醇厚，也不像乌龙茶那样岩韵醉人，但是只要你用心去品，就一定能从淡淡的绿茶香中品出天地间至清、至醇、至真、至美的韵味来。

品茶

10 谢茶

谢茶主要是针对宾客而言，这样既是礼貌的象征，也是彼此沟通不可缺少的过程。只有互相沟通才可以学到许多书本上学不到的知识，这同样是一大乐事。因此，在品茶结束后，宾客需要向泡茶者致谢，感谢对方为自己带来如此美妙的物质与精神享受。

以上为绿茶茶艺表演的全部过程，希望能对大家在今后的泡茶品茶中起到一定的作用。

谢茶

花茶茶艺表演

花茶如诗如画一般美妙，它融茶之韵与花香于一体，通过"引花香，增茶味"，使花香与茶味珠联璧合，相得益彰。从花茶中，我们可以品出大自然的气息，同时也可以获得精神的放松与享受。那么，我们以碧潭飘雪来看一下花茶茶艺表演的过程：

1 烫杯

烫杯的过程与其他茶艺表演很相似，都是用热水烫洗茶具的过程。

烫杯

2 赏茶

花茶我们称之为"香花绿叶相扶持"。赏茶也称为"目品"。"目品"是花茶三品（目品、鼻品、口品）中的头一品，目的即观察鉴赏花茶茶胚的质量，主要观察茶胚的品种、工艺、细嫩程度及保管质量。

赏茶

3 投茶

我们称之为"落英缤纷玉杯里"。"落英缤纷"是晋代文学家陶渊明先生在《桃花源记》一文中描述的美景。当我们用茶导把花茶从茶荷中拨进洁白如玉的茶杯时，干花和茶叶飘然而下，恰似"落英缤纷"。

投茶　　　　　冲水

4 冲水

我们称之为"春潮带雨晚来急"。冲泡花茶也讲究高冲水。冲泡特极茉莉花时，要用90℃左右的开水。热水从壶中直泄而下，注入杯中，杯中的花茶随水浪上下翻滚，恰似"春潮带雨晚来急"。

5 闷茶

我们称之为"三才化育甘露美"。冲泡花茶一般要用"三才杯",茶杯的盖代表"天",杯托代表"地",茶杯代表"人"。人们认为茶是"天涵之,地载之,人育之"的灵物。

6 敬茶

我们称之为"一盏香茗奉知己"。敬茶时应双手捧杯,举杯齐眉,注目嘉宾并行点头礼,然后从右到左,依次一杯一杯地把沏好的茶敬奉给客人,最后一杯留给自己。

闷茶 敬茶

7 闻香

我们称之为"杯里清香浮清趣"。闻香也称为"鼻品",这是三品花茶中的第二品。品花茶讲究"未尝甘露味,先闻圣妙香"。闻香时"三才杯"的天、地、人不可分离,应用左手端起杯托,右手轻轻地将杯盖揭开一条缝,从缝隙中去闻香。闻香时主要看三项指标:一闻香气的鲜灵度,二闻香气的浓郁度,三闻香气的纯度。细心地闻优质花茶的茶香,是一种精神享受,一定会感悟到在天、地、人之间,有一股新鲜、浓郁、纯正、清和的花香伴随着清悠高雅的花香,沁入心脾,使人陶醉。

8 品茶

我们称之为"舌端甘苦入心底"。品茶是指三品花茶的最后一品:口品。在品茶时依然是天、地、人三才杯不分离,依然是用左手托杯,右手将杯盖的前沿下压,后沿翘起,然后从开缝中品茶,品茶时应小口喝入茶汤。

闻香 品茶

谢茶

9 回味

我们称之为"茶味人生细品悟"。人们认为一杯茶中有人生百味，无论茶是苦涩、甘鲜还是平和、醇厚，从一杯茶中人们都会有良好的感悟和联想，所以品茶重在回味。

10 谢茶

我们称之为"饮罢两腋清风起"。唐代诗人卢仝的诗中写出了品茶的绝妙感觉，之前我们已经介绍过多次。

祁门红茶茶艺表演

红茶是世界上饮用量最大的茶类。每年世界各国人民饮用的红茶数量要占到饮茶总量的1/3以上。而祁门红茶算得上是红茶中的精品，它与斯里兰卡乌伐的季节茶及印度大吉岭茶并称世界三大高香茶。下面我们介绍一下祁门红茶的茶艺表演：

1 备器

祁门红茶茶艺表演中所需要准备的器具与其他茶艺类似，需要有盖碗、公道杯、品茗杯、茶盘、茶荷、茶道具组等。

2 赏茶

双手托茶荷，请在座的客人欣赏祁门红茶的外形和色泽。

3 烫杯热罐

将开水倒入盖碗中，然后将水倒入公道杯，接着倒入品茗杯中，最后将品茗杯中的水倒入废水盂。

备器

赏茶

烫杯热罐

4 投茶

按一定比例把茶叶放入壶中，此时可以用茶拨和茶荷两种工具拨茶投茶。

投茶

5 洗茶

洗茶的过程很重要，千万不可忽视。这一过程，我们需要用右手提壶加水，用左手拿盖刮去泡沫，左手将盖盖好，用右手将茶水倒入公道杯中。然后用此水依次温洗品茗杯。

洗茶

6 泡茶与倒茶

冲泡红茶的水温要在100℃，刚才初沸的水，此时已是"蟹眼已过鱼眼生"，正好用于冲泡。过程为：将沸水注入盖碗中，然后右手执盖碗，将茶水缓缓注入公道杯中，再从公道杯斟入品茗杯，只斟七分满。

泡茶与倒茶

7 品茗

祁门红茶以鲜爽、浓醇为主，与红碎茶浓强的刺激性口感有所不同。滋味醇厚，回味绵长。因此，品茗环节便需十分讲究。无论是迎宾，还是独自品茗，大家都需要遵循小口慢品的原则。唯有细饮慢品，徐徐体味茶之真味，方得茶之真趣。

品茗

谢礼

8 谢礼

谢礼的过程必不可少，不仅泡茶者要表达祝福之情，同时客人也要表达其感激与赞美之情。

红茶性情温和，收敛性差，易于交融，因此通常用之调饮，祁门红茶同样适于调饮，然清饮更能领略其特殊的"祁门香"，领略其独特的内质、隽永的回味、明艳的汤色。

禅茶茶艺表演

自古以来就有"茶禅一味"之说，禅茶中不仅蕴藏着禅机，对于我们普通人来说，禅茶茶艺还是最适合用于修身养性，强身健体的茶艺。它可以使人们放下世俗的烦恼，抛弃功利之心，以平和虚静之心来领略禅茶中的真谛。

在进行茶艺表演前，我们需要做好以下准备工作，即礼佛与调息。

礼佛时需要焚香合掌，同时要播放梵乐与梵唱，这样做的目的在于让我们将心牵引到虚无缥缈的境界，使心思沉淀下来，远离烦躁不宁的世界。

　　调息是为了进一步营造祥和肃穆的气氛，泡茶者应指导客人随着佛乐静坐调息，可伴随着佛乐有节奏敲打木鱼。这个过程中，静坐需要注意以下几点：头正；左右双肩稍微张开，使其平整适度，不可沉肩弯背；左右两手环结在丹田下面；双目似闭还开；舌头轻微舔抵上腭，面部微带笑容。左足放在右足上面，叫做如意坐。右足放在左足上面叫做金刚坐，开始习坐时，有人连单盘也做不了，也可以把双腿交叉架住。静坐的形态很重要，可以使人很容易进入这种祥和的环境之中，尽快平和心境。

　　接下来就是禅茶茶艺表演了，一般可分为以下 10 个步骤：

1 入场

　　这一步骤可称为"步步生莲"。佛经上说：莲花，能给烦恼的人间，带来清凉的境界，因此茶艺员以莲步走向禅茶台，给人的感觉仿佛是脚下生莲一般，庄重而又高雅。

2 静心

　　静心对茶艺员以及宾客皆有要求，在祥和肃穆的气氛中使心平静下来，去感受"香烟茶晕满袈裟"的神韵。在禅茶茶艺中，泡茶者与宾客以礼一脉相承，彼此尊敬，虔诚之心也溢于言表。

入场

静心

3 焚香

　　双手将香托平后进行插香，不仅协调好茶香，而且消散杂念，澄澈心怀。

焚香

4 洁器

洁器即用水将茶杯清洗干净，其目的是使茶杯洁净无尘，亦如修佛，除却妄念，纯洁身心。洗的是茶杯，悟的是禅理。一尘不染的清净地，才是禅茶茶艺表演最佳环境。

洁器

5 投茶

这个过程也被称为"观音下凡"，即投茶的过程。意在于投茶入壶的过程，如观音下凡普度众生一样，将祥和之光播撒到人间。

投茶

6 洗茶

洗茶过程洗的虽然是茶叶，但意在洗去茶人的尘心，好比漫天法雨普降，清洁尘世，润泽众生，因此，这个过程也称为"漫天法雨"。

洗茶

7 泡茶

禅茶茶艺中，我们讲求以茶悟道，感悟到的是，茶清如露，心洁如佛。清洗茶叶后，再冲入第二道水，这个过程也被称为"菩萨点化"。

泡茶

8 敬茶

茶艺员需要双手将茶敬上，使茶人慢慢品尝。由于茶人在苦涩的茶中能够品出人生百味，达到大彻大悟、大智大慧的境界，因此敬茶给客人，也称为"普渡众生"，意在于将大慈大悲、大恩大德带给每一位宾客。

敬茶

9 品茶

佛经说"凡夫生存是苦"，生苦、病苦、老苦、死苦，怨憎会苦，爱别离苦，求不得苦。而茶性亦苦，因此，人们在品茶的过程中，也是对"苦"的理解，参破"苦谛"，达到对"苦"的解脱，从而"苦海无边，回头是岸"。

品茶

10 悟茶

品茶上升了一个精神境界之后，即是悟茶。禅茶茶艺之后，人们可能对茶有了更深层次的理解：放下苦恼烦忧，抛却功名利禄，超脱尘世之外，如此的境界才算是对茶真正地有了领悟。因此，这个过程也被称为"超凡脱俗"，即人们参破了人生，身心都从茶中获得了慰藉。这也是品禅茶的绝妙感受，佛法佛理就在日常最平凡的生活琐事之中，佛性真如就在我们自身的心底。

谢茶

11 谢茶

饮罢了茶要谢茶，谢茶是为了相约再品茶，茶要常饮，禅要常参，性要常养，身要常修，此为禅茶茶艺中的最后过程。

禅茶茶艺相比于其他茶艺来说，更注重修心。若将心带入清净明澈之地，那么无论人在哪里，身边的物质如何，都不会影响到禅茶的本质。希望我们能抱着一颗禅心来欣赏或亲自尝试禅茶茶艺表演，这对提升我们的精神层次也有着极大的作用。

盖碗茶茶艺表演

盖碗茶在茶艺表演中也不在少数，被许多茶人推崇并喜爱。下面以武夷水仙茶为例，为大家简单介绍一下盖碗茶的茶艺表演过程：

1 温泉净器

此过程就是用烧开的沸水依次烫洗盖碗、公道杯、品茗杯、闻香杯等器具，其目的在于以洗去茶具上的灰尘，并使茶具增温。这样做可以保持泡茶水的温度，不会因为茶器太凉而降低温度，温器之后的废水可以倒入茶海中。

温泉净器

2 水中逢仙

这一过程包含许多步骤：取茶、投茶、冲泡、刮茶沫。用茶匙与茶荷将武夷水仙茶取出让宾客欣赏茶的色泽与形状。接着，用茶导将茶叶拨取到盖碗中，将沸水冲入盖碗中，左手提起碗盖，轻轻地在盖碗上绕一圈，将浮在盖碗表面上的泡沫刮去。用"水中逢仙"一词形容这个过程很形象，因为所冲泡的为水仙茶，因此得名。需要注意的是，乌龙茶的第一泡汤往往是不能喝的，主要用来洗茶，我们需要再次向盖碗中注入开水，刮去表面的泡沫。

水中逢仙

3 普降甘霖

这是将茶汤倒入公道杯中的过程，茶艺员或泡茶者需要用右手的拇指和中指捏住盖碗的两个边沿，用食指按住盖碗上的盖钮，使盖子与碗身之间露出一条小缝。同时，倾斜盖碗，将里面泡好的茶汤注入公道杯中。接着将公道杯中的茶汤注入闻香杯中，这个过程需要注意，每个杯子里面的茶汤都要同样满，达到"普降甘霖"的作用。

普降甘霖

4 扭转乾坤

将空的品茗杯倒扣在闻香杯上，手按紧，接着将两个杯子迅速翻转过来。这样，闻香杯里面的茶汤就都被注入品茗杯中了。而"扭转乾坤"这一过程恰好可以形象地比喻这个过程。

扭转乾坤

5 闻香识茗

用左手扶住品茗杯，右手慢慢拿起闻香杯，并沿着品茗杯的杯沿轻轻绕一圈，让闻香杯中的茶汤全部注入品茗杯中。然后拿起闻香杯放在鼻尖下，双手搓动闻香杯，旋转闻香。

闻香识茗

6 细品甘茗

闻香之后，就可以品茶了。缓缓地啜饮三口，之后就可以随意细品了。

细品甘茗

7 尽杯谢茶

当宾客饮尽杯中茶后，需要向泡茶者及主人表达感激之情，感谢他们为自己奉上好茶，并感谢他们的完美表演，这也是盖碗茶茶艺表演的最后一个过程。

以上为盖碗茶茶艺表演的全部过程，不过用盖碗品茶还可以直接在碗中冲泡，这样也可以省下茶壶这个器具，比较适合人数较少的情况。

第二章

不可不知的茶礼仪

我国自古就被称为礼仪之邦，"以茶待客"历来是中国人日常社交与家庭生活中普遍的往来礼仪之一。因此，了解并掌握好茶礼仪，不仅表现出对家人、朋友、客人的尊敬，也能体现出自己的良好修养。从过程来看，茶礼仪大致可分为泡茶的礼仪、奉茶的礼仪、品茶的礼仪等多种，每一个过程都有许多标准，有些极为重要，我们不可不知。

泡茶的礼仪

泡茶可分为泡茶前的礼仪以及泡茶时的礼仪。

1 泡茶前的礼仪

泡茶前的礼仪主要是指泡茶前的准备工作，包括茶艺员的形象以及茶器的准备。

（1）茶艺员的形象

茶艺表演中，人们较多关注的都是茶艺员的双手。因此，在泡茶开始前，茶艺员一定要将双手清洗干净，不能让手沾有香皂味，更不可有其他异味。洗过手之后不要碰触其他物品，也不要摸脸，以免沾上化妆品的味道，影响茶的味道。另外，指甲不可过长，更不可涂抹指甲油，否则会给客人带来脏兮兮的感觉。

除了双手，茶艺员还要注意自己的头发、妆容和服饰。茶艺员如果是长头发，一定要将其盘起，切勿散落到面前，造成邋遢的样子；如果是短头发，则一定要梳理干净，不能让其挡住视线。因为如果头发碰到了茶具或落到桌面上，会使客人觉得很不卫生。在整个泡茶的过程中，茶艺员也不可用手去拨弄头发，否则会破坏整个泡茶流程的严谨性。

茶艺员的妆容也有些讲究。一般来说，茶艺员尽量不上妆或上淡妆，切忌浓妆艳抹和使用香水影响整个茶艺表演清幽雅致的特点。

茶艺员的着装不可太过鲜艳，袖口也不能太大，以免碰触到茶具。不宜佩戴太多首饰，例如手表手链等，不过可以佩戴一个手镯，这样也能为茶艺表演带来一些韵味。总体来说，茶艺员的

着装应该以简约优雅为准则，与整个环境相称。

除此之外，茶艺员的心性在整个泡茶前的礼仪中也占据着重要比重。心性是对茶艺员的内在要求，需要其做到神情、心性与技艺相统一，让客人能够感受到整个茶艺表演的清新自如、祥和温馨的气氛，这才是对茶艺员最大的要求。

（2）茶器的准备

泡茶之前，要选择干净的泡茶器具。干净茶器的标准是，杯子里不可以有茶垢，必须是干净透明的，也不可有杂质、指纹等异物粘在杯子表面。

茶器的准备

2 泡茶时的礼仪

泡茶时的礼仪包括取茶礼仪和装茶礼仪。

（1）开闭茶样罐礼仪

茶样罐大概有两种，套盖式和压盖式，两种开闭方法略有不同，具体方法如下：

套盖式茶样罐。两手捧住茶样罐，用两手的大拇指向上推外层铁盖，边推边转动罐身，使各部位受力均匀，这样很容易打开。当它松动之后，用右手大拇指与食指、中指捏住外盖外壁，转动手腕取下后按抛物线轨迹放到茶盘右侧后方角落，取完茶

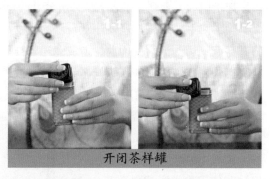

开闭茶样罐

之后仍然以抛物线的轨迹取茶扣，用两手食指向下用力压紧盖好后，再将茶样罐放好。

压盖式茶样罐。两手捧住茶样罐，右手的大拇指、食指和中指捏住盖钮，向上提起，沿抛物线的轨迹将其放到茶盘右侧后方角落，取完茶之后按照前面的方法再盖回放下。

（2）取茶礼仪

取茶时常用的茶器具是茶荷和茶匙，有三种取茶方法。

茶匙茶荷取茶法。这种方法一般用于名优绿茶冲泡时取样，取茶的过程是：左手横握住已经开启的茶罐，使其开口向右，移至茶荷上方。接着用右手手背向下，大拇指、食指和中指捏茶匙，将其伸进茶叶罐中，将茶叶拨进茶荷内。放下茶叶罐盖好，再用左手托起茶荷，右手拿起茶匙，将茶荷中的茶叶分别拨进泡茶器具中，取茶的过程也就结束了。

茶匙茶荷取茶法

茶荷取茶法

茶匙取茶法

茶荷取茶法。这一手法常用于乌龙茶的冲泡，取茶的过程是：右手托住茶荷，令茶荷口朝向自己。左手横握住茶叶罐，放在茶荷边，手腕稍稍用力使其来回滚动，此时茶叶就会缓缓地散入茶荷之中。接着，将茶叶从茶荷中直接投入冲泡器具之中。

茶匙取茶法。这种方法适用于多种茶的冲泡，其过程为：左手竖握住已经打开盖子的茶样罐，右手放下罐盖后弧形提臂转腕向放置茶匙的茶筒边，用大拇指、食指与中指三指捏住茶匙柄取出，将茶匙放入茶样罐，手腕向内旋转舀取茶样。同时，左手配合向外旋转手腕使茶叶疏松，以便轻松取出，用茶匙舀出的茶叶可以直接投入冲泡器具之中。取茶完毕后，右手将茶匙放回原来位置，再将茶样罐盖好放回原来位置。

取茶之后，主人在主动介绍该茶的品种特点时，还需要让客人依次传递嗅赏茶叶，这个过程也是泡茶时必不可少的。

（3）装茶礼仪

用茶匙向泡茶器具中装茶叶的时候，也讲究方法和礼仪。一般来说，要按照茶叶的品种和饮用人数决定投放量。茶叶不宜过多，也不宜太少。茶叶过多，茶味过浓；茶叶太少，冲出的茶没啥味道。假如客人主动介绍自己喜欢喝浓茶或淡茶的习惯，那就按照客人的口味把茶冲好。这个过程中切记，茶艺员或泡茶者一定不能为了图省事就用手抓取茶叶，这样会让手上的气味影响茶叶的品质，另外也使整个泡茶过程不雅观，也失去了干净整洁的美感。

装茶礼仪

（4）茶巾折合法

此类方法常用于九层式茶巾：将正方形的茶巾平铺在桌面上，将下端向上平折至茶巾的 2/3 处，将茶巾对折。接着，将茶巾右端向左竖折至 2/3 处，然后对折成正方形。最后，

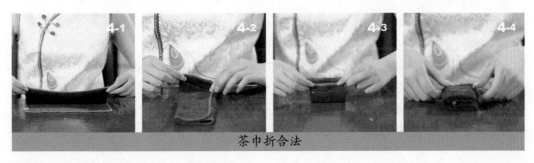
茶巾折合法

将折好的茶巾放入茶盘中，折口向内。

除了这些礼仪之外，泡茶过程中，茶艺员或泡茶者尽量不要说话。因为口气会影响到茶气，影响茶性的挥发；茶艺员闻香时，只能吸气，挪开茶叶或茶具后方可吐气。以上就是泡茶的礼仪，若我们能掌握好这些，就可以在茶艺表演中首先令客人眼前一亮，也会给接下来的表演创造良好的开端了。

奉茶的礼仪

关于奉茶，有这样一则美丽的传说：传说有种叫土地公的神明，他每年都要向玉皇大帝报告人间所发生的事。一次，土地公到人间去观察凡人的生活情形，走到一个地方之后，感觉特别渴。有个当地人告诉他，前面不远处的树下有个大茶壶。土地公到了那里，果然见到树下放着一个写有"奉茶"的茶壶，他用一旁的茶杯倒了杯茶喝起来。喝完之后感叹道："我从未喝过这么好的茶，究竟是谁准备的？"走了不久，他又发现了带着"奉茶"二字的茶壶，就接二连三地用其解渴。旅行回来之后，土地公在自己的庙里也准备了带有"奉茶"字样的茶壶，以供人随时饮用。当他把这茶壶中的茶水倒给玉皇大帝喝时，玉皇大帝惊讶地说："原来人世间竟然有这么美味的茶！"

虽然这个故事缺乏真实性，但却表达了人们"奉茶"时的美好心情，试想，人们若没有待人友好善意的心情，又怎能热忱地摆放写有"奉茶"字样的大茶壶为行人解渴呢？

据史料记载，早在东晋时期，人们就用茶汤待客，用茶果宴宾等。主人将茶端到客人面前献给客人，以表示对其的尊敬之意，因而，奉茶中也有着较多的礼仪。

1 端茶

依照我国的传统习惯，端茶时要用双手呈给客人，一来表示对客人的诚意，二来表示对客人的尊敬。现在有些人不懂这个规矩，常常用一只手把茶杯递给客人就算了事，他们怕茶杯太

端茶

烫，直接用五指捏着茶杯边沿，这样不但很不雅观，也不够卫生。试想一下，客人看着茶杯沿上都是主人的指痕，哪还有心情喝下去呢？

另外，双手端茶也有讲究。首先，双手要保持平衡，一只手托住杯底，另一之手扶住茶杯 1/2 以下的部分或把手下部，切莫触碰到杯子口。此时茶杯往往很烫，我们最好使用茶托，一来能保持茶杯的平稳，二来便于客人从泡茶者手中接过杯子。如果我们是给长辈或是老人倒茶时，身体一定要略微前倾，这样表示对长者的尊敬。

2 放茶

有时我们需要直接将茶杯放在客人面前，这个时候需要注意的是，要用左手捧着茶盘底部，右手扶着茶盘边缘，接着，再用右手将茶杯从客人右方奉上。如果有茶点送上，应将其放在客人右前方，茶杯摆在点心右边。若是用红茶待客，那么杯耳和茶匙的握柄要朝着客人的右方，将砂糖和奶精放在小碟子上或茶杯旁，以供客人酌情自取。另外，放置茶壶时，壶嘴不能正对他人，否则表示请人赶快离开。

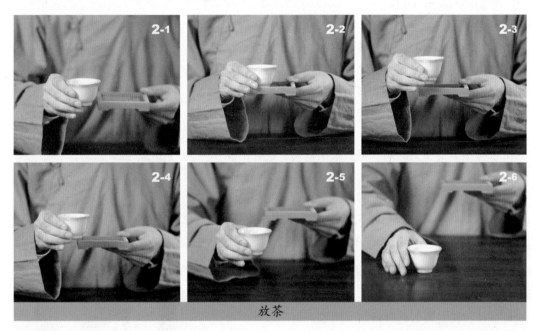

放茶

3 伸掌礼

伸掌礼是茶艺表演中经常使用的示意礼，多用于主人向客人敬奉各种物品时的礼节。主人用表示"请"，客人用表示"谢谢"，主客双方均可采用。

伸掌礼的具体姿势为：四指并拢，虎口分开，手掌略向内凹，侧斜之掌伸于敬奉的物品旁，同时欠身点头并微笑。如果两人面对面，均伸右掌行礼对答；两人并坐时，右侧一方伸右掌行礼，左侧伸左掌行礼。

伸掌礼

除了以上几种奉茶的礼仪之外，我们还需要注意：茶水不可斟满，以七分为宜；水温不宜太烫，以免把客人烫伤；若有两位以上的客人，奉上的茶汤一定要均匀，最好使用公道杯。

若我们按照以上礼仪待客，一定会让客人感觉到我们的真诚与敬意，还可以增加彼此间的关系，起到良好沟通的作用。

品茶中的礼仪

品茶不仅仅是品尝茶汤的味道，一般包括审茶、观茶、品茶三道程序。待分辨出茶品质的好坏，水温是否适宜，茶叶的形态之后，才开始真正品茶。品茶时包含多种礼仪，使用不同茶器时礼仪有所差别。

1 用玻璃杯品茶的礼仪

一般来说，高级绿茶或花草茶往往使用玻璃杯冲泡。一般说来，用玻璃杯品茶的方法是：用右手握住玻璃杯，左手托着杯底，分三次将茶水细细品啜。如果饮用的是花草茶，可以用小勺轻轻搅动茶水，直至其变色。首先，把杯子放在桌上，一只手轻轻扶着杯子，另一手大拇指和食指轻捏勺柄，按顺时针方向慢慢搅动。这个过程中需要注意的是，不要来回搅动，这样的动作很不雅观。当搅动几圈之后，茶汤的香味就会溢出来，其色泽也发生改变，变得透明晶莹，且带有浅淡的花果颜色。品饮的时候，要把小勺取出，不要放在茶杯中，也不要边搅动边喝，这样会显得很没礼貌。

用玻璃杯品茶的礼仪

2 用盖碗品茶的礼仪

用盖碗品茶的标准姿势是：拿盖的手用大拇指和中指持盖顶，接着将盖略微倾斜，用靠近自己这面的盖边沿轻刮茶水水面，其目的在于将碗中的茶叶拨到一边，以防喝到茶叶。接着，拿杯子的手慢慢抬起，如果茶水很烫，此时可以轻轻吹一吹，但切不可发出声音。女士则需要双手把盖碗连杯托端起，放在左手掌心。

3 用瓷杯品茶的礼仪

人们一般用瓷杯冲泡红茶。无论自己喝茶还是与其他人一同饮茶，都需要注意男女握杯的差别：品茶时，如果是男士，拿着瓷杯的手要尽量收拢，这样才能表示大权在握；而女士可以把食指与小指弯曲呈兰花指状，左手指尖托住杯底，这样显得迷人而又优雅。总体说来，握杯的时候右手大拇指、中指握住杯两侧，无名指抵住杯底，食指及小指自然弯曲。

以上为用几种不同茶具品茶时的讲究与礼仪，需要我们每个人了解并掌握，以便于应对各种茶具。

用盖碗品茶的礼仪

用瓷杯品茶的礼仪

倒茶的礼仪

茶叶冲泡好之后，需要茶艺员或泡茶者为宾客倒茶。倒茶的礼仪包括以下两个方面，既适用于客户来公司拜访，同样也适用于商务餐桌。

1 倒茶顺序

有时，我们会宴请几位友人或是出席一些茶宴，这时就涉及到倒茶顺序的问题。一般来说，如果客人不只一位，那么首先要从年长者或女士开始倒茶。如果对方有职称的差别，那么应该先为领导倒茶，接着再给年长者或女士倒茶。如果在场的几位宾客中，有一位是自己领导，那么应该以宾客优先，最后才给自己的领导倒茶。

简而言之，倒茶的时候，如果分宾主，那么要先给宾客倒，然后才是主人；宾客如果多人，则根据他们的年龄，职位，性别不同来倒茶，年龄按先老后幼，职位则从高到低，性别是女士优先。

这个顺序切不可打乱，否则会让宾客觉得倒茶者太失礼了。

2 续茶

品茶一段时间之后，客人杯子中的茶水可能已经饮下大半，这时我们需要为客人续茶。续茶的顺序与上面相同，也是要先给宾客添加，接着是自己领导，最后再给自己添加。续茶的方法是：用大拇指、食指和中指握住杯把，从桌上端起茶杯，侧过身去，将茶水注入杯中，这样能显得倒茶者举止文雅。另外，给客人续茶时，不要等客人喝到杯子快见底了再添加，而要勤斟少加。

续茶

如果在茶馆中，我们可以示意服务生过来添茶，还可以让他们把茶壶留下，由我们自己添加。一般来说，如果气氛出现了尴尬的时候，或完全找不到谈论焦点时，也可以通过续茶这一方法掩饰一下，拖延时间以寻找话题。

另外，宾客中如果有外国人，他们往往喜欢在红茶中加糖，那么倒茶之前最好先询问一下对方是否需要加糖。

倒茶需要讲究以上的礼仪问题，若是对这些礼仪完全不懂，那么失去的不仅是自己的修养问题，也许还会影响生意等，切莫小看。

习茶的基本礼仪

习茶的基本礼仪包括站姿、坐姿、跪姿、行走和行礼等多方面内容，这些都是需要茶艺员或泡茶者必须掌握的动作，也是茶艺中标准的礼仪之一。

茶艺员的站姿

1 站姿

站立的姿势算得上是茶艺表演中仪表美的基础。有时茶艺员因要多次离席，让客人观看茶样，并为宾客奉茶、奉点心等，时站时坐不太方便，或者桌子较高，下坐不方便，往往采用站立表演。因此，站姿对于茶艺表演来说十分重要。

站姿的动作要求是：双脚并拢身体挺直，双肩放松；头上顶下颌微收，双眼平视。女性右手在上双手虎口交握，置于胸前；男性双脚微呈外八字分开，左手在上双手虎口交握置于小腹部。

站姿既要符合表演身份的最佳站立姿势，也要注意茶艺员面部的表情，用真诚、美好的目光与观众亲切地交流。另外，挺拔的站姿会将一种优美高雅、庄重大方、积极向上的美好印象传达给大家。

2 坐姿

坐姿是指曲腿端坐的姿态，在茶艺表演中代表一种静态之美。它的具体姿势为：茶艺员端坐椅子中央，双腿并拢；上身挺直，双肩放松；头正下颌微敛，舌尖抵下颚；眼可平视或略垂视，面部表情自然；男性双手分开如肩宽，半握拳轻搭前方桌沿；女性右手在上双手虎口交握，置放胸前或面前桌沿。

另外，茶艺员或泡茶者身体要坐正，腰干要挺直，以保持美丽、优雅的姿势。两臂与肩膀不要因为持壶、倒茶、冲水而不自觉地抬得太高，甚至身体都歪到一边。全身放松，调匀呼吸、集中思想。

如果大家作为宾客坐在沙发

习茶坐姿

上，切不可怎么舒适怎么坐，也是要讲求一点礼仪的。如果是男性，可以双手搭于扶手上，两腿可架成二郎腿但双脚必须下垂且不可抖动；如果是女性，则可以正坐，或双腿并拢偏向一侧斜坐，脚踝可以交叉，时间久了之后可以换一侧，双手在前方交握并轻搭在腿根上。

3 跪姿

跪姿是指双膝触地，臀部坐于自己小腿的姿态，它分为三种跪的姿势。

（1）跪坐

也就是日本茶道中的"正坐"。这个姿势为：放松双肩，挺直腰背，头端正，下颌略微收敛，舌尖抵上颚；两腿并拢，双膝跪在坐垫上，双脚的脚背相搭着地，臀部坐在双脚上；双手搭放于大腿上，女性右手在上，男性左手在上。

（2）单腿跪蹲

单腿跪蹲的姿势常用于奉茶。具体动作为：左腿膝盖与着地的左脚呈直角相屈，右腿膝盖与右足尖同时点地，其余姿势同跪坐一样。另外，如果桌面较高，可以转换为单腿半蹲式，即左脚前跨一步，膝盖稍稍弯屈，右腿的膝盖顶在左腿小腿肚上。

（3）盘腿坐

盘腿坐只适合男士，动作为：双腿向内屈伸盘起，双手分搭在两腿膝盖处，其他姿势同跪姿一样。

| 跪坐 | 单腿跪蹲 | 盘腿坐 |

一般来说，跪姿主要出现在日本和韩国的茶艺表演中，另外，无我茶会上也常用这种姿势品茶。

4 行走

行走是茶艺表演中的一种动态美，其基本要求为：以站姿为基础，在行走的过程中双肩放松，目光平视，下颌微微收敛。男性可以双臂下垂，放在身体两侧，随走动步伐自然摆动，女性可以双手同站姿时一样交握在身前行走。

眼神、表情以及身体各个部位有效配合，不要随意扭动上身，尽量沿着一条直线行走，这样才能走出茶艺员的风情与雅致。

走路的速度与幅度在行走中都有严格的要求。一般来说，行走时要保持一定的步速，

行走

不宜过急，否则会给人急躁、不稳重的感觉；步幅以每一步前后脚之间距离 30 厘米为宜，不宜过大也不宜过小，这样才会显得步履款款，走姿轻盈。

行走过程中需要注意的是，当茶艺员走到来宾面前时，应该由侧身状态转成正面状态，离开时应先后退两步再侧身转弯，切不可掉转头直接走开，这样会非常不礼貌。

5 行礼

行礼主要表现为鞠躬，可分为站式，坐式和跪式三种。

站立式鞠躬与坐式鞠躬比较常用，其动作要领是：两手平贴小腹部，上半身平直弯腰，弯腰时吐气，直身时吸气，弯腰到位后略作停顿，再慢慢直起上身；行礼的速度宜与他人保持一致，以免出现不谐调感。

行礼根据其对象，可分为"真礼"、"行礼"与"草礼"三种。"真礼"用于主客之间、"行礼"用于客人之间，而"草礼"用

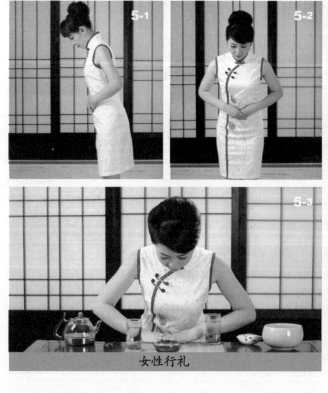

女性行礼

男性行礼

于说话前后。"真礼"时，要求茶艺员或泡茶者上半身与地面呈90度角，而"行礼"与"草礼"弯腰程度可以较低。

除了这几种习茶的礼仪，茶艺员还要做到一个"静"字，尽量用微笑、眼神、手势、姿势等示意，不主张用太多语言客套，还要求茶艺员调息静气，达到稳重的目的。一个小小的动作，轻柔而又表达清晰，使宾客不会觉得有任何压力。因而，茶艺员必须掌握好每个动作的分寸。

习茶的过程不主张繁文缛节，但是每一个关乎礼仪的动作都应该始终贯穿其中。总体来说，不用动作幅度很大的礼仪动作，而采用含蓄、温文尔雅、谦逊、诚挚的礼仪动作，这也可以表现出茶艺中含蓄内敛的特质，既美观又令宾客觉得温馨。

提壶、握杯与翻杯手法

泡茶者在泡茶的时候可以有不同的姿势，并非只按照一种手法进行泡茶。提壶、握杯与翻杯都有几种不同的手法，我们可以根据个人的喜好以及不同器具转换。

1 提壶手法

（1）侧提壶

侧提壶可根据壶型大小决定不同提法。大型壶需要用右手食指、中指勾住壶把，大拇指与食指相搭。同时，左手食指、中指按住壶钮或盖，双手同时用力提壶；中型壶需要用右手食指、中指勾住壶把，大拇指按住壶盖一侧提壶；小型壶需要用右手拇指与中指勾住壶把，无名指与小拇指并列抵住中指，食指前伸呈弓形压住壶盖的盖钮或其基部，提壶。

（2）提梁壶

提梁壶的提壶方法为：右手除中指外的四指握住提梁，中指抵住壶盖提壶。如果提梁较高，无法抵住壶盖，这时可以五指一同握住提梁右侧。若提梁壶为大型壶，则需要用右手握提梁把，左手食指、中指按在壶的盖钮上，使用双手提壶。

（3）无把壶

对于无把壶这类茶壶的提壶方法为：右手虎口分开，平稳地握住茶壶口两侧外壁，也可以用食指抵在盖钮上，将壶提起。

侧提壶

提梁壶

无把壶

2 握杯手法

（1）有柄杯

有柄杯的握杯手法为：右手的食指、中指勾住杯柄，大拇指与食指相搭。如果女士持杯，需要用左手指尖轻托杯底。

（2）无柄杯

无柄杯的握杯手法为：右手虎口分开握住茶杯。如果是女士，需要用左手指尖轻托杯底。

（3）品茗杯

品茗杯的握杯手法为：右手虎口分开，用大拇指、中指握杯两侧，无名指抵住杯子底部，食指及小指自然弯曲。这种握杯的手法也称为"三龙护鼎法"。

（4）闻香杯

闻香杯的握杯手法为：两手掌心相对虚拢作双手合十状，将闻香杯捧在两手间。也可右手虎口分开，手指虚拢成握空心拳状，将闻香杯直握于拳心。

（5）盖碗

拿盖碗的手法：右手虎口分开，大拇指与中指扣在杯身中间两侧，食指屈伸按在盖钮下凹处，无名指及小指自然搭在碗壁上。

2-1 有柄杯

2-2 无柄杯

2-3 品茗杯

2-4 闻香杯

2-5 盖碗

3 翻杯手法

翻杯也讲究方法，主要分为翻有柄杯和无柄杯两种。

（1）有柄杯

有柄杯的翻杯手法为：右手的虎口向下、反过手来，食指深入杯柄环中，再用大拇指与食指、中指捏住杯柄。左手的手背朝上，用大拇指、食指与中指轻扶茶杯右侧下部，双

3-1-1

3-1-2

3-1-3

有柄杯翻杯法

手同时向内转动手腕，茶杯翻好之后，将它轻轻地放在杯托或茶盘上。

（2）无柄杯

无柄杯的翻杯手法为：右手的虎口向下，反手握住面前茶杯的左侧下部，左手置于右手手腕下方，用大拇指和虎口部位轻托在茶杯的右侧下部。双手同时翻杯，再将其轻轻放下。

需要注意的是，有时所用的茶杯很小，例如冲泡乌龙茶中的饮茶杯，可以用单手动作左右手同时翻杯。方法是：手心向下，用拇指与食指、中指三指扣住茶杯外壁，向内动手腕，轻轻将翻好的茶杯置于茶盘上。

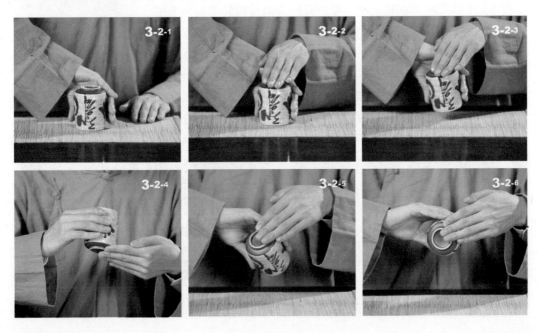

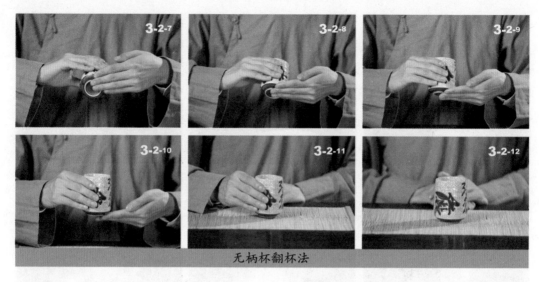

无柄杯翻杯法

    提壶、握杯、翻杯的手法介绍到这里，也许开始学习比较复杂，一旦我们掌握了其中规律，就可以熟练掌握了。

温具手法

在冲泡茶的过程中，温壶温杯的步骤是必不可少的，我们在这里详细介绍一下：

1 温壶法

    （1）开盖。左手大拇指、食指与中指按在壶盖的壶钮上，揭开壶盖，提手腕以半圆形轨迹把壶盖放到茶盘中。

    （2）注汤。右手提开水壶，按逆时针方向加回转手腕一圈低斟，使水流沿着茶壶口冲进，再提起手腕，让开水壶中的水从高处冲入茶壶中。等注水量为茶壶总容量的1/2时再低斟，回转手腕一圈并用力令壶流上翻，使开水壶及时断水，最后轻轻放回原处。

    （3）加盖。用左手把开盖顺序颠倒即可。

    （4）荡壶。双手取茶巾放在左手手指上，右手把茶壶放在茶巾上，双手按逆时针方向转动，手腕如滚球的动作，使茶壶的各部分

开盖

注汤

加盖

荡壶

倒水

都能充分接触开水，消除壶身上的冷气。

（5）倒水。根据茶壶的样式以正确手法提壶将水倒进废水盂中。

2 温杯法

温杯需要根据茶杯大小来决定手法，一般分为大茶杯和小茶杯两种。

（1）大茶杯

右手提着开水壶，按逆时针转动手腕，使水流沿着茶杯内壁冲入，大概冲入茶杯 1/3 左右时断水。将茶杯逐个注满水之后将开水壶放回原处。接着，右手握住茶杯下部，左手托杯底，右手手腕按逆时针转动，双手一齐动作，使茶杯各部分与开水充分接触，涤荡之后将里面的开水倒入废水盂中。

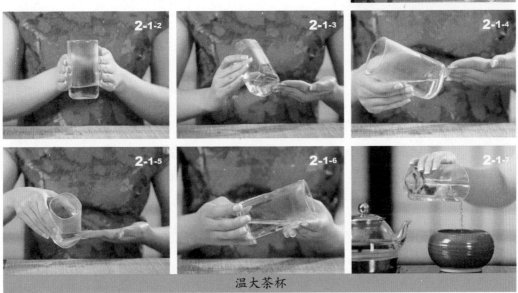

温大茶杯

（2）小茶杯

首先将茶杯相连，排成一字型或半圆型，右手提壶，用往返斟水法或循环斟水法向各个小茶杯内注满开水，茶杯的内外都要用开水烫到，再将水壶放回原处。接着，将一只茶杯侧放到临近的一只杯中，用无名指勾住杯底令其旋转，使上面放着的这个茶杯内外壁都

温小茶杯

接触到开水，接着将茶杯放回原处。按照这种手法，将每个茶杯都进行一次温洗，直到最后一只茶杯温洗之后时，将杯中的温水轻轻荡几下之后，将水倒掉。

3 温盖碗法

温盖碗的方法可分斟水、翻盖、烫碗、倒水等几个步骤，详细手法如下所述：

（1）斟水

将盖碗的碗盖反放，使其与碗的内壁留有一个小缝隙。手提开水壶，按逆时针方向向盖内注入开水，等开水顺小隙流入碗内约 1/3 容量后，右手提起手腕断水，开水壶放回原处。

（2）翻盖

右手如握笔状取渣匙伸入缝隙中，左手手背向外护在盖碗外侧，掌沿轻靠碗沿。右手用渣匙由内向外拨动碗盖，左手大拇指、食指与中指迅速将翻起的碗盖盖在碗上。这一动作讲究左右手协调，搭配得越熟练越好。

（3）烫碗

右手虎口分开，用大拇指与中指搭在碗身的中间部位，食指抵在碗盖盖钮下的凹处，同时左手托住碗底，端起盖碗，右手手腕呈逆时针运动，双手协调令盖碗内各部位充分接触到热水，最后将其放回茶盘。

（4）倒水

右手提起碗盖的盖钮，将碗盖靠右侧斜盖，距离盖碗左侧有一小空隙。按照前面方法端起盖碗，将其平移到废水盂上方，向左侧翻手腕，将碗中的水从盖碗左侧小缝隙中流进废水盂。

以上为几种主要器具的温洗手法，无论是哪一样茶具，在温洗的时候都要注意：不要让手碰触，这样会给人带来不正规、不干净的感觉。

斟水

翻盖

烫碗

倒水

常见的 4 种冲泡手法

冲泡茶的时候，需要有标准的姿势，总体说来应该做到：头正身直，目光平视，双肩齐平、抬臂沉肘。如果用右手冲泡，那么左手应半握拳自然放在桌上。以下是常见的 4 种冲泡手法，详细解释如下：

1 单手回转冲泡法

右手提开水壶，手腕按逆时针回转，让水流沿着茶壶或茶杯口内壁冲入茶壶或茶杯中。

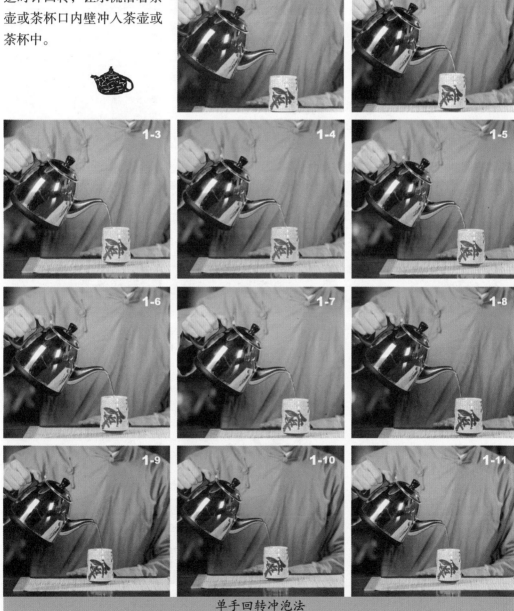

单手回转冲泡法

2 双手回转冲泡法

如果开水壶比较沉，那么可以用这种方法冲泡。双手取过茶巾，将其放在左手手指部位，右手提起水壶，左手托着茶巾放在壶底。右手手腕按逆时针方向回转，让水流沿着茶壶口或茶杯口内壁冲入茶壶或茶杯中。

双手回转冲泡法

3 回转高冲低斟法

此方法一般用来冲泡乌龙茶。详细手法为：先用单手回转法，用右手将开水壶提起，向茶具中注水，使水流先从茶壶茶肩开始，按逆时针绕圈至壶口、壶心，再提高水壶，使水流在茶壶中心处持续注入，直到里面的水大概到七分满的时候压腕低斟，动作与单手回转手法相同。

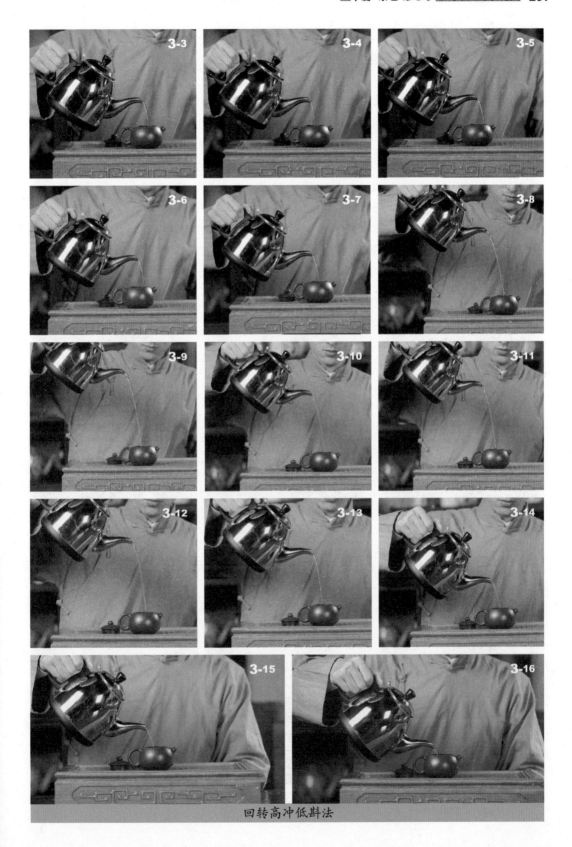

回转高冲低斟法

4 凤凰三点头冲泡法

"凤凰三点头"是茶艺茶道中的一种传统礼仪，这种冲泡手法表达了对客人的敬意，同时也表达了对茶的敬意。

详细的冲泡手法为：手提水壶，进行高冲低斟反复3次，让茶叶在水中翻动，寓意为向来宾鞠躬3次以表示欢迎。反复3次之后，恰好注入所需水量，接着提腕断流收水。

凤凰三点头最重要的技巧在于手腕，不仅需要柔软，且要有控制力，使水声呈现"三响三轻"，同响同轻；水线呈现"三粗三细"，同粗同细；水流"三高三低"，同高同低；壶流"三起三落"，同起同落，最终使每碗茶汤完全一致。

凤凰三点头的手法需要柔和，不要剧烈。另外，水流3次冲击茶汤，能更多地激发茶性。我们不能以纯粹表演或做作的心态进行冲泡，一定要心神合一，这样才能冲泡出好茶来。

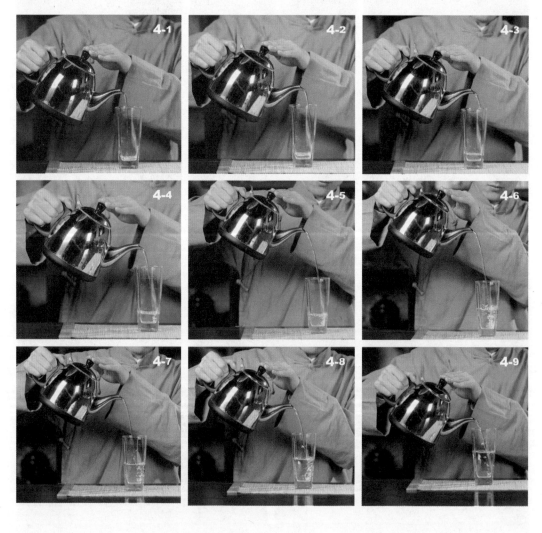

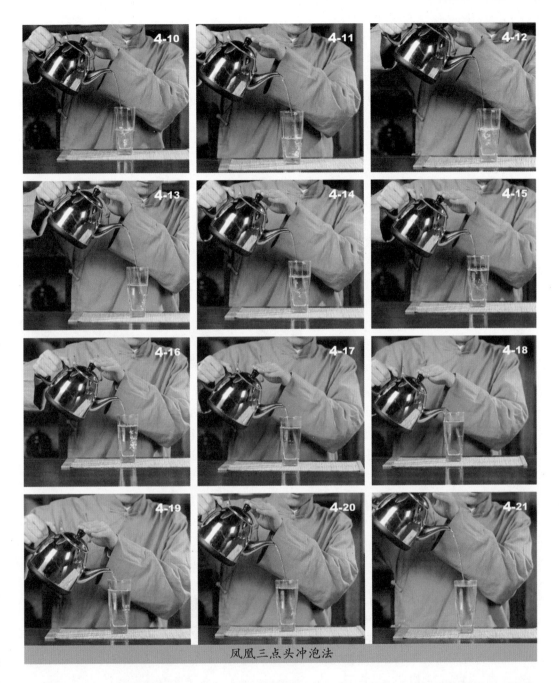

凤凰三点头冲泡法

　　除了以上4种冲泡手法之外，在进行回转注水、斟茶、温杯、烫壶等动作时，还可能用到双手回旋手法。需要注意的是，右手必须按逆时针方向动作，同时左手必须按顺时针方向动作，类似于招呼手势，寓意为"来、来、来"，表示对客人的欢迎。反之则变成"去、去、去"的意思，所以千万不可做反。

　　冲泡手法大致为以上几种，使用正确方法泡茶，不仅可以使宾客觉得茶艺员或泡茶者有礼貌、有修养，还会增添茶的色香味等，真是一举多得。

喝茶做客的礼仪

当我们以客人的身份去参加聚会时，或是去朋友家参加茶宴时，都不可忘记礼仪问题。面对礼貌有加的主人，如果我们的动作太过随意，一定会令主人觉得我们太没有礼貌，从而影响自己在对方心中的形象。

一般来说，喝茶做客需要注意以下几种礼仪：

1 接茶

"以茶待客"，需要的不仅是主人的诚意，同时也需要彼此间互相尊重。因此，接茶不仅可以看出一个人的品性，同时也能反映出宾客的道德素养，使主人与宾客间的感情交流更为真诚。

如果面对的是同辈或同事倒茶时，我们可以双手接过，也可单手，但一定要说声谢谢；如果面对长者为自己倒水，必须站起身，用双手去接杯子，同时致谢，这样才能显示出对老人的尊敬；

接茶

如果我们不喝茶，要提前给对方一个信息，这样也能使对方减少不必要的麻烦。

在现实中，我们经常会看到一类人，他们觉得自己的身份地位都比倒茶者高，就很不屑地等对方将茶奉上，有的人甚至连接都不接，更不会说"谢谢"二字，他们认为对方倒茶是理所应当的。试想一下，对方为自己端上茶来，是表示对自己的尊重，如果我们非但不领情，还冷淡相待，这样倒显得自己极没有礼貌，有失身份了。如果你的注意力一时不在倒茶者的身上，没来得及接茶，那么也至少要表达出感谢之情，这样才不会伤害到倒茶者的感情。

2 品茶

品茶时宜用右手端杯子喝，如果不是特殊情况，切忌用两手端茶杯，否则会给倒茶者带来"茶不够热"的讯号。

品茶讲究三品，即用盖碗或瓷碗品茶时，要三口品完，切忌一口饮下。品茶的过程中，切忌大口吞咽，发出声响。如果茶水中漂浮着茶叶，可以用杯盖拂去，或轻轻吹开，千万不可用手从杯中捞出，更不要吃茶叶，这样都是极不礼貌的。

除此之外，如果喝的是奶茶，则

品茶

需要使用小勺。使用之后，我们要把小勺放到杯子的相反一侧。

3 赞赏

赞赏的过程是一定要有的，这样可以表达出对主人热情款待的感激之情。赞赏主要针对茶汤、泡茶手法及环境而言。

一般来说，赞赏茶汤大致有以下几个要点：赞赏茶香清爽、幽雅；赞赏茶汤滋味浓厚持久，口中饱满；赞赏茶汤柔滑，自然流入喉中，不苦不涩；赞赏茶汤色泽清纯，无杂味。另外，如果主人或泡茶者的冲泡手法优美到位，还要对其赞赏一番，这并不是虚情假意的赞美，而是发自内心的感激。

我们在现实中常常遇到一类人，他们总会觉得自己很内行，对什么事都喜欢批评几句，认为这样可以显得自己很博学。提出批评与反对意见也可，但一定要根据客观事实，且对事不对人，尽量记得"多赞美少批评"。其实，人生的智慧就是不断去发现世间万物的优点，只有那些经常从事物中发现美好的人才算得上是聪明人。

4 叩手礼

叩手礼亦称为叩指礼，是以手指轻轻叩击茶桌来行礼，且手指叩击桌面的次数与参与品茶者的情况直接相关。叩手礼是从古时的叩头礼演化而来的，古时的叩指礼是非常讲究的，必须屈腕握空拳，叩指关节。随着时间的推移，逐渐演化为将手弯曲，用几个指头轻叩桌面，以示谢忱。

现在流行一种不成文的习俗，即长辈或上级为晚辈或下级斟茶时，下级和晚辈必须用双手指作跪拜状叩击桌面两三下；晚辈或下级为长辈或上级斟茶时，长辈和上级只须用单指叩击桌面两三下即可。

有些地方也有着其他的方法，例如平辈之间互相敬茶或斟茶时，单指叩击桌面表示"谢谢你"；双指叩击桌面表示"我和我先生（太太）谢谢你"；三指叩击桌面表示"我们全家人感谢你"。这时我们就需要因各地习俗而定。

以上喝茶做客的礼仪是必不可少的，如果我们到他人家做客，一定不要忽视这些礼节，否则会使自己的形象大打折扣。

叩手礼

第三章　茶的一般冲泡流程

茶叶的冲泡过程有一定的顺序，虽然可繁可简，但也要根据具体情况来定。一般说来，冲泡的顺序为投茶、洗茶、第一次冲泡、第二次冲泡、第三次冲泡等几个过程。每个阶段都有其各自的特点及注意事项，并不难掌握。

初识最佳出茶点

出茶点是指注水泡茶之后，茶叶在壶中受水冲泡，经过一段时间之后，我们开始将茶水倒出来的那一刹那，而最佳出茶点则被认为在这一瞬间倒茶最恰当，得到的茶汤品质最佳。

寻找最佳出茶点

常泡茶的人也许会发现，在茶叶量相同、水质水温相同、冲泡手法等方面完全相同的情况下，自己每次泡的茶味道也并不是完全相同，有时会感觉特别好，而有时则相对一般。这正是由于每次的出茶点不同，也许有时离这个最佳的点特别近，有时又有偏差导致的。

其实，最佳出茶点只是一种感觉罢了。这就像是形容一件东西，一个人一样，说他哪里最好，哪里最美，每个人的感觉都是不同的，最佳出茶点也是如此。它只是一个模糊的时间段，在这短短的时间段中，如果我们提起茶壶倒茶，那么得到的茶水自然是味道最好的，而一旦错过，味道也会略微逊些。

既然无法做到完全准确地找到最佳出茶点，那么我们只要接近它就好了。我们虽然有时候会偶然间"碰到"这样的一个点，但多数时候，如果技术不佳，感悟能力还未提升到一定层次时，寻找起来仍比较困难。万事万物都需要尝试，只要我们常泡茶、常品茶，在品鉴其他人泡好的茶时多感受一些，相信自己的泡茶技巧也会不断提升。

当我们的泡茶、鉴茶、品茶的水平达到一定层次时，这样再用相同的手法泡茶，又会达到一个全新的高度和领域。也许在某一次我们泡出的茶味道很美，那么就继续这个冲泡水平，稳定自己的技巧，并以这个标准严格要求自己，再接下来的一次次尝试中不断超越自己。久而久之，我们自然会离这个"最佳出茶点"更近，泡出的茶味道也自然会达到最好。

投茶与洗茶

投茶也称为置茶，是泡茶程序之一，即将称好的一定数量的干茶置入茶杯或茶壶，以备冲泡。投茶的关键就是茶叶用量，这也是泡茶技术的第一要素。

由于茶类及饮茶习惯，个人爱好各不相同，每个人需要的茶叶都略有些不同，我们不可能对每个人都按照统一标准去做。但一般而言，标准置茶量是以 1 克茶叶搭配 50 毫升的水。现代评茶师品茶按照 3 克茶叶对 150 毫升水这一标准来判断茶叶的口感。当然，如果有人喜欢喝浓茶或淡茶，也可以适当增加或减少茶叶量。

投茶

因此，泡茶的朋友需要借助这两样工具：精确到克的小天秤或小电子秤和带刻度的量水容器。有人可能会觉得量茶很麻烦，其实不然，只有茶叶量标准，泡出的茶才会不浓不淡，适合人们饮用。

有的时候，我们选用的茶叶不是散茶，而是像砖茶，茶饼一类的紧压茶，这个时候就需要采取一定的方法处理。我们可以把紧压茶或是茶饼、茶砖拆散成茶片状，除去其中的茶粉、茶屑。还有另一种方法，就是不拆散茶叶，将它们直接投入到茶具中冲泡。两种方法各有其利弊，前者的优势为主动性程度高，弊端是损耗较大；后者的优势是茶叶完整性高，但弊端是无法清除里面夹杂的茶粉与茶屑，这往往需要大家视情况而定。

接下来要做的就是将茶叶放置茶具中。如果所用的茶具为盖杯，那么可以直接用茶则来置茶；如果使用茶壶泡茶，就需要用茶漏置茶，接着用手轻轻拍一拍茶壶，使里面的茶叶摆放得平整。

人们在品茶的时候有时会发现，茶汁的口感有些苦涩，这也许与茶中的茶粉和茶屑有关。那么在投茶的时候，我们就需要将这些杂质排除在外，将茶叶筛选干净，避免带入这些杂质。

当茶叶放入茶具中之后，下一步要做的就是洗茶了。洗茶是一个笼统说法。好茶相对比较干净，要洗的话，也只是洗去一些黏附在茶叶表面的浮尘、杂质，再就是通过洗茶把茶粉、茶屑进一步去除。

注水洗茶之后，干茶叶由于受水开始舒张变软，展开成叶片状，茶叶中的茶元素物质也开始析出。沸水蕴含着巨大的热能注入茶器，茶叶与开水的接触越均匀充分，其展开过程的质量就越高。因此，洗茶这一步骤做得如何，将直接影响到第一道茶汤的质量。

我们在洗茶时应该注意以下几点：

（1）洗茶注水时要尽量避免直冲茶叶，因为好茶都比较细嫩，直接用沸水冲泡会使茶叶受损，直接导致茶叶中含有的元素析出质量下降。

（2）水要尽量高冲，因为冲水时，势能会形成巨大的冲力，茶器里才能形成强大的旋转水流，把茶叶带动起来，随着水平面上升。这一阶段，茶叶中所含的浮尘、杂质、茶粉、茶屑等物

洗茶

质都会浮起来，这样用壶盖就可以轻而易举地刮走这些物质。

（3）洗茶的次数根据茶性决定。茶叶的茶性越活泼，洗茶需要的时间就越短。例如龙井、碧螺春这样的嫩叶绿茶，几乎是不需要洗茶的，因为它们的叶片从跟开水接触的那一刻起，其中所含的茶元素等物质就开始快速析出；而陈年的普洱茶，洗茶一次可能还不够，需要再洗一次，它才慢吞吞地析出茶元素物质。总之，根据茶性不同，我们可以考虑是否洗茶或多加一次洗茶过程。

说了这么多，洗茶究竟有什么好处呢？首先，洗茶可以保持茶的干净。在洗茶的过程中，能够洗去茶中所含的杂质与灰尘；其次，洗茶可以诱导出茶的香气和滋味；第三，洗茶能去掉茶叶中的湿气。所以说，洗茶这个步骤往往是不可缺少的。

第一次冲泡

投茶洗茶之后，我们就可以开始进入第一次冲泡了。

冲泡之前别忘了提前把水煮好，至于温度只需根据所泡茶的品质决定即可。洗过茶之后，要记得冲泡注水前将壶中的残余茶水滴干，这样做对接下来的泡茶极其重要。因为这最后几滴水中往往含有许多苦涩的物质，如果留在壶中，会把这种苦涩的味道带到茶汤中，从而影响茶汤的品质。

接下来，将合适的水注入壶中，接着盖好壶盖，静静地等待茶叶舒展，将茶元素慢慢析出来，释放到水中。这个过程需要我们保持耐心，在等待的过程中，注意一定不要去搅动茶水，应该让茶元素均匀平稳地析出。这个时候我们可以凝神静气，或是与客人闲聊几句，以打发等候的时间。

一般而言，茶的滋味是随着冲泡时间延长而逐渐增浓的。据测定，用沸水冲泡陈茶首先浸出来的是维生素、氨基酸、咖啡碱等，大约到3分钟时，茶叶中浸出的物质浓度才最佳。因此，对于那些茶元素析出较慢的茶叶来说，第一次冲泡需要在3分钟左右时饮用为好。因为在这段时间，茶汤品饮起来具有鲜爽醇和之感。也有些茶叶例外，例如冲泡乌龙茶，人们在品饮的时候通常用小型的紫砂壶，用茶量也较大，因此，第一次冲泡的时间大概在1分钟左右就好，这时的滋味算得上最佳。

对于有些初学者来说，在时间的把握上并不十分精准，这个时候最好借助手表来看时

第一次冲泡步骤

间。虽然看时间泡茶并不是个好方法，但对于入门的人来说还是相当有效的，否则时间过了，茶水就会变得苦涩；而时间不够，茶味也没有挥发出来。我们可以先通过手表时间来计算茶叶的冲泡时间，等到经验丰富之后，再凭借自己的感觉把握时间，这样才是最好的办法。

以上就是茶叶的第一次冲泡过程，在这个阶段，需要我们对茶叶的舒展情况，茶汤的质量做出一个大体的评鉴，这对后几次冲泡时的水温和冲泡时间都有很大的作用。

第二次冲泡

在第二次冲泡之前，我们应该回忆一下上一泡茶的各方面特色，例如茶的香气如何，茶叶的舒展情况如何，这些都关系到第二次冲泡时的各方面要求。

回味茶香是必要的，因为有大量信息都蕴藏在香气中。如果茶叶采摘的时间是恰当的，茶叶的加工过程没有问题，茶叶在制成后保存得当，那冲泡出来的茶香必定清新活泼，有植物本身的气息，有加工过程的气息，但没有杂味，没有异味。如果我们闻到的茶香散发出来的是扑鼻而来的香气，那么就说明这种茶中茶元素的物质活性高，析出速度快，因此在第二次冲泡的时候，就不要过分地激发其活性，否则会导致茶汤品质下降；如果茶香味很淡，是一点点散发出来的香气，那么我们就需要在第二次冲泡过程中注意充分激发它的活性，使它的气味以及特色能够充分散发出来。

回味完茶香之后，我们需要检查泡茶用水。观察水温是十分必要的，在每次冲泡之前都需要这样做。如果第二次冲泡与前一次之间的时间间隔很短，那么就不要再给水加温了，这样做可以保持水的活性，也可以使茶叶中的茶元素尽快地析出。需要注意的是，泡茶用水不适宜反复加热，否则会降低水中的含氧量。

当我们对第一次冲泡之后的茶水做出综合评判之后，就可以分析第二次冲泡茶叶的时间以及手法了。由于第一次冲泡时，茶叶的叶片已经舒展开，所以第二次冲泡就不需要冲泡太长时间，大致上与第一次冲泡时间相当即可，或是稍短些也无妨；如果第一次冲泡之后茶叶还处于半展开状态，那么第二次冲泡的时间应该比前一次略长一些。

第二次冲泡的过程，需要我们对前一次的茶叶形态，水温等方面做出判断，这样才会在第二次冲泡掌握好时间。

第二次冲泡步骤

第三次冲泡

我们在第三次冲泡之前同样需要回忆一下第二次冲泡时的各种情况，例如水温高低，茶香是否挥发出来，综合分析之后才能将第三次冲泡时的各项因素把控好。

在经过前两次冲泡之后，茶叶的活性已经被激发出来。经过第二泡，叶片完全展开，进入全面活跃的状态。此时，茶叶从沉睡中被唤醒，在进入第三次冲泡的时候渐入佳境。

首先，冲泡之前我们还是需要掌握好水温。注意与前一次冲泡的时间间隔，如果间隔较长，此时的水温一定会降低许多，这时就需要让它提高一些，否则会影响冲泡的效果；如果两次间隔较短，就可以直接冲泡了。

此时茶具中的茶叶片应该处于完全舒展的状态了，经过了前两次冲泡，茶叶中的茶元素析出物应该减少了许多。我们按照析出时间的先后顺序，可以将析出物分为速溶性析出物和缓溶性析出物两类。顾名思义，速溶性析出物释放速度较快，最大析出量发生在茶叶半展开状态到完全展开状态的这个区间内；而缓溶性析出物大概发生在茶叶展开状态之后，且需要通过适当时间的冲泡才能慢慢析出。

由几次冲泡时间来看，速溶性析出物大概在第一、二次冲泡时析出；而缓溶性析出物大概在第三次冲泡开始析出。因此，前两次冲泡的时间一定不能太长，否则会导致速溶性析出物由于析出过量，茶汤变得苦涩，而缓溶性析出物的质量也不会很高。

至于第三次冲泡的时间则因情况而定，完全取决于前两次冲泡后茶叶的舒展情况以及茶叶的本身的特点。比第二次冲泡时间略长、略短或与其持平，这三种情况完全有可能，我们可以依照实际情况判断。

只要掌握好各种因素，第三次冲泡也不会太难，而冲泡出来的茶汤品质也是相当高的。

第三次冲泡步骤

茶的冲泡次数

我们经常看到这样几种喝茶的人：有的投一点茶叶之后，反复冲泡，一壶茶可以喝一天；有的只喝一次就倒掉，过会儿再喝时，还要重新洗茶泡茶。虽然不能说他们的做法一定是错误的，但茶的冲泡次数确实有些讲究，要因茶而异。

据有关专家测定，茶叶中各种有效成分的析出率是不同的。一壶茶冲泡之后，最容易析出的是氨基酸和维生素 C，它们大概在第一次冲泡时就可以析出；其次是咖啡碱、茶多酚和可溶性糖等。也就是说，冲泡前两次的时候，这些容易析出的物质就已经融入茶汤之中了。

以绿茶为例，第一次冲泡时，茶中的可溶性物质能析出 50% 左右；冲泡第二次时能析出 30% 左右；冲泡第三次时，能析出约 10%。由此看来，冲泡次数越多，其可溶性物质的析出率就越低。相信许多人一定有所体会，冲泡绿茶太多次数之后，其茶汤的味道就与白开水相差不多了。

优质绿茶六安瓜片三次
冲泡的茶汤

通常，名优绿茶通常只能冲泡 2 ~ 3 次，因为其芽叶比较细嫩，冲泡次数太多会影响茶汤品质；红茶中的袋泡红碎茶，冲泡 1 次就可以了；白茶和黄茶一般也只能冲泡 2 ~ 3 次；而大宗红、绿茶可连续冲泡 5 ~ 6 次，乌龙茶甚至能冲泡更多次，可连续冲泡 5 ~ 9 次，所以才有"七泡有余香"之美誉；至于陈年的普洱茶，有的能泡到 20 多次，因为其中所含的析出物释放速度非常慢。

除了冲泡的次数之外，茶叶冲泡时间的长短，对茶叶内含有的有效成分的利用也有很大的关系。任何品种的茶叶都不宜冲泡过久，最好是即泡即饮，否则有益成分被氧化，不但降低营养价值，还会泡出有害物质。此外，茶也不宜太浓，浓茶有损胃气。

由此看来，茶叶的冲泡次数不仅影响着茶汤品质的好坏，更与我们的身体健康有关，实在不能忽视。

生活中的泡茶过程

千百年来，茶一直是中国人生活中的必需品。无论有没有客人，爱茶之人都习惯冲泡一壶好茶，慢慢品饮，自然别有一番风趣。

生活中的泡茶过程很简单，每个人都可以在闲暇时间坐下来，为自己或家人冲泡一壶茶，解渴怡情的同时，也能增加生活趣味。一般来说，生活中的泡茶过程大体可分为 7 个步骤：

1 清洁茶具

清洁茶具不仅是清洗那么简单，同时也要进行温壶。首先，用沸水烫洗一下各种茶具，这样可以保证茶具被清洗得彻底，因为茶具的清洁度直接影响着茶汤的成色和质量好坏。在这个过程中，需要注意的是沸水一定要注满茶壶，这样才能使整个茶壶均匀受热，以便在冲泡过程中保住茶性不外泄；另

1-1

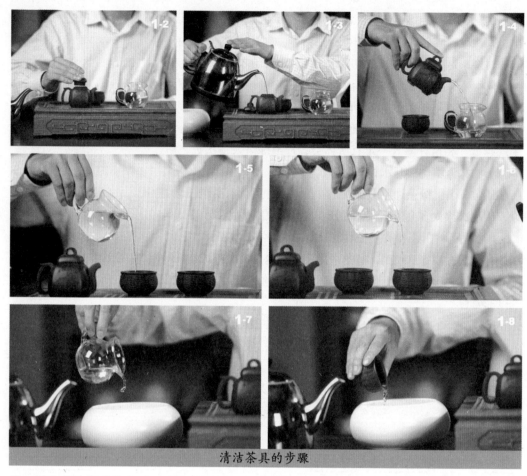

清洁茶具的步骤

外，整个茶壶都受热之后，冲泡用的水也不会因茶壶而温度下降，影响水温。

2 置茶

置茶时需要注意茶叶的用量和冲泡的器具。茶叶量需要统计人数，并且按照每个人的口味喜好决定茶叶的用量。

一般来说，在生活中泡茶往往会选择茶壶和茶杯两种容器。当容器是茶壶时，我们可以先从茶叶罐中取出适量茶叶，然后用茶匙将茶叶拨入茶壶中；当容器是茶杯时，我们可以按照一茶杯一匙的标准进行茶叶的放置。

置茶的步骤

3 注水

向容器中注水之前一定要保证水的温度，如果需要中温泡茶，那么经过前两步之后，我们需要确保此时水的温度恰好在中温。注水的过程中，需要等到泡沫从壶口处溢出时才能停下。

注水的步骤

4 倒茶汤

冲泡一段时间之后，我们就可以将茶汤倒出来了。首先，刮去茶汤表面的泡沫，接着再将壶中的茶倒进公道杯中，使茶汤均匀。

倒茶汤的步骤

5 分茶

将均匀的茶汤分别倒入茶杯中，注意不能将茶倒得太满，以七分满为最佳。

分茶的步骤

6 敬茶

分茶之后，我们可以分别将茶杯奉给家人品尝，也可以由每个人自由端起茶杯。如果我们是自己品饮，这个步骤自然可以忽略。

敬茶的步骤

7 清理

这个过程包括两部分，清理茶渣和清理茶具。品茶完毕之后，我们需要将冲泡过程中产生的茶渣从茶壶中清理出去，可以用茶匙清理；清理过茶渣之后，我们一定不要忘记清理茶具，要用清水将它们冲洗干净。否则时间久了，茶汤会慢慢变成茶垢，不仅影响茶具美观，其中所含的有害物质还会影响人的身体健康。

简简单单的7个过程，让我们领略了生活中泡茶的惬意美感。那么下一次如果有闲暇时间，别忘了为自己和家人泡一壶茶，尽享难得的休闲时光。

清理的步骤

待客中的泡茶过程

客来敬茶一直是我国从古至今留下来的习惯，无论是在家庭待客还是办公室中待客，我们都需要掌握泡茶的过程及礼仪。

泡茶的过程并没有太多的变化，只需要我们注意自己的手法，不能太过敷衍随意，否则会影响客人对我们的印象。待客中的泡茶过程需要注意以下几点：

1 泡茶器具

待客的茶具虽然不一定要多么精致昂贵，但要尽可能干净整齐一些，若是单位则要配置成套茶具为好。

另外，如果来访的客人人数不多，停留时间不长，我们可以选择使用茶杯，保证一人一杯就可以了。如果人数超过 5 人，泡茶器就是最佳的选择。

下面是对泡茶器的简单介绍：泡茶器一般可以分为壶形和杯形两种。通常情况下，壶形泡茶器中都会有一层专门的滤网。

准备茶具

我们可以将茶叶放在滤网之上进行冲泡。这样，茶叶和茶汤是分开的，第一次冲泡完成之后，还可以将滤网连同茶叶取出，以备进行第二次冲泡。

而杯形泡茶器的盖子比较灵活。只需轻轻一按，茶汤就会立刻流入下层，接下来就可以将流入下层的茶汤倒进茶杯，敬献给客人。

2 选取茶叶

如果家中茶叶种类丰富，那么我们可以在投放茶叶之前询问客人的喜好及口味，为不同的客人选择不同的茶叶。

茶叶量投放多少也要根据客人的喜好及人数决定，有的客人喜欢喝浓茶，我们自然可以多放一些茶叶；如果客人喜欢清淡的，我们就需要减少茶叶量。如果客人较少可以选择用茶包。另外，如果客人人数较多就必须要在茶壶或者泡茶器中放入与它们容量相当的茶叶，并注意不要因为客人较多就盲目增加茶叶投入的数量。

选取茶叶

3 泡茶、奉茶时的注意事项

我们的手法不需要多么完美无缺，但一定要注意许多泡茶中的忌讳问题，例如：放置茶壶的时候不能将壶嘴对准他人，否则表示请人赶快离开；茶杯要放在茶垫上面，一是尊重传统泡茶中的礼仪；二是保持桌面的洁净、庄严；进行回旋注水、斟茶、温杯、烫壶等动作时用到单手回旋时，右手必须按逆时针方向、左手必须按顺时针方向动作，类似于招呼手势，寓意"来、来、来"表示欢迎；反之则变成暗示"去、去、去"了。斟茶的时候只可斟七分满，暗寓"七分茶三分情"之意；要用托盘将茶端上来，不要用手直接碰触，这样做既表示对客人的尊敬之意，另外也表示隆重。

待客中的泡茶过程虽然与生活中的比较相近，但还是需要注意以上几点，这样才不会

泡茶

奉茶

让客人觉得我们款待不周。在下一次客人来访的时候，请面带笑容，将一杯杯香茶奉上，表示我们对客人的尊敬与肯定吧。

办公室中的泡茶过程

生活在职场中的人们，常常会感觉到身心疲惫，尤其是午后，更是昏昏欲睡，毫无精神。这时，如果为自己泡一杯鲜爽的清茶或一杯浓浓的奶茶，不仅会提神健脑，解除疲劳，同时又能使办公室的生活更加惬意舒适，重新投入工作时才会更有活力。

那么，现在我们就开始学习在办公室中如何泡茶吧。

1 选择茶叶及茶具

由于办公室空间有限，并不能像在家中一样方便各种冲泡流程，所以我们可以选择简单的原料及茶具，例如袋泡茶和简单的茶杯。这样做的好处是：我们可以根据自己的爱好和口味选择茶包中的茶品，也可以免去除茶渣的麻烦。原材料虽然简单，但却可以在最短的时间内为自己泡上一杯好茶，其功效往往不会减少。

以奶茶为例，假设我们此时需要泡一杯香浓的奶茶，那么首先要选择的原料有：袋泡茶、牛奶、糖和玻璃杯。一般来说，人们常常将红茶与奶混合，因为红茶的茶性最温和，可以起到暖胃养身的效果。因此，许多上班族都喜欢随身携带红茶包，以便工作之余冲泡饮用。

2 泡茶

办公室中的泡茶过程较其他几种要简单得多。首先，我们可以向茶杯中冲入沸水，大约占杯子的1/3即可。接下来，将红茶包浸入杯中。过一两分钟之后，提起茶叶包上的棉线上下搅动，这样可以使茶叶充分接触到沸水，可以有效地使茶性散发出来，也就相当于传统泡茶中的"闷香"过程。在棉线上下搅拌的时候，茶性也就更容易扩散了。

需要注意的是，有些人并不喜欢奶茶，而是选择冲泡袋装茶。其实，袋装茶的冲制过程比简易奶茶还要简单，不过

泡茶

必须注意一点：冲泡袋装茶时一定要先将开水注入杯中再放入茶包。如果先放茶包再注水会严重影响茶汤的品质和滋味。

3 加入牛奶和糖

经过泡茶的过程之后，茶性此时已经得到了充分的散发。接下来，我们可以加入牛奶，牛奶的加入量取决于每个人的口味。但一般来说，加入浓茶的不超过 30 毫升，加入中度茶的不超过 20 毫升，加入淡茶的不超过 15 毫升。

加糖的时候要注意根据个人的喜好，并不一定要加糖才能得到香醇的奶茶，有些人不适宜服用太多的糖，这时就需要我们酌情减少或不添加。

在办公室中泡茶的过程就是这么简单，只需要以上三步即可。工作之余，我们完全可以为自己冲泡一杯香浓的茶，忙碌的同时也不要忘了享受生活才对。

泡茶加入牛奶和糖

商家销售泡茶过程

有些人在茶店买完茶叶，回家冲泡之后忽然发现，自己泡的茶为什么和在茶叶店中不一样呢？不仅茶的香气不如商家卖的浓郁，连茶汤的口感都相差很多。因此，许多人大呼上当，认为是商家将次品茶叶卖给了自己。

其实，这种现象不一定是大家所想象的，有时候即使是相同的茶叶、器具和水温，因不同手法冲泡，得到的茶汤品质及香气也是不同的。在茶叶店中，商家往往采用销售冲泡法，其特点是在最短的时间内将茶的优点展示出来，将缺点掩盖一些，起到扬长避短的作用。而这种商家冲泡法并没有多深奥，对每个人来说都是可以学会的。

下面我们以铁观音为例，大致讲一下商家销售的冲泡过程，主要分为 6 步，且每步过程的名字都特别好听：

1 白鹤沐浴

这个过程也就是我们常说的烫洗茶具、温壶的过程，此时注意烫洗的水需要沸水。

2 观音入宫

这是指置茶的过程。将适量的铁观音干茶放入茶具中，数量大概占茶具容量的 50% 左右。

3 悬壶高冲

商家在这个过程中往往采用高冲水的方式，将沸水注入茶壶之中，最后可再转动一下茶壶。这样做的目的在于使茶叶充分翻转，使茶性浸出。

4 春风拂面

这是商家用壶盖刮去浮在茶面上的泡沫的过程。

5 关公巡城

将刮去泡沫后的茶汤闷上一二分钟之后，为了使每杯茶浓淡一致，商家在分茶时将品茗杯排成"一"字或"品"字，将茶汤按照顺序倒入品茗杯中，巡回分茶，取名关公巡城，形容得十分生动。

另外，还需要注意的是分到最后剩下的茶汤也要均匀分配，一杯一滴，平分到每个茶杯中，这就是点茶，即所谓的韩信点兵。

点茶过后，商家需要将每杯茶奉上，让顾客先观汤色，再闻茶香，最后品尝茶汤，于是，整个商家销售泡茶的过程就结束了。

这只是铁观音的一般冲泡方法，不过，铁观音并非种类单一的茶品。即使是同属铁观音，不同的种类之间在茶叶用量和用水方面也有不小的差异。这是需要特别注意的。不过，无论是何种茶品，一般情况下当水温低于90℃、冲泡时间短的时候，泡出来的茶汤就会显得色泽鲜艳，尝起来甘爽可口；当水温高于95℃、冲泡时间稍长的时候，茶品本身特有的茶香才会在身边萦绕。因此，我们在购买茶叶的时候可以要求商家将茶泡得久一些。这样，茶品的一些弱点或缺点就很容易暴露出来。

当我们挑好一款茶时，最好当时按自己的习惯冲泡一下，商家通常是不会反对的，并且他还会给我们一些好的建议。这样我们不仅容易挑到满意的茶，还可学习一些泡茶方法，也算得上是一举两得了。

白鹤沐浴

观音入宫

悬壶高冲

春风拂面

关公巡城

掌握了商家销售泡茶的方法之后，相信下次我们再买茶叶的时候，就不会因为味道与购买时不同而苦恼了。

旅行中的泡茶过程

现今社会发展得越来越快，生活节奏也随之加快，人们常常在一天之内往返两个城市，忙忙碌碌地为了生活奔波。其实，不仅是为了工作，有些人也经常去各地旅行，许多时间都是在车上或是在野外度过。如果我们能在旅途中泡一壶茶，看着车窗外的景色，或是坐在郊外的树荫下，感受着徐徐吹来的暖风，相信一定别有一番滋味。

出门在外比不得家中，泡茶的条件自然有限，如果我们能掌握旅行中的泡茶方法，那么就可以在有限的条件内泡出一壶好茶来。

我们首先要解决的问题就是水。毕竟在外面不是随时可以得到开水，这时我们不妨采用冷水泡茶法，既解决了水的问题，冲泡出的茶汤又会与以往不同。如果是夏季，我们还可以将带来的水放入冰箱中冷藏起来，并用这种冷藏的水泡茶，既清凉又消暑。

冷水泡茶法操作非常简单，只需短短的 5 步即可：

1 茶具的选择与冲洗

我们可以选择广口玻璃杯、瓷杯或盖碗等，这样可以避免因冲泡时间过长而引起茶汤变质。接下来，只需要用常温水冲洗茶具即可。

茶具的选择与冲洗过程

2 置茶

旅行中携带茶叶，可以选择塑封袋、茶荷，也可以选择独立包装的小茶包。茶具清洗干净之后，我们可以将自带的茶叶放入茶具之中，但不同的包装置茶略有区别。此外，茶叶的用量完全依照个人的喜好及人数决定。

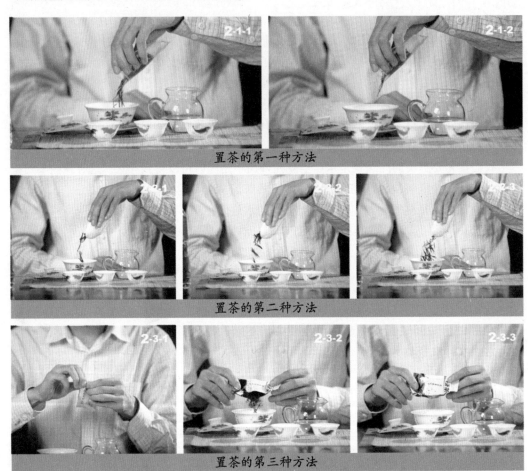

置茶的第一种方法

置茶的第二种方法

置茶的第三种方法

3 冲水

冲泡的水可以是纯净水、山泉水等等。这个步骤是将事先准备好的冷水冲入茶具之中，并冲泡茶叶半小时左右。

冲水的步骤

4 过滤茶汤

半小时后，将滤网放在公道杯上，隔着滤网将茶汤倒入公道杯中，使里面的汤汁更加均匀。

过滤茶汤的步骤

5 分茶品尝

如果独自一人饮用可以省略分茶的步骤，直接品饮即可。如果一同旅行喝茶的人数较多，那么需要泡茶的人将过滤好的茶汤一次倒进面前的茶杯中，端起来邀请同行的人一起品饮。

分茶品尝的步骤

冷水泡茶法比较适合户外旅行者和夏日出行者运用。总体来说，其泡茶过程比较简单，并没有其他种类的过程那么复杂。只要我们掌握了方法，一定可以在旅行中轻松地享受饮茶乐趣了。

第四章　泡出茶的特色

茶叶的冲泡，一般只需要准备水、茶、茶具，经沸水冲泡即可，但如果想把茶叶本身特有的香气、味道完美地冲泡出来，并不是容易的事，也需要一定的技术。也可以说，泡茶人人都会，但想要泡出茶的特色，却需要泡茶者一次又一次地冲泡练习，熟练地掌握冲泡方法。时间久了，泡茶者自然会从中琢磨出差别，泡出茶的真正特色来。

绿茶的冲泡方法

绿茶一般选用陶瓷茶壶、盖碗、玻璃杯等茶具沏泡，所以，其常用的冲泡方法依次是：茶壶泡法、盖碗泡法和玻璃杯泡法三种。

1 茶壶泡法

（1）洁净茶具。准备好茶壶、茶杯等茶具，将开水冲入茶壶，摇晃几下，再注入茶杯中，将茶杯中的水旋转倒入废水盂，洁净了茶具又温热了茶具。

（2）将绿茶投入茶壶待泡。茶叶用量按壶大小而定，一般每克茶冲 50 ~ 60 毫升水。

（3）将高温的开水先以逆时针方向旋转高冲入壶，待水没过茶叶后，改为直流冲水，最后用手腕抖动，使水壶有节奏地三起三落将壶注满，用壶盖刮去壶口水面的浮沫。茶叶在壶中冲泡 3 分钟左右将茶壶中的茶汤低斟入茶杯，绿茶就冲泡好了。

2 盖碗泡法

（1）准备盖碗，数量依照具体情况需要而定，随后清洁盖碗。将盖碗一字排开，把盖掀开，斜搁在碗托右侧，依次向碗中注入开水，少量就可以了，用右手把碗盖稍加倾斜盖在盖碗上，双手持碗身，双手拇指按住盖钮，轻轻旋转盖碗三圈，将洗杯水从盖和碗身之间的缝隙中倒出，放回碗托上，右手再次将碗盖掀开斜搁于碗托右侧，其余盖碗同样方法进行洁具，同样达到洁具和温热茶具的目的。

（2）将干茶依次拨入茶碗中待泡。一般来说，一只普通盖碗大概需要放 2 克的干茶。

（3）将开水冲入碗，水注不可直接落在茶叶上，应在碗的内壁上慢慢冲入，冲水量以七八分满为宜。

（4）冲入水后，将碗盖迅速稍加倾斜，盖在碗上，盖沿与碗沿之间留有一定的空隙，避免将碗中的茶叶闷黄泡熟。

3 玻璃杯泡法

（1）依然是准备茶具和清洁茶具。一般选择无刻花的透明玻璃杯，根据喝茶的人数准备玻璃杯。依次冲入开水，从左侧开始，左手托杯底，右手捏住杯身，轻轻旋转杯身，将杯中的开水依次倒入废水盂，这样既清洁了玻璃杯又可让玻璃杯预热，避免正式冲泡时炸裂。

（2）投茶。因绿茶干茶细嫩易碎，因此从茶叶罐中取茶时，应轻轻拨取轻轻转动茶叶罐，将茶叶倒入茶杯中待泡，有条件的使用茶则更好。

　　茶叶投放秩序也有讲究，有三种方法即上投法、中投法和下投法。上投法：先一次性向茶杯中注足热水，待水温适度时再投放茶叶。此法多适用于细嫩炒青、细嫩烘青等细嫩度极好的绿茶，如特级龙井、黄山毛峰等。此法水温要掌握得非常准确，越是嫩度好的茶叶，水温要求越低，有的茶叶可等待至70℃时再投放。中投法：投放茶叶后，先注入1/3热水，等到茶叶吸足水分，舒展开来后，再注满热水。此法适用于虽细嫩但很松展或很紧实的绿茶，如竹叶青等。下投法：先投放茶叶，然后一次性向茶杯注足热水。此法适用于细嫩度较差的一般绿茶。

（3）水烧开后，等到合适的温度就可冲泡了。拿着水壶冲水时用手腕抖动，使水壶有节奏地三起三落，高冲注水将水高冲入杯，一般冲水入杯至七成满为止，冲泡时间掌握在 15 秒以内。同样注意开水不要直接浇在茶叶上，应打在玻璃杯的内壁上，以避免烫坏茶叶。

嫩茶玻璃杯杯泡，茶壶泡中低档的绿茶。玻璃杯因透明度高所以能一目了然地欣赏到佳茗在整个冲泡过程中的变化，所以适宜冲泡名优绿茶；而中低档的绿茶无论是外形内质还是色香味都都不如嫩茶，如果玻璃杯冲泡，缺点尽现，所以一般选择使用瓷壶或紫砂壶冲泡。

红茶的冲泡方法

世界各国以饮红茶者居多，红茶饮用广泛，其饮法也各有不同。

从红茶的花色品种、调味方式、使用的茶具不同和茶汤浸出方式的不同，有着不同的饮用方法。

1 按红茶的花色品种分，有工夫红茶饮法和快速红茶饮法两种

（1）工夫红茶饮法。

首先，准备茶具。茶壶、盖碗、公道杯、品茗杯等放在茶盘上。其次，烫杯。将开水倒入盖碗中，把水倒入公道杯，再倒入品茗杯中，最后将水倒掉。再次，放茶。最后，泡茶、饮茶。泡茶的水温在 90 ℃ ~ 95 ℃，把茶放入盖碗中。当然冲泡时不要忘记先洗茶。

准备茶具

烫杯的步骤

放茶

泡茶、饮茶

（2）快速红茶饮法。

快速红茶饮法主要对红碎茶、袋泡红茶、速溶红茶和红茶乳晶、奶茶汁等花色来说的。红碎茶是颗粒状的一种红茶，比较小且容易碎，茶叶易溶于水，适合快速泡饮，一般冲泡一次，最多两次，茶汁就很淡了；袋泡红茶一般一杯一袋，饮用更为方便，把开水冲入杯中后，轻轻抖动茶袋，等到茶汁溶出就可以把茶袋扔掉；速溶红茶和红茶乳晶，冲泡比较简单，只需要用开水直接冲就可以，随调随饮，冷热皆宜。

快速红茶

2 按红茶茶汤的调味方式，可分调饮法和清饮法

（1）调饮法。

调饮法主要是冲泡袋泡茶，直接将袋茶放入杯中，用开水冲1～2分钟后，拿出茶袋，留茶汤。品茶时可按照自己的喜好加入糖、牛奶、咖啡、柠檬片等，还可加入各种新鲜水果块或果汁。

（2）清饮法。

清饮法就是在冲泡红茶时不加任何调味品，主要品红茶的滋味。如品饮工夫红茶，

调饮法

清饮法

就是采用清饮法。工夫红茶是条形茶，外形紧细纤秀，内质香高、色艳、味醇。冲泡时可在瓷杯内放入 3 ~ 5 克茶叶，用开水冲泡 5 分钟。品饮时，先闻香，再观色，然后慢慢品味，体会茶趣。

3 按使用的茶具不同，可分为红茶杯饮法和红茶壶饮法

（1）杯饮法。

杯饮法适合工夫红茶和小种红茶、袋泡红茶和速溶红茶，可以将茶放入玻璃杯内，用开水冲泡后品饮。工夫红茶和小种红茶可冲 2 ~ 3 次；袋泡红茶和速溶红茶只能冲泡 1 次。

（2）壶饮法。

壶饮法适合红碎茶和片末红茶，低档红茶也可以用壶饮法。可以将茶叶放入壶中，用开水冲泡后，将壶中茶汤倒入小茶杯中饮用。一般冲泡 2 ~ 3 次，适合多人在一起品饮。

杯饮法

壶饮法

4 按茶汤的浸出方法，可分为红茶冲泡法和红茶煮饮法

（1）冲泡法。

将茶叶放入茶壶中，然后冲入开水，静置几分钟后，等到茶叶内含物溶入水中，就可以品饮了。

（2）煮饮法。

一般是在客人餐前饭后饮红茶时用，特别是少数民族地区，多喜欢用壶煮红茶，如长嘴铜壶等。将茶放入壶中，加入清水煮沸（传统多

冲泡法

煮饮法

用火煮，现代多用电煮），然后冲入预先放好奶、糖的茶杯中，分给大家。也有的桌上放一盆糖、一壶奶，各人根据自己需要随意在茶中加奶、加糖。

红茶红汤红叶，味醇厚。饮用红茶可随各人不同喜好和口味进行调制，喜酸的加柠檬，如果加入牛奶及糖更具有异国风味。

青茶的冲泡方法

青茶既有红茶的甘醇又有绿茶的鲜爽和花茶的芳香，那么，怎样泡饮青茶才能品尝到它纯真独特的香味？青茶的冲泡方法因地方不同冲泡方法又有不同，以安溪、潮州、宜兴等地最为有名。

下面，我们以宜兴的春茶冲泡方法为例，为大家进行具体讲解。

宜兴泡法是融合各地的方法，此法特别讲究水的温度。

（1）将茶荷中的茶叶拨入壶中，加水入壶到满为止，盖上壶盖后立刻将水倒入公道杯中，将公道杯中的水再倒入茶盅中，温热杯子。

洁具温杯的步骤

（2）拿起茶壶，如果壶底有水，应先将壶底部在茶巾上沾一下，拭去壶底的水滴，将茶汤倒入公道杯中。将公道杯的茶汤倒入茶杯中，以七分满为宜。

（3）将壶中的残茶取出，再冲入水将剩余茶渣清出倒入池中。将茶池中的水倒掉。清洗一切用具，以备再用。

冲泡茶的步骤　　　　　　　　　　　清洁茶具

黄茶的冲泡方法

黄茶有黄叶黄汤的品质特点。那么怎么才能冲泡出最优的黄茶呢？冲泡黄茶的具体步骤就特别关键。

1 摆放茶具

将茶杯依次摆好，盖碗、公道杯和茶盅放在茶盘之上，随手泡放于右手边。

2 观赏茶叶

主人用茶匙将茶叶轻轻拨入茶荷后，供来宾欣赏。

观赏茶叶

摆放茶具

3 温热盖碗

用沸水温热盖碗和茶盅，用左手执起随手泡，将沸水注满盖碗，接着右手拿盖碗，将水注入茶盅，最后将茶盅中的水倒入废水盂。

温热盖碗的步骤

4 投放茶叶

用茶匙将茶荷中的茶叶拨入盖碗，投茶量为盖碗的半成左右。

投放茶叶

5 清洗茶叶

左手拿着随手泡，将沸水高冲入盖碗，盖上碗盖，撇去浮沫。然后立即将茶汤注入公道杯中，最后注入茶盅。

清洗茶叶的步骤

6 高冲

执随手泡高冲沸水注入盖碗中，使茶叶在碗中尽情地翻腾。第一泡时间为1分钟，1分钟后，将茶汤注入公道杯中，最后注入茶盅，然后就可以品饮了。

高冲的步骤

除了遵守上述 6 个步骤之外，还需要注意的是第一次冲泡后还可以进行二次冲泡。第二次冲泡的方法与第一次相同，只是冲泡时间要比第一泡增加 15 秒，以此类推，每冲泡一次，冲泡的时间也要相对增加。

黄茶是沤茶，在冲泡的过程中，会产生大量的消化酶，对脾胃最有好处，可以治愈消化不良，食欲不振、懒动肥胖等。同时还具有减肥的功效，纳米黄茶能穿入脂肪细胞，使脂肪细胞在消化酶的作用下恢复代谢功能，将脂肪化除，达到减肥的效果。

白茶的冲泡方法

白茶是一种极具观赏性的特种茶，其冲泡方法与黄茶相似，为了泡出一壶好茶，首先要做冲泡前的准备。

茶具的选择，为了便于观赏，冲泡白茶一般选用透明玻璃杯。同时，还需要准备玻璃冲水壶、观水瓶、竹帘、茶荷等，以及茶叶。

白茶的冲泡过程是怎样的呢？

1 准备茶具和水

将冲泡所用到的茶具一一摆放到台子上，后把沸水倒入玻璃壶中备用。

2 观赏茶叶

双手执盛有茶叶的茶荷，请客人观赏茶叶的颜色与外形。

准备茶具和水　　　　　观赏茶叶

3 温杯

倒入少许开水在茶杯中，双手捧杯，转旋后将水倒掉。如果茶具较多，依次将其他的茶具也都逐个洗净。

温杯的步骤

4 放茶叶

将放在茶荷中的茶叶，向每杯中投入大概 3 克。

5 浸润运摇

提起冲水壶将水沿杯壁冲入杯中，水量约为杯子的四成，为的是能浸润茶叶使其初步展开。然后，右手扶杯子，左手也可托着杯底，将茶杯顺时针方向轻轻转动，使茶叶进一步吸收水分，香气充分发挥，摇香约 30 秒。

放茶叶

浸润运摇

6 冲泡

冲泡时采用回旋注水法，开水温度为 90℃～95℃，先用回转冲泡法按逆时针顺序冲入每碗中水量的三成到四成，后静置 2～3 分钟。

7 品茶

品饮白茶时先闻茶香，再观汤色和杯中上下浮动的玉白透明形似兰花的芽叶，然后小口品饮，茶味鲜爽，回味甘甜。

白茶本身呈白色，经过冲泡，其香气清雅，姿态优美。另外，由于白茶含有丰富的多种氨基酸，其性寒凉，具有退热祛暑解毒之功效，在产区内夏季喝一杯白牡丹茶水，很少会中暑，所以白牡丹是当地茶农夏季必备的饮料之一。

冲泡

品茶

黑茶的冲泡方法

　　黑茶具有双向、多方面的调节功能，所以无论长幼、胖瘦都可饮黑茶，而且还能在饮用黑茶中获益。那么如何才能冲泡出一壶好的黑茶呢？

1 选茶

　　怎样选出品质好的茶叶呢？品质较好的黑茶一般外观条索紧卷、圆直，叶质较嫩，色泽黑润。千万不要饮用劣质茶和受污染的茶叶。

2 选茶具

　　冲泡黑茶宜一般选择粗犷、大气的茶具，以厚壁紫砂壶或祥陶盖碗为主。

3 选水

　　一般选用天然水，如山泉水、江河湖水、井水、雨水、雪水等，泉城人自然用泉水泡茶了。同时，冲泡黑茶，因为每次用茶量比其他茶都要多而且茶叶粗老，一般用100℃的开水冲泡。有时候，为了保持住水温，还要在冲泡前用开水烫热茶具，冲泡后在壶外淋开水。

4 投茶

　　将茶叶从茶荷拨入盖碗中。

5 冲泡

　　冲泡时最好先倒入少量开水，浸没茶叶，再加满至七八成，便可趁热饮用。冲泡时间以茶汤浓度适合饮用者的口味为标准。一般来说，品饮湖南黑茶，冲泡时间适宜短时间，一般大概2分钟，冲泡黑茶的次数可达5～7次，随着冲泡次数的增加，冲泡时间应适当延长。

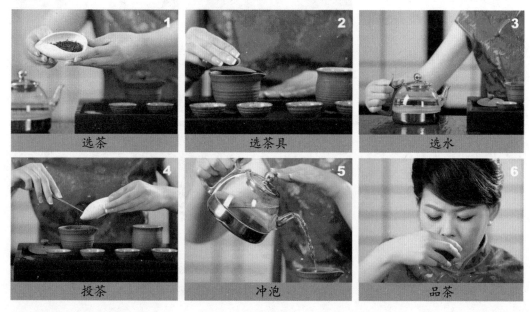

选茶	选茶具	选水
投茶	冲泡	品茶

6 品茶

茶汤入口，稍停片刻，细细感受黑茶的醇度，滚动舌头，使茶汤游过口腔中的每一个部位，浸润所有的味道，体会黑茶的润滑和甘厚，轻咽入喉，领略黑茶的丝丝顺柔，带金花的黑茶还能体会到一股独特的金花的菌香味。

总之，依据不同茶量、泡茶时间和温度，泡出来的茶口感也不同，优质的黑茶经过冲泡，其茶香便随茶汁浸出。

花茶的冲泡方法

品饮花茶，先看茶胚质地，好茶才有适口的茶味，才有好的香气。花茶种类繁多，下面以茉莉花茶为例，介绍一下花茶的冲泡方法。

1 准备茶具

一般选用的是白色的盖碗，如果冲泡高级茉莉花茶，为了提高其艺术欣赏价值，可以采用透明玻璃杯。

准备茶具

2 温热茶具

将盖碗置茶盘上，用沸水高冲茶具、茶托，再将盖浸入盛沸水的茶盏中转动，最后把水倒掉。

温热茶具

3 放入茶叶

用茶拨将茉莉花茶轻轻从茶荷中按需拨入盖碗，根据个人的口味按需增减。

放入茶叶

4 冲泡茶叶

冲泡茉莉花茶时，第一泡应该低注，冲泡壶口紧靠茶杯，直接注于茶叶上，使香味缓缓浸出；第二泡采中斟，壶口不必靠紧茶杯，稍微离开杯口注入沸水，使茶水交融；第三泡采用高冲，壶口离茶杯口稍远一些冲入沸水，使茶叶翻滚，茶汤回荡，花香飘溢。一般冲水至八分满为止，冲后立即加盖，以保茶香。

5 闻茶香

茶经过冲泡静置少许片刻，即可提起茶盏，揭开杯盖一侧，用鼻子闻其香气，会顿时觉得芬芳扑鼻而来，也可以凑着香气深呼吸，以充分领略香气对人的愉悦之感。

6 品饮

经闻茶香后，等到茶汤稍微凉一些，小口喝入，并将茶汤在口中稍事停留，以口吸气、鼻呼气相配合的动作，使茶汤在舌面上往返流动几次，充分与味蕾接触，品尝茶叶和香气后再咽下。

冲泡茶叶

闻茶香

品饮

花茶是我国特有的香型茶，花茶经过冲泡，使其鲜花的纯情馥郁之气慢慢通过茶汁浸出，从而品饮花茶的爽口浓醇的味道。

第五章 不同茶具冲泡方法

　　泡茶的器具多种多样，有玻璃杯、紫砂壶、盖碗、飘逸杯、小壶、陶壶等等。虽说泡茶的过程和方法大同小异，但却因不同的茶具有着不同的方法。本章主要从不同茶具入手，详细地介绍各自的特点及冲泡手法，希望大家面对不同茶具时，都能冲泡出好茶来。

玻璃杯泡法

准备茶具

　　人们开始用吹制的办法生产玻璃器物，最早可以追溯到公元1世纪。玻璃在几千年的人类历史中自稀有之物发展成为日常生活不可或缺的实用品，走过了漫长的道路。19世纪末，玻璃终于成为可用压、吹、拉等方法成形，用研磨、雕刻、腐蚀等工艺进行大规模生产的普通制品。

　　玻璃杯冲泡法可以冲泡我国所有的绿茶、白茶、黄茶以及花茶等，现在我们以冲泡绿茶为例，介绍玻璃杯的冲泡方法。比较正式的场合，冲泡过程是有主泡和助泡两人共同完成的。

1 准备茶具

双手将茶样罐拿出放在中盘前方，然后把茶巾盘放在盘后面靠右的地方，而茶荷和茶匙取出放在盘后面靠左的地方。

2 观赏茶叶

轻轻开启茶样罐，用茶匙拨出少许茶样在茶荷中，主人端着茶荷给来宾欣赏。

观赏茶叶

3 放入茶叶

这时将茶罐打开，用茶匙先将茶叶拨入茶荷中，少许即可，大概每杯2克的量，后将茶荷中的茶样拨入茶杯中。

放入茶叶

4 浸润泡

双手将茶巾盘中的茶巾拿起，放在左手手指部位。右手提随手泡，注意不宜将沸水直接注入杯中，开水稍微放凉一会儿，开水温度约80℃即可，左手手指垫茶巾处托住壶底，右手手腕回转使壶嘴的水沿杯壁冲入杯中，水量为杯容量的三到四成，使茶叶吸水膨胀，便于内含物析出，大概浸润20 ~ 60秒。

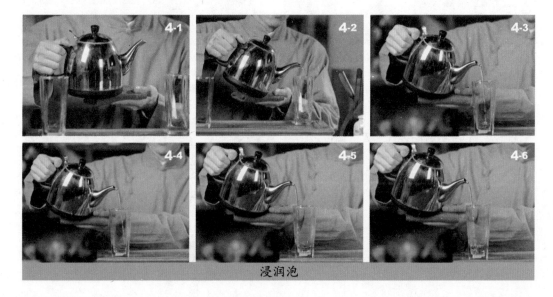

浸润泡

5 冲泡茶叶

提壶注水，用"凤凰三点头"的方法冲水入杯中，不宜太满，至杯子总容量的七成左右即可。经过三次高冲低斟，使杯内茶叶上下翻动，杯中上下茶汤浓度均匀。

冲泡茶叶

6 奉茶

通常，主人把茶杯放在茶盘上，用茶盘把刚沏好的茶奉到客人的面前就可以了。

奉茶

7 闻香气

客人接过茶用鼻闻其香气，还可凑着香气深呼吸，以充分领略香气给人的愉悦之感。

闻香气

8 品饮

经闻香后，等到茶汤稍凉适口时，小口喝入，不要立即咽下，让茶汤在口中稍事停留，以口吸气、鼻呼气相配合的动作，使茶汤在舌面上往返数次，充分与味蕾接触，品尝茶叶和香气后再咽下。

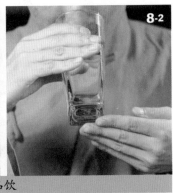

品饮

9 欣赏茶

通过透明的玻璃杯，在品其香气和滋味的同时可欣赏其在杯中优美的舞姿，或上下沉浮、翩翩起舞；或如春笋出土、银枪林立；或如菊花绽放，令人心旷神怡。

10 收拾茶具

奉茶完毕，主泡仍领头走上泡茶台，将桌上泡茶用具全收至大盘中，由助泡端盘，共行鞠躬礼，退至后场。

玻璃杯由于其独特的造型，加之其是透明的，通过透明的玻璃杯，茶经过冲泡的各种优美的姿态，通过玻璃杯便一目了然，客人在品饮茶的同时，又欣赏到茶的优美舞姿，愉悦身心。

欣赏茶

紫砂壶泡法

中国的茶文化起始于唐朝，但紫砂壶人们在宋代才开始使用，历史上在明代开始有了关于紫砂壶的记载。紫砂是一种多孔性材质，气孔微细，密度高。用紫砂壶沏茶，不失原味，且香不涣散，得茶之真香真味。那么，紫砂壶泡茶方法是怎么样的呢？

1 温壶温杯

用开水烧烫茶壶内外和茶杯，既可清洁茶壶去紫砂壶的霉味，又可温暖茶壶醒味。

温壶温杯

2 投入茶叶

观察干茶的外形，闻干茶香，选好茶后用茶匙取出茶叶，根据客人的喜好，大约取茶壶容量的 1/5 ～ 1/2 的茶叶，投入茶壶。

投入茶叶

3 温润泡

投入茶叶之后，把开水冲入壶中，然后马上将水倒出。如果茶汤上面有泡沫，可注入开水至近乎满泻，然后再用壶盖轻轻刮去浮在茶汤面上的泡沫。清洗了茶叶又温热了茶壶，茶叶在吸收一定水分后舒展开。

温润泡

4 冲泡茶

将沸水再次冲入壶中，倒水过程中，高冲入壶，向客人示敬。水要高出壶口，用壶盖拂去茶末儿。

5 封壶

盖上壶盖，用沸水遍浇壶外全身，稍等片刻。

冲泡茶

封壶

6 分杯

用茶夹将闻香杯和品茗杯分开，放在茶托上。将壶中茶汤倒入公道杯，使每个人都能品到色、香、味一致的茶。

分杯

分壶

7 分壶

将茶汤分别倒入闻香杯，茶斟七分满即可。

8 奉茶

主人给客人奉茶。

9 闻香

将茶汤倒入闻香杯，轻嗅闻香杯中的余香。

奉茶

闻香

10 品茗

取品茗杯，分三口轻啜慢饮。

品茗

这是第一泡，一般来说，冲泡不同的茶水温也不一样。用紫砂壶冲泡绿茶时，注入水温在80℃为宜；泡红茶、乌龙茶和普洱茶时，水温保持在90℃～100℃为宜。第二泡、第三泡及其后每一泡，冲泡的时间都要依次适当延长。

此外，还需要注意的是泡完茶后一定要将茶叶从壶中清出，再用开水烧烫。最后取出壶盖，壶底朝天，壶口朝地自然风干，主要是让紫砂壶彻底干爽，不至于发霉；同时紫砂壶每次用完都要风干，为防止壶口被磨损，也可在其上铺上一层吸水性较好的棉布。

紫砂壶透气性能好，用它泡茶不容易变味。如果长时间不用，只要用时先注满沸水，立刻倒掉，再加入冷水中冲洗，泡茶仍是原来的味道。同时紫砂壶冷热急变性能好，寒冬腊月，壶内注入沸水，绝对不会因温度突变而胀裂。就是因为砂质传热比较慢，泡茶后握持不会炙手。不但如此，紫砂壶还可以放在文火上烹烧加温，也不会因受火而裂。

盖碗泡茶法

盖碗是一种上有盖、下有托、中有碗的茶具，茶碗上大下小，盖可入碗内，茶船作底承托。喝茶时盖不易滑落，有茶船为托又可避免烫到手。下面介绍一下花茶用盖碗泡茶的方法。

1 准备茶具

根据客人的人数，将几套盖碗摆在茶盘中心位置，盖与碗内壁留出一小隙，盖碗右下方放茶巾盘，茶盘内左上方摆放茶筒，废水盂放在茶盘内右上方，开水壶放在茶盘内右下方。

准备茶具

2 温壶

注入少许开水入壶中，温热壶。将温壶的水倒入废水盂，再注入刚沸腾的开水。

温壶

3 温盖碗

用壶冲水至盖碗总容量的 1/3，盖上盖，稍等片刻，打开盖，左手顺时针、右手逆时针回转一圈，将碗盖按抛物线轨迹放在托碟左侧，倒掉盖碗中的水，然后将盖碗放在原来的位置。依此方法——温热盖碗。

温盖碗

4 置茶

用茶匙从茶样罐中取茶叶直接投放盖碗中，通常 150 毫升容量的盖碗投茶 2 克。

置茶

5 冲泡

用单手或双手回旋冲泡法，依次向盖碗内注入约容量 1/4 的开水；再用"凤凰三点头"手法，依次向盖碗内注水至七分满。如果茶叶类似珍珠形状不易展开的，应在回旋冲泡后加盖，用摇香手法令茶叶充分吸水浸润；然后揭盖，再用"凤凰三点头"手法注开水。

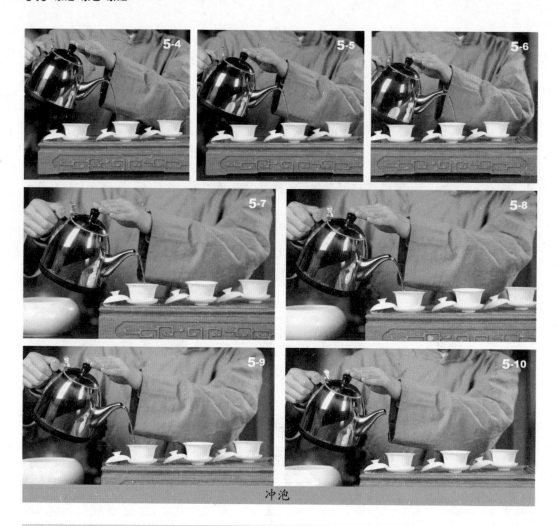

冲泡

6 闻香、赏茶

双手连托端起盖碗，摆放在左手前四指部位，右手腕向内一转搭放在盖碗上，用大拇指、食指及中指拿住盖钮，向右下方轻按，使碗盖左侧盖沿部分浸入茶汤中；再向左下方轻按，令碗盖左侧盖沿部分浸入茶汤中；右手顺势揭开碗盖，将碗盖内侧朝向自己，凑近鼻端左右平移，嗅闻茶香；用盖子撇去茶汤表面浮叶，边撇边观赏汤色；后将碗盖左低右高斜盖在碗上。

闻香、赏茶

7 奉茶

双手连托端起盖碗，将泡好的茶依次敬给来宾，请客人喝茶。

奉茶

8 品饮

轻轻将盖子揭开，小口喝入，细细品，边喝边用茶盖在水面轻轻刮一刮，不至于喝到茶叶。

品饮

9 续水

盖碗茶一般续水一至两次，泡茶者用左手大拇指、食指、中指拿住碗盖提钮，将碗盖提起并斜挡在盖碗左侧，右手提开水壶高冲低斟向盖碗内注水。

续水

10 洁具

冲泡完毕，盖碗中逐个注入开水——清洁，清洁后将所有茶具收放原位。

喝盖碗茶的妙处就在于，碗盖使香气凝集，揭开碗盖，茶香四溢并用盖赶浮叶，不使沾唇，便于品饮，经过用茶盖在水面轻轻刮一刮，使整碗茶水上下翻转，轻刮则淡，反之则浓。

洁具

飘逸杯泡法

飘逸杯，也称茶道杯，用飘逸杯泡茶不需要水盘、公道杯等，只需要一个杯子即可，自然相比盖碗少了许多品茶的感觉，但它的出水方式和紫砂壶和盖碗都不一样，虽然简单，但其泡茶方法也是有讲究的。

1 烫杯洗杯

飘逸杯与其他茶具不同，它有内胆、大外杯和盖子，所以烫杯的时候这三者都要用开水好好烫一遍。特别是放着长时间没用过的飘逸杯，在泡茶之前一定要烫洗干净，开水放进去稍等一两分钟，保证没有异味了，还有内胆有没有破洞，控制出水杆的下压键是否灵活好用，各个部件都检查完毕，清洗干净，就可以把烫杯用的水倒掉。将干净的杯子放置在茶帘上。

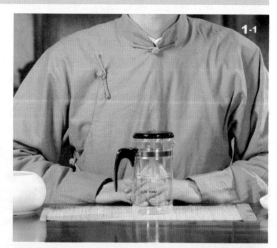

烫杯洗杯

2 放茶叶

放茶叶的量根据个人口味来定，想喝浓点的就多放点茶叶，想喝淡点的就少放点。如果着急喝，也可以多放茶叶，这样就可以快速出汤。

放茶叶

3 洗茶

根据生茶和老茶的不同，洗茶步骤也有不同。喝生茶时洗茶步骤相对简单，开水冲入杯中，让茶叶充分冲泡，然后倒掉水就可以了。如果喝老茶，洗茶的过程要稍微麻烦一些，老茶放置时间比较长，容易有灰尘。洗茶时，注水的力度相对要大、要猛，出水要快，注满沸水，要立即按开出水杆，倒掉洗茶水。飘逸杯出水的过程跟其他茶具不同，它是由上而下，所以出水速度要快，如果速度慢了的话，原来被激起的一些杂质会再次附着在茶叶上，达不到洗茶的目的。

洗茶

4 冲泡茶

洗茶后闻一下内胆里的茶叶，感觉茶已经完全洗净，就可以进行冲泡茶了。冲泡的时候注水不要太猛，要相对轻柔一点，以保证茶汤的匀净。然后茶叶经过冲泡出汤，按下出

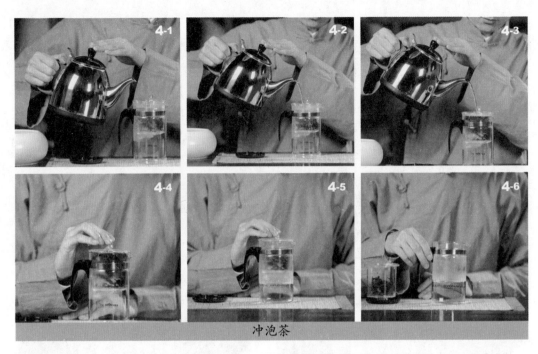

冲泡茶

水杆的按钮，等到茶汤完全漏入杯中即可。用飘逸杯泡茶需要出汤速度快，而且要出尽。

5 品茶

如果是在办公室自己喝茶，出汤之后，直接拿着杯子喝即可；如果多人喝茶，需要准备几个小杯子，把飘逸杯中的茶汤倒入小杯中就好了。慢慢品尝，闻茶香品茶味。

品茶

　　用飘逸杯泡茶，由于其步骤相对简单，同一杯组可同时泡茶、饮茶，不必另备茶海、杯子、滤网等。泡茶速度快，适合居家待客，可同时招待十余位朋友，不会有冲泡不及之尴尬，同时还可以办公室自用，可将外杯当饮用杯使用。清杯也比较容易，掏茶渣也很简单，只要打开盖子把内杯向下倾倒，茶渣就掉出来，再倒进清水摇一摇，再倒出来即清洁。

小壶泡茶法

小壶由于也是用紫砂做的，其泡茶方法与普通的紫砂壶有相似的地方，又有不同，下面就介绍小壶详细的泡茶方法。

1 备具、备茶和备水

首先选一把精巧的小壶，茶杯的个数与客人的人数相对应，此外还要准备泡茶的茶杯、茶盅以及所需要的置茶器、理茶器、涤洁器等相关用具。

准备茶叶，取出泡茶所需茶叶放入茶荷。准备开水，如果现场烧煮开水，则准备泡茶用水与煮水器；如果开水已经烧好了，倒入保温瓶中备用。

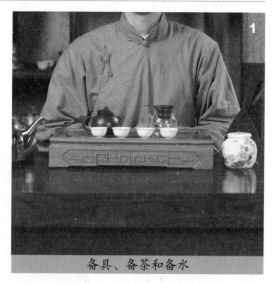

备具、备茶和备水

2 冲泡前的准备

（1）温茶壶，用开水烧烫小壶和公道杯，清洗茶具同时提高小壶和公道杯的温度，为温润泡做好准备。

冲泡前的准备

（2）取茶，通过赏茶来观察干茶的外形，欣赏取出茶，根据人数决定取茶的分量。

取茶

（3）放茶，茶叶放进壶中后，盖上壶盖。然后用双手捧着壶，连续轻轻地前后摇晃3～5下，以促进茶香散发，并使开泡后茶的内质易于释放出来。

放茶

（4）温润泡，把开水注入壶中，直到水满溢为止。这时用茶桨拨去水面表层的泡沫，盖上壶盖，茶叶在吸收一定水分后即会呈现舒展状态。将温润泡的茶水倒入茶盅，将茶盅温热。

温润泡

（5）烫杯，将温盅水倒入茶杯中温热，取出放在茶盘中。将小壶放在茶巾上吸取壶底水分。

烫杯

3 冲泡

第一泡，将适温的热水冲入小壶，盖上壶盖，大概 1 分钟。将茶汤倒入公道杯中。

冲泡

4 奉茶、品茶

主人双手端茶给客人，客人细细品茶，品茶时先闻茶香，再啜饮茶汤，先含在口中品尝味道，然后慢慢咽下感受滋味变化。

第二泡泡茶时间要多上 15 秒，接着第三泡、第四泡泡茶时间依次增加，一般能泡2 ~ 4 次。

喝完茶，主人要用茶匙掏去茶味已淡的茶渣，并把茶具一一清洗干净，然后将所有茶具放到原来的位置。

奉茶、品茶

　　小壶由于体积比较小，根据不同的茶叶外形、松紧度，放茶量也有不同，非常膨松的茶，如清茶、白毫乌龙等，放七、八分满；较紧结的茶，如揉成球状的安溪铁观音、纤细紧结的绿茶等，放1/4壶；非常密实的茶，如片状的龙井、针状的工夫红茶等，放1/5壶。

玻璃壶泡法

　　玻璃茶壶与铝、搪瓷和不锈钢等茶具相比，其本身不含金属氧化物，可免除铝、铅等金属对人体造成的危害。玻璃茶壶制品长期使用不脱片不发乌，具有很强的机械强度和良好的耐热冲击性。其最适宜冲泡红茶，也可以用开水冲泡绿茶和花茶，同时也可冲泡咖啡、牛奶等饮料。

1 温壶
将沸水冲入壶中，温热壶的同时清洗茶壶，同时清洗壶盖和内胆。

温壶

2 温杯
用壶中的水温烫品茗杯，在用茶夹夹住品茗杯温烫完毕之后，将温烫品茗杯的水倒入废水盂中。

温杯

3 欣赏干茶
由茶罐直接将茶倒入茶荷，由主人奉至客人面前，以供其观看茶叶形状，闻取茶香。

4 放入茶叶
将茶荷中的茶叶投入壶的内胆中，茶量依据客人的人数而定。

欣赏干茶　　　　放入茶叶

5 冲泡

提壶高冲入壶中，激发茶性，使干茶充分吸收水分，茶的色、香、味都会挥发出来。可以用手轻轻摇动内胆几次，让茶叶充分冲泡，茶汤均匀地出来。

6 分茶

将玻璃壶的内胆取出来，放在一旁的茶盘中。摆好品茗杯，将壶中的茶汤分别倒入品茗杯中，不宜太满，倒至杯子的七分满为宜。

冲泡　　　　　　　　　　　　　　分茶

7 品饮

先闻茶香，然后小口品饮，停留口中片刻，细饮慢品，充分体会茶的真味。

完成上述步骤之后，最后还需要将内胆中的茶叶倒掉，再用开水把壶及品茗杯清洗干净，放回原位。

玻璃壶相对紫砂壶等茶

品饮

具，其清洗特别方便，可以直接将内胆取出，茶叶倒掉，手还可直接伸入壶的内部，很容易清洗干净。由于其全透明玻璃材质，晶莹透明，配合细致的手工技术，使得玻璃茶壶流露出动人的光彩，非常吸引人，不但非常实用，还会被很多人作为礼物赠送亲友。

瓷壶泡法

瓷壶最初没有固定的形状，大约出现在早期的新石器时代，直到两晋时出现的鸡首、羊首壶首开一侧有流，一侧安执手的型制，才为壶这种器物最终定型，并一直沿用到现在。那么，用瓷壶泡茶的方法是怎样的呢？

1 温烫瓷壶

将沸水冲入壶中，水量三分满即可，温壶的同时也清洗了茶壶。

温烫瓷壶

2 温烫公道杯和品茗杯

为了做到资源的不浪费，温瓷壶的开水不要倒掉，直接倒入公道杯，温烫公道杯，再将公道杯的水倒到品茗杯中，温烫清洗品茗杯，之后把水倒掉。

温烫公道杯和品茗杯

3 投入茶叶

将茶荷中备好的茶叶轻轻放入壶中。

投入茶叶

4 温润泡

将沸水冲入壶中，静置几秒钟，干茶经过水分的浸润，叶子慢慢舒展开，温润茶叶。最后，倒掉水。

温润泡

5 正式冲泡

将沸水冲入壶中，冲泡茶叶。等到茶汤慢慢浸出，将冲泡好的茶汤倒入公道杯中。

正式冲泡

6 分茶饮茶

将公道杯中的茶汤均匀地分入品茗杯中，七八分满即可。端起品茗杯轻轻闻其香气，然后小口慢喝，品饮茶的味道。

分茶饮茶

7 清洗瓷壶

泡过茶以后，瓷壶的内壁上就会有茶垢，如果不去掉，时间长了，越积越厚，颜色也变黑十分难看，还容易有异味，所以用完瓷壶要立即清洗，取出叶底，最后轻轻松松洗掉内壁的茶垢。

瓷壶不但外形好看，好多茶都可以用瓷壶来泡，而且其适应性比较强，不管绿茶、红茶、普洱还是铁观音，泡过一种茶之后，立即擦洗干净就可直接泡其他种类的茶，还不会串味。

清洗瓷壶

陶壶泡法

陶壶一般是灰白色泥质做的陶，外表装饰褐色的陶衣，由于其本身就有很多的毛细孔，不是任何茶都适于用陶壶冲泡。陶壶最适宜泡半发酵茶，比如乌龙茶、武夷茶、清茶、铁观音或水仙。经过陶壶冲泡，其特殊的香气自然溢出，泡出来的茶也会更香，而且陶壶体积较小，泡茶的技巧特别关键，特别是温度的保持。

1 备具

准备好冲泡所需的茶具。

2 温烫陶壶

冲沸水入壶，温烫陶壶，洁净壶。

3 温烫品茗杯

再将陶壶中的水倒入品茗杯，温烫品茗杯。用手转动杯子，使水充分接触杯子，温烫杯子的每一个部位。

4 倒水入废水盂

温烫壶和品茗杯后，

备具

温烫陶壶

温烫品茗杯

倒水入废水盂

将温烫品茗杯的水倒入废水盂。

5 观赏茶

将准备好的茶叶放入茶荷中，进行赏茶。

6 置茶

将选好的茶叶用茶拨从茶荷中轻轻拨入壶中。

观赏茶

置茶

7 冲泡

冲泡前可以先温润壶，即提起开水壶冲水入陶壶中直至溢出，唤醒茶叶，使茶叶充分冲泡，迅速舒展开，将温润茶的水倒入茶盘。第一泡茶冲水，开水不要直接对准茶叶，沿壶沿慢慢注入。静置 1 ~ 2 分钟，等到茶汤充分冲泡出，将壶中的茶汤倒入公道杯中。

冲泡

8 分茶

将公道杯中的茶汤分别分入品茗杯中至杯的七分满。

9 奉茶

将分好的茶汤奉给客人。

10 品茗

观其茶汤颜色，品茶分三口饮。

分茶

奉茶

品茗

杯子与茶汤间的关系

喝茶会用到各种各样的杯子，而用不同的杯子泡出的茶的茶汤也会有不同，杯子和茶汤是分不开的。杯子与茶汤这种密不可分的关系主要体现在以下三个方面：杯子深度、杯子形状和杯子颜色。

杯子深度。杯子的深度影响茶汤的颜色，为了让客人能正确判断茶汤的颜色，一般来说，小形杯子的最适合容水深度为25厘米，并且杯底有足够的面积在2.5厘米的深度上，如果是斜度很大的盏形杯，杯底的面积变得很小，虽然杯子的深度已达标准，但由于底部太小，显现不出茶汤应有的颜色。如果是外形较大的杯子，其茶汤颜色比小形杯相对好分辨一些，但也要注意容水深度。

杯子形状。杯子的形状有鼓形、直筒形和盏形等。如果杯子是缩口的鼓形，就需要举起杯子，倾斜很大的角度，喝茶时必须仰起头才能将茶喝光；如果是直筒形的杯子，就必须倾斜至水平以上角度，才能将茶全部倒光；如果是敞口、缩底的盏形杯子，就比较容易喝，只需要稍微倾斜一下，就可以将茶汤全部喝光。

杯子颜色。杯色影响茶汤颜色，主要是指杯子内侧的颜色。若是深颜色杯子，如紫砂和朱泥的本色，茶汤的真正颜色是无法显现出来的，这时就没办法欣赏到茶汤真正的颜色。相对来说，白色最容易显现茶汤的色泽，但必须"纯白"才能正确地显现茶汤的颜色，如果是偏青的白色又叫"月白"，则茶汤看来就会偏绿；如果是偏黄的又叫"牙白"，则茶汤看起来会偏红。同时也可以利用这种误差来加强特定茶汤的视觉效果，如用月白的杯子装绿茶，茶汤会显得更绿；用牙白的杯子装红茶，茶汤会显得更红。所以如果想欣赏到真正的茶汤颜色，用透明的杯子是最好的。

所以说，冲泡茶前准备茶具的过程也是相当重要的，其会直接影响到茶的欣赏和品饮。

冲泡器质地与茶汤的关系

我们说冲泡茶的茶具有很多种，这么多种茶具其质地也有不同，如有紫砂、玻璃、陶瓷、金属等等，用不同质地的茶具冲泡出的茶汤也会有不一样的味道。

1 选用冲泡器的材质

如果你冲泡的茶是属于比较清新的，例如台湾的包种茶，你就要选择散热速度较快的冲泡器，如玻璃杯、玻璃壶等；如果你冲泡比较浓郁的茶，如祁门红茶等，就要选择散热速度比较慢的冲泡器，如紫砂壶、陶壶等。

2 冲泡器的质量

冲泡器的质量直接影响茶的口感。比如我们上面提到的紫砂壶、陶壶、玻璃壶、瓷壶等，这些茶具所用材料的稳定性必须高，最重要的不能有其他成分释出在茶汤之中，尤其是有毒的元素。同时还包括茶具材料的气味，质量好的茶具所用材料会增加茶叶本身的香气，有助于茶汤香味的释放，如果不好的材料，不但不会增加茶香还会直接干扰茶汤的品饮。

3 冲泡器材质的传热速度

一般来说传热速度快的壶，泡起茶来，香味比较清扬；传热速度慢的壶，泡起茶来，香味比较低沉。如果所泡的茶，希望让它表现得比较清扬，换种说法说，这种茶的风格是属于比较清扬的，如绿茶、清茶、香片、白毫乌龙、红茶，那就用密度较高、传热速度快的壶来冲泡，如瓷壶。如果所泡的茶，希望让它表现得比较低沉，或者说，这种茶的风格是属于比较低沉的，如铁观音、水仙、佛手、普

冲泡器质地与茶汤有一定关系

洱，那就用密度较低、传热速度慢的壶来冲泡，如陶壶。

4 调搅器的材质

调搅器的材质不会直接影响茶汤的质量与风格，同时散热速度慢的调搅器更有助于搅击的效果。所以打抹茶的茶碗，自古一直强调碗身要厚，甚至有人故意将碗身的烧结程度降低，求其传热速度慢，然后内外上釉以避免高吸水性。

金属器里的银壶是很好的泡茶用具，密度、传热比瓷壶还要好。用银壶冲泡清茶是最合适不过的。因为清茶最重清扬的特性，而且香气的表现决定品质的优劣，用银壶冲泡会把清茶的优点淋漓尽致地表现出来。这就是我们说冲泡器的材料直接影响茶汤的风格，同样的茶叶，为什么有的高频、有的低频，这就是冲泡器材质密度及传热速度的缘故。

第六章　茶的品饮

　　品茶可分为 4 个要素，分别是：观茶色、闻茶香、品茶味、悟茶韵。这 4 个要素使人分别从茶汤的色、香、味、韵中得到审美的愉悦，将其作为一种精神上的享受，更视为一种艺术追求。不同的茶类会形成不同的颜色、香气、味道以及茶韵，要细细品啜，徐徐体察，从不同的角度感悟茶带给我们的美感。

观茶色

　　观茶色即观察茶汤的色泽和茶叶的形态，以下的哲理故事与其有一定的关联：相传，闲居士与老禅师是朋友。一次，老禅师请闲居士喝普洱茶。闲居士接过茶杯正要喝时，老禅师问他："佛家有言，色即是空，空即是色，你看这杯茶汤是什么颜色的？"闲居士以为老禅师在考他的领悟能力，于是微笑着回答："是空色的。"老禅师又问："既然是空色的，又哪来颜色？"闲居士一听完全不知道怎么回答，便请教老禅师。老禅师心平气和地回答道："你没有看见它是深红色的吗？"闲居士听完之后，对其中的深意忽然顿悟。

　　故事中两人喝的普洱茶，它所呈现的茶汤颜色是深红色的，而每类茶都有着不同的色泽，我们可以分别从茶汤和形态两方面品鉴一下：

1 茶汤的色泽

　　冲泡之后，茶叶由于冲泡在水中，几乎恢复到了自然状态。茶汤随着茶叶内含物质的渗出，也由浅转深，晶莹澄清。而几泡之后，汤色又由深变浅。各类茶叶各具特色，不同的茶类又会形成不同的颜色。有的黄绿，有的橙黄，有的浅红，有的暗红等。同一种茶叶，由于使用不同的茶具和冲泡用水，茶汤也会出现色泽上的差异。

　　观察茶汤的色泽，主要是看茶汤是否清澈鲜艳、色彩明亮，并具有该品种应有的色彩。茶叶本身的品质好，色泽自然好，而泡出来的汤色也十分漂亮。但有些茶叶因为存放不善，泡出的茶不但有霉腐的味道，而且茶汤也会变色。

　　除此之外，影响茶汤颜色的因素还有许多，例如用硬水泡茶，有石灰涩味，茶汤色泽也混浊。假若用来泡茶的自来水带铁锈，茶汤便带有铁腥味，茶汤也可能变得黯沉淤黑。

　　以下介绍几类优质茶的茶汤颜色特点：

　　（1）绿茶。绿茶由于制作时以高温杀青，因此叶绿素使茶叶保持翠绿的色泽。按叶片的色泽来说，可分深绿色、黄绿色，而茶叶愈嫩，叶绿素深绿色的含量愈少，便呈黄绿色。这也是龙井茶的色泽称为"炒米黄"的原因所在。而毛峰茶

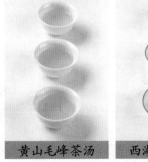

黄山毛峰茶汤　　　　西湖龙井茶汤

冲泡之后，茶汤都应是清澈浅绿，高级烘青冲泡之后，茶汤却显深绿，我们完全可以由茶汤的这个特点来判断绿茶品质的好坏。

（2）普洱茶。普洱茶因制作工艺不同，茶汤所呈现的色泽也略有不同，常见的滋味醇和的汤色有以下几种：茶汤颜色呈现红而暗的色泽，略显黑色，欠亮；茶汤颜色红中透着紫黑，均匀且明亮，有鲜活感；茶汤颜色黑中带紫，红且明亮，有鲜活感；茶汤呈现暗黑色，有鲜活感等等。这几种汤色都算得上优品普洱茶的表现。

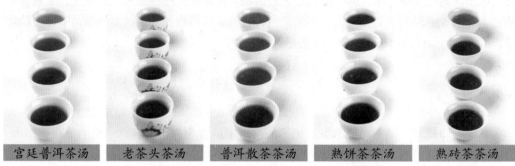

| 宫廷普洱茶汤 | 老茶头茶汤 | 普洱散茶茶汤 | 熟饼茶茶汤 | 熟砖茶茶汤 |

（3）工夫茶。工夫茶往往观茶色也可以辨"功夫"。4～5泡的茶色浓而不红，淡而不黄，即在橙红与橙黄之间时，应有鲜亮的感觉，这样的汤色可谓工夫茶中的上品。

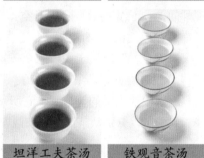

| 坦洋工夫茶汤 | 铁观音茶汤 |

2 茶叶的形态

观察茶叶的形态主要分为观察干茶的外观形状以及冲泡之后的叶底两部分。

（1）干茶的外观。每类茶叶的外观都有其各自的特点，观察干茶的外观、色泽、质地、均匀度、紧结度、有无显毫等。

一般说来，新茶色泽都比较清新悦目，或嫩绿或墨绿。炒青茶色泽灰绿，略带光泽；绿茶以颜色翠碧，鲜润活气为好，特别是一些名优绿茶，嫩度高，加工考究，芽叶成朵，在碧绿的茶汤中徐徐伸展，亭亭玉立，婀娜多姿，令人赏心悦目。

如果干茶叶色泽发枯发暗发褐，表明茶叶内质有不同程度的氧化；如果茶叶片上有明

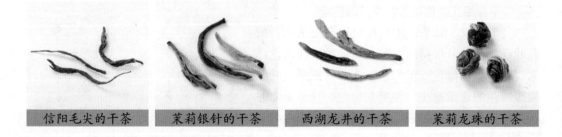

| 信阳毛尖的干茶 | 茉莉银针的干茶 | 西湖龙井的干茶 | 茉莉龙珠的干茶 |

显黑色或深酱色斑点或叶边缘为焦边，也说明不是好茶；如果茶叶色泽花杂，颜色深浅反差较大，说明茶叶中夹有黄片，老叶甚至有陈茶，这样的茶也谈不上是好茶。

（2）看叶底。看叶底即观看冲泡后充分展开的叶片或叶芽是否细嫩、匀齐、完整，有无花杂、焦斑、红筋、红梗等现象，乌龙茶还要看其是否具有"绿叶红镶边"。

| 安吉白茶 | 女儿环 | 祁门红茶 | 黄金桂的叶底 |

茶叶随陈化期时间增长，叶底颜色由新鲜翠绿转橙红鲜艳。生茶的茶叶是由新鲜翠绿，随着空气中的水分来氧化发酵，进而转嫩软红亮。反之若是在潮湿不通风的仓储环境陈化，在半世纪或一百年也没有多大效益，因为茶的发酵将彻底失去意义，叶面将是暗黑无弹性感。

以上两种即观茶色的重点，也是大家对茶叶最初的印象，不过有时候茶叶的色泽会经过处理，这就需要我们仔细品鉴，并从其他几要素中综合考虑茶叶的品质。

闻茶香

观茶色之后，我们就需要嗅闻茶汤散发出的香气了。闻茶香主要包括3个方面，即干闻、热闻和冷闻。

1 干闻

干闻即闻干茶的香味。一般来说，好茶的茶香格外明显。如新绿茶闻之有悦鼻高爽的香气，其香气有清香型、浓香型、甜香型；质量越高的茶叶，香味越浓郁扑鼻。口嚼或冲泡，绿茶发甜香为上，如闻不到茶香或是香气淡薄或有一股陈气味，例如闻到一股青涩气、粗老气、焦烟气则是劣质的茶叶。

2 热闻

热闻即冲泡茶叶之后，闻其中茶的香味。泡成茶汤后，不同的茶叶具有各自不同的香

| 干闻 | 热闻 | 冷闻 |

气，会出现清香、板栗香、果香、花香、陈香等，仔细辨认，趣味无穷，而每种香型又分为馥郁、清高、鲜灵、幽雅、纯正、清淡、平和等多种。

3 冷闻

当茶器中的茶汤温度降低后，我们可以闻一闻茶盖或杯底的留香，这个过程即冷闻，而此时闻到的香气与高温时亦不同。因为温度很高时，茶叶中的有些独特的味道可能被芳香物质大量挥发而掩盖，但此时不同，由于温度较低，那些曾经被掩盖的味道趁这个时候会逐渐散发出来。

在精致透明的玻璃杯中加少许的茶叶，在沸水冲泡的瞬间，让迷蒙着的茶香清奇袅袅地腾起，来得快，去得急。深深地吸一口气，那香气已经深深地吸入肺腑，茶香混合着热气屡屡沁出，又是一番闻香的享受。

品茶味

闻香之后，我们用拇指和食指握住品茗杯的杯沿，中指托着杯底，分3次将茶水细细品啜，这就是品茶的第三个要素——品茶味。

清代大才子袁枚曾说过："品茶应含英咀华，并徐徐咀嚼而体贴之。"这句话的意思就是，品茶时，应该将茶汤含在口中，像含着一片花瓣一样慢慢咀嚼，细细品味，吞下去时还要注意感受茶汤经过喉咙时是否爽滑。这正是教我们品茶的步骤，也特别强调了一个词语：徐徐。

茶汤入口时，可能有或浓或淡的苦涩味，但这并不需要担心，因为茶味总是先苦后甜。茶汤入口后，也不要立即下咽，而要在口腔中停留，使之在舌头的各部

品茶

位打转。舌头各部位的味蕾对不同滋味的感觉是不一样的，如舌尖易感觉酸味，舌对鲜味最敏感，近舌根部位易辨别苦味。让茶汤在口腔中流动，与舌根、舌面、舌侧、舌端的味蕾充分接触，品尝茶的味道是浓烈、鲜爽、甜爽、醇厚、醇和还是苦涩、淡薄或生涩，让舌头充分感受到茶汤的甜、酸、鲜、苦、涩等味，这样才能真正品尝到茶汤的美妙滋味。最后咽下之后，不久就口里回甘，韵味无穷。一系列的动作皆验证了"徐徐"二字，细细品尝，慢慢享受。

一般来说，品茶品的是五感，即调动人体的所有感觉器官用心去品味茶，欣赏茶。这物品分别是眼品、鼻品、耳品、口品、心品。眼品就是用眼睛观察茶的外观形状、汤色等，即观茶色的部分；鼻品就是用鼻子闻茶香，也就是闻茶香的部分；耳品是指注意听主人或茶艺表演者的介绍，知晓与茶有关的信息的过程；口品是指用口舌品鉴茶汤的滋味韵味，这也是品茶味的重点所在；心品是指对茶的欣赏从物质角度的感性欣赏升华到文化的高度，它更需要人们一定的领悟能力。

我国的茶品繁多，其品质特性各不相同，因此，品饮不同的茶所侧重的角度也略有不同，以下分别介绍了品饮不同茶叶的方法，以供大家参考：

1 绿茶

绿茶，尤其是高级细嫩绿茶，其色、香、味、形都别具一格。品茶时，可以先透过晶莹清亮的茶汤，观赏茶的沉浮、舒展和姿态，察看茶汁的浸出、渗透和汤色的变幻。然后端起茶杯，先闻其香，再呷上一口，含在口中，让茶汤在口舌间慢慢地来回旋动。上好的绿茶，汤色碧绿明澄，茶叶先若涩，后浓香甘醇，且带有板栗的香味。这样往复品赏几次之后，便可以感受得到其汤汁的鲜爽可口。

2 红茶

品饮红茶的重点在于领略它的香气、滋味和汤色。品饮时首先观其色泽，再闻其香气，然后品尝茶味。饮红茶须在品字上下工夫，慢慢斟饮，细细品味，才可获得品饮红茶的真趣。品饮之后，我们一定会了解为什么人们将红茶称为"迷人之茶"的理由了。

3 青茶

青茶品饮的重点在于闻香和尝味，不重品形。品饮时先将壶中茶汤趁热倒入公道杯，之后分注于闻香杯中，再倾入对应的小杯内。品啜时，先将闻香杯置于双手手心间，使闻香杯口对准鼻孔，再用双手慢慢来回搓动闻香杯，使杯中香气尽可能得到最大限度的享用。品啜时，可采用"三龙护鼎"式端杯方式，体悟青茶的美妙与魅力。

4 白茶与黄茶

白茶和黄茶都具有极高的欣赏价值，品饮的方法也与其他类茶叶有所不同。首先，用无花纹的透明玻璃杯以开水冲泡，观赏茶芽在杯中上下浮动，再闻香观色。一般要在冲泡后 10 分钟左右才开始尝味，这时的味道才最好。

5 花茶

花茶既包含了茶胚的清新，又融合了花朵的香气，品尝起来具有独特的味道。茶的滋味为茶汤的本味。花茶冲泡 2 ~ 3 分钟后，即可用鼻闻香。茶汤稍凉适口时，喝少许茶汤在口中停留，以口吸气、鼻呼气相结合的方法使茶汤在舌面来回流动，口尝茶味和余香。

以上是对不同种类茶叶的品饮方法，一般来说，茶汤入口后甘鲜，浓醇爽口，在口中留有甘味者最好。

茶是世间仙草，茶是灵秀隽永的诗篇，我们要带着对茶的深厚感情去品饮，才能真正领略到好茶的"清、鲜、甘、活、香"等特点，让其美妙的滋味在舌尖唇齿中演绎一番别样的风情。

悟茶韵

茶韵是一种感觉，是美好的象征，是一种超凡的境界，是茶的品质、特性达到了同类中的最高品位，也是我们在饮茶时所得到的特殊感受。

我们知道观茶色、闻茶香，小口品啜温度适口的茶汤之后，便是悟茶韵的过程了。让茶汤与味蕾最大限度地充分接触，轻缓地咽下，此时，茶的醇香味道以及风韵之曼妙就全在于你自己的体会了。

茶韵渺渺

茶品不同，品尝之后所得到的感受也自然不同。也可以说，不同种类的茶都有其独特的"韵味"，例如，西湖龙井有"雅韵"；岩茶有"岩韵"；普洱茶有"陈韵"；午子绿茶有"幽韵"；黄山毛峰有"冷韵"；铁观音有"音韵"等等。以下分别介绍各类茶的不同韵味，希望大家在品鉴该茶的时候能感悟出其独特的韵味来。

1 雅韵

雅韵是西湖龙井的独特韵味。龙井茶色泽绿翠，外形扁平挺秀，味道清新醇美。取些泡在玻璃直筒杯中，可以看到其芽叶色绿，好比出水芙蓉，栩栩如生。因此，龙井茶向来以"色绿、香郁、味甘、形美"四绝称著，不愧称得上"雅韵"，实在是雅致至极。

2 岩韵

岩韵是岩茶的独特韵味，岩韵即岩骨、俗称岩石味，滋味有特别的醇厚感。人说"水中有骨感"就是这意思；饮后回甘快、余味长；喉韵明显；香气不论高低都持久浓厚、冷闻还幽香明显，亦能在口腔中保留持久深长味道的感觉。

由于茶树生长在武夷山丹霞地貌内，经过当地传统栽培方法，采摘后的茶叶又经过特殊制作工艺形成，其茶香茶韵自然具有独有的特征。品饮之后，自然独具一番情调。

3 陈韵

众所周知，普洱茶是越陈的越香，就如同美酒一样，必须要经过一段漫长的陈化时间。因而品饮普洱茶时，就会感悟其中"陈韵"的独特味道。其实，陈韵是一种经过陈化后，所产生出来的韵味，优质的热嗅陈香显著浓郁，具纯正，"气感"较强，冷嗅陈香悠长，是一种干爽的味道。将陈年普洱冲入壶中，冲泡几次之后，其独特的香醇味道自然散发出来，细细品味一番，你一定会领略到普洱茶的独特陈韵。

4 幽韵

午子绿茶外形紧细如蚁，锋毫内敛，色泽秀润，干茶嗅起来有一股特殊的幽香，因而，有人称其具有"幽韵"。冲泡之后，其茶汤色清澈绿亮，犹如雨后山石凹处积留的一洼春水，清幽无比，幽香之味也更浓，品饮之后，那种幽香的感觉仿佛仍然环绕在身旁。

细啜一杯午子绿茶，闭目凝神，细细体味那一缕绿幽飘渺的韵味，感悟唇齿间浑厚的余味以及回甘，相信这种"幽韵"一定能带给你独特的感悟。

5 冷韵

冷韵是黄山毛峰的显著特点。明代的许楚在《黄山游记》中写道："莲花庵旁，就石隙养茶，多清香，冷韵袭人齿腭，谓之黄山云雾。"这首诗中提到的就是黄山云雾，而据考证，黄山云雾即黄山毛峰的前身。

用少量的水浸湿黄山毛峰，看着那如花般的茶芽在水中簇拥在一起。由于温度较低，褶皱着的茶叶还未展开，其色泽泛绿，实在惹人怜爱。那淡淡的冷香之气也随着茶杯摇晃而散发出来，轻抿一口，仿佛能体味到黄山中特有的清甘润爽之感。

6 音韵

音韵是铁观音的独特韵味，即观音韵。冲泡之后，其汤色金黄浓艳似琥珀，有天然馥郁的兰花香，滋味醇厚甘鲜，回甘悠久，留香沁人心脾，耐人寻味，引人遐思。观音韵赋予了铁观音浓郁的神秘色彩，也正因为如此，铁观音才被形容为"美如观音，重如铁"。

当你感到身心疲惫的时候，或是心里失去平衡的时候，不如播一曲轻松的大自然乐曲，或是一辑古典的筝笛之音，点一柱檀香，冲一壶上好的茶叶，有人同啜也好，一人独品也罢，只要将思绪完全融入在茶中，细品人生的味道即可。

只斟茶七分满

"七分茶、八分酒"是我国的一句俗语，也就是说斟酒斟茶不可斟满，茶斟七分，酒斟八分。否则，让客人不好端，溢出来不但浪费，还会烫着客人的手或撒泼到他们的衣服上，不仅令人尴尬，同时也使主人失了礼数。因此，斟酒斟茶以七八分为宜，太多或太少都是不可取的。

"斟茶七分满"这句话还有这样一个典故，是关于两个名人王安石和苏东坡的故事。

一日，王安石刚写下了一首咏菊的诗："西风作夜过园林，吹落黄花满地金。"正巧有客人来了，他这才停下笔，去会客了。这时刚好苏东坡也来了，他平素恃才傲物、目中无人，当看到这两句诗后，心想王安石真有点老糊涂了。菊花最能耐寒、耐久，敢与秋霜斗，他所见到的菊花只有干枯在枝头，哪有被秋风吹落得满地皆是呢？"吹落黄花满地金"显然是大错特错了。于是他也不管王安石是他的前辈和上级，提起笔来，在纸上接着写了两句："秋英不比春花落，说与诗人仔细吟。"写完就走了。

王安石回来之后看到了纸上的那两句诗，心想着这个年轻

斟茶

奉茶

人实在有些自负，不过也没有声张，只是想用事实教训他一下，于是借故将苏东坡贬到湖北黄州。临行时，王安石又让他再回来时为自己带一些长江中峡的水回来。

苏东坡在黄州住了许久，正巧赶上九九重阳节，就邀请朋友一同赏菊。可到了园中一看，见菊花纷纷扬扬地落下，像是铺了满地的金子，顿时明白了王安石那两句诗的含义，同时也为自己曾经续诗的事感到惭愧。

等苏东坡从黄州回来之后，由于在路途上只顾观赏两岸风景，船过了中峡才想起取水的事，于是就想让船掉头。可三峡水流太急，小船怎么能轻易回头？没办法，他只能取些下峡的水带给王安石。

王安石看到他带来了水很高兴，于是取出皇上赐给他的蒙顶茶，又用这水冲泡。斟茶时，他只倒了七分满。苏东坡觉得他太过小气，一杯茶也不肯倒满。王安石品过茶之后，忽然问："这水虽然是三峡水，可不是中峡的吧？"苏东坡一惊，连忙把事情的来由说了一遍。王安石听完这才说："三峡水性甘纯活泼，泡茶皆佳，唯上峡失之轻浮，下峡失之凝浊，只有中峡水中正轻灵，泡茶最佳。"他见苏东坡恍然大悟一般，又说："你见老夫斟茶只有七分，心中一定编排老夫的不是。这长江水来之不易，你自己知晓，不消老夫饶舌。这蒙顶茶进贡，一年正贡 365 叶，陪茶 20 斤，皇上钦赐，也只有论钱而已，斟茶七分，表示茶叶的珍贵，也是表示对送礼人的尊敬；斟满杯让你驴饮，你能珍惜吗？好酒稍为宽裕，也就八分吧。"

由此，"七分茶，八分酒"的这个习俗就流传了下来。现如今，"斟茶七分满"已成为人们倒茶必不可少的礼仪之一，这不仅代表了主人对客人的尊敬，也体现了我国传统文化的博大精深。

六艺助兴

传统文化中所说的"六艺"是指古代儒家要求学生掌握的 6 种基本才能，即礼、乐、射、御、书、数。而品茶时的六艺却与这有些不同，指的是书画、诗词、音乐、焚香、花艺与棋艺。

1 书画

书画与品茶二者之间自古就有着紧密的关联。在现代茶社内部人文环境布置上，很注重书画的安排，茶人多将之挂在墙上，衬托茶席的书香气息。与书画相伴来品茶，可以营造浓重的文化氛围，并激发才学之士的灵感，同时也能烘托出具有文化底蕴且宁静致远的品茗气氛。

南宋刘松年的《斗茶画卷》、元代画家赵孟頫的《斗茶图》、清代画家薛怀的

书画

《山窗清供图》、唐寅或文徵明的《品茶图》、仇英的《松亭试泉图》等意境都很高远，均为古代书画家抒发茶缘的名作珍品。除了这些名人的作品，那些只要能反映出主人心境、志趣的作品也可。

2 诗词

古人常常在茶宴上作诗作词，"诗兴茶风，相得益彰"便是由此而来。茶宴上的诗词既是诗人对生活的感悟，也是一种即兴的畅言。因为诗词，让茶的韵味更具特色，因为诗词，使人的品位提升。在品着新茶的同时吟几句诗似乎是自娱，亦是一种助兴。古往今来，数不胜数的诗可信手拈来，在与友人对饮时一展文采，高雅脱俗，真可谓是一种怡情养性的享受。

诗词

音乐

吟诗作对对有些茶人来说很难，那么也可在墙壁上悬挂与茶有关的诗词。看得久了，读得久了，也自然能咂摸出其中的几分气韵来。

3 音乐

品茶时的音乐是不可缺少的。古人在饮茶时喜欢临窗倾听月下松涛竹响，抑或是雪落沙沙、清风吹菊，获得高洁与闲适的心灵放松。由此看来，音乐与茶有着陶冶性情的妙用，正如白居易在《琴茶》诗中所言"琴里知音唯渌水，茶中故旧是蒙山"。

我们可以在品茶时听的音乐有很多，例如《平湖秋月》、《梅花三弄》、《雨打芭蕉》等，或是古琴、古筝、琵琶等乐器所奏的古典音乐也可，都能营造品茗时宁静幽雅的氛围，传送出缕缕的文化韵味，具有很强的烘托和感染性。

焚香

4 焚香

中国人自古就有"闻香品茶"的雅趣。早在殷商时期，青铜祭器中就已经出现了香器，可见，焚香在那时起就已经成为了生活祭奠中的必需品。香之于茶就像美酒之于佳人，二者相得益彰。饮茶时焚的香多为禅院中普遍燃点的檀香，既能够与茶香很好地协调，更能促使杂念消散和心怀澄澈。

当我们心思沉静下来，焚一盘沉香，闻香之际，就会感到有一股清流从喉头沉入，口

花艺

花艺

棋艺

齿生津，六根寂静，身心气脉畅通。饮茶时点上一炷好香，袅袅的烟雾与幽香，成就了品茶时的另一番风景。

5 花艺

品茶时的鲜花一定不能被我们忽视。因为花能协调环境，亦能调节人的心情。花是柔美的象征，其美妙的姿态与芬芳的气息都与茶相得益彰。因此，品茶的环境中摆放几枝鲜花，一定会为茶宴增辉不少。

6 棋艺

一杯香茗，一盘棋局，组成了一副清雅静美的画面。在悠闲品茶的同时深思，将宁静的智慧融入对弈之中，僵持犹豫时轻啜一小口清茶，让那种舒缓棉柔的感觉冲淡胜负争逐的欲望，相信品茶的趣味一定会大大提升。

茶与六艺之间的关系极为紧密，六艺衬托了品茶的意境，而茶也带给六艺不同的韵味。我们在品茶的同时，别忘了这几种不同的艺术形式，相信它们一定会带给你独特的精神与艺术的享受。

茶与修养

品茶是一门综合艺术，人们通过饮茶可以达到明心净性，提高审美情趣，完善人生价值取向的作用，也就是说，茶与个人的修养息息相关。

《茶经》中提到："茶者，南方之嘉木也。"茶之所以被称为嘉木，正是因为茶树的外形以及内质都具有质朴、刚强、幽静和清纯的特点。另外，茶树的生存环境也很特别，常生在山野的烂石间，或是黄土之中，向人们展示着其坚强刚毅的特点，这与人们的某些品质也极其相似。

人们通过接触茶，了解茶，品茶评茶之后，往往能够进入忘我的境界，从而远离尘世的喧嚣，为自己带来身心上的愉悦感受。因为茶洁净淡泊，朴素自然，因而，在感受茶之美的过程中，我们常常借助茶的灵性去感悟生活，不断调适自己，修养身心，自我超越，

通过饮茶可以达到明心净性，提高审美情趣，完善人生价值取向

从而拥有一份美好的情怀。

冲泡沸水之后，茶汤变得清澈明亮，香味扑鼻，高雅却不傲慢，无喧嚣之态，也无矫揉造作之感。茶的这种特性与人类的修养也很相似，表现在人生在世，做人做事的一种态度。而延伸到人们的精神世界中，则成了一种境界，一种品格，一种智慧。因而，我们可以将茶与人的修养联系在一起，从而达到"以茶为媒"，修身养性的作用。

除此之外，茶在操守、雅志、养廉等方面一直被历代茶人所推崇。《茶经》中记载了许多有关饮茶的名人轶事，各朝各代皆有之：齐国的宰相晏婴大家一定不陌生，文中记载，晏婴平日吃糙米饭，除了少量荤菜之外，只有茶而已，以此来要求自己一切从简；恒温也与他很像，平日里宴请宾客只奉上几盘茶和果品招待客人，表明其崇尚简朴，追求廉俭之风。与他们相似的名人还有许多，这些人均以茶崇俭，被后世敬仰。

然而，现代生活节奏加快，人们承受着来自各方面的压力，常常感叹活得太累，太无奈，似乎已经失去了自我。而茶的一系列特点，例如性俭、自然、中正和纯朴，都与崇尚虚静自然的思想达到了最大程度的契合。所以，生活在现今社会的人们已经将饮茶作为一种清清净净的休闲生活方式，它正如一股涓涓细流滋润着人们浮躁的心灵，平和着人们烦躁的情绪，成为人们最好的心灵抚慰剂。看似无为而又无不为，让心境回复清静平和状态，使生活、工作更有条理，同样也是一种积极的人生观的体现。

烹茶以养德，煮茗以清心，品茶以修身。通过品茶这一活动的确可以表现一定的礼节、意境以及个人的修养等。我们在品茶之余，可以在沁人心脾的茶香中将自己导入冷静、客观的状态，反省自己的对错，反思自己的得失，以追求"心"的最高享受。

吃茶、喝茶、饮茶与品茶

经常与茶打交道的人一定常听到这几个词：吃茶、喝茶、饮茶与品茶。一般而言，人们会觉得这4个词都是同样的意思，并没有太大的区别，但是细分之后，彼此之间还是有差别的。

1 吃茶

吃茶强调的是"吃"的动作。在我国有些地区，我们常常会听到这样的邀请，"明天来我家吃饭吧，虽然只是'粗茶淡饭'……"这里的"粗茶"只是主人的谦词罢了，并不是指茶叶的好坏。由此看来，"吃茶"一词便有了一点方言的味道。

一般来说，吃茶的说法在农家更为常见，这词听起来既透露出农家特有的淳朴气息，又多了一份狂放与豪迈之情。如果是小姑娘说出来，仿佛又折射出其柔美、淳朴、热情好客的品质。我们可以想象得到，吃茶在某些地区俨然成了生活中不可或缺的一部分：一家人围在桌旁，桌上放着香气四溢的茶水，老老少少笑容满面地聊天，看起来其乐融融。

吃茶

2 喝茶

喝茶

喝茶强调的是"喝"的动作，它给人的直观感觉就是：将茶水不断往咽喉引流，突出的是一个过程，仿佛更多的是以达到解渴为目的。为了满足人的生理需要，补充人体水分不足，人们在剧烈运动、体力流失之后，大口大口地急饮快咽，直到解渴为止。而在喝茶的过程中，人们对于茶叶、茶具、茶水的品质都没太多要求，只要干净卫生就可以了。

喝茶也是大家普遍的说法，可以是口渴时胡乱地灌上一碗，可以随便喝一杯，可以是礼貌的待客之道，可以是自己喝，可以是几个人喝，可以是一群人喝，可以在家里喝，可以在热闹的茶馆喝，可以是懂茶之人喝，也可以是不懂茶之人喝。总之，喝茶拉近了人与人的关系。

3 品茶

品茶的目的就已经不止于解渴了，它重在品鉴茶水的滋味，品味茶中的内涵，重在精神。品茶要在"品"字上下功夫，品的是茶的质、形、色、香、味、气、韵，仔细体会，徐徐品味。茶叶要优质，茶具要精致，茶水要美泉，泡茶时要讲究周围环境的典雅宁静。品的是过程，品的是时间文化的积淀，品的是茶中的优缺点，品的是感悟，并从品茶中获得美感舒畅，达到精神升华。

可以说，品茶与喝茶极其不同，它主要在于意境，而不在于喝多少茶。哪怕随意地抿一小口，只要能感受到茶中的韵味，其他的也就无足轻重了。

品茶

4 饮茶

饮茶包含的是一种含蓄的美，它要求人心绝无杂念，注重的是人与茶感情的融合。同时，它还要求环境静，人静，心静，环境绝对不是热闹的街头茶馆，人也绝对不是三五成群随意聚集，更显得正式一些。

其实，我们现实里常常把喝茶、饮茶与品茶混为一谈，这在某些程度来说，也并没什么太大的影响。无论是吃茶、喝茶、饮茶还是品茶，都说明了我国茶起源久远，茶历史悠久，而茶文化博大精深，同时也使茶的精神和艺术得到弘扬。

饮茶

品茶如品人

"不慕黄金罍，不慕白玉杯。不慕朝入省，不慕暮入台。唯慕江西水，曾向竟陵城下来。"由这首诗中，我们可以品味出一个人的人性与特点。茶圣陆羽不慕黄金宝物，高官荣华，所慕的只是用江西的流水来冲泡一壶好茶。而这些也将品茶和品人联系在一起，使品茶成为评判人品如何的一种方法。

茶有优劣之分。好茶与次茶不仅在色泽、形状、香气以及韵味方面有很大差异，人们对其品饮之后的感觉也各有不同。喝好茶是一种享受，喝不好的茶简直是受罪。有时去别人家做客，主人热情地泡上一杯茶来。不经意间喝上一口，一股陈味、轻微的霉味、其他东西的串味直扑肺腑，真是难受。含在口里，咽又咽不下，吐又太失礼，实在让人左右为难。

而人也同样如此，也可分出个三六九等。一个人的气质、谈吐、爱好和行为都可以体现这个人的水平与档次。茶可以使人保持轻松闲适的心境，而那些整天醉生梦死地生活的人，是不会有这样的心情的；那些整天工于心计，算计别人的人也不能是好的茶客；心浮气躁喝不好茶；盛气凌人也无法体会茶中的真谛；唯有那些心无纷杂，淡泊如水的人，才能体会到那缕缕萦绕在心头的茶香。

泡好一壶茶，初品一口，觉得有些苦涩，再品其中味道，又觉得多了几分香甜，品饮到最后，竟觉得唇齿留香，实在耐人寻味。这不正如与人交往一样吗？人们开始接触某些人的时候，

将品茶和品人联系在一起，使品茶成为评判人品如何的一种方法

可能会觉得与其性格格格不入，交往得久了才领略到他的独特魅力，直至最后，两人竟成为了推心置腹的好友。

人们常常以茶会客，以茶交友。人们在品茶、评茶的同时，其言谈举止，礼仪修养都被展现无余，我们完全可以根据这些方面评判一个人的人品。也许在品茗之时，我们就对一个人的爱好、性格有所了解。若是两人皆爱饮茶，且脾气相投，那么人生便多了一位知己，总会令人愉悦；而一旦从对方饮茶的习惯等方面看出其人品稍差，礼貌欠缺，还是远远避开为好。

人有万象，茶有千面。茶分许多类，而人也是如此。这由其品质决定，是无法改变的事实。真正的好茶经得起沸腾热水的考验，真正有品质的人同样也要能承受尘世的侵蚀，眼明心清，始终保持着天赋本色。品茶如品人，的确如此。

人生如茶，茶如人生

对一般茶来说，初次泡时，其味道苦涩，继而转为甘爽，最后味道转淡转浅。有人也因此将茶比喻为人生，起初时苦涩艰辛，而后甘美宜人，最后转为平淡。

人生如茶，人一生的经历都仿佛融入一壶茶水之中，随着滚烫的开水冲入，茶叶翻腾，水花滚动，最后归为平静。因此，人们常把少年期的涉世茫然用刚沏泡的头道茶水的浑浊来形容，此时应该去除泡沫，冲洗茶具，而后才能让茶汤清澈见底，韵味有神。这正如少年时期一样，应摒弃浮躁，让心灵沉静下来，这样才会凸显出年轻生命的韵味来。

人一生的经历都仿佛融入一壶茶水之中

而二道茶则比喻为人的青壮年时期。二道茶水中所含的茶碱和茶多酚最多，同时还夹有或多或少的其他味，所以喝起来带有较浓的青涩苦味。正如青壮年时期的人们，辛苦打拼，经历了一段艰难困苦的时期，也为人生留下了不可磨灭的记忆。

第三道茶水才是真正的茶叶好坏的韵味体现，这道茶汤最醇，最甘甜，最有韵味。因而，人们用这道茶来形容中年时期，经历了前两个时期的青涩与艰辛，这个年纪的人都已经有所成就，所以用这道茶来形容人生中年后的成果收获期是最恰当不过的。

第四道茶水虽清淡韵暇，却能让人回味起前几道茶来。就仿佛步入老年时期的人们，往往会怀念年轻时的一幕幕美好时光：少年时的青涩懵懂，青壮年时期的拼搏，中年时期的成就与满足，每一幕都令人感慨万千，最终化为一缕茶香，萦绕在清新恬淡的生活中。因此，用第四道茶汤形容老年时期实在很贴切。

也有人将第一道茶比为生命，第二道茶比喻成爱情，第三道茶则化为人生。生命是苦涩的，正如第一道茶，或浓烈或平淡，功名利禄，起起伏伏，其中还夹杂着苦涩的味道，使生命也变得厚重起来；爱情是甘甜的，即便其中有小矛盾，小分歧，最终也仍会化为甘美，留住余香；人生是平淡的，也应该平平淡淡，当一切化为尘土，一切归于平静之后，看透人生的大起大落，想必此时的人们，一定更懂得人生。

在这个功名利禄的世界中，人人都在为生存而奔波，忙忙碌碌地实现着自己的希望与梦想。与其被生活与工作的压力压得喘不过气来，不如冲泡一杯清茶，享受一份独有的心情，塑造一片淡然的心境。在淡淡的甘美之中细细品尝茶中所独有的韵味，在那蓦然回首之中感悟真正的人生。

品茶需要平心

"我们的力量并非在于武器、金钱或武力，而在于心灵的平静。"这是一行禅师曾说过的一种修行方法。尘世的喧嚣让我们的心灵备受折磨、饱受煎熬。我们的思绪总是被各种外物干扰，从而给心灵增加了许许多多的负累。在这种浮躁的风气中，我们需要寻求一种力量，一种可以约束杂乱思想，让心灵重归安定的力量。这种力量，就叫做平静。

心灵的平静是一股最强大的力量，它可以让我们约束起不需要的思想，从喧嚣的尘世安然抽身，也能让我们安心地活在当下，而品茶时就需要这种平和冷静的心境。

我们可以让自己完完全全地休息10分钟，在这段时间里，不要让心灵沾染琐事，心平气和地冲泡一壶好茶，让自己完全沉浸在香醇清爽的茶香里，安安静静地享受这段时光，让思绪随意地在头脑中游动，你会发现，茶香能起到安抚神经的作用，它能让你觉得精神多了，头脑也跟着清醒，心情也慢慢地转为平静。

心灵的平静意味着从稚嫩到成熟的转化，它是一股温柔的力量，让你的心灵归于一种最平稳的状态，让追求平静的人内心能够获得满足与安定。与其同时，轻啜一口茶汤，任那润滑清淡的茶汤在舌尖上滚动，它仿佛变成了一股温热的暖流，一直涌入我们的心底。在纷乱的世界中，给自己一段时间，细细品味茶中的香气与浓浓的滋味，回到内心深处细细地体会生命的奥秘，这无疑是一种追求平静的最高境界。

身体的彻底放松可以让我们的思绪变得清晰有条理，不再因各种外界的因素而变得混乱不堪。这也就是为何我们常常绞尽脑汁也记不起来的事情，在我们不去想的时候就自己跳出来的原因。

世间浮躁，人心浮躁，若要平心，唯有香茗，难怪古今圣贤、文人骚客，皆对茶赞之不绝，爱之难舍。当你烦躁时，不妨喝一杯茶，聆听心底最原始的声音；当你愤怒时，不妨喝一杯茶，它会让你躁动的心情慢慢归于平静；当你悲伤时，不妨喝一杯茶，你会发现原来生命中还有那么多美好的事……静静地品茶，你的世界才会多了一处平和的角落。

品茶需要清静

长期生活在纷繁都市的人们，整日与钢筋水泥的建筑打交道，在灰尘喧嚣中行走，心也随之疲惫吵闹。我们很难在城市中寻找到一处清净的角落，忧愁烦闷也自然随之而来。此时，如果我们能离开城市几日，到山野间，看着蓝天碧水，轻饮慢品一杯清茶，一定会使心性变得纯净起来，那些烦恼也自然可以化解。

茶饮具有清新、雅逸的天然特性，自然会有清心净心的作用，它有助于陶冶人们的情操、去除杂念、修炼身心。中国历代社会名流、文人墨客、商贾官吏、佛道人士都以崇茶为荣，在饮茶中获得清净之感。他们特别喜好在品茗中论经议事、轻吟浅唱、对弈作诗，以追求高雅享受的同时，也除却内心的繁冗。

茶的清静之美是一种柔性的美，和谐的美。古代的文人雅士介入茶事活动之后，发现茶叶的这些特性与他们的儒家、道家和禅宗的审美情趣都有相通之处，于是就将日常生活行为的饮茶发展提升为品茗艺术。而这种品茗艺术的性质自然是与茶叶的自然属性一脉相通的，都具有清、静的本质特征。

他们通过饮茶品茶创造了一种宁静的氛围和一个空灵虚静的心境，当茶的清香静静地浸润内心的每一个角落时，心灵便在这种虚静中显得空明，精神便在虚静中升华净化，人们将在虚静中与大自然融为一体，达到"天人合一"的境界。裴汶在《茶述》中写道："其性精清，其味浩洁，其用涤烦，其功致和。"写的就是茶的特性；卢仝在《走笔谢孟谏议寄新茶》中提到："五碗肌骨清，六碗通仙灵，七碗吃不得也，唯觉两腋习习清风生。"这也是茶可以使人清净；北宋赵佶在《大观茶论》中也同样指出茶的功效——"祛襟涤滞，致清导和"；明代朱权在《茶谱》中也提到："或对皓月清风，或坐明窗静牖，乃与客清谈款话，探虚玄而参造化，清心神而出尘表。"

由此看来，古人从喝茶中得出了"茶可清心静心"这一结论，这对我们后人来说，无疑是极有启发的。我们每个人都生活在功利的世界中，人人都在为生存而奔波忙碌，因而，我们常常忽视了那些生活中原本十分美好的东西，甚至一次次地与快乐和幸福错过。人们渴望清净、安宁的心情，渴望不被尘世所困扰烦忧，同样也期盼远离喧嚣，追求向往的东西，于是，茶便成了我们最忠实的朋友。

品茶需要禅定

茶在佛教中占有重要地位，寺院僧人种植、采制、饮用的茶称为禅茶。由于佛教寺院多在名山大川，这些地方一般适于种茶、饮茶，而茶本性又清淡淳雅，具有醒脑宁神的功效。因而，种茶不仅成为僧人们体力劳动、调节日常单调生活的重要内容，也成了培养他们对自然、生命热爱之情的重要手段，而饮茶则成为历代僧侣漫漫青灯下面壁参禅、悟心见性的重要方式。

禅茶是一种境界，也是一次心与茶的相通，它是指僧人在斋戒沐浴、虔心诵佛后，经过一整套严谨而神圣的茶道仪式来泡制茶的全过程，共有18道程序。禅茶属于宗教茶艺，自古有"茶禅一味"之说。禅茶中有禅机，禅茶的每道程序都源自佛典、启迪佛性、昭示佛理。禅茶更多的是品味茶与佛教在思想上的"同味"，在品"苦"味的同时，品味烦苦人生，参破"苦"谛；在品"静"味的同时，品味遇事静坐静虑，保持平淡心态；在品"凡"味的同时，品味从平凡小事中感悟大道。

品茶需要禅定。佛门弟子在静坐参禅之前，必先要品一杯茶，借由茶来进入禅定、修止观。茶能防止昏沉散乱，有类似畅脉通经的效果，特别有助于"制心一处"的修行功夫。饮茶后的身体会特别舒畅，仿佛一股清气已先游遍全身，再加上观想或默持咒语，很容易"坐忘"，较快达到"心气合一"的觉受。体内有茶气，在念经修法时，因散发上品清光茶香，往往能感召较多的天人护法来护持修行人用功。

禅茶有许多好处，在品饮的时候其功效自然体现出来。首先，禅茶可以提神醒脑。出家僧众要打坐用功，因五戒之一就是不准饮酒，二来夜里不能用点心，三者打坐不可打盹，于是祖师们就提倡以喝茶来代替。茶能提神少睡、避免昏沉、除烦益思，有利修行人静坐修法、养身修性。

另外，禅茶还可以帮助平衡人的心态。喜欢喝茶的朋友都知道，茶的味道是平淡中带有幽香，经常品茶就会使人的心境变得和茶一样，平静、洒脱、不带一丝杂念，这样有助于人们保持心态的平衡。心理决定生理，当心态平衡了，身体的各个系统和器官都会处于一种相对平衡的状态，这样的身体必然是健康的。

总体来说，禅定是修行之人的一种调心方法，它的目的就是净化心灵，提升大智慧，以进入无为空灵的境界。若以这种佛家之心去品茶，我们一定能在茶香余韵中体会人世间存在的诸多智慧，洞悉万事万物的实相，从而达到一种超脱的境界。

品茶需要风度

刘贞亮《茶十德》中明确指出"以茶可雅心"。古往今来，无数名人雅士都将情寄托于茶中，在茶香弥漫之间弹琴作诗，气度翩翩。由此，我们可以看到品茶的另一种心境——风度。

风度是一种儒雅之美，它是在清静之美与中和之美基础上形成的一种气质、一种神韵。它来源于茶树的天然特性，反映了茶人的内心世界及道德秉性。茶取天地之精华，禀山川

之秀美，得泉水之灵性。在所有饮品中，唯有茶与温文尔雅，心志高洁的人最为相似。

所谓儒雅便是一种飘然若仙的风度，通常是指人们气质中蕴含着的较高的文化品位。正如唐代耿讳所说："诗书闻讲诵，文雅接兰茎。"因而，儒雅的风度一直是古今茶人形成的一种具有浓郁文化韵味的美感。

从审美对象而言，与茶相关的诸要素都呈现出雅致之美。品茗的器具、品茗的环境、品茗的艺术都可以与风度联系起来。中国茶人受道家"天人合一"的思想影响很深，追求与大自然的和谐相处。他们常把山水景物当作感情的载体，借自然风光来抒发自己的感情，与自然情景交融，因而产生对自然美的爱慕和追求。看着青天碧水，捧着精致的茶具，细细品茶，其中的风雅可见一斑。

艺术作为审美的高级形态，它源于生活又高于生活。因此品茗就具有一定的艺术性与观赏性，因此，它和生活中原生态喝茶动作就有雅俗之别。大口喝茶的人算不得品茶，边喝茶边大声喧哗的人也算不得高雅的茶人，只有那些言谈举止皆有风度的人才能将"品茶"二字诠释得完美。

品茶需要风度，在煮水的时候，在泡茶的时候，在端起茶杯的时候，都可以见到每个人的修养与品行。品茶同时也能提升一个人的风度气韵，若我们想要修炼身心，不妨冲泡一杯香茶，体会那种风雅之美吧。

品茶需要心意

中国的品茶艺术虽然高雅，却并不是高不可攀，它不似其他艺术那般令人难以企及，只需有一番心意就好。

提到心意，我们可能会想起这样一个故事：相传苏东坡当年来到一个寺院中，由于一路上风餐露宿，他的衣服有些破旧。住持看了看他，只是把他领到普通的房间，淡淡地说了一个字："坐。"接着又对小和尚说："茶。"当住持与苏东坡谈了许久之后，发现其文采飞扬，知识渊博，于是马上把他领到高级客房，微笑着说："请坐！"又对小和尚喊道："泡茶！"等又谈了一会儿，住持才知道对方就是大名鼎鼎的苏东坡，又惊又喜地将他领到自己居住的房间，恭恭敬敬地对他说："请上坐！"又吩咐小和尚说："泡好茶！"等苏东坡要离开的时候，住持希望他能留下字迹，好

悬挂起来为僧人和香客瞻仰，苏东坡想了想之后，提笔写了一副对联："坐，请坐，请上坐；茶，泡茶，泡好茶！"住持一看，顿时羞愧难当。

先不论这个故事是真是假，但就住持这种表现来看，他就缺乏品茶的心意。佛门本就应不分尊卑，一视同仁，而他的做法却恰恰相反。诚意是发自内心的意愿，自动自发竭尽全力去做，发自内心想让客人尝到一杯最好的茶，这种诚意的表现，实际上茶未饮而心已感到一股暖流了。

客来敬茶一直是中国人的基本礼貌之一，它给人的感觉便是热情好客的温暖之感。从迎宾时选好茶、好水、好器开始，到优美的泡茶手法与茶艺表演，处处都能体会到主人的心意与热忱，这是用华丽辞藻也无法表达出来的感受。当客人捧起茶碗，听主人讲述茶的典故与文化时，那种以心交心的过程也在这种平和愉悦之中完成了。

茶的制作过程极其复杂，从采茶开始到品饮结束，要经历太多的过程，而每一个过程都有需要注意的事。因此，品茶的时候我们便能体会到每一个过程中制茶人的那份心意，带着这份满满的感动之情去品茶，一定更能体会茶中的韵味了。

品茶需要放松

生活压力、职场压力、情感纠纷，无一不是生活在现今社会人们的苦恼。每个人都想要寻求一种轻松的生活，却总是被形形色色的压力"捉弄"得苦不堪言。每每此时，我们可以为自己冲泡一杯茶，放松心情，舒缓一下紧张的神经。

所谓"茶者心之水，饮之畅灵"。喝茶跟所有的感官都紧密相连，尤其是心。有心喝茶就可以清净身心，达到心、气、脉、身、境五者的融合，心若放松，那么整个人也会随之畅快无比。品一口茶，人们的眼睛、耳朵、鼻子、舌头、身体、意念等都会受到茶的影响，渐渐地放松起来。主人与客人之间连结着的纽带就是茶，彼此之间怀着对茶、对水、对茶具的喜爱与感激之情品饮，让整个人开始放松，仔细体会茶水流经喉咙的感觉以及它们流入你心的过程。

眼睛放松，便能看清整个泡茶的过程，看清楚茶叶在清澈的水杯中上下沉浮，茶汤色泽如何，茶叶品质如何，茶具是否美观，品茶的环境是否雅致等等。

耳朵放松，便能听到茶水倾入杯中的声响，听清主人边泡茶边细心的讲解，听到品茶者呷饮时的愉快之声以及对茶的赞美之情。

鼻子放松，就能对茶的清香之气更为敏感，使香气更完整地进入我们体内，闻到比平常更细微的味道。

舌头放松，品尝到的茶汤美感自不必说。口腔中的津液自然分泌，或香醇或清冽的茶水顺着舌根流入身体里，就像沿着心脉在体内循环，将每一个器官都抚平了一样。

身体放松，我们就不会觉得与世间万物有距离。茶具不是独立的，茶水不是独立的，茶香也不是独立的，都与我们融为一体。此时天地之间的万物都是一个整体，都随着柔滑的茶水，扑鼻的香气成为我们身体的一部分，"物"与"我"完全合一。

意念放松，内心则不再有执着，内心才会得到自由和解脱。一个彻底放下执著与意识最深层惯性的人，才会具备享受人生的洒脱之情。当我们每一个念头都是自由自在，不受其他念头的制约时，就有了所谓般若的智慧，也就是大师们所说的"无念"。

品茶可以使人放松，而放松之后才能更好地品茶。若有闲暇时间，请将执著心放下，让六根放松，沉浸在茶的芬芳与韵味之中吧。

品茶需要乐观的心态

中国著名作家钱锺书曾经说过："发现了快乐由精神来决定，这是人类文化又一进步。"快乐由精神决定，以良好的心态和乐观的精神品茶，也就能使茶的品饮与内心情感融为一体，交互共鸣，真正体会到品茶的真正快乐。

乐观是甘霖，是一次拯救，是因为卓识和对事物的深入了解才会展现出的洒脱。当乌云布满天空之时，悲观的人看到的是"黑云压城城欲摧"，乐观的人看到的是"甲光向日金鳞开"。欢乐时不要过分炫耀欢乐，悲伤时也不要过分夸大悲伤，现实往往并不像想象中的那么好或那么糟。当"山穷水尽"的时候，乐观还是一笔巨大的财富，我们完全可以依靠这笔财富重整旗鼓。但如果连这笔财富都没有了，那可真是彻头彻尾的"一无所有"了。

品茶与吟咏一样，都需要有一种闲适的心态。这种"闲"并非仅仅是空闲，而是一种摈弃了俗虑，超然于世的悠闲心态。这样从容乐观的啜品，才能悟得出茶的真色、真香与真味，正如洪应明在《菜根谭》中说："从静中观物动，向闲处看人忙，才得超尘脱俗的趣味；遇忙处会偷闲，处闹中能取静，便是安身立命的功夫。"由此便能看出他乐观开朗的本性了。

带着这种乐观的心态去品茶，就可以得到同样乐观的享受。无论茶叶是不是名茶，水质是不是上好的山泉水，茶具是不是精致昂贵的名品，饮茶环境是不是布局精美，这些在乐观人的眼中，往往都不重要。他们只在乎一种品茶的心境，是不是从心底感觉到快乐，他们以这种乐观的心情品茶，那么无论外部条件如何，他们都能得到快乐，这便是乐观最大的好处。

下篇 茶经

唐代 陆羽

茶之源

原文

茶者，南方之嘉木也。一尺、二尺乃至数十尺。其巴山、峡川，有两人合抱者，伐而掇之[1]。其树如瓜芦，叶如栀子，花如白蔷薇，实如栟榈[2]，蒂如丁香，根如胡桃。［瓜芦木，出广州，似茶，至苦涩。栟榈，蒲葵之属，其子似茶。胡桃与茶，根皆下孕，兆至瓦砾[3]，苗木上抽。］其字，或从草，或从木，或草木并。［从草，当作“茶”，其字出《开元文字音义》[4]；从木，当作“槚”，其字出《本草》。草木并，作“荼”，其字出《尔雅》。］其名，一曰茶，二曰槚[5]，三曰蔎[6]，四曰茗，五曰荈[7]。［周公云：“槚，苦茶。”杨执戟[8]云：“蜀西南人谓茶曰蔎。”郭弘农[9]云：“早取为茶，晚取为茗，或一曰荈耳。”］

其地，上者生烂石，中者生栎壤，［栎字当从石为砾］下者生黄土。凡艺而不实[10]，植而罕茂。法如种瓜，三岁可采。野者上，园者次。阳崖阴林，紫者上，绿者次；笋者上，芽者次；叶卷上，叶舒次[11]。阴山坡谷者，不堪采掇，性凝滞，结瘕疾[12]。

茶之为用，味至寒，为饮，最宜精行俭德之人。若热渴凝闷、脑疼目涩、四肢烦、百节不舒，聊四五啜，与醍醐、甘露[13]抗衡也。采不时，造不精，杂以卉莽[14]，饮之成疾。茶为累也，亦犹人参。上者生上党[15]，中者生百济、新罗[16]，下者生高丽[17]。有生泽州、易州、幽州、檀州者[18]，为药无效，况非此者！设服荠苨[19]使六疾不瘳[20]。知人参为累，则茶累尽矣。

元·赵原《陆羽煮茶图》

注释

①伐而掇之：伐，砍下枝条。掇，采摘。

②栟榈：棕榈树。栟，读音 bīng。

③根皆下孕，兆至瓦砾：下孕，在地下滋生发育。兆，
指核桃与茶树生长时根将土地撑裂，方始出土成长。

④《开元文字音义》：字书名。唐开元二十三年（735
年）编辑的字书。早佚。

⑤槚：读音 jiǎ。

⑥莈：读音 shè，本为香草名。

⑦荈：读音 chuǎn。

⑧杨执戟：即扬雄，西汉人，著有《方言》等书。

⑨郭弘农：即郭璞。晋时人。注释过《方言》、《尔雅》
等字书。

茶山

⑩艺而不实：指种植技术。

⑪叶卷上，叶舒次：叶片呈卷状者质量好，舒展平直者质量差。

⑫性凝滞，结瘕疾：凝滞，凝结不散。瘕，腹中痞块。《正字通》："腹中积块，坚者曰症。有物形
曰瘕。"

⑬醍醐、甘露：皆为古人心中最美妙的供品。醍醐，酥酪上凝聚的油，味甘美。甘露，即露水，古
人说它是"天之津液"。

⑭卉莽：野草。

⑮上党：唐时郡名，治所在今山西长治市长子、潞城一带。

⑯百济、新罗：唐时位于朝鲜半岛上的两个小国，百济在半岛西南部，新罗在半岛东南部。

⑰高丽：应为高句丽，唐时周边小国之一。

⑱泽州、易州、幽州、檀州：皆为唐时州名。治所分别在今山西晋城、河北易县、北京市区北、北
京市怀柔区一带。

⑲荠苨：一种形似人参的野果。苨，读音 nǐ。

⑳六疾不瘳：六疾，指人遇阴、阳、风、雨、晦、明六气而生的多种疾病。瘳，痊愈。

译文

　　茶树是我国南方种植的一种优良植物。树有一尺、两尺甚至几十尺高。在巴山和峡川
一带，最粗的茶树需两人合抱，只有先砍下枝条后才能采摘茶叶。茶树的形状如同瓜芦
木，树叶如同栀子，花如同白蔷薇，种子类似于棕榈树的种子，花蒂像丁香，根类似于胡
桃树的根。[瓜芦木，生长在广东，和茶树相似，但味道苦涩。棕榈，属于蒲葵类，它的籽
类似于茶籽。核桃和茶树，根都在地下滋长发育，把土壤撑裂，钻出地面生长。]茶，当
做字，从部首上看，或从属于"草"部，或从属于"木"部，或者"草""木"并从。[从
草，写作"茶"，这个字出于《开元文字音义》一书。从木，写作"槚"，出于《唐新修本
草》，草、木并从，写作"茶"，出于《尔雅》]。茶的名称，第一叫茶，第二叫槚，第三叫

南方之嘉木·茶树

菝，第四叫茗，第五叫荈。[周公所著的《尔雅·释木篇》中说："槚，就是苦茶。"扬雄的《方言》中说："四川西南部的人把茶叫做菝"。郭璞的《尔雅注》中说："早采的叫茶，晚采的叫茗或者叫荈。"]

茶树生长的土地，以长在乱石缝隙间的品种最好，其次是长在沙石砾壤里，["栎"应当从石写作"砾"]品质最差的生长于黄土中。凡是种植技术不严密扎实的，尽管种植了也不会长得茂盛。种茶倘若能像种瓜那样精心照顾，3年就可以采摘茶叶。生长在山林野外的茶叶品质比较好，园林栽培的品质比较差。生长在向阳山坡而且有树木遮阴的茶树，芽叶呈现出紫色的品质比较好，呈绿色的则比较差；芽叶如同春笋似的品质较好，芽叶短小的品质较差；芽叶成卷状的品质较好，芽叶舒展平直的品质较差。背阴山谷里生长的茶树，就不能采摘茶叶，因为它有太重的寒性，喝了会凝聚滞留在腹内，使人患腹中长痞块的疾病。

茶的用途，因为它品味寒，最适合人们做饮料。品行优良、德性俭朴的人最爱饮它。如果有人感觉干热口渴、心胸郁闷、头疼脑痛、眼睛干涩、四肢烦乱、全身骨节不舒服，只要喝上四五口茶，就好像醍醐灌顶、喝了甘露一样清爽甜美。但假如采的时节不对，制造又不精细，而且还掺杂了野草，喝了就会生病。饮茶也会喝出毛病，就像人们吃人参也会受害一样。品质最好的人参出产于上党，品质中等的出产于百济、新罗，品质差的出产于高句丽。而泽州、易州、幽州、檀州出产的人参，就没有什么疗效，更何况用不是人参的冒牌货来充真的人参呢！假如把荠苨假冒的人参喝了，那么人就有可能得多种疾病。知道了人参有时也会对人体有害处这个道理后，那么茶叶使人体受害的道理也就完全清楚了。

生长在乱石缝隙间的茶树

茶之具

二

原文

籝①：一曰篮，一曰笼，一曰筥②。以竹织之，受五升，或一斗、二斗、三斗者，茶人负以采茶也。[籝，音盈，《汉书》所谓"黄金满籝，不如一经③。"颜师古④云："籝，竹器也，容四升耳。"]

灶：无用突者⑤。

釜：用唇口者。

甑⑥：或木或瓦，匪腰而泥。篮以箅之，篾以系之⑦。始其蒸也，入乎箅；既其熟也，出乎箅。釜涸，注于甑中，[甑，不带而泥之。]又以榖木枝三亚者制之，[亚字当作桠，木桠枝也。]散所蒸芽笋并叶，畏流其膏。

籝

杵臼：一名碓，惟恒用者为佳。

规：一曰模，一曰棬。以铁制之，或圆、或方、或花。

承：一曰台，一曰砧。以石为之。不然，以槐、桑木半埋土中，遣无所摇动。

襜⑧：一曰衣。以油绢或雨衫单服败者为之。以襜置承上，又以规置襜上，以造茶也。茶成，举而易之。

灶、釜、甑

芘莉⑨：一曰籝子，一曰蒡莨⑩，以二小竹，长三尺，躯二尺五寸，柄五寸。以篾织方眼，如圃人箩，阔二尺，以列茶也。

棨⑪：一曰锥刀。柄以坚木为之。用穿茶也。

扑：一曰鞭。以竹为之。穿茶以解茶也。

焙：凿地深二尺，阔二尺五寸，长一丈。上作短墙，高二尺，泥之。

五代·定窑白釉瓷茶臼

贯：削竹为之，长二尺五寸。以贯茶焙之。

棚：一曰栈。以木构于焙上，编木两层，高一尺，以焙茶也。茶之半干，升下棚；全干，升上棚。

穿：江东、淮南剖竹为之；巴山峡川，纫榖皮为之。江东以一斤为上穿，半斤为中穿，四五两为小穿。峡中以一百二十斤为上穿，八十斤为中穿，四五十斤为小穿。穿，旧作钗钏之"钏"字，或作贯"串"。今则不然，如"磨、

规、承

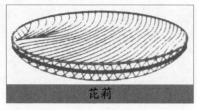

芘莉

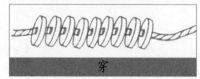

穿

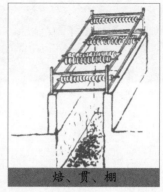

焙、贯、棚

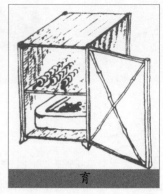

育

扇、弹、钻、缝"五字，文以平声书之，义以去声呼之，其字以"穿"名之。

育：以木制之，以竹编之，以纸糊之。中有隔，上有覆，下有床，旁有门，掩一扇。中置一器，贮塘煨火，令熅熅然[12]。江南梅雨时，焚之以火。[育者，以其藏养为名。]

注释

① 籝：读音 yíng。竹制的箱子、笼子、篮子等用来盛放物品的器具。

② 筥：读音 jǔ。圆形的盛物竹器。

③ 黄金满籝，不如一经：语出《汉书·韦贤传》。说的是留给儿孙满箱黄金，不如留给他们一本经书。

④ 颜师古：名籀。唐初经学家，曾注《汉书》。

⑤ 无用突者：突，烟囱。成语有"曲突徙薪"。

⑥ 甑：读音 zèng。古代用来蒸食物的炊器。即今蒸笼。

⑦ 箅以算之，篾以系之：算，读音 pí。蒸笼中的竹屉。篾，读音 miè。长条细薄竹片，在此处是指从甑中取出算的提耳。

⑧ 襜：读音 chān。系在衣服前面的围裙。

⑨ 芘莉：芘，读音 bì。芘莉，竹制的盘子类器具。

⑩ 莨莨：读音 páng láng。笼子、盘子一类的盛物器具。

⑪ 棨：读音 qǐ。穿茶饼时用的锥刀。

⑫ 令熅熅然：熅，读音 yūn。没有火焰的火。熅熅然，火光微弱的样子。

译文

籝：有人称为篮子，有人称为笼子，有人称为筥。是用竹篾编织而成的，通常可以盛放五升茶叶，还有盛放一斗、二斗、三斗的，是采茶人背在背上盛放茶叶的。[籝，《汉书》音盈所说的"黄金满籝，不如一经"的"籝"。颜师古说："籝，是竹编器具，可盛四升。"]

灶：不使用烟囱的。

釜：要使用锅的边缘向外翻如同口唇形状的。

甑：有木制或陶制的。不要使用细腰形状的，缘口和锅接缝的地方要用泥封严。竹算是篮子形状，两边的提耳是用竹篾系牢。开始蒸茶时，把鲜茶叶放到算里；等到蒸熟了，再从算里拿出。锅中的水倘若干了，可从甑口加些水。［甑，不要细腰的像系了腰带的那种，接缝处一定用泥封严。］再把有三个枝桠的木棍削制成搅拌器，［亚字应是"桠"，就是树木的枝桠。］把蒸好的茶芽、茶笋、茶叶抖匀松散放置，以免流失了茶汁。

杵臼：又叫做碓，以长期使用的为好。

规：又叫做模，或者叫做棬。用铁制造而成，有圆形、方形、花形三种。

承：又叫做台，或者叫做砧。用石头制造而成，可以用槐木、桑木深埋一半在地下，为了在拍茶饼时不至于摇晃。

檐：又叫做衣。用油布或雨衫、单衣剪成一片就制成了。把檐布铺在砧板上，再把模放到檐布上，然后拍打即可制成茶饼。茶饼拍成后，取出茶饼和檐布，再拍打时另外换一块。

芘莉：又称为籝子，或叫蒡莨。用两只小竹片，各长三尺，其中竹身长二尺五寸，手柄长五寸。竹身上用竹篾织成方眼格子，就像农民用的筹，宽度为二尺，是用来摆放茶饼的。

棨：又叫做锥刀。把柄是用坚硬的木棒制作而成，是用来穿茶饼孔眼的。

扑：又叫做鞭。用竹子制作而成。是用来串联茶饼并送到焙炉上去的用具。

焙：在地面上挖一个深二尺、宽二尺五寸、长一丈的坑，坑四周筑低墙，高二尺，用泥抹平。

贯：用竹子削制而成。长二尺五寸，是串上茶饼以供焙烤之用。

棚：又称为栈。用木料制作而成放在焙窑上的架子，分为两层，高一尺，用来焙制茶饼的。茶饼焙到半干时，由下层挪到上层；全部焙干后，依次从上层取下。

穿：江东、淮南一带的人用竹篾制作而成，巴山峡川一带的人用穀皮搓制而成。江东一带，把重量一斤的茶饼串成大穿，半斤重的茶饼串成中穿，四五两重的茶饼串成小穿。三峡一带，把120斤的茶饼串叫大穿，80斤的茶饼串叫中穿，四五十斤的茶饼串叫小穿。"穿"字，过去曾经写成钗钏的"钏"字，或者写成贯串的"串"字。如今不这样写，就像"磨、扇、弹、钻、缝"五个字，书面上的字形读平声，如果按着另一意思用，则又读去声。所以就用"穿"字来称呼这种扎成串的茶饼。

育：用木头制成的架子，四周用竹篾编成竹壁，竹壁用纸裱糊，里面有隔间，上面有盖，下面有床，两旁有门，其中一扇门关闭。在中间放置一个盛火器，蓄积着细小的火灰让它们略微地燃烧。到江南梅雨季节时烧水用火温烘干茶饼。［这温室之所以叫做育，就是因为它可以收藏和养育茶饼而命名的。］

三 茶之造

原文

凡采茶，在二月、三月、四月之间。茶之笋者，生烂石沃土，长四五寸，若薇、蕨始抽，凌露采焉①。茶之芽者，发于藂薄之上②，有三枝、四枝、五枝者，选其中枝颖拔者采焉。其日，有雨不采，晴有云不采，晴，采之、蒸之、捣之、拍之、焙之、穿之、封之，茶之干矣。

茶有千万状，卤莽而言，如胡人靴者，蹙缩然；〔京锥文也③。〕犎牛臆者，廉襜然④；〔犎，音朋，野牛也。〕浮云出山者，轮囷然⑤；轻飙拂水者，涵澹然。有如陶家之子，罗膏土以水澄泚之；〔谓澄泥也。〕又如新治地者，遇暴雨流潦之所经；此皆茶之精腴。有如竹箨⑥者，枝干坚实，艰于蒸捣，故其形籭簁然⑦；〔上离下师〕。有如霜荷者，茎叶凋沮，易其状貌，故厥状委悴然。此皆茶之瘠老者也。

自采至于封，七经目。自胡靴至于霜荷，八等。或以光黑平正言佳者，斯鉴之下也。以皱黄坳垤⑧言佳者，鉴之次也。若皆言佳及皆言不佳者，鉴之上也。何者？出膏者光，含膏者皱，宿制者则黑，日成者则黄；蒸压则平正，纵之则坳垤；此茶与草木叶一也。茶之否臧⑨，存于口诀。

注释

①若薇、蕨始抽，凌露采焉：薇、蕨，都是野菜。凌，带着。

②藂薄：指有灌木、杂草丛生的地方。《汉书注》："灌木曰丛。"扬雄《甘草赋注》："草丛生曰薄。"

③京锥文也：京，高大。锥，刀锥。文，同"纹"。全句意为：大钻子刻钻而成的花纹。

④臆者，廉襜然：臆，指牛胸肩部位的肉。廉，边侧。襜，帷幕。全句意为：牛胸肩部位的肉，像侧边的帷幕。

⑤轮囷：轮，车轮。囷，圆顶的仓。意为：像车轮、圆仓那样卷曲盘曲。

⑥竹箨：竹笋的外壳。箨，读音 tuò。

⑦籭簁：两字意思相通，读音亦同：shāi。皆为竹器。《集韵》说就是竹筛。

⑧坳垤：土地低下处叫做坳，小土堆叫做垤。形容茶饼表面的凸凹不平。

⑨否臧：否，读音 pǐ，贬，非议。臧，褒奖。

刚采制的新茶

译文

采摘茶叶，都是在每年农历二月、三月、四月间。茶芽嫩得像竹笋的，大都生长在山洼石隙的肥沃土壤中，等新芽条长到四五寸的时候，就像薇蕨等野菜新发的嫩长细枝，这时要踏着早晨的露水及时采摘。茶的嫩芽，通常都生长在灌木杂草丛生的茶丛里。抽出的嫩枝有三枝、四枝、五枝，应该选取其中主枝挺拔的采摘。下雨的时候不要采摘，多云间晴天也不要采摘。天气晴朗了，就采茶、蒸青、捣碎、拍压、焙干、串扎、包封，这样茶饼就完全制成干透的了。

清晨带着露水的茶叶

茶饼千形万状。大致说，有的像胡人的靴子褶皱蹙缩；[像用钻子钻刻的皱纹。] 有的像野牛胸肩上突起的肉；有的像侧面墙壁上悬挂的帷帐；有的像浮云出山卷曲盘曲；有的如同清风吹拂的水面微波荡漾；有的如同陶工筛出的陶泥，用水澄清后，细润光滑 [澄泚，就是用水把泥澄清。]；有的像新开垦的土地，遇到大雨冲刷，形成了条条沟壑。这些都是优良丰厚的好茶的形状。有的茶如同竹笋的硬壳，枝干坚硬，很难蒸熟捣烂，好像破竹筛一样。还有的好像经霜打过的荷花，枝干和花朵都衰颓凋谢，改变了原来的形态，显得枯萎干黄。这些都是粗老品质低的茶叶。

茶叶的制作，从采摘到封存，一共要经过七道流程。从茶饼的形态颜色看，像胡人皮靴到好似霜打的荷花，茶叶大概共有八个品种。有人认为黑泽光亮形体平整的茶饼品质好，这是不高明的鉴别品评；有人认为色泽黄褐形体多皱的茶饼品质好，这是中等眼力的鉴别品评。如果对这两种茶饼，既能说出它的优点又能说出它的缺点，这才是鉴别品评茶叶的行家。为什么这样说呢？因为茶饼表面有茶汁浸润时颜色就光润；茶汁没有流出而含在茶饼里，表面就干缩起皱，制作时间久了过了夜的茶饼颜色就黑，当天制成的茶饼颜色就黄；蒸得透、压得紧，茶饼就平整；不认真蒸压，茶饼就起皱凸凹不平。茶叶和其他草木叶子都是这种性质。所以鉴别品评茶叶的好坏，自有它行内的口诀，不能仅仅用"好"或"不好"来评论。

四 茶之器

原文

风炉［灰承］ 筥 炭挝 火筴 镀 交床 夹 纸囊 碾［拂末］ 罗 合 则 水方 漉水囊 瓢 竹筴 鹾簋［揭］ 碗 熟 盂 畚 札 涤方 滓方 巾 具列 都篮

风炉［灰承］：风炉以铜、铁铸之，如古鼎形。厚三分，缘阔九分，令六分虚中，致其圬墁[①]。凡三足，古文书二十一字：一足云："坎上巽下离于中[②]"；一足云："体均五行去百疾"；一足云："圣唐灭胡明年铸[③]。"其三足之间，设三窗，底一窗以为通风漏烬之所。上用古文书六字：一窗之上书"伊公"二字；一窗之上书"羹陆"二字；一窗之上书"氏茶"二字，所谓"伊公羹，陆氏茶[④]"也。置墆㙠[⑤]于其内，设三格：其一格有翟焉，翟者，火禽也，画一卦曰离；其一格有彪焉，彪者，风兽也，画一卦曰巽。其一格有鱼焉，鱼者，水虫也，画一卦曰坎。巽主风，离主火，坎主水，风能兴火，火能熟水，故备其三卦焉。其饰，以连葩垂蔓、曲水方文之类。其炉，或锻铁为之，或运泥为之。其灰承作三足，铁柈[⑥]抬之。

筥：以竹织之，高一尺二寸，径阔七寸。或用藤，作木楦如筥形织之。六出圆眼。其底盖若莉箧[⑦]口，铄之。

炭挝：以铁六棱制之。长一尺，锐上丰中执细，头系一小镮，以饰挝也，若今之河陇军人木吾[⑧]也。或作槌，或作斧，随其便也。

火筴：一名箸，若常用者，圆直一尺三寸。顶平截，无葱薹句锁[⑨]之属。以铁或熟铜制之。

镀铁［音辅，或作釜，或作鬴］：以生铁为之。今人有业冶者，所谓急铁，其铁以耕刀之趄[⑩]炼而铸之。内抹土而外抹沙。土滑于内，易其摩涤；沙涩于外，吸其炎焰。方其耳，以令正也。广其缘，以务远也。长其脐，以守中也。脐长，则沸中；沸中，末易扬，则其味淳也。洪州[⑪]以瓷为之，莱州[⑫]以石为之。瓷与石皆雅器也，性非坚实，难可持久。用银为之，至洁，但涉于侈丽。雅则雅矣，洁亦洁矣，若用之

风炉

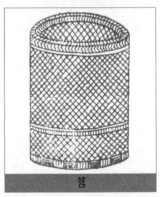
筥

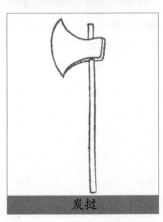
炭挝

恒，而卒归于铁也。

交床：以十字交之，剜中令虚，以支镀也。

夹：以小青竹为之，长一尺二寸。令一寸有节，节以上剖之，以炙茶也。彼竹之筱⑬，津润于火，假其香洁以益茶味。恐非林谷间莫之致。或用精铁、熟铜之类，取其久也。

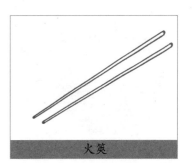

火筴

纸囊：以剡藤纸⑭白厚者夹缝之，以贮所炙茶，使不泄其香也。

夹

碾［含拂末］：碾以橘木为之，次以梨、桑、桐、柘为之。内圆而外方。内圆，备于运行也；外方，制其倾危也。内容堕而外无余。木堕，形如车轮，不辐而轴焉。长九寸，阔一寸七分。堕径三寸八分，中厚一寸，边厚半寸。轴中方而执圆。其拂末，以鸟羽制之。

罗、合：罗末以合盖贮之，以则置合中。用巨竹剖而屈之，以纱绢衣之。其合，以竹节为之，或屈杉以漆之。高三寸，盖一寸，底二寸，口径四寸。

纸囊

则：以海贝、蛎蛤之属，或以铜、铁、竹匕⑮、策之类。则者，量也，准也，度也。凡煮水一升，用末方寸匕⑯，若好薄者减之，嗜浓者增之。故云则也。

水方：以椆木［音胄，木名也。］、槐、楸、梓等合之，其里并外缝漆之。受一斗。

碾

漉水囊⑰：若常用者。其格以生铜铸之，以备水湿，无有苔秽、腥涩之意；以熟铜，苔秽；铁，腥涩也。林栖谷隐者或用之竹木。木与竹非持久涉远之具，故用之生铜。其囊，织青竹以卷之，裁碧缣以缝之，纫翠钿以缀之，又作绿油囊以贮之。圆径五寸，柄一寸五分。

瓢：一曰牺杓，剖瓠为之，或刊木为之。晋舍人杜毓⑱《荈赋》云："酌之以匏。"匏，瓢也，口阔，胫薄，柄短。永嘉中，余姚人虞洪入瀑布山采茗，遇一道士云："吾，丹丘子，祈子他日瓯牺之余，乞相遗也。"牺，木杓也。今常

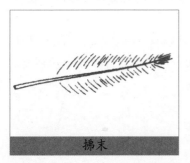

拂末

则

水方

漉水囊

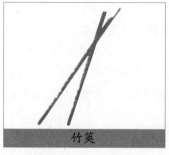

竹筴

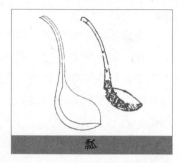

瓢

碗

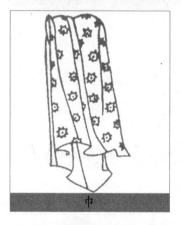

巾

用以梨木为之。

　　竹筴：或以桃、柳、蒲葵木为之，或以柿心木为之。长一尺，银裹两头。

　　鹾簋[19][含揭]：以瓷为之，圆径四寸，若合形。或瓶、或罍，贮盐花也。其揭，竹制，长四寸一分，阔九分。揭，策也。

　　熟盂：以贮熟水。或瓷、或砂。受二升。

　　碗：越州上，鼎州、婺州次[20]；岳州上，寿州、洪州次。或以邢州处越州上[21]，殊为不然。若邢瓷类银，则越瓷类玉，邢不如越一也；若邢瓷类雪，则越瓷类冰，邢不如越二也；邢瓷白而茶色丹，越瓷青而茶色绿，邢不如越三也。晋杜毓《荈赋》所谓："器择陶拣，出自东瓯。"瓯，越州也，瓯越上，口唇不卷，底卷而浅，受半升以下。越州瓷、岳瓷皆青，青则益茶，茶作红白之色。邢州瓷白，茶色红；寿州瓷黄，茶色紫；洪州瓷褐，茶色黑，悉不宜茶。

　　畚[22]：以白蒲卷而编之，可贮碗十枚，或用筥。其纸帊以剡纸夹缝令方，亦十之也。

　　札：缉栟榈皮，以茱萸木夹而缚之，或截竹束而管之，若巨笔形。

　　涤方：以贮洗涤之余。用楸木合之，制如水方，受八升。

　　滓方：以集诸滓，制如涤方，受五升。

　　巾：以绝布[23]为之。长二尺，作二枚，互用之，以洁诸器。

　　具列：或作床，或作架。或纯木、纯竹而制之；或木或竹，黄黑可扃[24]漆者。长三尺，阔二尺，高六寸。具列者，悉敛诸器物，悉以陈列也。

　　都篮：以悉设诸器而名之，以竹篾，内作三角方眼，外以双篾阔者经之，以单篾纤者缚之，递压双经，作方眼，使玲珑。高一尺五寸，底阔一尺，高二寸，长二尺四寸，阔二尺。

注释

① 杇墁：本意为涂墙用的工具。这里用来指涂泥。

② 坎上巽下离于中：坎、巽、离都是八卦的卦名。

③ 圣唐灭胡明年铸：盛唐灭胡，指唐平息"安史之乱"，当时正值唐广德元年（763年），这个鼎就铸于公元764年。

④ 伊公羹，陆氏茶：伊公，指商汤时的大尹伊挚。相传他善于调配汤味，世称"伊公羹"。陆，即陆羽自己。"陆氏茶"，陆羽的茶具。

⑤ 㟝崿：读音 dié niè。贮藏。

⑥ 铁柈：柈，通"盘"，盘子。

⑦ 莒筥：用小竹篾编成的长方形箱子。

⑧ 木吾：木棒。

⑨ 葱薹句锁：薹，读音 tái。葱的籽实，长在葱的顶部，呈圆珠形。句，通"勾"，弯曲形。锁，即"锁"。

⑩ 耕刀之趄：耕刀，即锄头、犁头。趄，读音 jū。艰难行走之意，成语有"趑趄不前"，此处引申为坏的、旧的。

⑪ 洪州：唐时州名。治所在今江西南昌一带。

⑫ 莱州：唐时州名。治所在今山东莱州市一带。

⑬ 彼竹之筱：筱，竹的一种，也称为小箭竹。

⑭ 剡藤纸：产于唐时浙江剡县、用藤为原材料制成的纸，洁白细腻有韧性，为唐时包茶专用纸。

⑮ 竹匕：匕，读 bǐ，匙子。

⑯ 用末方寸匕：用竹匙挑起茶叶末一平方寸。

⑰ 漉水囊：漉，读音 lù，滤过。漉水囊，即滤水的袋子。

⑱ 杜毓：西晋时人，字方叔，曾任中书舍人等职。

⑲ 醝簋：盐罐，醝，读音 cuó，盐。簋，读音 guǐ，古代盛食物的圆口竹器。

⑳ 越州、鼎州、婺州：越州，治所在今浙江省绍兴地区。唐时越窑主要在余姚，所产青瓷，极其名贵。鼎州，治所在今陕西省泾阳三原一带。婺州，治所在今浙江省金华一带。

㉑ 岳州、寿州、洪州、邢州：都是唐时州郡名。治所分别在今湖南岳阳、安徽寿县、江西南昌、河北邢台一带。

㉒ 畚：读音 běn。即簸箕。

㉓ 绝红布：绝，读音 shī，粗绸。

㉔ 扃：读音 jiōng。可关可锁的门。

译文

　　风炉：用铜或铁铸造而成，形如古代的鼎。壁体厚三分，口沿宽九分，比炉壁多出的六分让它虚悬在口沿下，用泥涂抹上。所有风炉都有三只脚，铸造的古体字有二十一个。其中一只脚上刻有："坎上巽下离于中"；一只脚上刻有："体均五行去百疾"；另一只脚上刻有："圣唐灭胡明年铸"。在鼎的三脚之间，设置三个窗户，底下设置的窗户是用来通风漏灰的。三个窗户上共刻有六个古体字：一只窗上刻有"伊公"二字，一只窗上刻有"羹陆"二字，一只窗上刻有"氏茶"二字，连在一起读就是"伊公羹"、"陆氏茶"。炉口放

唐·梅花瓣形银茶托

置一个可堆放东西的支垛，里面设置三层格子：一层格上铸一只野鸡，野鸡也就是火禽，铸上离卦符号"离"；另一层格上铸一只小老虎，虎属于风兽，铸上巽卦的符号"巽"；再有一层格上铸一条鱼，鱼属于水族，铸上坎卦的符号"坎"。巽代表风，离代表火，坎代表水，风能使火旺盛，火能把水煮沸，所以窗上刻有这三个卦的符号。炉壁上还铸上连缀的花朵、垂悬的草蔓、回曲的水波或者方块图案等当做装饰。风炉可以用熟铁铸成，也可以用泥塑造。而灰承，是用来制成三只脚的铁盘，承托着风炉的。

筥：用竹篾编织而成，高一尺二寸，直径七寸。或者用藤编织，先制作一个木楦头，用藤绕着它编织，六角圆眼花纹要明显。它的底盖要像长方形箱子口一样削平整。

炭挝：是用铁打造成的六棱形铁棒。长一尺，一头细，从中间开始逐渐粗大。手拿细头，细头顶端安一小锤做装饰，就像现在河陇军人巡逻时用的木棒。也可以打造成锤形，或者打造成斧形，这些全凭个人的爱好。

火筴：又叫做火筯，像人们平时用的火钳。两叉股是圆直的，长一尺三寸。两股交叉的上半部，做成平顶就行，不必打造成球形或勾锁形。一般用铁或熟铜制造。

鍑［音辅，或作釜，或作鬴］：用生铁制造而成。如今有人经营冶炼业就用"急铁"，也就是坏锄头之类回炉再炼的铁。铸造时，模芯外面涂抹泥土，外模里面涂抹细沙。土能使锅内面光滑，便于洗刷，沙能使锅外粗涩，吸热很快。两个锅耳制成方形，使锅提起时端正。锅沿要宽，可以用得时间长些；锅腹要深，使煮茶的水不超过中部。这样，锅深了，茶水就在锅的中部沸腾，茶叶在沸水中翻滚不会溢出，这种方法煮的茶水味道就格外的醇厚。洪州人用瓷制造锅，莱州人用石头制造锅。瓷锅和石锅都是雅致的东西，但天性不坚固不结实，很难持久使用。也有人用银制造锅，当然是很干净，但是过于奢侈华丽。而这些用瓷、石、银制造的锅，要说雅致，确实很雅致；要论洁净，也非常洁净，但如果想长久耐用，还是以铁制的为好。

交床：是用十字交叉的木架拼制而成的，中间掏空，用来支放茶锅。

夹子：用小青竹制成。长一尺二寸。青竹的上端一寸处，要留有竹节。竹节以下对半剥开，用来夹烤茶饼。小青竹的汁液，受到火烤后就会散发香气，增加茶叶的香味。但不去丛林深谷是找不见这种小青竹的，也可用精铁、熟铜打

唐·鎏金天马流云纹银茶碾

北朝·青瓷双流鸡首壶

造夹子，会更经久耐用。

纸囊：选取洁白而厚实的剡藤纸缝成夹层，把烤好的茶饼夹在里面贮藏，茶叶的香气就不容易泄漏。

碾［包含拂末］：用橘木制作最好，其次是用梨、桑、桐、柘等木制作。形状内圆外方。内圆，便于碾轮滚碾；外方，可提防碾的倾倒。碾槽以恰好容下碾轮没有多余的地方为最佳。碾轮，形状像车轮，但没有辐条只有一个轴穿在中间。碾槽长九寸，宽一寸七分。碾轮直径三寸八分。中心厚一寸，周边厚半寸。轴的中心是方形，两手抓的地方是圆形。用来刷茶末的"拂末"，是用鸟的羽毛制作而成的。

罗、合：由箩筛下来的茶末，用茶盒贮藏，把挑匙也放在盒里。罗，先削一大竹片弯曲成圆形，用纱或绢蒙上绷紧做筛面。茶盒，用竹子的枝节制作而成，也可将杉木弯曲成圆形，外面涂抹上漆。盒高三寸，其中盒盖高一寸，盒身高二寸，口径为四寸。

则：用海贝、牡蛎、蛤蜊之类的小介壳制作，或者用铜、铁、竹制作成匙形。则，就是称度、标准、量取的意思，大概煮一升水，用茶末一平方寸。如喜欢喝淡茶，就少放些茶末，习惯喝浓茶就多加些茶末。挑匙就是标准量器，所以称为"则"。

水方：用椆木［音胄，一种树木的名称］、槐木、楸木、梓木等木片合制而成的桶，它的里外包括缝隙都要严密并用漆漆好。每只桶盛一斗水。

漉水囊：如同人们常用的过滤袋一样。承托滤水袋的框格，要用生铜铸造，以便水浸湿后没有铜绿苔臭和腥涩的气味。若用熟铜铸造，会生铜绿苔臭；用铁铸造，有腥涩气味。在树林中和山谷里隐居的人，经常用竹木制作。木和竹长久不耐用，不易远行携带很容易损坏，所以最好还是用生铜铸造。滤水的袋子，用青竹片卷制而成，再裁一块碧绿色的丝绢缝上，可以装饰一些细小的翠玉、螺钿。再制作一个绿色的油绢袋，把滤水袋装起来。滤水袋的口径长五寸，手握处长一寸五分。

瓢：又叫做牺、杓。是用熟的葫芦剥开制作而成的，或者用杂木掏空而成。西晋的中书舍人杜毓在《荈赋》里写道："酌之以匏。"匏就是瓢，口径大，壳薄，把柄处短。西晋永嘉年间，余姚人虞洪到瀑布山采茶，遇到一名道士对他说："我叫丹丘子，希望你以后牺杯里有多余的茶水时，就赠送我一些。"牺，就是木勺。现在人们通常用梨木制作。

竹筴：可以用桃木、柳木或者蒲葵木制作，也可以用柿心木制作。长一尺，两端用银包裹。

鹾簋［包含揭］：用瓷制作而成，口

唐·带托青瓷莲瓣碗

唐·琉璃茶碗托子

径四寸，形状像盒子。也可以用瓶子，或者陶盒，储存细盐。揭，用竹子制作而成，长四寸一分，宽九分。揭，就是竹片。

熟盂：开水瓶，储存开水用的。可以用瓷制作，也可用沙石制作。可以盛放二升水。

碗：茶碗，越州出产的为上等品，其次是鼎州、婺州出产的。岳州的茶碗也属于上等品，寿州、洪州的就稍差些。有人认为邢州的茶碗质地位于越州之上，其实绝对不是这样。如果说邢州的瓷器像白银，那越州的瓷器就如同玉石，这是邢瓷比不上越瓷的第一点；如说邢瓷像雪，那越瓷就像冰，这是邢瓷比不上越瓷的第二点；邢州的瓷碗颜色白，用来盛茶水，茶水呈现红色；越州的瓷碗颜色青，用来盛茶水，茶水呈现绿色，这是邢瓷比不上越瓷的第三点。西晋杜毓的《荈赋》说："器择陶拣，出自东瓯。"瓯，就是指越州，说明越瓷属于上等品。这种茶碗口沿不外翻，底向外卷而不高，每碗盛放茶水半升以下。越州瓷和岳州瓷都是青色，青色衬托茶水能增强茶色，茶水呈现绿色。邢州瓷是白色，茶水呈现红色；寿州瓷是黄色，茶水呈现紫色；洪州瓷是褐色，茶水呈现黑色，都不适合做茶碗。

畚：籯箕，用白蒲叶卷拢编织而成，可用来装储十只茶碗，也可以用筥装储。包裹茶碗用的纸套，用双层剡藤纸缝合成方形，也可装储十个。

札：收集一些棕榈丝片，夹在茱萸木的一端，或者截一段竹子，将棕榈丝片束绑在一端，形状就像一只大毛笔。

涤方：洗涤盆，用来储存洗涤用水的。是用楸木板拼合制成的，制法和"水方"一样，通常可盛放八升水。

滓方：茶渣盆，用来储存喝过的茶滓。制作方法和"涤方"相同。能盛放五升茶滓。

巾：用粗布绸制作而成。每条长二尺，做两条，轮换使用，用它清洁擦拭各种器具。

具列：陈列架，可以制作成床，也可以制成架。有的用纯木制作，有的用纯竹制作。木制的和竹制的架子，颜色黑黄，有可关锁的门，都漆上了油漆。每个长三尺、宽二尺、高六寸。称作"具列"，可以把各种器具全都存放在里面。

都篮：因可以存放各种器具而得名。用竹篾制作而成，里面编织成三角形方眼，外面有较宽的双层竹篾制成经线，再用较窄的单层竹篾缚绑，单篾依次压住双篾经线，并编成方形孔眼使它看起来精巧细致，玲珑美观。"都篮"高一尺五寸［其中底部宽一尺，高二寸］，长二尺四寸，宽二尺。

五 茶之煮

原文

凡炙茶，慎勿于风烬间炙，熛焰如钻，使凉炎不均。持以逼火，屡其翻正，候炮出培塿状虾蟆背①，然后去火五寸。卷而舒，则本其始，又炙之。若火干者，以气熟止；日干者，以柔止。

其始，若茶之至嫩者，蒸罢热捣，叶烂而芽笋存焉。假以力者；持千钧杵亦不之烂，如漆科珠②，壮士接之，不能驻其指。及就，则似无穰骨也。炙之，则其节若倪倪如婴儿之臂耳。既而，承热用纸囊贮之，精华之气无所散越，候寒末之。[末之上者，其屑如细米；末之下者，其屑如菱角。]

其火，用炭，次用劲薪。[谓桑、槐、桐、枥之类也。]其炭曾经燔炙，为膻腻所及，及膏木、败器，不用之。[膏木，谓柏、松、桧也。败器，谓朽废器也。]古人有劳薪之味③，信哉！

其水，用山水上，江水中，井水下。[《荈赋》所谓："水则岷方之注，挹④彼清流。"]其山水，拣乳泉、石池漫流者上；其瀑涌湍漱，勿食之。久食，令人有颈疾。又水多流于山谷者，澄浸不泄，自火天至霜郊⑤以前，或潜龙蓄毒于其间，饮者可决之，以流其恶，使新泉涓涓然，酌之。其江水，取去人远者。井水，取汲多者。

其沸，如鱼目⑥，微有声，为一沸；缘边如涌泉连珠，为二沸；腾波鼓浪，为三沸；已上，水老，不可食也。初沸，则水合量，调之以盐味，谓弃其啜余，[啜，尝也，市税反，又市悦反。]无乃"餡䤅"而钟其一味乎？[餡，古暂反。䤅，吐滥反。无味也。]第二沸，出水一瓢，以竹筴环激汤心，则量末当中心而下。有顷，势若奔涛溅沫，以所出水止之，而育其华也。

凡酌，至诸碗，令沫饽均。[《字书》并《本草》："沫、饽，均茗沫也。"饽，薄笏反。]沫饽，汤之华也。华之薄者曰沫，厚者曰饽，轻细者曰花，如枣花漂漂然于环池之上；又如回潭曲渚青萍之始生；又如晴天爽朗，有浮云鳞然。其沫者，若绿钱浮于水湄⑦；又

明·仇英《松亭试泉图》

清·蒲华《茶熟菊开图》

如菊英堕于樽俎⑧之中。饽者，以滓煮之，及沸，则重华累沫，皤皤然⑨若积雪耳。《荈赋》所谓"焕如积雪，烨若春藓⑩"，有之。

第一煮水沸，弃其沫，之上有水膜如黑云母，饮之则其味不正。其第一者为隽永，[徐县、全县二反。至美者曰隽永。隽，味也。永，长也。味长曰隽永，《汉书》蒯通著《隽永》二十篇也。]或留熟盂以贮之。以备育华救沸之用。诸第一与第二、第三碗次之，第四、第五碗外，非渴甚莫之饮。凡煮水一升，酌分五碗，[碗数少至三，多至五。若人多至十，加两炉。]乘热连饮之，以重浊凝其下，精英浮其上。如冷，则精英随气而竭，饮啜不消亦然矣。

茶性俭⑪，不宜广，广则其味黯澹。且如一满碗，啜半而味寡，况其广乎！

其色缃也，其馨欵也，[香至美曰欵。上必下土，欵音使。]其味甘，槚也；不甘而苦，荈也；啜苦咽甘，茶也。

注释

①炮出培塿状虾蟆背：炮，烘烤。培塿，小土堆。塿，读音lòu。虾蟆背，有很多丘泡，不光滑，形容茶饼的表面起泡好像蛙背一样。

②如漆科珠：科，用斗称量。句意为用漆斗量珍珠，滑溜难量。

③劳薪之味：用旧车轮之类的燃料烧烤，食物会有异味。

④挹：读音yì，舀取。

⑤自火天至霜郊：火天，酷暑时节。霜郊，秋末冬初霜降大地。二十四节气中，"霜降"在农历九月下旬。

⑥如鱼目：水刚刚沸时，水面有许多小气泡，像鱼的眼睛，故称鱼目。后人又称"蟹眼"。

⑦水湄：有水草的河边。

⑧樽俎：樽是盛酒的器具，俎是切东西时垫在底下的器具，这里指各种餐具。

⑨皤皤然：皤，读音pó。皤皤，满头白发的样子。这里形容白色水沫。

⑩烨若春藓：烨，读音yè，光辉明亮。藓，读音fū，花。

⑪茶性俭：俭，俭朴无华。比喻茶叶中可溶于水的物质不多。

译文

凡是炙烤茶饼，必须注意不要在大风中或者剩余的火里进行。因为这时的火焰飘忽不定，火舌尖细如钻，会使茶饼烤得冷热不均匀。应该用竹筴夹住茶饼贴近火焰，不断翻烤正反两面，待茶饼表面烤得如同小土堆和蛤蟆背一样微凸而且生起小丘点时，移开离火五寸的距离慢慢地烤。等到卷凸起的茶叶逐渐平伏下去，再夹到火跟前炙烤。茶饼如果原来是用火烘干的，那么烤到茶熟散发出香气时为好；如果原来是日光晒干的茶饼，那就烤到茶饼完全发软为止。

开始采茶时，新鲜茶叶是特别柔嫩的，蒸熟后必须趁热捣碎，叶子虽烂了但芽笋还硬挺着。这时，就是请力气很大的人拿着千斤重的大棒捣也捣不烂，就像用光滑的漆盘量光滑的珠子，大力士也无法让珠子停留在漆盘上一样。最后，芽笋依旧留在茶叶里，炙烤时这些芽笋就像婴儿的手臂一样圆圆的显露在茶饼上。此时烤好的茶饼，要趁热装进纸袋储存，以防茶的香气散发掉，待冷却后，再碾碎成茶末。[上等茶叶末，呈颗粒状如细米，品质低的茶叶末，粗糙得像菱角。]

烤茶饼的火，用木炭最好，其次是用硬柴火。[指桑、槐、桐、枥之类木材。]如果原来烧过的木炭，沾染上了腥膻油腻气味，以及本身含脂膏多的木料和腐烂不能使用的木器，都不能使用。[含脂膏多的，指柏木、松木、桧木一类。废器，指废旧腐朽的木器。]古人曾发过"劳木之气"的议论，说得可真贴切呀！

煮茶饼的水，山水为上等，江水为中等，井水最次。[像《荈赋》所说的："水要像岷江流注的活水，用瓢舀取它的清流。"]用山水，要找钟乳滴下的和山崖中流出的泉水；山谷中汹腾猛荡的急流不可喝。长时间喝的话，会使人患大脖子病。还有，泉水流到山洼谷地停滞不动的死水，从农历六七月起到九月霜降之前，会有毒龙虫蛇吐出的毒素聚集水中，喝之前要先打开一个口子进行疏导，让沉积的污水流尽，而使新的泉水缓缓流入再舀取。江河中的水，要到离人家远的地方舀取。井水，要从长期有人喝的井中汲取。

煮茶时，当水煮到有鱼眼睛一样的小水泡上浮并略有沸腾声音时，叫第一沸腾；接着，锅边沿的水像珠子在泉池翻动，叫第二沸腾；随后，锅里的水像波浪一样大翻滚，叫第三沸腾。这时的水已经煮老了，不适宜使用。在第一沸腾时，要依据水的多少，调上盐，尝一下水的咸淡。[啜，就是尝。读音用市税反切拼读，或用市悦反切拼读。]也有的人不加盐，那说明只钟爱于无味的淡茶。[餡，用古暂反切拼读。醷，用吐滥反切拼读。两字是说没有味道。]到第二沸腾时，舀出一瓢水，用竹筷在锅中心旋转搅动，再放入适量的茶末，茶末就会随着旋涡由中心沉下去。过一会儿，待锅里

明·玉川煮茶图

清·吴昌硕《煮茗图》

茶水像惊涛翻涌并有水沫溅出时，立即用先舀出的那瓢水缓缓倒入，让茶水在锅里缓缓滚动，以保留茶的精华。

分盛到茶碗的茶水，泡沫要均匀。[《字书》和《本草》同样记载，沫和饽，都是茶水的泡沫。饽，用薄笏反切拼读。]沫和饽，是茶水的精华，薄的叫沫，厚的叫饽，细而轻的叫花。花，有时像枣花在园池中轻轻飘荡，又像萦回的水潭和曲折的沙洲旁漂游的新生青萍，又像高爽晴朗的天空上浮动的鱼鳞云。那些沫，如绿色的浮萍漂浮在水草之旁，又像堕落的菊花降在锅碗之中。而饽，是用煮过一次的茶末再煮而形成的，当茶煮沸时，它们堆积叠压在锅边，像一堆堆洁白的雪花。《荈赋》中说："明亮如积雪，光艳若春花"，真的是这样。

水煮到第一沸腾时，要舀掉水面上一层像黑云母一样的水膜，不然喝的时候茶味不纯正。煮开的茶水，最好的叫隽永。[隽永，用徐县或全县反切拼读。最甜美的才称为隽永。隽，味美。永，长久。史书上说隽永，《汉书》载有蒯通著《隽永》二十篇。]可以储在熟盂里，当锅里茶水沸腾时，可以倒入以防止沸腾。后来再从锅里舀出第一、第二、第三碗茶水，味道要比隽永差些。第四、第五碗以后，除了很渴时就不要喝了。一般煮一升茶水，可舀五碗，[人少了舀三碗，人多了舀五碗。要是多到十人，那就加煮两炉。]要趁热连续喝。因为茶水中的重浊渣汁会沉淀到下面，气味美的精华会在上面，如果放冷了，好气味的精华会随热气散发完，一碗茶如不趁热喝就可惜了。

茶的品性俭朴，不适合多加水，水加多了茶味就淡薄无味。一碗茶只喝一半就感觉味道平淡了，何况煮茶时加很多水呢！

好茶水的颜色是淡黄的，香味醇厚。[最香叫鼓。鼓，读音备。]茶水的味道甘甜，叫槚；不甜而带点苦味，叫荈；喝在嘴里略微苦，等到咽下后回味甘甜的，就叫茶。

六 茶之饮

原文

　　翼而飞，毛而走，呿而言①，此三者俱生于天地间，饮啄以活，饮之时义远矣哉！至若救渴，饮之以浆；蠲忧忿②，饮之以酒；荡昏寐，饮之以茶。

　　茶之为饮，发乎神农氏③，闻于鲁周公④，齐有晏婴⑤，汉有扬雄、司马相如⑥，吴有韦曜⑦，晋有刘琨、张载、远祖纳、谢安、左思之徒⑧，皆饮焉。滂时浸俗，盛于国朝，两都并荆俞〔俞，当作渝。巴渝也。〕间⑨，以为比屋之饮。

　　饮有粗茶、散茶、末茶、饼茶者。乃斫、乃熬、乃炀、乃舂，贮于瓶缶之中，以汤沃焉，谓之痷茶⑩。或用葱、姜、枣、橘皮、茱萸、薄荷之等，煮之百沸，或扬令滑，或煮去沫，斯沟渠间弃水耳，而习俗不已。

神农氏

　　于戏！天育万物，皆有至妙，人之所工，但猎浅易。所庇者屋，屋精极；所著者衣，衣精极；所饱者饮食，食与酒皆精极；凡茶有九难：一曰造，二曰别，三曰器，四曰火，五曰水，六曰炙，七曰末，八曰煮，九曰饮。阴采夜焙，非造也。嚼味嗅香，非别也。膻鼎腥瓯，非器也。膏薪庖炭，非火也。飞湍壅潦⑪，非水也。外熟内生，非炙也。碧粉缥尘，非末也。操艰搅遽⑫，非煮也。夏兴冬废，非饮也。

　　夫珍鲜馥烈者，其碗数三；次之者，碗数五。若座客数至五，行三碗；至七，行五碗；若六人以下，不约碗数，但阙一人而已，其隽永补所阙人。

注释

① 呿而言：呿，读音 qū，张口。这里指开口会说话的人类。

② 蠲忧忿：蠲，读音 juān，免除。

③ 神农氏：传说中的上古三皇之一，教民稼穑，号神农，后世尊为炎帝。因有后人伪作的《神农本草》等书流传，其中提到茶，所以称为"发乎神农氏"。

④ 鲁周公：名姬旦，周文王之子，辅佐武王灭商，建西周王朝，"制礼作乐"，后世尊为周公，因封国在鲁，又称鲁周公。后人伪托周公作《尔雅》，讲到茶。

⑤ 晏婴：字平仲，春秋之际大政治家，为齐国名相。相传著有《晏子春秋》，讲到他饮茶事。

⑥ 扬雄、司马相如：扬雄，见前注。司马相如（约前179～前118），字子卿，蜀郡成都人。西汉著

晏婴

名文学家，著有《子虚赋》、《上林赋》等。

⑦ 韦曜：字弘嗣，三国时人（204～273），在东吴历任中书仆射、太傅等要职。

⑧ 晋有刘琨、张载、远祖纳、谢安、左思之徒：刘琨（271～318），字越石，中山魏昌人（今河北无极县）。曾任西晋平北大将军等职。张载，字孟阳，安平人（今河北安平）。文学家，有《张孟阳集》传世。远祖纳，即陆纳（约320～395），字祖言，吴郡吴人（今江苏苏州）。东晋时任吏部尚书等职。陆羽与其同姓，故尊为远祖。谢安（320～385），字安石，陈国阳夏人（今河南太康县），东晋名臣，历任太保、大都督等职。左思（250～305），字太冲，山东临淄人。著名文学家，代表作有《三都赋》、《咏史》诗等。

⑨ 两都并荆俞间：两都，长安和洛阳。荆，荆州，治所在今湖北江陵。俞，当做渝。渝州，治所在今重庆一带。

⑩ 痷茶：痷，读音 ān，病。

⑪ 飞湍壅潦：飞湍，飞奔的急流。壅潦，停滞的积水。潦，雨后的积水。

⑫ 操艰搅遽：操作艰难、慌乱。遽，读音 jù，惶恐、窘急。

译文

有翅膀飞鸟，长有毛皮的兽类，会说话的人类，这三者都生活在天地之间，凭借饮食维持生命，可见"饮"的意义有多古远、多重要了。至于人类，要解口渴，就喝汤水；要排除忧闷，就喝酒；要清醒头脑，就喝茶。

茶当做饮料，始于神农氏，传说是一名叫鲁周公的人发明的。春秋之际齐国的晏婴，汉代的扬雄、司马相如，三国时东吴的韦曜，两晋的刘琨、张载，我的远祖陆纳，谢安、左思这些著名人物都喝茶。茶已渗透到整个社会生活中，但流行最兴盛的要数唐朝。从西都长安到东都洛阳，从江陵到重庆，家家户户都喝茶。

茶有粗茶、散茶、末茶、饼茶四大品种。有的人喝茶时，又是斫、又是熬、又是烤、又是捣，储藏在瓶子、瓦罐里，再用开水冲泡，这是非常不正确的喝茶方法。也有的人把葱、姜、枣、橘皮、茱萸、薄荷等加到茶里，煮得沸腾，或者一再扬汤，使茶水像膏汁一样滑腻，或者把茶水上面的沫饽撇掉，这样的茶，就相当于沟渠里的废水，但在民间就有这么喝的习俗。

可叹！天地孕育的万物，都有它的精妙之处，人类研究它们，常常只涉及浅在的外表现象。房屋是人类保护自己的住所，现在它的建造已特别精美；人类穿的衣服，衣冠服饰也已特别精美；人类填饱肚子的是饮食，食物和酒也已特别精美。茶，有九个方面是很难做好的：一是采摘制作，二是鉴别品评，三是器具，四是用火，五是选水，六是烤炙，七是碾末，八是烹煮，九是饮用。阴雨天采摘夜里加工，这不是采摘制作茶的优良方法。口嚼干茶辨别味道，用鼻闻茶的香气，这不是鉴别茶的专家。有膻味的鼎和沾腥味的碗，这

趵突泉位于山东省济南市，是中国著名的泉。它的泉水来自地下，泉水水质好。

不是烹制茶的器具。含脂膏多的柴、厨房用过的木炭，这些都不是烤茶的燃料。飞流湍急的河水或淤滞不流的死水，这些不是煮茶的水。把茶饼烤得外焦里生，是使用了不正确的烤法。碾出的茶末颜色青白，这不是好茶末。煮茶操作不灵活、动作急慌之凌乱，这算不上会煮茶。夏天才喝茶、冬天不喝茶，这不是真正的饮茶者。

如果是滋味鲜醇、馨香袭人的珍贵佳茗，一锅最多只投入煮三碗水的茶末；品质略差点的，投入够煮五碗的茶末。如果座客是五位，就用煮三碗的好茶；是七位，就用煮五碗的稍差点的茶；是六位以下，预先不定碗数，一旦缺一位客人的茶，就将那碗最先舀出的"隽永"的茶代替给他。

七 茶之事

原文

三皇：炎帝神农氏。

周：鲁周公旦，齐相晏婴。

汉：仙人丹丘子，黄山君，司马文园令相如，扬执戟雄。

吴：归命侯[①]，韦太傅弘嗣。

晋：惠帝[②]，刘司空琨，琨兄子兖州刺史演，张黄门孟阳[③]，傅司隶咸[④]，江洗马统[⑤]，孙参军楚[⑥]，左记室太冲，陆吴兴纳，纳兄子会稽内史俶，谢冠军安石，郭弘农璞，桓扬州温[⑦]，杜舍人毓，武康小山寺释法瑶，沛国夏侯恺[⑧]，余姚虞洪，北地傅巽，丹阳弘君举，新安任育长[⑨]，宣城秦精，敦煌单道开[⑩]，剡县陈务妻，广陵老姥，河内山谦之。

《凡将篇》书影

后魏：琅琊王肃[⑪]。

宋：新安王子鸾，鸾弟豫章王子尚[⑫]，鲍昭妹令晖[⑬]，八公山沙门谭济[⑭]。

齐：世祖武帝[⑮]。

梁：刘廷尉[⑯]，陶先生弘景[⑰]。

皇朝：徐英公勣[⑱]。

《神农食经》[⑲]："茶茗久服，令人有力，悦志。"

周公《尔雅》："槚，苦荼。"

《广雅》[⑳]云："荆巴间采叶作饼，叶老者，饼成以米膏出之。欲煮茗饮，先炙令赤色，捣末，置瓷器中，以汤浇覆之，用葱、姜、橘子芼之。其饮醒酒，令人不眠。"

《晏子春秋》[㉑]："婴相齐景公时，食脱粟之饭，炙三弋、五卵，茗菜而已。"

司马相如《凡将篇》[㉒]："乌喙、桔梗、芫华、款冬、贝母、木、檗、蒌、芩、草、芍药、桂、漏芦、蜚廉、雚菌、荈诧、白敛、白芷、菖蒲、芒硝、莞、椒、茱萸。"

《方言》："蜀西南人谓茶曰葰。"

《吴志·韦曜传》："孙皓每飨宴，坐席无不悉以七升为限，虽不尽入口，皆浇灌取尽。曜饮酒不过二升，皓初礼异，密赐茶荈以代酒。"

《晋中兴书》[㉓]："陆纳为吴兴太守时，卫将军谢安尝欲诣纳，[《晋书》以纳为吏部尚书。] 纳兄子俶怪纳无所备，不敢问之，乃私蓄十数人馔。安既至，所设惟茶果而已。俶遂陈盛馔，珍羞毕具。及安去，纳杖俶四十，云：'汝既不能光益叔父，奈何秽吾素业？'"

《晋书》："桓温为扬州牧，性俭，每宴饮，惟下七奠柈茶果而已。"

《搜神记》[㉔]："夏侯恺因疾死，宗人字苟奴察见鬼神，见恺来收马，并病其妻。著平上帻、单衣，入坐生时西壁大床，就人觅茶饮。"

刘琨《与兄子南兖州[25]刺史演书》云："前得安州[26]干姜一斤，桂一斤，黄芩一斤，皆所需也。吾体中溃〔溃，当作愦〕闷，常仰真茶，汝可致之。"

傅咸《司隶教》曰："闻南方有蜀妪作茶粥卖，为廉事打破其器具。后又卖饼于市，而禁茶粥以困蜀妪何哉？"

《神异记》[27]："余姚人虞洪，入山采茗，遇一道士，牵三青牛，引洪至瀑布山，曰：'予，丹丘子也。闻子善具饮，常思见惠。山中有大茗，可以相给，祈子他日有瓯牺之余，乞相遗也'。因立奠祀。后常令家人入山，获大茗焉。"

左思《娇女诗》[28]："吾家有娇女，皎皎颇白皙。小字为纨素，口齿自清历。有姊字蕙芳，眉目灿如画。驰骛翔园林，果下皆生摘。贪华风雨中，倏忽数百适。心为茶荈剧，吹嘘对鼎䥶。"

张孟阳《登成都楼诗》[29]云："借问扬子舍，想见长卿庐。程卓累千金，骄侈拟五侯。门有连骑客，翠带腰吴钩。鼎食随时进，百和妙且殊。披林采秋橘，临江钓春鱼。黑子过龙醢，果馔逾蟹蝑。芳茶冠六清，溢味播九区。人生苟安乐，兹土聊可娱。"

傅巽《七诲》："蒲桃、宛柰，齐柿、燕栗，恒阳黄梨，巫山朱橘，南中茶子，西极石蜜。"

弘君举《食檄》："寒温既毕，应下霜华之茗；三爵而终，应下诸蔗、木瓜、元李、杨梅、五味、橄榄、悬豹、葵羹各一杯"。

《茶经》中关于"密赐茶传荈以代酒"的记述

《茶经》中的《娇女诗》

华佗

孙楚《歌》："茱萸出芳树颠，鲤鱼出洛水泉。白盐出河东，美豉出鲁渊。姜桂茶荈出巴蜀，椒橘木兰出高山。蓼苏出沟渠，精稗出中田。"

华佗《食论》[30]："苦荼久食，益意思。"

壶居士[31]《食忌》："苦荼久食，羽化。与韭同食，令人体重。"

郭璞《尔雅注》云："树小似栀子，冬生叶，可煮羹饮。今呼早取为茶，晚取为茗，或一曰荈，蜀人名之苦荼。"

《世说》[32]："任瞻，字育长，少时有令名，自过江失志。既下饮，问人云：'此为茶？为茗？'觉人有怪色，乃自申明云：'向问饮为热为冷耳。'"

《续搜神记》[33]："晋武帝，宣城人秦精，常入武昌山采茗，遇一毛人，长丈余，引精至山下，示以丛茗而去。俄而复还，乃探怀中橘以遗精。精怖，负茗而归。"

《晋四王起事》[34]："惠帝蒙尘，还洛阳，黄门以瓦盂盛茶上至尊。"

《异苑》[35]："剡县陈务妻，少与二子寡居，好饮茶茗。以宅中有古冢，每饮，辄先祀之。二子患之，曰：'古冢何知？徒以劳！'意欲掘去之，母苦禁而止。其夜，梦一人云：'吾止此冢三百余年，卿二子恒欲见毁，赖相保护，又享吾佳茗，虽潜壤朽骨，岂忘翳桑之报[36]！'及晓，于庭中获钱十万，似久埋者，但贯新耳。母告二子，惭之，从是祷馈愈甚。"

《广陵耆老传》："晋元帝时，有老姬每旦独提一器茗，往市鬻之。市人竞买，自旦至夕，其器不减。所得钱散路旁孤贫乞人。人或异之。州法曹絷之狱中。至夜老姬执所鬻茗器，从狱牖中飞出。"

《艺术传》[37]："敦煌人单道开，不畏寒暑，常服小石子，所服药有松、桂、蜜之气，所饮茶苏而已。"

释道该说《续名僧传》："宋释法瑶，姓杨氏，河东人。元嘉中过江，遇沈台真君武康小山寺，年垂悬车。[悬车，喻日入之候，指垂老时也。《淮南子》[38]曰："日至悲泉，爰息其马"，亦此意也。]饭所饮茶。永明中，敕吴兴礼致上京，年七十九。"

宋《江氏家传》[39]："江统，字应元，迁愍怀太子[40]洗马。尝上疏谏云：'今西园卖醯[41]、面、篮子、菜、茶之属，亏败国体。'"

《宋录》："新安王子鸾、豫章王子尚，诣昙济道人于八公山。道人设茶茗，子尚味之，曰：'此甘露也，何言茶茗？'"

王微《杂诗》[42]："寂寂掩高阁，寥寥空广厦。待君竟不归，收领今就槚。"

鲍昭妹令晖著《香茗赋》。

南齐世祖武皇帝《遗诏》[43]："我灵座上慎勿以牲为祭，但设饼果、茶饮、干饭、酒脯而已。"

陶弘景

梁刘孝绰《谢晋安王饷米等启》[44]："传诏李孟孙宣教旨，垂赐米、酒、瓜、笋、菹、脯、酢、茗八种。气苾新城，味芳云松。江潭抽节，迈昌荇之珍。疆场擢翘，越茸精之美。羞非纯束野麕，裛似雪之鲈；鲊异陶瓶河鲤，操如琼之粲。茗同食粲，酢类望柑。免千里宿舂，省三月粮聚。小人怀惠，大懿难忘。"

陶弘景《杂录》："苦茶，轻身换骨，昔旦丘子、黄山君服之。"

《后魏录》："琅琊王肃[45]，仕南朝，好茗饮、莼羹。及还北地，又好羊肉、酪浆。人或问之：'茗何如酪？'肃曰：'茗不堪与酪为奴。'"

《桐君录》[46]："西阳、武昌、庐江、晋陵[47]好茗，皆东人作清茗。茗有饽，饮之宜人。凡可饮之物，皆多取其叶，天门冬、菝葜取根，皆益人。又巴东[48]别有真茗茶，煎饮令人不眠。

俗中多煮檀叶并大皂李作茶，并冷。又南方有瓜芦木，亦似茗，至苦涩，取为屑茶饮，亦可通夜不眠。煮盐人但资此饮，而交、广[49]最重，客来先设，乃加以香芼辈。"

《坤元录》[50]："辰州溆浦县西北三百五十里无射山，云蛮俗当吉庆之时，亲族集会，歌舞于山上。山多茶树。"

《括地图》[51]："临遂[52]县东一百四十里有茶溪。"

明·王问《煮茶图》

山谦之《吴兴记》[53]："乌程县[54]西二十里，有温山，出御荈。"

《夷陵图经》[55]："黄牛、荆门、女观、望州[56]等山，茶茗出焉。"

《永嘉图经》："永嘉县[57]东三百里有白茶山。"

《淮阴图经》："山阴县[58]南二十里有茶坡。"

《茶陵图经》："茶陵[59]者，所谓陵谷生茶茗焉。"

《本草·木部》[60]："茗：苦茶。味甘苦，微寒，无毒。主瘘疮，利小便，去痰渴热，令人少睡。秋采之苦，主下气消食。《注》云：'春采之。'"

《本草·菜部》："苦菜，一名荼，一名选，一名游冬，生益州川谷，山陵道旁，凌冬不死。三月三日采，干。《注》云：'疑此即是今茶，一名荼，令人不眠。'"《本草注》："按，《诗》云：谁谓荼苦[61]，又云：堇荼如饴[62]，皆苦菜也。陶谓之苦茶，木类，非菜流。茗，春采谓之苦搽［途遐反］。"

《枕中方》："疗积年瘘：苦茶、蜈蚣并炙，令香熟，等分，捣筛，煮甘草汤洗，以末敷之。"

《孺子方》："疗小儿无故惊厥，以苦茶、葱须煮服之。"

注释

① 归命侯：即孙皓。东吴亡国之君。公元 280 年，晋灭东吴，孙皓投降，封"归命侯"。

② 惠帝：晋惠帝司马衷，公元 290 ～ 307 年在位。

③ 张黄门孟阳：张载字孟阳，但未任过黄门侍郎。任黄门侍郎的是他的弟弟张协。

④ 傅司隶咸：傅咸（239 ～ 294），字长虞，北地泥阳人（今陕西铜川），官至司隶校尉，简称司隶。

⑤ 江洗马统：江统（？～ 310），字应元，陈留圉县人（今河南杞县东）。曾任太子洗马。

⑥ 孙参军楚：孙楚（？～ 293），字子荆，太原中都人（今山西平遥）。曾任扶风王的参军。

⑦ 桓扬州温：桓温（312 ～ 373），字符子，龙亢人（今安徽怀远县西）。曾任扬州牧等职。

⑧ 沛国夏侯恺：晋书无传。干宝《搜神记》中提到他。

⑨ 新安任育长：任育长，生卒年不详，新安人（今河南绳池）。名詹，字育长，曾任天门太守等职。

明·文徵明《林榭煎茶图》

⑩敦煌单道开：晋时著名道士，敦煌人。《晋书》有传。

⑪琅琊王肃：王肃（464～501），字恭懿，琅琊人（今山东临沂），北魏著名文士，曾任中书令等职。

⑫新安王子鸾，鸾弟豫章王子尚：刘子鸾、刘子尚，都是南北朝时宋孝武帝的儿子。一封新安王，一封豫章王。但子尚为兄，子鸾为弟，这里是作者误记。

⑬鲍昭妹令晖：鲍昭，即鲍照（414～466），字明远，东海郡人（今江苏镇江），南朝著名诗人。其妹令晖，擅长词赋，钟嵘《诗品》说她："耿诗往往崭新清巧，拟古尤胜。"

⑭八公山沙门谭济：八公山，在今安徽寿县北。沙门，佛家指出家修行的人。谭济，应为昙济，即下文说的"昙济道人"。

⑮世祖武帝：南北朝时南齐的第二个皇帝，名萧赜，483～493年在位。

⑯刘廷尉：刘孝绰（480～539），彭城人（今江苏徐州）。为梁昭明太子赏识，任太子仆兼延尉卿。

⑰陶先生弘景：陶弘景（456～536），字通明，秣陵人（今江苏南京），有《神农本草经集注》传世。

⑱徐英公勋：徐世勣（594～669），字懋功，唐开国功臣，封英国公。

⑲《神农食经》：古书名，已佚。

⑳《广雅》：字书。三国时张揖撰，是对《尔雅》的补作。

㉑《晏子春秋》：又称《晏子》，旧题齐晏婴撰，实为后人采晏子事迹编辑而成。成书约在汉初。此处陆羽引书有误。《晏子春秋》原为："炙三弋五卵苔菜而矣"。不是"茗菜"。

㉒《凡将篇》：伪托司马相如作的字书。已佚。此处引文为后人所辑。

㉓《晋中兴书》：佚书。有清人辑存一卷。

㉔《搜神记》：东晋干宝著，计三十卷，为我国志怪小说之始。

㉕南兖州：晋时州名，治所在今江苏镇江市。

㉖安州：晋时州名。治所在今湖北安陆市一带。

㉗《神异记》：西晋王浮著。原书已佚。

㉘左思《娇女诗》：原诗五十六句，陆羽所引仅为有关茶的十二句。

㉙张孟阳《登成都楼诗》：张孟阳，见前注。原诗三十二句，陆羽仅录有关茶的十六句。

㉚华佗《食论》：华佗（约141～208），字符化，是东汉末著名医师。《三国志·魏书》有传。

㉛壶居士：道家传说的真人之一，又称壶公。

㉜《世说》：即《世说新语》，南朝宋临川王刘义庆著，为我国志人小说之始。

㉝《续搜神记》：旧题陶潜著，实为后人伪托。

㉞《晋四王起事》：南朝卢綝著。原书已佚。

㉟《异苑》：东晋末刘敬叔所撰。今存十卷。

房玄龄

㊱翳桑之报：翳桑，古地名。春秋时晋赵盾，曾在翳桑救了将要饿死的灵辄，后来晋灵公欲杀赵盾，灵辄扑杀恶犬，救出赵盾。后世称此事为"翳桑之报"。

㊲《艺术传》：即唐房玄龄所著《晋书·艺术列传》。

㊳《淮南子》：又名《淮南鸿烈》，为汉淮南王刘安及其门客所著。今存二十一篇。

㊴《江氏家传》：南朝宋江统著。已佚。

㊵愍怀太子：晋惠帝之子，立为太子，元康元年（300年）被贾后害死，年仅21岁。

㊶醯：读 xī，醋。

㊷王微《杂诗》：王微，南朝诗人。

㊸南齐世祖武皇帝《遗诏》：南朝齐武皇帝名萧赜。《遗诏》写于齐永明十一年（493年）。

㊹梁刘孝绰《谢晋安王饷米等启》：刘孝绰，见前注。他本名冉，孝绰是他的字。晋安王名萧纲，昭明太子卒后，继为皇太子。后登位称简文帝。

㊺王肃：王肃，本在南朝齐做官，后降北魏。北魏是北方少数民族鲜卑族拓跋部建立的政权，该民族习性喜食牛羊肉、饮牛羊奶加工的酪浆。王肃为讨好新主子，所以当北魏高祖问他时，他贬低说茶还不配给酪浆当奴仆。这话传出后，北魏朝贵遂称茶为"酪奴"，并且在宴会时，"虽设茗饮，皆耻不复食"。（见《洛阳伽蓝记》）

㊻《桐君录》：全名《桐君采药录》，已佚。

㊼西阳、武昌、庐江、晋陵：西阳、武昌、庐江、晋陵均为晋郡名，治所分别在今湖北黄冈、湖北武昌、安徽舒城、江苏常州一带。

㊽巴东：晋郡名。治所在今重庆万州一带。

㊾交、广：交州和广州。交州，在今广西合浦、北海市一带。

㊿《坤元录》：古地学书名，已佚。

(51)《括地图》：即《括地志》，唐萧德言等人著，已散佚，清人辑存一卷。

(52)临遂：晋时县名，今湖南衡东县。

(53)《吴兴记》：南朝宋山谦之著，共三卷。

(54)乌程县：治所在今浙江湖州市。

(55)《夷陵图经》：夷陵，在今湖北宜昌地区，这是陆羽从方志中摘出自己加的书名。（下同）

(56)黄牛、荆门、女观、望州：黄牛山在今宜昌市向北80里处。荆门山在今宜昌市东南30里处。女观山在今宜都县西北。望州山在今宜昌市西。

(57)永嘉县：治所在今浙江温州市。

(58)山阴县：今称淮安市。

(59)茶陵：即今湖南茶陵县。

(60)《本草·本部》：《本草》即《唐新修本草》又称《唐本草》或《唐英本草》，因唐英国公徐勣任该书总监。下文《本草》同。

(61)谁谓茶苦：用菜时，茶作二解，一为茶，一为野菜。这里是野菜。

(62)堇茶如饴：茶也是野菜。

译文

古代三皇时，炎帝神农氏。

周代：周朝鲁周公旦，齐国宰相晏婴。

汉代：仙人丹丘子、黄山君，文园令司马相如，执戟黄门侍郎扬雄。

三国东吴：归命侯孙皓，太傅韦弘嗣。

周公姬旦

晋代：晋惠帝司马衷，司空刘琨，刘琨之侄兖州刺史刘演，黄门侍郎张孟阳，司隶校尉傅咸，太子洗马江统，参军孙楚，记室左太冲，吴兴太守陆纳，陆纳之侄会稽内史陆俶，冠军将军谢安石，弘农太守郭璞，扬州牧桓温，中书舍人杜毓，武康小山寺禅师法瑶，沛国人夏侯恺，余姚人虞洪，北地人傅巽，丹阳人弘君举，乐安太守任育长，宣城人秦精，敦煌道士单道开，剡县陈务的妻子，广陵郡的老姥，河内人山谦之。

北魏：琅琊人王肃。

南朝宋：新安王刘子鸾，鸾之弟豫章王刘子尚，鲍昭的妹妹鲍令晖，八公山道人昙济。

南北朝南齐：世祖武帝萧赜。

南朝梁：廷尉卿刘孝绰，贞白先生陶弘景。

唐代：英国公徐勣。

《神农食经》记载说："长期喝茶，使人身体强壮有力、精神愉快。"

周公《尔雅》说："槚，就是苦茶。"

《广雅》说："湖北江陵以及重庆一带的人，采摘茶叶制作茶饼。叶子老了，就用米膏掺和在一起制成饼。若想煮茶喝，先把茶饼烤成赤红色，捣成碎末，放到瓷器里，用开水浇泡并加上盖，再往茶水里加入葱、姜、橘子等。这样喝茶，不但可以醒酒，还会让人兴奋得睡不着觉。"

《晏子春秋》记载："晏婴在给齐景公做相国时，吃的是粗米饭，菜只是两三只烤野禽，几道腌菜和茶水而已。"

司马相如的《凡将篇》记载："乌喙、桔梗、芫华、款冬、贝母、木、蘖、蒌、芩、草、芍药、桂、漏芦、蜚廉、萑菌、荈诧、白敛、白芷、菖蒲、芒硝、莞、椒、茱萸"。

《方言》记载："四川西南部的人把茶叫做蔎。"

《吴忠·韦曜传》记载："孙皓每次摆酒设宴，对入座的人都命令其喝满七升酒，凡是喝不完的，都硬给灌进嘴里。韦曜酒量一向没有超过二升，孙皓刚开始看重他时，暗中赏赐他以茶水代替酒。"

《晋中兴书》记载："陆纳任吴兴太守时，卫将军谢安拜访陆纳。[《晋书》说是陆纳任吏部尚书时的事。]他的侄儿陆俶得知他未做招待客人的准备，又不敢问他，就私下准备了十来个人的酒菜。谢安来了，陆纳只摆上茶和果品招待。陆俶便把丰盛酒菜端上来，各种珍贵美味的食品样样齐全。等到谢安告辞之后，陆纳把陆俶叫来，打了40板子，说：'你这样做不但没有使为叔增加光彩，反而还玷污了我一向崇尚俭朴的节操。'"

《晋书》记载："桓温任扬州牧时，品性俭朴，每次宴请客人，只摆上7种果子和茶水而已。"

《搜神记》记载："夏侯恺患病死去，他的族人有个名叫苟奴的，看见了他的鬼魂，见他来收生前骑过的马，并且作祟使他妻子得病。当时，夏侯恺的鬼魂戴着平顶帽、穿着单衣进入屋内，坐在活着时候常坐的靠西墙的大床上，吩咐下人找茶水给他喝。"

刘琨在《与兄子南兖州刺史演书》中说："先前收到你给的安州干姜一斤，肉桂一斤，黄芩一斤，这些都是我正需要的。我身体不舒服，胸中烦闷 [溃，应该是"愦"]，常想喝点真正的茶，你可给我采买一些。"

傅咸《司隶教》说："听说四川有个老太太制作茶粥出卖，四川的官员为执行皇帝提倡节俭的命令，打破了这位老太太的制粥器具。后来她又在市场上卖大饼，我想不明白官吏们为什么要禁止老太太卖茶粥让她为难呢？"

《神异记》记载："余姚人虞洪，到山里采摘茶叶，遇见一名道士，牵着三条青牛，指引虞洪到瀑布山，说：'我叫丹丘子，听说你善于制茶煮茶，常常想得到你的馈赠。这山里有大叶茶树，可以送给你采摘，希望你以后茶杯中有多余的茶水，就赠送我一些。'回到家中虞洪就立了丹丘子的牌位，经常用茶奠祀。后来经常让家里人进山采茶，每次都能采摘到大叶茶。"

隋·白瓷双把龙柄鸡首壶

左思《娇女诗》写道："我家有娇女，皎皎颇白皙。小字为纨素，口齿自清历。有姊字蕙芳，眉目灿如画。驰骛翔园林，果下皆生摘。贪华风雨中，倏忽数百适。心为茶荈剧，吹嘘对鼎𬬹。"

张孟阳的《登成都楼诗》写道："借问扬子舍，想见长卿庐。程卓累千金，骄侈拟五侯。门有连骑客，翠带腰吴钩。鼎食随时进，百和妙且殊。披林采秋橘，临江钓春鱼。黑子过龙醢，吴馔逾蟹蝑。芳茶冠六清，溢味播九区。人生苟安乐，兹土聊可娱。"

傅巽的《七诲》记载："蒲板的桃子，南阳的苹果，山东的柿子，河北的板栗，恒阳的黄梨，巫山的朱橘，云南的茶子饼，西域 [主要指印度] 的石蜜。"

弘君举的《食檄》写道："客人来了问过寒暖后，就应该斟上沫饽如霜的最好的茶。三杯喝过后，再摆出甘蔗、木瓜、大李子、杨梅、五味子、橄榄、山莓，每人再上一杯菰菜汤。"

孙楚的《歌》写道："芳香的茱萸生长在树枝尖，鲜肥的鲤鱼出自洛水泉。洁白的池盐出于山西，美味的豆豉出于齐鲁间。姜桂茶叶产在四川，椒橘木兰长在高山。蓼辣紫苏生在沟渠，精细的白米出自农田。"

华佗的《食论》说："长期喝茶，对大脑思维有好处。"

壶居士的《食忌》讲："长期喝茶，可以羽化成仙。如果与韭菜一起吃，可以增加人的体重。"

郭璞的《尔雅注》说："茶树矮小的像栀子，冬天生长的树叶，可以煮成汤喝。现在人们把早采摘的叫做茶，晚采摘的叫做茗，还有一个名字叫做荈，四川人称作苦茶。"

《世说新语》记载："任瞻，字育长，年轻时就有好名声。自从北方避难到江南后再没喝到好茶。有人用茶招待他，他问主人：'这是茶，还是茗？'看到主人脸上有惊奇的神

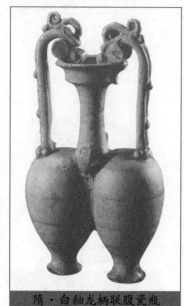

隋·白釉龙柄联腹瓷瓶

色，便强调说：'我是问是喝热茶还是凉茶。'"

《续搜神记》记载："西晋武帝时，宣城人秦精经常到武昌山中采摘茶叶。遇见一个毛人，身高一丈多，引他到一座山峰下，指给他一丛茶树就走开了。过了一会儿毛人又回来，还从怀里掏出橘子送给秦精。秦精感到害怕，忙背着茶叶跑回家。"

《晋四王起事》说："惠帝被迫离开宫廷在外，后来回到洛阳宫中，宦官用瓦罐呈茶给他喝。"

《异苑》记载："剡县陈务的妻子，年轻时带着两个儿子守寡，喜欢喝茶。因为院里有一座古墓，每次喝茶，都先向古墓奠祀一杯。时间长了两个儿子感到厌烦，说：'古墓知道什么？白费你的精神。'于是便想挖掉古墓，经过母亲再三劝阻才没有挖。这天夜里，母亲梦见一个人来对她说：'我在这墓冢里已住了300余年，您的两个儿子常常想掘毁它，幸亏有你的保护，又经常用佳茗祭奠我，我虽是黄泉的枯骨，但也不会忘记报答您的恩情。'到了早晨，她在院子里看见10万枚铜钱，好像埋了很长时间，但穿钱的绳子却是新的。她把这奇事说给儿子，两个儿子都有些惭愧，从此更加殷勤地用茶茗向古墓祈祷祭奠。"

《广陵耆老传》记载："晋元帝时，有位老太太每天早晨独自提一壶茶水到市场上去卖。街上的人都争着买，但从早晨卖到晚上，壶里的茶水却一点也不减少。所卖的钱都散发给路旁孤苦贫民和乞丐。有人怀疑她有神奇的法术。于是州郡官派掌刑事的衙吏把她抓走关入牢中。到了半夜，这老太太便提着卖茶的壶从牢狱窗口飞走了。"

《艺术传》记载："敦煌人单道开，不怕冷也不怕热，经常吃小石子，他服用的药有松子、桂圆、蜂蜜气味，所喝的也是茶和紫苏汤。"

释道该宣讲《续名僧传》说："南朝宋有个释法瑶和尚，姓杨，山西河东郡人。元嘉年间，从北方渡江到南方，在浙江武康县小山寺遇见沈台真，两人都已老耄。所吃的只是茶粥。南齐永明年间，武帝命令吴兴太守准备礼品请他进京，这时，他已经79岁。"

南朝宋《江氏家传》记载："江统，字应元，迁升为愍怀太子洗马时，曾经上书劝谏太子说：'现在西园卖醋、面、篮子、菜、茶之类东西，有损国家体面。'"

《宋录》记载："新安王刘子鸾，豫章王刘子尚，在八公山拜访释昙济道长。道长呈献茶茗，刘子尚品尝茶茗后说："这是甘露啊，为什么叫它茶茗？""

王微《杂诗》写道："寂寂掩高阁，寥寥空广厦。待君竟不归，收颜今就槚。"

鲍照之妹鲍令晖著有《香茗赋》。

南齐世祖武皇帝，临终时写下《遗诏》说："我的灵座前千万不要用牛羊牲品祭奠，只要供奉饼果、茶茗、干饭、酒类就可以了。"

南朝梁刘孝绰在《谢晋安王饷米等启》中写道："传诏官李孟孙宣示了您的教旨，恭蒙您赏赐了米、酒、瓜、笋、腌菜、肉干、醋、茶八种。醇香芬芳的美酒，真像新丰、松花的佳酿。江滨新长的竹笋，可以与菖蒲、荇菜媲真。园圃中摘来的瓜儿，味道醇美到了极点。腊味虽不是白茅纯束的獐鹿，但也是雪白肥嫩的肉脯；腌鱼胜过陶侃坛装的河鲤，又加上晶莹如玉的白米。茶茗真是最好的饮品，陈醋正如又酸又甜的柑橘。赏赐的物品这么多，好几个月也不必再去采买。小人感恩不尽，盛德永难忘怀。"

陶弘景的《杂录》说："苦荼，可以使人轻身换骨，从前的丹丘子、黄山君就经常喝茶而羽化成仙。"

《后魏录》记载："琅琊人王肃，在南朝齐为官，爱喝茶和莼茶汤。后来到了北方，又爱吃羊肉和酪浆。有人问他：'茶比酪浆怎么样？'王肃说：'茶给酪浆做奴隶还不配呢。'"

《桐君录》记载："西阳、武昌、庐江、晋陵的人都爱喝茶，做东道主的就烹煮清茶。茶水里有沫饽，常喝对人体有好处。凡是可以当做饮料的，大都是选取其叶子，但天门冬、菝葜却取根，都对人有好处。又四川巴东郡有真茶茗，烹饮使人兴奋得睡不着觉。民间多有用檀树叶和大皂李制作茶，喝它们有种清凉感觉。南方还有种叫瓜芦木的，也像茶，滋味又苦又涩，采取制成碎末当茶喝，也可使人彻夜不眠。沿海各地煮盐的人专门拿它当做饮料，而以交州、广州两地最为重视，客人来了，就首先献上这种饮料，还加入一些芳香调料。"

《坤元录》记载："湖南辰州溆浦县西北方350里有座无射山，据说当地少数民族风俗在吉庆的时候，亲族友人在山上聚集在一起歌舞。山中长有许多茶树。"

《括地图》记载："湖南临遂县东140里有茶溪。"

山谦之的《吴兴记》说："浙江乌程县西20里，有座温山，出产贡茶。"

《夷陵图经》记载："湖北峡州的黄牛、荆门、女观、望州等山，都出产茶叶。"

《永嘉图经》记载："浙江永嘉县东300里有座白茶山。"

《淮阴图经》记载："山阴县南20里处有茶坡。"

《茶陵图经》说："茶陵县，就是因为山陵河谷中盛产茶叶而得名。"

《本草·木部》说："茗，又叫苦茶。味道甘甜带有苦味，略微寒，没有毒。主治瘘疮，利尿、去痰、止渴解热，使人兴奋得不能入睡。秋天采集的茶味道苦，主要功能是下气消化食物。陶弘景的《神农本草集注》说：'要春天采制。'"

《本草·菜部》说："苦菜，又叫茶，又叫选，或者叫游冬，出产于四川益州川谷山陵路旁，严寒的冬天也冻不死。第二年春天三月采集阴干。陶弘景《神农本草集注》说：'怀疑这就是现在人说的茶，又叫荼，让人兴奋地不能入睡。'"《本草注》按：'《诗经》说："谁说荼苦"，又说："堇荼如饴"，这都是苦菜。陶弘景说的苦茶，是木本植物的茗，不是草本植物菜类。茗，在春天采摘的叫苦茶。"

唐·舞马衔杯纹银壶

《枕中方》记载："治疗多年来没有治愈的瘘疮，用茶叶和蜈蚣一起烧，炙熟散发出香气，再等分两份，捣碎，过筛，拿一份加甘草煮汤洗患处，另一份敷在疮口。"

《孺子方》记载："治疗小儿没有原因的惊厥，可以用茶叶加葱煮成汤服用。"

八 茶之出

原文

唐·青釉茶壶

山南①：以峡州②上，[峡州生远安、宜都、夷陵三县③山谷。] 襄州、荆州④次，[襄州生南漳县⑤山谷，荆州生江陵县山谷。] 衡州⑥下，[生衡山⑦、茶陵二县山谷。] 金州、梁州⑧又下。[金州生西城、安康⑨二县山谷。梁州生褒城、金牛⑩二县山谷。]

淮南⑪：以光州上⑫，[生光山县黄头港者，与峡州同。] 义阳郡⑬、舒州⑭次，[生义阳县钟山⑮者，与襄州同。舒州生太湖县潜山⑯者，与荆州同。] 寿州⑰下，[生盛唐县霍山⑱者，与衡州同。] 蕲州⑲、黄州⑳又下。[蕲州生黄梅县山谷，黄州生麻城县山谷，并与荆州、梁州同也。]

浙西㉑：以湖州㉒上，[湖州，生长城县㉓顾渚山㉔谷，与峡州、光州同；若生山桑、儒师二寺、白茅山悬脚岭㉕，与襄州、荆州、义阳郡同；生凤亭山伏翼阁飞云、曲水二寺㉖、啄木岭㉗，与寿州、常州同。生安吉、武康二县山谷，与金州、梁州同。] 常州㉘次，[常州义兴县㉙生君山㉚悬脚岭北峰下，与荆州、义阳郡同；生圈岭善权寺㉛、石亭山，与舒州同。] 宣州、杭州、睦州、歙州㉜下，[宣州生宣城县雅山㉝，与蕲州同；太平县生上睦、临睦㉞，与黄州同；杭州临安、于潜㉟二县生天目山㊱，与舒州同。钱塘生天竺、灵隐二寺㊲；睦州生桐庐县山谷；歙州生婺源山谷；与衡州同。] 润州㊳、苏州㊴又下。[润州江宁县生傲山㊵，苏州长州生洞庭山㊶，与荆州、蕲州、梁州同。]

剑南㊷：以彭州㊸上，[生九陇县、马鞍山至德寺、堋口㊹，与襄州同。] 绵州、蜀州次㊺，[绵州龙安县生松岭关㊻，与荆州同，其西昌、昌明、神泉县、西山㊼者，并佳；有过松岭者，不堪采。蜀州青城县生丈人山㊽，与绵州同。青城县有散茶、木茶。] 邛州㊾次，雅州、泸州㊿下，[雅州百丈山、名山(51)，泸州(52)泸川者，与金州同也。] 眉州(53)、汉州(54)又下。[眉州丹棱县生铁山者，汉州绵竹县生竹山者(55)，与润州同。]

浙东(56)：以越州(57)上，[余姚县生瀑布泉岭曰仙茗，大者殊异，小者与襄州同。] 明州(58)、婺州(59)次，[明州鄮县(60)生榆荚村，婺州东阳县东白山(61)，与荆州同。] 台州(62)下。[台州始丰县(63)生赤城(64)者，与歙州同。]

黔中(65)：生思州、播州、费州、夷州(66)。

江西(67)：生鄂州、袁州、吉州(68)。

岭南[69]：生福州、建州、韶州、象州[70]。[福州生闽方山[71]山阴。]其思、播、费、夷、鄂、袁、吉、福、建、韶、象十一州未详，往往得之，其味极佳。

注释

① 山南：唐贞观十道之一。唐贞观元年，划全国为十道，道辖郡州，郡辖县。

② 峡州：又称夷陵郡，治所在今湖北宜昌市。

③ 远安、宜都、夷陵三县：即今湖北远安县、宜都县、宜昌市。

④ 襄州、荆川：襄州，今湖北襄阳；荆州，今湖北江陵县。

⑤ 南漳县：今仍名南漳县。（以下遇古今同名都不再加注）

⑥ 衡州：今湖南衡阳地区。

⑦ 衡山：县治所在今衡阳朱亭镇对岸。

⑧ 金州、梁州：金州，今陕西安康一带；梁州，今陕西汉中一带。

⑨ 西城、安康：西城，今陕西安康市；安康，治所在今安康市城西 50 里汉水西岸。

⑩ 襄城、金牛：襄城，今汉中襄城镇；金牛，今四川广元一带。

⑪ 淮南：唐贞观十道之一。

⑫ 光州：又称弋阳郡。今河南潢川、光山县一带。

⑬ 义阳郡：今河南信阳市及其周边地区。

⑭ 舒州：又名同安郡。今安徽太湖、安庆一带。

⑮ 义阳县钟山：义阳县，今河南信阳。钟山，在信阳市东 18 里。

⑯ 太湖县潜山：潜山，在安徽潜山县西北 30 里。

⑰ 寿州：又中寿春郡。今安徽寿县一带。

⑱ 盛唐县霍山：盛唐县，今安徽六安县。霍山，在今霍山县境。

⑲ 蕲州：又名蕲州郡。今湖北蕲春一带。蕲，读音 qì。

⑳ 黄州：又名齐安郡。今湖北黄冈一带。

㉑ 浙西：唐贞观十道之一。

㉒ 湖州：又名吴兴郡。今浙江吴兴一带。

㉓ 长城县：今浙江长兴县。

㉔ 顾渚山：在长兴县西 30 里。

㉕ 白茅山悬脚岭：在长兴县渚顾山东面。

㉖ 凤亭山：在长兴县西北 40 里。伏翼阁、飞云寺、曲水寺，都是山里的寺院。

㉗ 啄木岭：在长兴县北 60 里，山中多啄木鸟。

㉘ 常州：又名晋陵郡。今江苏常州市一带。

㉙ 义兴县：今江苏宜兴县。

㉚ 君山：在宜兴县南 20 里。

㉛ 圈岭善权寺：善权，相传是尧时隐士。

㉜ 宣州、杭州、睦州、歙州：宣州，又称宣城郡。今安徽宣城、当涂一带。杭州，又名余杭郡。今浙江杭州、余杭一带。睦州，又称新定郡。今浙江建德、桐庐、淳安一带。歙州，又名新安郡。今安徽歙县、祁门一带。

茶饼

㉝雅山：又称鸦山、鸭山、丫山。在宁国县北。

㉞上睦、临睦：太平县二乡名。

㉟於潜县：现已并入临安市。

㊱天目山：又名浮玉山。山脉横亘于浙江西、皖东南边境。

㊲钱塘生天竺、灵隐二寺：钱塘县，今浙江杭州市，灵隐寺在市西灵隐山下。天竺寺分上、中、下三寺。下天竺寺在灵隐飞来峰。

㊳润州：又称丹阳郡。今江苏镇江、丹阳一带。

㊴苏州：又称吴郡。今江苏苏州一带。

㊵江宁县生傲山：江宁县在今南京市。傲山在南京市郊。

㊶长州生洞庭山：长洲县在今苏州市一带。洞庭山是太湖中的一些小岛。

㊷剑南：唐贞观十道之一。

㊸彭州：又叫濛阳郡。今四川彭州市一带。

㊹九陇县、马鞍山至德寺、堋口：九陇县，今彭州市。马鞍山，即今至德山，在鼓城西。堋口，在鼓城西。

㊺锦州、蜀州：又称巴西郡，今四川绵阳、安县一带。蜀州，又称唐安郡，今重庆、四川都江堰市一带。

㊻龙安县生松岭关：龙安县，今四川安县。松岭关，在今龙安县西50里。

㊼西昌、昌明、神泉县、西山：西昌，在今四川安县东南花荄镇。昌明，在今四川江油市附近。神泉县，在安县南50里。西山，岷山山脉之一部分。

㊽青城县生丈人山：今四川都江堰市南40里。因境内有青城山而得名。丈人山为青城山三十六峰之主峰。

㊾邛州：又称临邛郡。今四川邛崃、大邑一带。

㊿雅州、泸州：雅州，又称卢山郡，今四川雅安一带。泸州，又称泸川郡，今四川泸州市及其周边。

51百丈山、名山：百丈山，在今四川雅安市名山区东40里。名山，在名山区北。

52泸州：今四川泸县。

53眉州：又名通义郡，今四川眉山、洪雅一带。

54汉州：又称德阳郡，今四川广汉、德阳一带。

55铁山、竹山：铁山，又名铁桶山，在四川丹棱县境内。竹山，即绵竹山，在四川绵竹县境内。

56浙东：浙江东道节度使方镇的简称。节度使驻地浙江绍兴。

57越州：又称会稽郡。今浙江绍兴、嵊州一带。

58明州：又称余姚郡。今浙江宁波、奉化一带。

59婺州：又名东阳郡。今浙江金华、兰溪一带。

60鄮县：今浙江宁波市东南的东钱湖畔。鄮，读音 mào。

61东白山：在今浙江东阳市巍山镇北。

62台州：又名临海郡。今浙江临海、天台一带。

63始丰县：今浙江天台县。

64赤城：山名。天台山十景之一。

65黔中：唐开元十五道之一。

66思州、播州、费州、夷州：思州，又称宁夷郡。今贵州沿河一带。播州，又名播川郡，今贵州遵义一带。费州，又称涪川郡，今贵州思南、德江一带。夷州，又名义泉郡，今贵州凤冈、绥阳一带。

67江西：江西团练观察使方镇的简称。观察使驻地在今江西南昌市。

68鄂州、袁州、吉州：鄂州，又称江夏郡，今湖北武昌、黄石一带。袁州，又名宜春郡，今江西省宜春市。吉州，今江西吉安、宁冈一带。

⑥ ⑨岭南：唐贞观十道之一。

⑦ 福州、建州、韶州、象州：福州，又名长乐郡，今福建福州、莆田一带。建州，又称建安郡，今福建建阳一带。韶州，又名始兴郡，今广东韶关、仁化一带。象州，又称象山郡，今广西象州县一带。

⑦ 坊山：在福建福州市闽江南岸。

译文

　　山南地区，以峡州出产的茶为上等品，［峡州茶生产于远安、宜都、宜昌三县山谷中。］襄州、荆州出产的茶为二等品，［襄州茶生产于南漳县山陵，荆州茶生产于江陵县山陵。］衡州出产的茶为三等品，［生产于衡山、茶陵二县山谷。］金州、梁州出产的茶为四等品。［金州茶生产于安康、汉阴二县山谷。梁州茶生产于襃城、金牛二县山谷。］

　　淮南地区，以光州出产的茶为上等品，［产于光山县黄头港，品质与峡州茶相同。］义阳郡、舒州出产的茶为二等品，［产于信阳县钟山，品质与襄州茶相同。舒州茶产于太湖县潜山，品质与荆州茶相同。］寿州出产的茶是三等品，［生产于盛唐县霍山，品质与衡州茶相同。］蕲州、黄州出产的茶是四等品。［蕲州茶生产于黄梅县山谷，黄州茶生产于麻城县山谷，都与荆州、梁州茶品质相同。］

　　浙西，以湖州出产的茶为上等品，［湖州茶生产于长兴县顾渚山，与峡州、光州茶品质一样，是一等品；如果生产于山桑、儒师二寺和白茅山悬脚岭的，与襄州、荆州、义阳郡茶品质一样，是二等品；生产于凤亭山伏翼阁、飞云寺、曲水寺、啄木岭的，品质与寿州、常州茶一样，是三等品；生产于安吉和武康两县的，与金州、梁州的茶品质一样，是四等品。］常州出产的茶是二等品，［常州宜兴县出产在君山悬脚岭北峰下的茶，品质与荆州、义阳郡的茶一样，是二等品，出产于圈岭善权寺和石亭山的茶，品质与舒州的茶相同，也是二等品。］宣州、杭州、睦州、歙州出产的是三等品，［宣州出产在宣城县雅山的茶，品质与蕲州的茶一样：出产于太平县上睦、临睦二镇的，品质与黄州的茶一样；杭州临安、于潜二县出产于天目山的，与舒州茶一样，是二等品；钱塘县天竺寺、灵隐寺，睦州桐庐县山陵，歙州婺源县山谷等地出产的茶叶，品质都与衡州茶一样，是三等品。］润州、苏州出产的茶是四等品。［润州江宁县产于傲山，苏州长洲县产于西洞庭山的茶叶，都与金州、蕲州、梁州茶品质相同，是四等品。］

　　剑南地区，以彭州出产的茶为上等品，［出产于彭县马鞍山至德寺和堋口的，与襄州茶品质相同，是二等品。］绵州、蜀州出产的茶是二等品，［绵州龙安县产于松岭关的茶叶，与荆州茶品质一样，是二等品。西昌、昌明、神泉县西山的茶，品质都非常好；越过松岭以西的，就不值得采摘。蜀州青城县丈人峰产的茶叶品质与绵州茶一样。青城县还产有散茶、木茶。］邛州、雅川、泸州出产的茶，是三等品，［雅州百丈山、名山，四川泸县产的茶，品质

隋·白釉象首壶

却与金州茶相同，是四等品。]眉州、汉州出产的茶是四等品。[眉州丹棱县出产于铁桶山的，汉州绵竹县产于绵竹山的茶，品质都与润州茶一样，是四等品。]

浙东，以越州出产的茶为上等品，[余姚县出产在瀑布泉岭的叫仙茗，叶片大的，品质特别优异，叶片小的，品质与襄州茶相同，是二等品。]明州、婺州出产的茶是二等品。[明州出产在鄮县榆荚村的、婺州出产于东阳县东白山的茶，品质与荆州茶相同，是二等品。]台州出产的茶是三等品。[台州天台县出产在赤城峰的茶，品质与歙州茶相同。]

黔中的茶出产于思州、播州、费州、夷州。

江西的茶出产于鄂州、袁州、吉州。

岭南的茶出产于福州、建州、韶州、象州。[福州主要产于闽县方山的北坡。]以上思、播、费、夷、鄂、袁、吉、福、建、韶、象十一州的产地和茶叶品质等次并不详细准确。往往得到这些地方的茶叶，品尝之后感觉品质非常好。

九　茶之略

原文

其造具，若方春禁火之时①，于野寺山园丛手而掇，乃蒸、乃舂，乃复以火干之，则棨、扑、焙、贯、棚、穿、育等七事皆废。

其煮器，若松间石上可坐，则列具废。用槁薪、鼎钖之属，则风炉、灰承、炭挝、火筴、交床等废。若瞰泉临涧，则水方、涤方、漉水囊废。若五人以下，茶可末而精者，则罗废。若援藟跻岩②，引绠入洞③，于山口炙而末之，或纸包、合贮，则碾、拂末等废。既瓢、碗、筴、札、熟盂、鹾簋悉以一筥盛之，则都篮废。但城邑之中，王公之门，二十四器阙一，则茶废矣。

注释

①方春禁火之时：禁火，古时民间习俗，即在清明前一二日禁火3天，吃冷食，叫"寒食节"。

②援藟跻岩：藟，读音lěi，藤蔓。跻，读音jī，登、升。

③引绠入洞：绠，读音gěng，绳索。

译文

准备好制茶所用的器具，如果恰逢在春天寒食节前后，在野外寺院或者山间茶园，大家一起动手采摘，马上蒸青，舂捣，用火烘干，那么，棨、扑、焙、贯、棚、穿、育这七种器具便可以不用。

对煮茶所用的器具而言，如果松林里有石头可以放置，就不需要用器具陈列。如果用干柴鼎锅煮茶，那么风炉、灰承、炭挝、火筴、交床也都可以省去。如果是泉水旁溪涧侧烹茶，那么水方、篠方、漉水囊也可以不要。如果是五人以下同时旅游，采制的茶芽细嫩而干燥，可以碾成精细的茶末，那么箩就不需再用。如果攀藤上山，拉着绳子

茶末

进入山洞烹饮，可以先在山下将茶烤好碾成细末，用纸包裹或茶盒装储，那么碾和拂末便不必带。假如瓢、碗、筴、札、熟盂、鹾簋等全用一个筥盛装，那么都篮就不需要了。但在城市人家，王公门第，那二十四种烹饮器具缺少一样，都谈不上品茶了。

十 茶之图

原文

以绢素或四幅，或六幅分布写之，陈诸座隅，则茶之源、之具、之造、之器、之煮、之饮、之事、之出、之略，目击而存②，于是《茶经》之始终备焉。

注释

① 茶之图：第十章，挂图。是指把《茶经》本文写在素绢上挂起来。

② 目击而存：击，接触。此处作看见讲。俗语有"目击者"。

译文

用白色绢子四幅或六幅，分别把以上九章写在上面、张挂在座旁的墙壁上，这样，对茶的起源、制茶工具、茶的采制、烹饮茶具、煮茶方法、茶的饮用、历代茶事、茶叶产地、茶具省用，都会看在眼里，牢记在心里。于是，《茶经》从头到尾便全部可以看清楚了。

《茶经》书影

附录 茶品质与品评因素评分表

茶类	名称	图片	品评因素	品质特征	分数
红茶	滇红		干茶	条索紧结，芽壮叶肥，苗锋完整；滇红碎茶则颗粒重实、紧直匀齐，色泽乌黑亮丽。	90分以上
			茶汤	汤色鲜红明亮，金圈突显，香味浓郁。滇红工夫茶滋味醇和；滇红碎茶滋味浓郁，富有刺激性。	
			叶底	色泽鲜亮色润，鲜嫩均匀。滇红工夫茶的特色为茸毫显露，毫色有淡黄、菊黄、金黄之分。	
	金骏眉		干茶	芽身骨较小，条索尖细紧结，卷曲且弧度大，色泽以金黄、银、褐、黑四色相间，正宗金骏眉则乌润光泽。	90分以上
			茶汤	茶汤有金圈，汤色金黄，明亮清澈，且有集果香、花香、甜香为一体的综合性香味，滋味醇厚，鲜活甘爽，余味持久。	
			叶底	叶底均匀完整，呈金针状，色泽呈现鲜活的古铜色。	
	九曲红梅		干茶	条索紧细，弯曲匀齐，表面金色绒毛披伏，乌黑油润。	90分以上
			茶汤	汤色鲜亮红艳，金黄圈突显，香气馥郁，且带有一定的刺激性，滋味鲜爽可口，喉口回甘，韵味悠久。	
			叶底	叶底色泽红亮油润，柔软均匀。	
	祁门红茶		干茶	条索紧结纤秀，乌黑润泽，金毫显露，均匀整齐。	90分以上
			茶汤	汤色明红油润，金圈突显，浓醇酬和，香气纯正，醇厚持久，鲜活回甘。	
			叶底	叶底薄厚均匀，色泽棕红明亮，叶脉清晰紧密，叶质柔软。	

茶类	名称	图片	品评因素	品质特征	分数
红茶	政和工夫		干茶	条索肥壮圆实，均匀整齐，色泽乌润，毫芽金黄突显。	90分以上
			茶汤	茶汤色泽红润，香气浓郁鲜爽，似罗兰香，滋味醇厚	
			叶底	大茶叶底肥硕尚红，小茶叶底红润整齐，大小均匀。	
黄茶	君山银针		干茶	芽头圆实，条索紧结挺直，芽身金黄，满披银毫。	90分以上
			茶汤	汤色橙黄鲜亮，香气清鲜，滋味醇和，甘甜爽滑。	
			叶底	叶底明亮嫩黄，叶底均匀，冲泡时银针竖起。	
	蒙顶黄芽		干茶	条索匀齐，芽条匀整，芽叶细嫩，芽毫显露，扁平挺直，色泽嫩黄油润。	90分以上
			茶汤	汤色嫩黄透彻，润泽明亮，且有一种独特的甜香，芬芳浓郁，鲜味十足，口感爽滑，滋味醇和。	
			叶底	叶底全芽，色泽明黄鲜活，芽叶均匀整齐，直挺扁平。	
	霍山黄芽		干茶	条索较直微展，形似雀舌，均匀整齐而成朵，芽叶细嫩，毫毛披伏。	90分以上
			茶汤	汤色黄绿，清澈明亮，香气清新持久，一般有花香、清香和熟板栗香三种香味，滋味醇和浓厚，入口爽滑。	
			叶底	叶底呈黄色，鲜嫩明亮，叶质柔软，均匀完整。	
	广东大叶青		干茶	条索肥壮，紧结重实，均匀鲜嫩，毫毛显露披伏，色泽青润显黄。	90分以上
			茶汤	汤色橙黄，明亮油润，香气纯正，清新持久，滋味浓厚酬和，润滑爽口，喉口回甘。	
			叶底	叶张完整，叶底均匀，呈淡黄色，肥厚柔软。	

茶类	名称	图片	品评因素	品质特征	分数
绿茶	安吉白茶		干茶	有"龙形"和"凤形"之分,"凤形"条直显芽,圆实匀整;"龙形"扁平滑润,纤直尖削,色泽翠绿,白毫显露,叶芽鲜活泛金边。	90分以上
			茶汤	汤色嫩绿润泽,鲜嫩高扬,滋味鲜爽持久,清润甘爽,香味独特,回味生津。	
			叶底	叶底嫩绿明亮,芽叶明显可辨,脉络突显,叶张透明,茎脉清晰,色泽翠绿。	
	洞庭碧螺春		干茶	一芽一叶,银绿隐翠,条索纤细,卷曲成螺状,表面绒毛披伏,白毫毕露。	90分以上
			茶汤	汤色微黄,清香醇和,兼有花朵和水果的清香,鲜爽凉甜。	
			叶底	叶底柔软,嫩而纤细,叶质整齐且均匀。	
	黄山毛尖		干茶	嫩绿起霜,条索紧结挺直,且圆实有峰。	90分以上
			茶汤	汤色黄绿澄明,清香浓郁,经久不衰,醇厚回甘,鲜爽润滑。	
			叶底	叶底细嫩柔软,肥厚明亮。	
	六安瓜片		干茶	呈条形,条索紧结,色泽嫩绿,叶披白霜,明亮油润,大小均匀。	90分以上
			茶汤	雨前茶色泽淡青,不均匀,有清香味;雨后茶色泽深青,均匀。中期茶有栗香,后期差有高火香。	
			叶底	叶底嫩黄均匀,叶边背卷,叶质均匀整齐,直挺顺滑。	
	蒙顶甘露		干茶	纤细嫩绿,油润光泽,紧卷多毫,身披银毫,叶嫩芽壮。	90分以上
			茶汤	汤色碧清微黄,清澈明亮,香气馥郁,滋味醇和甘甜,滑润鲜爽。	
			叶底	叶底的茶芽嫩绿,柔软秀丽,叶质均匀整齐。	

茶类	名称	图片	品评因素	品质特征	分数
绿茶	西湖龙井		干茶	条形整齐，扁平光滑挺直，苗峰尖削，芽长于叶，色泽嫩绿光润。	90分以上
			茶汤	春茶汤色碧绿黄莹，有清香或嫩栗香，滋味鲜爽浓郁，醇和甘甜；夏秋茶汤色黄亮润泽，有清香但较为粗糙，滋味浓郁，但略微苦涩。	
			叶底	叶底纤细柔嫩，整齐均匀，冲泡之后，芽叶肥硕成朵。	
青茶	安溪铁观音		干茶	茶条卷曲，条索肥壮，圆实紧结，均匀整齐，整体形状似蜻蜓头、螺旋体、青蛙腿，色泽鲜润，砂绿显著，叶表带白霜。	90分以上
			茶汤	汤色金黄，香韵显著，带有兰花香或者生花生仁味。椰香等各种清香味，鲜爽回甘。	
			叶底	叶梗红润光泽，叶片肥厚柔软，叶面呈波纹状。	
	凤凰水仙		干茶	叶型较大，呈椭圆形，条索紧结，挺直肥大，叶面平展，前端多突尖，叶尖下垂似鸟嘴。	90分以上
			茶汤	汤色澄黄，清澈明亮，茶碗内显露金圈，味道浓醇甘甜，香气馥郁浓烈。	
			叶底	叶底均匀整齐，肥厚柔软，带有红色边缘，叶腹黄亮，叶齿钝浅。	
	水金龟		干茶	条索肥硕，弯曲均匀，自然松散，色泽墨绿，油润光亮。	90分以上
			茶汤	汤色金黄，润泽澄澈，有淡雅的花果香，清细悠远，滋味醇和甘甜，润滑爽口，岩韵显露，浓饮也不见苦涩。	
			叶底	叶底柔软光泽，肥厚均匀，整齐红边带有朱砂色。	
	武夷大红袍		干茶	条索紧结，肥壮匀整，略带扭曲条形，色泽绿褐鲜润。	90分以上
			茶汤	汤色橙黄，艳丽澄澈，有独特的兰花香，香气馥郁持久，岩韵明显，滋味醇和清爽，喉口回甘。	
			叶底	叶底均匀光亮，茶叶边缘有朱红或者红点，中央叶肉呈黄绿色，叶脉为浅黄色。	

茶类	名称	图片	品评因素	品质特征	分数
青茶	高山乌龙		干茶	形如半球或球状，条索肥壮，紧结有致，有一芯二叶。	90分以上
			茶汤	汤色橙黄中略泛青色，清澈剔透，口感爽滑，有青甜味或青果味，回甘明显，清香持久。	
			叶底	叶芽柔软肥厚，色泽黄中带绿，叶片边缘整齐均匀。	
	铁罗汉		干茶	条索紧结。色泽绿褐鲜润，均匀整齐，叶尖钝，芽叶紫绿色，绒毛较少。	90分以上
			茶汤	汤色橙黄明亮，润泽浓艳，澄澈剔透，有铁罗汉独特香气，冷调的花香，香久益清，滋味浓醇细腻，浓饮而不苦涩，爽口回甘。	
			叶底	叶缘微波，叶质肥厚但脆，叶心淡绿带黄。	
白茶	白毫银针		干茶	有南路银针和北路银针之分，芽心肥壮、色泽银白闪亮。	90分以上
			茶汤	茶汤略成杏黄色，其中北路银针味道清鲜爽口，而南路银针则滋味浓厚，香气清鲜。	
			叶底	叶底主要呈黄绿色，存放一段时间之后会稍成红褐色，且均匀整齐。	
	白牡丹		干茶	芽叶相连，成"抱心形"，毫心肥壮，成银白色，叶态自然伸展，叶子背面布满了洁白的茸毛。	90分以上
			茶汤	茶汤清澈明净，呈现橙黄或是杏黄的颜色。滋味鲜醇爽口有回甘，特别是还弥散着鲜嫩持久的毫香。	
			叶底	叶底主要呈现浅灰色。它不仅肥嫩，而且均匀完整，叶脉也微微现出红色。	
	寿眉		干茶	色泽翠绿，形状好像眉毛，芽叶之间有白毫，而且毫心明显，数量较多。	90分以上
			茶汤	茶汤会呈现深黄或是橙黄色，滋味醇厚爽口，且鲜纯的香气弥漫周围。	
			叶底	叶底鲜亮均匀，柔软整齐，叶脉在阳光下呈现红色。	

茶类	名称	图片	品评因素	品质特征	分数
黑茶	安化黑茶		干茶	条索紧接，呈泥鳅状，砖面端正完整，色泽发黑有光泽。	90分以上
			茶汤	茶汤有纯正的松烟香气，颜色为黑中带亮。	
			叶底	天尖叶底呈黄褐色，老嫩匀称，而特质砖茶叶底黑汤尚均，普通砖茶则叶底黑褐粗老。	
	茯砖茶		干茶	砖面平整，棱角分明，厚薄均匀，菌花茂盛。特茯砖面为黑褐色，普茯砖面为黄褐色。	90分以上
			茶汤	汤色红浓而不浊，特有的菌花香气浓馥郁，甘甜醇和，口感滑润，耐冲泡。	
			叶底	特制茯砖叶底黑汤尚匀，普通茯砖叶底黑褐粗老。	
	宫廷普洱		干茶	条索肥壮匀称，断碎茶少。	90分以上
			茶汤	茶汤红浓明亮，汤面上有油珠膜。滋味纯正浓郁、顺滑润喉。热嗅时，陈香饱满；冷嗅时，余味悠长。	
			叶底	叶底色泽棕褐或褐红，油润光泽，叶质不易腐败、硬化。	
	生沱茶		干茶	外形端正，碗臼形的表面光滑、紧结，内窝深而圆。	90分以上
			茶汤	汤色橙黄明亮，香气馥郁，喉味回甘。	
			叶底	叶底肥壮鲜嫩，呈绿色至栗色，充满新鲜感。	
	熟沱茶		干茶	沱型周正，质地紧结端正，一般规格为外径8厘米，高4.5厘米。	90分以上
			茶汤	汤色红浓油润，经久耐泡，滋味醇厚，爽滑溢润，喉味回甘。	
			叶底	叶底褐红，重度发酵则会有些发黑，叶质肥厚完整。	
花茶	茉莉花茶		干茶	呈条形，肥硕饱满，条索紧细匀整，芽嫩，白毫披伏。	90分以上
			茶汤	汤色黄绿明亮，澄澈透明，清香扑鼻，韵味持久，有独特茉莉花香，滋味醇和，口感柔和。	
			叶底	叶底鲜嫩，均匀柔软，肥硕，芽叶花朵卷紧。	

茶类	名称	图片	品评因素	品质特征	分数
花茶	玫瑰花茶		干茶	外形肥硕饱满，色泽均匀，花朵大且杂质少，花瓣完整，重实。	90分以上
			茶汤	汤色偏淡红或者土黄，香气冲鼻，无异味。	
			叶底	玫瑰入水后，花瓣颜色逐渐变淡，慢慢蜕变为枯黄色。	
	黄山贡菊		干茶	花形完好整齐，均匀不散朵，此外，它在经过杀青等多道制作工序后色泽由黄变为浅黄，甚至白色，花蒂青绿，润滑光泽。	90分以上
			茶汤	茶汤澄明晶亮，淡黄油润，毫无杂质为优品；以茶汤浑浊，沉淀物比较多为次品。此外，黄山贡菊馥郁芬芳，滋味甘醇微苦，软绵爽口。	
			叶底	叶底清白，晶莹剔透，色泽均匀，柔嫩多汁，在经过多次冲泡之后，渐呈淡褐色，体现原茶不耐高温的幼嫩茶质。	
	杭白菊		干茶	花型完整，花瓣厚实，花朵大小均匀，无霜打花、霉花、生花、汤花。	90分以上
			茶汤	茶汤均甘而微苦，特级杭白菊汤色澄清，浅黄鲜亮清香；一级杭白菊汤色澄清，浅黄清香。	
			叶底	花瓣玉白，花蕊深黄，色泽均匀。	
	千日红		干茶	呈现长圆形，个别为椭圆形，顶端略钝或近短尖，基部渐狭长，叶对生，苞片多为紫红色，叶柄短或上部叶近无柄，全株白色硬毛披伏。	90分以上
			茶汤	汤色呈紫红色，油润光泽，香气凛然，清香扑鼻，滋味淡雅，鲜爽滑口，喉口回甘。	
			叶底	入水后，花瓣紫红色逐渐变淡。	
	女儿环		干茶	外形呈耳环形状，毫毛披伏，银白中隐约透着翠绿色。	90以
			茶汤	汤色呈现黄绿色或者浅黄色，清澈明亮，油润光泽，花香浓郁，滋味醇厚，润滑回甘。	
			叶底	叶底呈黄绿色，均匀完整，嫩芽连茎，柔软鲜嫩，多次冲泡后少有破损现象出现。